杨宽著作集

中国古代冶铁技术发展史
（外三种）

杨宽 著

上海人民出版社

杨宽（1914-2005）

《中国古代冶铁技术发展史》获上海市（1979—1985）哲学社会科学著作奖

《中国古代冶铁技术发展史》获首届全国科技史优秀图书荣誉奖

奖　状

FUDAN UNIVERSITY

杨宽　同志荣获本校
一九八四年　科研
优秀奖

复旦大学
一九八五年五月廿七日
八十周年校庆

杨宽获复旦大学 1984 年科研优秀奖

《商鞅变法》书影

《中国历代尺度考》书影　《中国古代冶铁技术的发明　《秦始皇》书影
　　　　　　　　　　　　　　和发展》书影

杨宽与学生们合影

出版说明

　　杨宽(1914—2005)，字宽正，上海青浦人。1936 年毕业于光华大学国文学系，师从吕思勉、蒋维乔、钱基博等。1936 年参与上海市立博物馆筹建工作，1946 年任上海市立博物馆馆长兼光华大学历史系教授，1953 年任复旦大学历史系教授，1959 年调任上海社会科学院历史所副所长，1970 年又调回复旦大学历史系工作。1984 年赴美国迈阿密定居至逝世。历任上海市文物保管委员会主任秘书、古物整理处处长，上海博物馆副馆长，中国先秦史学会第一至第三届副理事长。

　　杨宽先生是我国著名的历史学家，治学涉及墨子、古史传说、西周史、战国史、科技史和制度史等诸多领域。先生少年时有志于学，高中时代已发表多篇有分量的论文，专注于墨学研究及先秦史料考辨。在"古史辨"运动后期，发表《中国上古史导论》，提出神话分化说，补充发展了顾颉刚的"层累造成说"，被顾颉刚、童书业誉为"古史辨派"的生力军和集"疑古"的古史学大成之人。日本著名历史学家贝冢茂树评价"从疑古派中出现了像杨宽先生这样的人物,在充分摄取释古派的方法和成果的同时,正积极开拓一个可以推动现代古史研究前进途径,可以称为'新释古派'的新境地"。稍后其学术兴趣由上古史转向战国史,潜居故乡青浦撰写《战国史料编年辑证》,为日后铸就《战国史》这一断代史经典奠定了基础。20 世纪 50 年代,开始探索中国古代冶铁技术发展史、西周的社会结构和礼制,著有《西周史》、《古史新探》;80 年代应日本学界邀请讲学,完成《中国古代陵寝制度史研究》、《中国古代都城制度史研究》姊妹篇。杨宽先生生平出版专著十余部,发表论文 360 余篇,取得了卓越的学术成果。

杨宽先生也是中国博物馆事业的先驱。他参与筹建了上海市博物馆,并长期担任上海市博物馆馆长,为上海博物馆的筹建、发展作出了不可磨灭的贡献;对保护国宝毛公鼎与阻止著名的山西浑源李峪村出土铜器盗运出口作出了巨大贡献。另外,杨宽先生还参与了修订《辞海》古代史条目、编绘《中国历史地图集》先秦部分、标点《宋史》等工作。

杨宽先生与上海人民出版社结缘始于 1955 年版《战国史》,自此以后,主要著作几乎皆由我社出版。先生生前已有计划,集中各种著述在我社出版《杨宽著作集》。如今,《杨宽著作集》由我社分批出版,不仅完成了先生遗愿,也可以使读者更为全面地认识杨宽先生的学术成就。

上海人民出版社

2016 年 7 月

编辑说明

　　本书收入《中国古代冶铁技术发展史》及《中国历代尺度考》《商鞅变法》《秦始皇》三种小册子,对于系统了解杨宽先生的学术经历和毕生研究成果具有重要意义。

　　《中国古代冶铁技术发展史》是杨宽先生的代表作品之一,1982年由上海人民出版社首次出版。1989 年 11 月获首届全国科学技术史优秀图书荣誉奖。从 20 世纪 50 年代起,杨宽先生就开始了对中国古代炼铁、炼钢技术及其铸造、锻造技术发展的研究,先后撰成四篇论文:《战国时代的冶铁手工业》《中国古代冶铁鼓风炉和水力冶铁鼓风炉的发明》《试论中国古代冶铁技术的发明和发展》《论南北朝时期炼钢技术上的重要发明》,在此基础上写成《中国古代冶铁技术发展的发明和发展》一书,1956 年由上海人民出版社出版,得到不少科学技术史学者(如英国著名学者李约瑟)的赞许。

　　杨宽先生在高中时听说王国维在清华大学国学研究院对研究生提出历代度量衡研究的论文题目,于是想把实物和文献结合起来,对历代尺度作详细的考订。后发现王国维所考订的宋代尺度有很大的错误，更感到有写成专著之必要。《中国历代尺度考》是第一部考证中国历代尺度变迁的著作，原计划作为《上海市立博物馆丛书》之一种，由于抗日战争爆发，上海市立博物馆停办，后改收入《史地小丛书》，于 1938 年在上海商务印书馆出版。1955 年北京商务印书馆出版增订本，此次出版正是在此基础上，并补充了杨宽先生手稿中晚年所撰的新版补记。

杨宽先生曾写过《商鞅变法》《秦始皇》等通俗小册子，在当时影响很大。《商鞅变法》1955 年 9 月由上海人民出版社出版。经杨宽先生修订，1973 年 11 月仍以《商鞅变法》为名在上海人民出版社出版，即为此次底本。上海人民出版社 1956 年 4 月曾出版杨宽先生的《秦始皇》一书，1972 年又出版了杨宽先生参与撰写、署名"洪世涤"的《秦始皇》。此次我们得到上海图书馆的大力帮助，获得杨宽先生晚年修订的《秦始皇》未刊手稿，收入本书。

目　录

外三种

中国历代尺度考

商鞅变法

秦始皇

图版 1　河北藁城台西村出土商代铁刃铜钺的铁刃含镍量电子探针照片

　　图上的高峰线代表高镍带，山谷线代表低镍带，铁刃的含镍量之高，足以证明铁刃是用陨铁锻成。说明见本书上编第一章第二节。

图版 2　洛阳水泥制品厂春秋战国之际灰坑出土铁锛的金相组织

　　图中左边为中心部分的莱氏体，仍为生铁组织；右边为表面的珠光体，成为脱碳层，证明铁锛已是初级阶段的白心可锻铸铁。说明见本书第二章第三节。

图版 3　洛阳水泥制品厂春秋战国之际灰坑出土铁铲的金相组织

图中白色部分为铁素体基体,黑色团絮状为石墨组织,证明铁铲已是黑心可锻铸铁。说明见本书第二章第三节。

图版 4　河北满城 1 号汉墓出土西汉灰口铸铁轴承(铜)的金相组织

图中的片状石墨组织证明轴承是灰口铁。说明见本书上编第二章第三节。

图版 5　河南南阳瓦房庄汉代冶铁遗址
　　　　出土东汉铁浇口的金相组织

铁浇口的金相组织有片状石墨存在,同时经过化验,含磷 0.7%,证明它是高磷灰口铁。说明见本书上编第二章第三节。

图版 6　巩县铁生沟西汉冶铁遗址出土铁镢的金相组织

图中有球状石墨核心和放射性结构。这是一种类似球墨的铸铁。说明见本书上编第二章第三节。

图版 7　渑池窖藏出土汉魏257号"陵右"Ⅱ式斧銎部的金相组织

图中白色部分为铁素体,黑团为球状石墨组织,片状为珠光体基体。这是一种类似球墨的铸铁。说明见本书上编第二章第三节。

图版 8　河北沧州市原开元寺五代佛座——铁狮

铁狮现在沧州市东南沧州古城内,周广顺三年(公元953年)铸造。身长6.8米,连头高5.4米,重约40吨以上。说明见本书上编第六章第四节。

图版 9　湖北当阳玉泉寺北宋铁塔

北宋嘉祐六年(公元 1061 年)铸造。共十三层,分层铸造,套接而成。八角形,高 7 丈。说明见本书上编第六章第四节。

图版 10　湖北当阳玉泉寺北宋铁塔侧面

图版 11　湖北当阳玉泉寺北宋铁
　　　　塔底层

底层八角铸有金刚,冠胄衣甲,一手托塔站立。

图版 12　山西太原市晋祠的
　　　　北宋镇水金人

晋祠的金人台四角,各立有铁铸的镇水金人一尊,高 2 米多。这是西南角的一尊,铸造于绍圣四年(公元 1097 年)。说明见本书上编第六章第四节。

图版 13　甘肃敦煌榆林窟西夏
　　　　壁画锻铁图

这张西夏的锻铁图中,锻铁炉使用木扇,木扇有两根推拉杆,由一人用两手同时一推一拉,不断鼓风。采自《榆林窟》。说明见本书上编第六章第二节。

图版 14　近代山西晋城县坩埚
　　　　炼铁法所用的方炉

　　炉中正使用坩埚炼铁，炉的前面排列的是正在烘干中的新制坩埚。

图版 15　元代铸造煎盐用的铁
　　　　盘的化铁炉

　　这是元代至顺元年(公元 1330 年)绘制的《熬波图》的第三十七图，原称"铸造铁柈(盘)图"。采自《吉石庵丛书》影印清代《画院摹永乐大典本》。说明见本书上编第七章第一节。

图版 16　长沙杨家山 65 号楚墓出土春秋晚期钢剑

　　1976 年 4 月发掘出土。表面氧化，剑首已残，剑身中脊隆起。通长 38.4 厘米，茎长 7.8 厘米，剑身长 30.6 厘米，宽 2—2.6 厘米。格用铜制，长 0.9 厘米，宽 4.6 厘米。在剑身断面上用放大镜可见到反复锻打的层次约 7—9 层。

图版 17　长沙杨家山 65 号楚墓出土春秋晚期钢剑金相组织

离剑锋约 3 厘米处取样观察，金相组织为含有球状碳化铁的铁素体组织，组织较均匀，铁素体晶粒平均直径为 0.003 毫米。由碳化物的数量估计，原件相当于0.5％左右碳的钢经高温回火处理。

图版 18　河北易县燕下都 44 号墓出土 100 号残钢剑的金相组织

图中所示弯折，可以证明它是用渗碳制成的薄钢片，对折叠打而成。说明见本书下编第八章第二节。

图版 19　河北易县燕下都 44 号墓出土 12 号钢剑的淬火组织

淬火组织表现为针状的马氏体。

图版 20　河北满城 1 号汉墓出土错金书刀的金相组织

图中基体为铁素体及珠光体，中有高碳带分层，内有黑条状是夹杂物。说明见本书下编第八章第二节。

图版 21　河北满城 1 号汉墓出土错金书刀刃部的淬火组织

图的中间黑条状是夹杂物；上侧未淬透层是马氏体及细珠光体（黑色团状）；下侧淬火组织为针状的马氏体。

图版 22　渑池窖藏出土汉魏 471 号 Ⅰ式斧刃部金相组织

刃部表面为珠光体，含碳量 0.7%—0.8%。中心部分基本上没有石墨析出，珠光体较刃部显著减少。证明是用固体脱碳方法制成的钢。说明见本书下编第九章第一节。

序　言

　　"冶铁"一词，在古代，泛指炼铁、炼钢和铸造、锻造等技术。本书沿用这个名词，用来概括这些技术。同时在具体叙述中，则严格加以区别，以免混淆。

　　关于中国冶铁技术发展的历史，不仅是科学技术史研究的重要部分，而且是中国古代史研究中的重要课题。因为它直接关系到生产工具的改进，并关系到古代社会生产力的提高和发展。

　　中国古代之所以能够比欧洲早一千年出现封建社会，其中一个很重要的原因，就是由于中国古代社会生产力很早得到了比较高度的发展，这是和当时冶铁技术的高度发展分不开的。中国至迟到春秋晚期已发明生铁冶铸技术，这项发明比欧洲要早一千九百多年，欧洲直到封建社会中期（14世纪）才推行这种技术。中国至迟在战国早期已创造铸铁柔化处理技术，已能把生铁铸件经过柔化处理变为可锻铸铁（即韧性铸铁），这又早于欧洲两千三四百年，欧洲要迟至封建社会末期（18世纪初叶）才应用这种技术。当时我国由于生铁冶铸技术的发明,铁的生产率大为提高;又由于铸铁柔化处理技术的创造,使得白口铁铸造的工具变为韧性铸铁,大大提高了工具的机械性能。正是因为春秋战国之际冶铁技术得到高度发展,标志着当时高度发展的生产力水平,这就可能引起生产关系的变革,促使封建社会较早地诞生。

中国在封建社会前期之所以能够出现像战国、秦、汉那样物质精神文化高度发展的阶段,显然与当时高度发展的生产力水平有关,与当时高度发展的冶铁技术水平也是分不开的。中国在战国、秦、汉时期,生铁冶炼技术有较快的发展,铸造铁器技术又有了长足的进步,铸铁柔化处理技术也达到了先进水平,因而韧性铸铁的工具特别是农具得到了广泛的使用,这样当然大有助于农业生产的发展。至少到公元前 1 世纪的西汉后期,中国人民就创造了生铁炒炼成熟铁或钢的技术,这项发明又比欧洲要早两千多年,欧洲要到 18 世纪中叶才创造"炒钢"技术。至迟在公元 5—6 世纪的南北朝时代,我国人民又发明了"灌钢"冶炼法,这种以生铁水灌注熟铁的炼钢方法是中国人民独特的创造,这在世界钢铁冶炼技术发展史上是值得大书特书的。到封建社会后期的唐、宋时代,这种炒钢和灌钢技术以及锻造技术又有进一步的发展。中国在封建社会后期之所以能够出现像唐、宋那样物质精神文化进一步高度发展的阶段,应与当时冶铁技术和社会生产力的进一步发展有密切关系。唐、宋时代由于炼钢技术和锻造技术的进一步发展,使得锻造的大型钢刃熟铁农具代替了过去铸造的小型薄壁韧性铸铁农具,从而提高了农业生产技术,使农业生产得到进一步的发展。

作者开始从事这个课题的探索是在 1954 年春天。那时正在上海博物馆担任领导工作,有个炼钢厂的工作人员看到陈列室里陈列有古代钢铁刀剑,写信来提出了这样一个问题:"炼铁炼钢需要较高的温度和一定的技术,我国古代劳动人民是怎样杰出地创造这种技术的? 是掌握了怎样出色的技术来炼成宝刀宝剑的?"作者感到一时难以作出科学的答复,因此意识到这个课题的科学研究的重要性,开始向这方面摸索。

在 50 年代,这个研究领域还是一块荒地,有关这方面的研究成果很少,只见到下列两篇论文:(1)李恒德先生的《中国历史上的钢铁冶金技术》,发表于 1951 年 12 月《自然科学》1 卷 7 期。这篇论文讨论了中国为什么能够早欧洲一千多年发明生铁冶铸技术,还初步分析了宋代沈括《梦溪笔谈》和明代宋应星《天工开物》所记述的炼铁炼钢技术。(2)周志宏先生的《中国早期钢铁冶炼技术上创造性的成就》,发表于《科学通报》1955 年第 2 期。这篇论文记述和分析了1938 年四川重庆流行的"苏钢"冶炼技术。这两篇论文的作者都是科学界前辈,他们开始对中国文献上记载的和流传在民间的炼铁炼钢技术作了科学分析。尽管这些分析是片断的,没有能够追溯它的起源和流变;尽管由于不了解它的起源和演变,不免产生了一些误解(例如李恒德先生误认为灌钢是把硬的生铁嵌在柔铁中,后世演变为"夹钢"),但是他们的探索,对我国冶铁技术发展史的研究还是起了促进作用。

要做好中国冶铁技术史的研究,需要从事下列四方面的工作:(1)对流传在中国各地的土法炼铁、铸铁、炼钢技术进行调查研究,并搜集有关资料,探索它的起源和流变,从而追溯古代冶铁技术的发展情况;(2)从古代的科技著作、有关制造武器著作以及笔记、方志等史料中,广泛搜集有关冶铁技术的资料,从而探索中国历史上各个时期冶铁技术的发展情况;(3)广泛调查和发掘各个时期的重要冶铁遗址,从而探索各个时期的炼铁技术、铸造技术和炼钢技术、锻造技术;(4)与此同时,还必须对已出土的各个时期有代表性的铁器进行科学化验和金相鉴定,从而进一步探索各个时期冶铁技术的发展水平。要做好上述四方面的工作,不仅要具备有关的历史知识,还要懂得冶金技术,又要了解欧洲冶铁技术的发展历史,以便作好比较研究,更要进行大量的考古工作和对出土铁器的化验鉴定工作。这就需要史学工作者、考古工作者和冶金工作者密切合作。

当作者开始向这方面摸索的时候,存在的具体困难是很多的。许多史料分散在各处,前人没有作过系统的整理;各时期的重要冶铁遗址发现不多,而且都没有经过科学的发掘;已出土的各时期有代表性的铁器也还有限,而且都没有经过科学化验和金相鉴定;流传在各地的土法冶铁技术大都没有经过调查,更没有进行科学的分析。因此感到一时不可能取得全面的有系统的研究成果,只能采取逐步探索的办法,逐步争取各方面研究的进展。我当时总的探索目标是:摸清中国古代炼铁、炼钢技术及其铸造、锻造技术发展的轮廓和线索。因为只有在了解总的发展轮廓和线索之后,才有可能从各方面作进一步深入的科学研究。

作者按照这样的探索目标开始摸索,在 1955 年写成了两篇论文:(1)《试论中国古代冶铁技术的发明和发展》,发表于《文史哲》月刊 1955 年第 2 期;(2)《中国古代冶铁鼓风炉和水力冶铁鼓风炉的发明》,收入李光璧、钱君晔编《中国科学技术发明和科学技术人物论集》,1955 年 12 月三联书店出版。接着,就在这个基础上,再作进一步的探索,写成了《中国古代冶铁技术的发明和发展》一书,1956 年 10 月由上海人民出版社出版。作者编写这本小书的目的,就是想给中国古代冶铁技术发展的历史,初步理出一条线索,期望引起史学工作者和考古工作者的重视,并得到研究冶金的学者的帮助。作者在这本书《校后补记》的末段,在说明研究这个课题的重要性之后,提出了这样的呼吁:"一般历史学者缺乏冶金史的科学知识,很难在这方面作深入的科学研究,我们希望研究冶金的学者多多注意这个问题,并展开深入的讨论和研究,以促使这个问题早日得到解决。"

作者从事中国古代史的研究,而不是冶金史的专门研究者,编写有关冶铁技术史的著作,目的在于抛砖引玉,想引起学者们的重视,为推进这方面的科学研究工作而共同努力。十分高兴,《中国古代冶铁技术的发明和发展》这本书的出版,达到了预期的效果,引起了国内外学者特别是科学技术史研究者的注意和重视。英国李约瑟先生就是因为看到这本小书,来到我国访问时,专门同我讨论一些有关问题,特别是灌钢冶炼法的源流问题,他十分珍视这方面的研究成果。

正是由于国内外学者的重视和督促,促使我这个古代史研究者向这方面作进一步的探索,得到了一些进展。通过对古代有关文献的摸索,通过对近代流传在全国各地土法炼铁炼钢技术源流的探讨,初步了解了我国冶铁技术发展历史的基本轮廓和线索,因而把旧著加以改写,写成了《中国土法冶铁炼钢技术发展简史》一书,1960 年 2 月由上海人民出版社出版。但是由于冶铁技术史料还没有全部掌握,尤其是笔记、方志中的有关史料还没有充分利用,许多古代重要冶铁遗址没有经过科学发掘,许多出土铁器没有经过化验和金相鉴定,这部书虽经大量增补改写,还是有很大的局限性。

值得庆幸的是，有关冶铁技术史的学术讨论开展了。例如关于元代王祯《农书》上所载炼铁炉的水力鼓风机（水排）的复原问题，曾引起了讨论。作者前见清代聚珍版《农书》所绘《卧轮式水排图》，把"掉枝"误装在"上卧轮"上，使"旋鼓"和整个牵动"木扇"的机件不相联属，因而根据由回旋运动变为往复运动的原理，把"掉枝"改装在"旋鼓"上来，使它能够转动，画了复原图，见拙作《中国古代冶铁鼓风炉和水力冶铁鼓风炉的发明》一文和《中国古代冶铁技术的发明和发展》一书。但是，这张复原图还存在缺点，使"旋鼓"脱离了木架，这样的装置还不稳妥。李崇洲先生在《文物》1959年第5期上，发表《古代科学发明水冶鼓风机——水排及其复原》一文，对《农书》的卧轮式水排和立轮式水排都作了复原，并画出了示意图。李崇洲先生对作者所画《卧轮式水排复原图》提出了校正意见，依然把"旋鼓"装在木架下，并把"掉枝"装在木架上的"旋鼓"的"转轴"上，这是符合《农书》原意的。后来刘仙洲先生《中国机械工程发明史》（科学出版社1962年出版）第一编第52页所绘"稍加改正"的《农书水排图》，也采用这样的复原图。但是，李崇洲先生所绘《立轮式水排示意图》，很不正确，图中用绳索悬挂着木框，在木框中装置着横立的"偃木"，这和《农书》所说"篦头竖置偃木，形如初月，上用秋千索悬之"的原意不合，而且这样的复原装置不可能达到鼓风的效果。作者因此写成《关于水力冶铁鼓风炉"水排"复原的讨论》一文，发表在《文物》1959年第7期，一方面表示接受对原来所画《卧轮式水排复原图》的校正意见，另一方面根据《农书》原意，指出李先生对立轮式水排复原的错误，并另作复原，画出了一张准确的《立轮式水排示意图》。接着，李崇洲先生写成《关于"水排"复原之再探》一文，表示接受作者关于立轮式水排的复原意见，取消了悬挂的木框，把初月形的"偃木"竖装在"直木"上；但是还坚持认为王祯《农书》上的"水排"是东汉时代形式，并认为《农书》上《水排图》中长方形鼓风器不是"木扇"而是韦囊。因此作者又写成《再论王祯〈农书〉"水排"的复原问题》一文，再作商讨。以上两文，同时发表在《文物》1960 年第 5 期上。关于王祯《农书》上两种"水排"的复原，经过这样反复的讨论，就更加准确了。

最近二十多年来，中国冶铁技术史的研究取得了很大的进展，除了根据文献记载加以探索和依据流传在各地的土法冶炼加以追索以外，古代冶铁遗址的发掘工作取得了很大成果，出土古代铁器的化验和金相鉴定也取得了很大成绩。这些都是考古工作者和冶金工作者努力合作的结果。

在古代冶铁遗址发掘方面，以河南省汉代冶铁遗址的发掘所取得成果最大。从 1958 年以来，河南省先后发现汉代冶铁遗址十五处，其中经过发掘或局部发掘，发表考古报告或发掘简报的有五处：(1)巩县铁生沟遗址，1959 年发掘，出版有考古报告《巩县铁生沟》，1962 年文物出版社出版。(2)温县招贤村遗址，1974 年局部发掘，出版有考古报告《汉代叠铸——温县烘范窑的发掘和研究》，1978 年文物出版社出版。(3)鹤壁市鹿楼村遗址，1958 年部分发掘，发表有《河南省鹤壁市汉代冶铁遗址》，见《考古》1963 年第 10 期。(4)郑州市古荥镇遗址，1975—1976 年两次发掘，发表有《郑州古荥镇汉代冶铁遗址发掘简报》，见《文物》1978 年第 2 期。(5)南阳市北关瓦房庄铸铁遗址，1959、1960 年发掘。发表有《南阳汉代铁工厂发掘简报》，见《文物》1960 年第 1 期。由于这些发掘取得出色成果，使我们对汉代炼铁炉和化铁炉结构以及冶炼技术、铸造技术有了比较深入的了解。

与上述考古发掘工作相配合,还展开了对古代铁器的化验和金相鉴定工作,主要也着重于各地出土的战国和汉、魏时期的代表品。已发表的重要铁器检验报告计有下列六篇:(1)孙廷烈同志《辉县出土几件铁器底金相学考察》,刊于《考古学报》1956年第2期;(2)华觉明、杨根、刘恩珠同志《战国两汉铁器金相学考查的初步报告》,刊于《考古学报》1960年第1期;(3)冶军《铜绿山古矿井遗址出土铁制及铜制工具的初步鉴定》,刊于《文物》1975年第2期;(4)北京钢铁学院压力加工专业《易县燕下都44号墓葬铁器金相考察初步报告》,刊于《考古》1975年第4期;(5)北京钢铁学院金属材料系中心化验室《河南渑池窖藏铁器检验报告》,刊于《文物》1976年第8期;(6)长沙铁路车站建设工程文物发掘队《长沙发现春秋晚期钢剑和铁器》,刊于《文物》1978年第10期。由于这些铁器检验的结果,使我们了解到春秋晚期已能铸造白口生铁,已经发明炼制"块炼渗碳钢"技术;春秋战国之际已经发明铸铁柔化处理技术,能够炼制可锻铸铁(即韧性铸铁);战国中期已能铸造麻口生铁;西汉中期已能铸造灰口生铁,并能炼制"铸铁脱碳钢"。

根据上述考古发掘成果和出土铁器检验结果,进一步探讨我国封建社会前期冶铁技术发展水平的论文,有下列五篇:(1)北京钢铁学院李众(即理论组集体)《我国封建社会前期钢铁冶炼技术发展的探讨》,刊于《考古学报》1975年第2期;(2)北京钢铁学院李众《从渑池铁器看我国古代冶金技术的成就》,刊于《文物》1976年第8期;(3)中国冶金史编写组《从古荥遗址看汉代生铁冶铸技术》,刊于《文物》1978年第2期;(4)河南省博物馆、中国冶金史编写组《河南汉代冶铁技术初探》,刊于《考古学报》1978年第1期;(5)华觉明同志《汉魏高强度铸铁的探讨》,1978 年第 3 届全国铸造学会年会论文。上述这些论文的发表,使我们对于我国封建社会前期冶铁技术的发展线索和发展水平,都比较清楚了。这是最近五年来冶金研究者和考古工作者进一步合作所取得的可喜成果。在中国古代冶铁技术史的研究有了进一步发展的今天,有必要对我过去所写冶铁史的著作再次加以增补改写。通过增补改写,可以进一步显示出中国古代冶铁技术高度发展的轮廓和线索,从而说明中国古代社会生产力得以高度发展的重要原因。回顾我开始从事中国古代冶铁技术史的探索,到这次改写稿的完成,前后经历了一个世纪的四分之一时间。由于学术界的共同努力,这个课题的研究已经取得重大的进展,使我得到不少教益。我就是在这个基础上,改写成本书的。

目前我们对于中国古代冶铁技术发展史的研究,已经取得了重大进展,但是应该看到,还存在着许多不足之处,有待于我们进一步努力。中国封建社会前期冶铁技术的发展情况,固然我们已经比较清楚了,但是其中还有一些未解决的问题,有待于我们作进一步探索。例如在汉、魏铁器中发现的类似球墨的铸铁,究竟当时怎样炼制成的,需要我们作出科学的回答。至于我国封建社会后期冶铁技术的发展情况,有许多地方还不够清楚。因为我们对唐、宋以后的冶铁遗址还没有作过系统的发掘,唐、宋以后的铁器出土还不够多,同时我们对唐、宋以后有关冶铁技术的史料的搜集和探索,也还不够全面,不够深入。我的旧著,对于前期叙述和分析较详,对于后期反而较略。我这次改写的新著,仍然存在这个缺点。对于唐、宋以后冶铁技术的研究,今后必须加倍努力。

我们需要根据古代冶铁遗址发掘的结果和出土古代铁器鉴定的

结果,对各个阶段冶铁技术作出分析和研究;同时我们也需要结合有关冶铁技术的文献史料,作出有系统的综合和探索。只有这样,才能探索清楚中国古代冶铁技术的发展规律,从而科学地说明冶铁技术的发展对于古代社会生产力所起的促进作用。中国古代有关科技著作中谈到的冶铁技术,有些还有待于深入的探讨。例如《天工开物》所绘炼铁图中所谈到的"堕子钢",《中国冶金简史》(科学出版社1978年出版)把它看作一种特殊的炼钢方法,并列入《我国古代冶金技术大事记》中,作为明代的重要成就。我不同意这一看法,认为这不可能是一种炼钢方法,所谓"堕子钢"或"堕子生钢",只能是一种优质生铁。同时有些考古报道也还有问题,需要加以核实。例如1961年广东新会崖门附近发现南宋末年冶铁遗址,《南方日报》1961年10月20日报道"本省首次发现古代炼铁遗址",其中讲到:"令人最注意的是在遗址中还发现有石灰石、白云石与焦炭,可知当年炼铁方法与现代有所不同"。近来有许多学者根据这点认为中国使用焦炭炼铁开始于南宋末年。可是经过查对,得知这个报道是转载《羊城晚报》的,《羊城晚报》1961年10月18日的报道,原来是说:"值得注意的是在遗址中,尚未发现冶炼用的石灰石、白云石与焦炭等,可知当年冶铁方法与现代冶铁方法不同"。原来是"尚未发现"焦炭等,竟然误作"还发现有"焦炭等,真是一字之差,谬以千里了。这点,承广东省博物馆曾广亿先生查对后告知,很是感谢。

为了具体说明古代冶铁技术进步和社会生产力发展的关系,更需要系统地考察炼铁、炼钢和铸造、锻造技术逐步发展的成果,进一步阐述历史上铁农具的重要改革及其在农业生产中的具体作用。作者为此曾写成《我国历史上铁农具的改革及其作用》一文,刊于《历史研究》1980年第5期。作者认为，我国古代铁农具的重要改革，先后有三次。第一次在战国秦汉之际，由于生铁冶炼技术的发展和生铁柔化技术的发明，逐渐推广使用韧性铸铁农具（除了犁铧、犁壁使用白口铁铸造以外），成为促使农业生产出现第一个高峰的重要因素。第二次改革在唐宋之际，由于"炒钢"技术的发展和"灌钢"冶炼法的进步，逐渐推广使用钢刃熟铁农具。在耕犁上创造了犁刀的装置，手工耕具中出现了铁搭和踏犁，成为促使农业生产出现第二个高峰的重要因素。第三次改革在明清之际，由于"生铁淋口"技术的发明，推广使用"擦生"农具，对农业生产发展也起一定的作用。

在这次改写这部新著的过程中，我特别感谢自然科学史研究所华觉明先生的帮助。他把他在全国铸造学会年会上宣读的论文《汉魏高强度铸铁的探讨》一文，在没有正式发表以前就寄来供我参考和引用（按此文已发表于1982年1月出版的《自然科学史研究》创刊号）。他还多方面帮助搜集和翻印古代铁器的金相照片，以供我出版此书的需要。同时，承蒙湖南省博物馆提供长沙杨家山楚墓出土春秋晚期钢剑及其金相组织照片，还承湖北省当阳县文化馆董乐义先生提供当阳县玉泉寺北宋铁塔照片两张。全稿承蒙上海人民出版社历史读物编辑室林烨卿、张美娣两同志认真审阅校正。特此表示谢意。

绪　论

一　关于炼铁技术的发明

铁矿石是地壳主要组成部分之一,铁在自然界中是分布得极为广泛的。但是人类发现铁和利用铁,却比黄金和铜要迟。这是什么原因呢? 首先是由于天然的纯铁在地球上几乎找不到,不像自然金和自然铜那样容易被人发现。而且铁容易氧化生锈,只有和镍混合的铁才能持久不锈,但是含镍的自然铁又极稀少。

因为地球上很难找到自然铁,人类最早所发现的铁,是天空中落下来的陨星。陨星中有些是铁和镍合金,称为陨铁,其中所含铁的百分比是很高的,而且铁很纯净,细的夹杂物很少①,无论埃及或美索不达米亚地区的最古文明国家,所发现的最早的铁器都是由陨铁加

---

① 由于陨星在太空中形成时,从高温冷却凝固极其缓慢,从液体中析出的硫化物、磷化物、硅酸盐的晶体都很大,因而陨铁很纯净,细的夹杂物很少。

工制成的。考古学家曾在美索不达米亚苏美尔人所建的古乌尔城的古墓中，发现过一把陨铁所制成的小斧，而在古苏美尔语中，铁叫做"安巴尔"，意思是"天降之火"。很明显，苏美尔人最初用的铁是从"天降之火"中来的，所谓"天降之火"就是陨铁。当然，从天空中落下来的陨铁，为数是不多的，因此在用陨铁制作铁器时，铁一定是非常珍贵的。在埃及的前王朝时期（公元前 3500 年），曾用含镍 7.5％的陨铁制成铁珠（在今开罗南 80 公里格尔则出土）；在埃及十一王朝（公元前 2000 年）的一个墓里，出土了含镍 10.5％的陨铁制成的镶银辟邪护符。埃及第五至第六王朝（公元前 2400 年前）的金字塔所藏的宗教经文，曾记述当时太阳神等重要神像的宝座是用铁制成的。这种制作重要神像宝座用的铁，显然也是从陨铁得来的，在当时是被认为带有神秘性的珍贵的金属。

对于处在原始状态的民族来说，铁同样是非常珍贵的。在美洲，几个古代文化中心的印第安人，包括墨西哥的阿兹特克部落、尤卡坦的玛亚人和秘鲁的印加人，以及密西西比河流域的印第安人，都曾用陨铁制成箭头、小刀和其他工具。东南亚的马来族把自己炼制的宝刀，叫做"拍莫刀"，"拍莫"在马来语里是陨铁的意思，这种刀该是用陨铁制成的。

人类开始用陨铁制成铁器是很早的，但由于陨铁来源的稀少，铁在当时成为稀有的贵金属，当然它不可能对生产起什么作用。然而这时对陨铁的利用，毕竟使人们初次认识了铁，这对于后来铁矿石的冶炼技术的发明是有帮助的。

铁矿石冶炼技术的发明，是冶金史上新阶段的到来。因为铁矿在世界上分布既广，铁的性质又远比青铜坚牢锐利，等到铁开始为人类服务,生产工具便可得到很大的改进,生产力便可得到进一步的提高。恩格斯在《家庭、私有制和国家的起源》中指出:"铁已在为人类服务,它是在历史上起过革命作用的各种原料中最后的和最重要的一种原料。所谓最后的,是指直到马铃薯的出现为止。铁使更大面积的农田耕作,开垦广阔的森林地区,成为可能;它给手工业工人提供了一种其坚固和锐利、非石头或当时所知道的其他金属所能抵挡的工具。"[①]

铁矿石中的铁,一般呈氧化物状态,如赤铁矿(Fe_2O_3)、磁铁矿(Fe_3O_4)、褐铁矿(含结晶水的 Fe_2O_3)、菱铁矿($FeCO_3$,热分解后成为 FeO)等。在一定温度下,铁矿石中的氧化铁与还原剂(木炭及其他燃烧物所产生的一氧化碳)接触,便可逐渐还原成铁。大约500—600摄氏度以上就开始还原,要到1 000度左右,才能得到含碳量很低的固体铁块。

在冶铁技术发明初期,炼铁炉很小,构造也很简单。炉身一般用石头和耐火粘土砌成,有的用石头砌成后涂上耐火粘土,有的全用耐火粘土砌成。炉体大多呈圆形。炉子下身的侧部有一个小孔,插有陶制通风管。多数依傍山坡,利用自然通风。后来进一步用皮囊作鼓风器,用来送进空气。炼铁时,把碎矿石和木炭一层夹一层地从炉子上面加进去,生了火,用一两个皮制风囊鼓动着,把空气从炉侧陶管中不断地压送到炉子中去。这种初期的炼铁炉,因为炉子小,风囊不大,用人力所鼓动出来的风又不够有力,因此吹旺的炭火,温度就

---

① 《马克思恩格斯选集》第4卷,人民出版社1972年版,第159页。按:马铃薯是16世纪传入欧洲的。

不够高,约为 1 000 摄氏度左右,被还原(即去了氧的)的铁块沉到炉底时,就不能熔化为液体流出炉外。每次炼成铁以后,要等炉子冷却,才能把铁块取出来。这样从炉中炼成的铁,是软的、海绵似的熟铁块。这种海绵似的熟铁块,结构疏松,表面很多孔隙,孔隙中夹有矿石本身存在的许多氧化物,主要是未还原氧化铁(FeO)以及氧化铁和硅酸盐(SiO_2)的共同结晶组成的杂质,需要在锻铁炉中烧红后,经过不断锻打,才能挤出一部或大部分杂质,取得较纯的熟铁块,锻造成各种铁器。

这种早期的炼铁技术,曾被称为“块炼法”或“低温固体还原法”。其产品被称为“块炼铁”或“海绵铁”。这样的炼铁法,产量低,费工多,劳动强度大,浪费原料多,而且产品不够坚牢耐用。恩格斯曾经指出:“最初的铁往往比青铜软。”[①]只有在炼铁技术进步后,才能提高铁的质量,使铁的坚牢锐利远远超过青铜。

这种冶铁技术究竟最初发明于何时何地,曾经是人们注意和争论的问题。许多学者往往依据考古学上的新发现,变更发明的时间和地点。从目前已有的资料来看,各地铁器的应用是有先后的,那种以为冶金技术来自一个“母国”的说法,完全是不科学的臆说。很显然,凡是一个地方具备了发明某种冶金技术的地理条件和历史条件时,就完全可能创造出某种冶金技术。事实也正是如此,铁在远古时代,是在距离遥远的各个地区,在不同时间出现的。中国冶铁技术的发明,同亚洲西南部和欧洲、非洲所有文明国家的冶铁技术是毫无关联的。许多原始的部落在各别的地区,而且在不同的时间,也都已有

---

① 《马克思恩格斯选集》第 4 卷,人民出版社 1972 年版,第 159 页。

冶铁技术的发明。

一般说来，冶铁技术发明于原始社会的末期，就是恩格斯所说的野蛮期的高级阶段。恩格斯曾说野蛮期的高级阶段是"从铁矿的冶炼时开始"。又说，"一切文化民族都在这个时期经历了自己的英雄时代：铁剑时代，但同时也是铁犁和铁斧的时代。"①这个铁犁与铁斧时代的到来，对于社会生产力的发展是起着巨大作用的。有许多民族由于掌握了铁器手工业，随着社会生产力的发展，随着财富的增加，随着社会分工的扩大以及交换的发展，逐渐由原始公社制过渡到奴隶制社会。但是我们要知道，并不是所有的民族都是如此的。有许多民族由于自然条件的关系，由于采用人工灌溉的关系，特别是由于掌握了较高的农业生产技术，使生产力有了较大发展，因而在拥有青铜器工具的时候，已经过渡到阶级社会。在这些青铜器时代已进入阶级社会的民族中，是在进入阶级社会后再发明冶铁技术的。例如古代的埃及和巴比伦就是如此，古代的中国也是如此。

世界上铁矿石冶炼技术的最早发明的时期，目前学术界还在讨论，暂时还不能确定。比较可靠的时期是公元前 14 世纪，因为埃及、两河流域、爱琴等地区在这个世纪都已有铁器应用，在埃及阿马尔纳出土的埃及法老同赫梯国王来往的信札中关于铁的文字记载，也是属于这个世纪的。但是在这个世纪内，铁在各地还是以装饰品的形式出现的，都是些珍贵的精美的工艺品。在冶铁技术刚发明时，铁还是作为贵金属出现的，在意大利大约出现在公元前 12 世纪，在俄国、

---

① 《马克思恩格斯选集》第 4 卷，人民出版社 1972 年版，第 21、159 页。

德国、斯堪的纳维亚半岛大约出现在公元前 10 世纪。大概在公元前
9 世纪,在欧洲,铁的应用才开始推广,到公元前 8—前 7 世纪,整个
欧洲才比较普遍用铁,在武器和重要工具的制造上,铁排挤了青铜。
至于中国开始发明冶铁技术的时期,学术界正在讨论中,暂时也还没
有一致的结论,我们将在本书上编的第一章中加以探讨。

二　关于铁的类别和炼铁技术的发展

我们所谈的炼铁技术,并不是冶炼纯铁的技术。纯铁是很难提
炼的,就是用电解方法得出来的铁,也还含有少量的碳。而且纯铁很
软,用处不大。自古以来冶铁工业所冶炼的铁,主要是块炼铁(或熟
铁)、生铁和钢三种。这些铁,实质上是"铁碳合金",它们之间的区别
主要在于含碳量的多少。含碳量在 0.5% 以下而含有其他杂质和渣
滓的是块炼铁或熟铁,也称"软铁",或称"锻铁"。如果含碳量很低而
杂质少的,就是低碳钢。含碳量在 0.5%—2% 而杂质少的,是中碳钢
和高碳钢。但实际上一般钢的含碳量多低于 1.4%,很少达到 2%。
古人所说的钢,就是指中碳钢和高碳钢。含碳量在 2%—5% 的是生
铁,也称"铣铁"。因为它只能用熔化、浇注的方法铸造成型,又称
"铸铁"。

熟铁比生铁和钢软得多,有延展性,烧红后可以锻打成各种器
物。熟铁因为含碳量少,熔点较高,大约近于 1 500 摄氏度(纯铁熔点
为 1 537 度),而早期的炼铁炉由于炉子小,鼓风设备差,或者采用自
然通风,炉温不高,很难把它熔化。这种由矿石直接炼成的熟铁块,
我们称为"块炼铁"。等到发明生铁铸造技术之后,生铁成为铁的主
要产品,往往用生铁为原料,通过加热炒炼,使其中的碳大部氧化烧

掉,从而取得熟铁,其中所含杂质比"块炼铁"要少。

　　生铁硬度比熟铁高,又比较脆,不适于展接和锻接,而适于用铸范铸成各种器物。凡是熔化的铁很容易熔解碳,温度愈高愈容易熔解。熔解了多量碳的铁,就成为生铁。生铁熔点低,最低达 1 146 摄氏度,比熟铁约低 300 度。在早期冶炼块炼铁的时候,如果炉子高大些,通进空气多些,炉内温度较高,偶或也能使一些铁矿石熔化,得到含碳量较多的生铁。起初,人们把它当做废品抛弃掉,后来才利用它做成铸锭或铸成铁器。这样就逐渐发明了生铁铸造技术。因为铁矿主要成分是氧化铁,它和二氧化硅及其他杂质混在一起,所以当生铁铸成时,硅、锰、磷、硫等元素就渗进不少。

　　生铁又可分为白口生铁、麻口生铁和灰口生铁三种。一般生铁如果没有硅或含硅很低,或者含碳量较低,极大部分由碳化铁(Fe_3C,即渗碳体)构成,切面就呈白色,称为白口生铁或白口铁。这种铁又硬又脆,但较耐磨,适宜于制造犁铧之类农具,不适宜于制造需要强度和韧性的工具。硅能使碳化铁分解成游离的碳和铁,生铁如果含硅在 1.5%—3% 之间,大部分碳分就处于游离状态,成为片状石墨,切面就呈灰色,称为灰口生铁或灰口铁。灰口铁比白口铁硬度低,脆性较小,具有良好的耐磨性和润滑性能,并具有能消减机件本身振动的消振能力,其耐磨性能高于一般的钢。因而这种铁适宜作轴承材料和铸造各种铁器,用途广泛。介于白口铁和灰口铁之间的,即白口铁中含有片状石墨的,称为"麻口铁"。一般说来,要炼出灰口铁需要更高的温度,在技术上有更高的要求。因而在生铁冶铸技术发明的初期,炼出的生铁都是白口铁;等到技术进一步发展,才能炼出灰口铁。

钢是含碳量 0.025％—2％的铁基合金,常含有微量的硅、锰、磷、硫等杂质,熔点约为 1 400—1 500 摄氏度,性质坚韧而锋利,有良好的塑性,适宜于锻造工具、武器以及各种机械。古代炼制的钢,含有碳分而不含其他合金元素,现在称为"碳素钢"。现代含有一种或一种以上合金元素的钢,称为"合金钢"。

生铁和钢的性质,不仅与其含碳量有关,而且与其内部组织有密切关系。为了说明各种类别的铁和钢的冶炼技术的发明和发展,不能不把铁碳合金的内部组织作简要的介绍。

在铁碳合金中,由于它们含碳量的比例不同和冶炼时的温度不同,分别组成了化合物、固熔体或混合体。化合物是指铁和碳的化合物,固熔体是指铁碳合金在固态下彼此熔解而形成的结晶体。具体说来,生铁和钢的内部组织,有渗碳体、铁素体、奥氏体、珠光体和石墨。

(1) 渗碳体是铁和碳组成的化合物。即碳化铁(Fe_3C),具有独特的结晶形式。含碳量为 6.66％。它是一种不十分稳定的化合物,在特定条件下会分解为铁和石墨。它的硬度很高,脆性极大,几乎没有塑性。

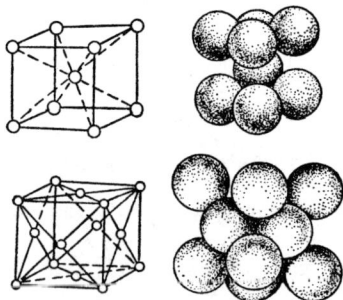

图 0-1　铁碳合金的两种原子排列方式
上图:体心立方体排列
下图:面心立方体排列

(2) 铁素体是含碳很低的固熔体。铁素体和奥氏体是不同温度下的两种原子排列方式。在 910 摄氏度以下,或者在 1 535—1 390 度之间,铁素体的原子呈"体心立方体排列",这种排列的特点是原子分布在立方体的八个角和立方体的中心(参看图0-1)。铁素体熔解碳的能力较低,在723度时含碳为0.02%。它的硬度强度较低,具有很好的塑性和韧性。

(3) 奥氏体是含碳较高的固熔体。当温度升到一定高度时(纯铁在910—1390度时,含碳0.8%时在723度以上),原子呈"面心立方体排列",这种排列的特点是原子分布在立方体的八个角和每个面的中心(参看图0-1)。它熔解碳的能力较高,在1130度时最大熔解度可达2%。温度降低,它的熔解度也就减少。奥氏体无磁性,具有良好的塑性和较低的变形抗力。

(4) 珠光体是铁素体和渗碳体的混合物。当奥氏体慢慢冷却到723度左右,就分析出一定比例的铁素体和渗碳体,形成层状混合物组织,称为珠光体。珠光体含碳量为0.8%,硬度强度较高。

(5) 莱氏体是奥氏体和渗碳体的共晶体,是含碳量4.3%的生铁液体冷却到1130度时由于凝固而形成的。莱氏体是生铁特有的组织形态。奥氏体在723度时变成珠光体,因此在低于723度时,莱氏体就会转变为珠光体和渗碳体的混合物。

(6) 石墨是碳的一种结晶体。它只存在于生铁之中。生铁中含碳量多、含硅量多,冷却速度慢或经相当的热处理,则碳成石墨状态存在。反之,含碳量少、含硅量少,冷却速度快,则碳成化合状态存在,成为碳化铁,即渗碳体。少量的细小而均匀分布的石墨对生铁性能有利,而以含有球状石墨的生铁的机械性能最好。

由于内部组织不同,生铁可分为下列三种:

(1) 共晶铸铁。含碳约4.3%的铁碳合金从液态冷却到1130度左右。如果是白口铁,则同时析出奥氏体和渗碳体,形成由奥氏体和渗碳体所组成的莱氏体；如果是灰口铁，则同时析出奥氏体和石墨。这种过程称为"共晶反应"[①]。这种生铁称为"共晶铸铁"。

（2）亚共晶铸铁。含碳低于 4.3% 而高于 2% 的铁碳合金，凝固时先析出一部分奥氏体，其余凝固成共晶体。这种生铁称为"亚共晶铸铁"。

（3）过共晶铸铁。含碳高于 4.3% 的铁碳合金凝固时，如果是白口铁先析出渗碳体，如果是灰口铁先析出一部分石墨，其余凝固成共晶体。这种生铁称为"过共晶铸铁"。

由于内部组织的不同，钢又可分为下列三种：

（1）共析钢。含碳约 0.8% 的钢凝固后成为奥氏体，缓慢冷却到 723 度左右，同时析出铁素体和渗碳体。这个过程称为共析反应。由于共析反应而产生的铁素体和渗碳体的混合物组织，就是珠光体。共析表示从一种原子排列的固态同时析出两种原子排列的固体。这种钢称为"共析钢"。

（2）亚共析钢。含碳低于 0.8% 的钢，冷却时从奥氏体先析出一部分铁素体，其余分解为珠光体。这种钢称为"亚共析钢"。

（3）过共析钢。含碳超过 0.8% 而低于 2% 的钢，冷却时从奥氏体先析出一部分渗碳体，其余分解为珠光体。这种钢称为"过共析钢"。

兹将纯铁、钢、生铁的含碳范围和基本组织的情况，列表于下：

---

① "共晶"是指一定成分的合金在某一温度同时结晶出两种不同成分的晶体。由于共晶反应形成的两种晶体混合物，称为"共晶体"。

类　别	纯　铁	钢			生铁（白口）		
		亚共析	共　析	过共析	亚共晶	共　晶	过共晶
含碳范围	0.02% 以下	0.02%— 0.8%	0.8%	0.8%— 2.0%	2.0%— 4.3%	4.3%	4.3% 以上
室温的基 本组织	铁素体	铁素体 珠光体	珠光体	珠光体 渗碳体	珠光体 莱氏体	莱氏体	渗碳体 莱氏体

以上为了便于说明冶铁炼钢技术发展的历史，把铁和钢的成分和组织作了简要的分析。

从欧洲冶铁技术发展的历史来看，初期进步不是很快的，早期的炼铁炉不能冶炼生铁。由于铁的熔点较高，不容易从冶金炉中将铁熔化成液体。如何提高炼铁炉的温度，从而使炼出的铁成为液体，以提高冶炼的生产率，在欧洲曾经是长期不能解决的问题。直到中世纪中期，由于水力鼓风炉的创造和发展，才基本上解决了这个问题。在欧洲，从块炼法到发明冶炼生铁技术，先后经历了两千五六百年之久。

欧洲中世纪中期所创造的冶铁鼓风炉，构造大体上和过去的炼铁炉差不多，也是从上面加料和从下面通风的，不过比以前所用的要高大得多。在 14 世纪中叶出现于比利时的所谓"狼炉"，就高到 4.5 米左右。由于炉身高大，容得下更多的炭和铁，使一氧化碳和矿石原料接触而起作用的时间增长；同时由于炉内温度较高，使渗碳作用增长，铁就容易熔化，铁在熔化中又能多吸收碳分，吸收碳分多就可以降低铁的熔点，含碳量到 2% 时，熔点为 1 146 摄氏度，因此炼铁炉温度到 1 200 度左右，就可以使铁熔化成为液体，下沉炉底时便变成生铁。生铁的熔点比熟铁低，而鼓风炉的温度比过去炼铁炉要高，因而炉里最后得到的是流动状态的熔化的生铁，不再是熟铁块了。这种炉子所以叫做狼炉，因为早期的狼炉仍是要等到炉冷以后把铁块取出的,那时人们把这种铁块叫做"狼"。

鼓风方法的革新,是提高冶铁技术的主要关键。这时鼓风炉由于采用了水力鼓风的方法,用水轮来鼓动风囊,风囊便可造得更大,鼓风炉也就可以造得更高,可以把较多的空气很有力地压送到炉中,以提高炉中的温度,熔化较多的矿石,以加速冶炼的进程和提高铁的生产率。在欧洲,这种水力鼓风设备,12世纪开始在部分地区出现。到14世纪,这种水力的鼓风设备在欧洲逐渐普遍起来,一直流行到17和18世纪。

这种水力鼓风炉就比过去的炼铁炉进步得多。因为炉里炼出来的铁是熔化成液体的生铁,冶铁工人便可让液体的生铁从炉里流出来,铸成铸锭。这样,炉子每炼成一炉铁就不必冷却,炉子就可不间断地工作下去,只要按照需要的分量加进矿石和炭,每隔一定时间把生铁和熔渣放出来。

由于鼓风方法的革新,鼓风炉就造得越来越高大。到1680年时,英国已有了高达9米的鼓风炉,一连可炼铁好几个月。这样炼出来的生铁块就比较大,于是人们就不再把它叫做"狼",而把它改称为"猪"了。到18世纪,欧洲各国已普遍采用高大的鼓风炉,例如俄罗斯的西伯利亚乌拉尔地方的鼓风炉,炉身高到10.5—13米,直径大到3.6—3.9米,装置有水力推动的强大的圆筒形鼓风器六具,每星期可以生产生铁2 000—3 000担。

这种较大的水力鼓风炉的创造和冶炼生铁技术的发明,在中世纪的冶铁技术史上是一次重大革新。它利用水力鼓风,把工具从人手里移到机械上来,机械代替了单纯的手工工具,不仅技术有了进一步的提高,更重要的是替扩大鼓风炉的构造创造了条件,使鼓风炉可以不间断地进行工作，大大提高了铁的生产率。自从鼓风炉出现后，生铁成了从矿石中炼出来的主要产品，这就促进了铸铁手工业的发展，使铁器便于铸造。在生铁成为矿石中炼出来的主要产品后，在需要可锻的熟铁和钢铁时，固然发生了一些麻烦，要把生铁重新放到炉子中热烧很久，把生铁中的一部分碳烧掉，使生铁炒炼成熟铁。但是，这些麻烦比起鼓风炉的主要好处——生产率提高这点来，就显得不足道了。

有人把早期由铁矿石或矿砂直接炼得熟铁块的方法，叫做"块炼法"或"一步操作法"；又把这种先从铁矿石或矿砂炼得生铁，再由生铁炒炼成熟铁和钢铁的方法，叫做"两步操作法"。两步操作法远比一步操作法优越，不仅是由于炼铁炉比较高大，可以不间断地连续操作，大大提高了铁的生产率，而且由于操作方法的进步和生产率的提高，炼铁所消耗的燃料大为减少，同时矿石的回收率大大提高。过去采用一步操作法时，渣滓中含铁量竟达 50％之多，有一半的铁夹杂在渣滓中损失掉了，而采用两步操作法后，渣滓中含铁量就大为降低，损失很少。这样，铁的生产率提高了，成本也就降低了，而且质量也有很大的提高。所以这种两步操作法发明以后，不久就成为主要的炼铁炼钢方法。

冶炼生铁技术的发明和推广，对于生产力的发展是有很大的作用的。在没有发明冶炼生铁技术以前，炼铁炉生产的铁块，数量既少，又需经过多次锻炼，才能制成工具，所以当时铁的使用还不可能普遍，只有用于某些重要的武器和工具上①。等到冶炼生铁技术发

---

① 英国在 14 世纪时，铁只用于制剑和制造重要工具，还没有普遍到各种工具上。一般厨房中的用具，还都是黄铜制的。

明和推广以后,铁的生产率大为提高,这就能把铁普遍使用到农具和各种工具上,对于改进生产工具起了决定性的作用。从欧洲封建社会发展的历史来看,14世纪由于水力鼓风炉的推行,冶炼生铁技术的推广,铁的生产率大为提高,这对于中世纪后期生产工具的改进,社会生产力的提高,是具有决定意义的。

在冶铸生铁技术发明的初期,由于炼铁炉温度不够高,还由于渗进的硅的含量较低,不能使生铁中所含的碳在冷却凝固时成为游离的石墨状态,而全部以化合碳即渗碳体的形态存在,因此只能炼成白口铁。白口铁性脆而硬,不适宜用来铸造需要强度和韧性的生产工具。后来人们从生产实践中创造了生铁柔化处理技术,用白口铁经过适当的退火处理①,使渗碳体分解出石墨,分解出来的石墨一般成为团絮状,这样就改进了铁的机械性能,减少脆性,提高韧性,成为"可锻铸铁",也称"韧性铸铁"或"展性铸铁"。

可锻铸铁有"白心"和"黑心"两种:

(1)白心可锻铸铁,断面呈亮白色,显微组织中保留有珠光体,有少量团絮状石墨组织。这是用含碳量较高(2.8%—3.2%)的白口铁,在氧化性填料中进行退火处理得到的。铁中的碳大部分氧化,只留下少量的石墨组织。同时,因为退火时间不够长,珠光体来不及分解而被保留下来。

(2)黑色可锻铸铁,断面呈深灰色或黑色,基体为铁素体,有较多的团絮状石墨组织。这是用含碳量适当(2.2%—2.9%)的白口铁

---

① 将铁或钢加热到一定温度,保温一段时间,随后缓慢地冷却,这种热处理方法叫做退火。

经过长期高温的退火处理得到的。需要经过缓慢地加热到 870 度，保温后再缓慢地冷却，使"渗碳体"逐步分解出的石墨小片聚集在一起成为团絮状。

这两种可锻铸铁，是通过不同工艺的柔化处理技术而得到的。两者都经历了脱碳和石墨化两个过程，不过白心的以脱碳为主，黑心的以石墨化为主。黑心可锻铸铁，由于表面有软的铁素体，同时有较多的团絮状石墨，韧性比白心可锻铸铁好，并具有刚柔结合的特性，耐冲击。白心可锻铸铁在西方，是 18 世纪初叶出现于欧洲的，最早见于 1722 年的法国文献①，也称为"欧洲式展性铸铁"。黑心可锻铸铁在西方，是 1831 年出现于美国的，亦称"美国式展性铸铁"。

这种生铁柔化处理技术的发明，使生铁的性能得到改善，消除了白口铁的脆性，而有比灰口铁高的强度，因为灰口铁的石墨呈片状，而可锻铸铁的石墨呈团絮状。可锻铸铁虽然机械性能不及钢，但是铸造起来比较经济，而且容易铸造，能够代替部分铸钢件，还能制作形状复杂的薄壁铸件，因而便于推广应用。这对于铁制工具的推广有重大意义。

可锻铸铁由于石墨呈团絮状，比灰口铁的石墨呈片状的机械性能要好。如果铸铁中石墨呈分散的小球存在，那么它的性能就更好，何况在可锻铸铁中偶尔已有球状石墨存在。由于这个启发，到 1947 年左右，经过大量系统的科学实验，终于研制成功"球墨铸铁"。这是

---

① 根据爱奇森（L. Aitchison）所著《金属史》（A history of metals，1960 年出版）第 453—454 页，可锻铸铁的文献，最早见于法国列奥缪尔（R. A. F de R'eaumur）所著《熟铁炼钢技术和生铁柔化处理技术》（L'art de Convertir le fer forgé en acien et l'art d'adoucir le fer fondu，1722 年发表）。这书谈到：在 17 世纪末叶巴黎工人中盛行一种传说："生铁柔化的生产方法，早就被人发现，但后来又屡次失败了。"

利用含硅2%左右的灰口铁,在铸造时加入少量球化剂而取得的。最初在实验中用铈合金作球化剂,因价格昂贵和技术条件的限制,难以实际应用。后来改用镁或稀土镁合金作为球化剂试验成功,才得推广应用。球墨铸铁由于它的性能优良,工艺简便,成本低廉,很快在世界各地广泛应用,不但能部分代替灰口铁和可锻铸铁,而且还能部分地取代锻钢和铸钢。

上面我们所叙述的,是世界上冶铁技术的发明情况和早期冶铁技术的发展情况。我们了解了这些,就可以进一步研究中国冶铁技术发明和发展的历史了。中国是世界上最早发明生铁冶铸技术的国家,这项发明要比欧洲早一千九百年。中国又是最早创造生铁柔化处理技术的国家,这一创造要比欧洲早两千三百年。还值得注意的是,河南巩县铁生沟冶铁遗址出土的西汉时期铁镢和河南渑池窖藏铁器中汉、魏时期铁斧具有类似现代球墨铸铁的球墨组织。两千多年来我国人民在冶铁技术上不断有着新的发明和独特的创造,在世界科技发展史上曾经居于遥遥领先的地位。

三 关于炼钢技术的发明和发展

在欧洲,以块炼铁为原料,进行渗碳炼钢的技术大概发明于公元前10—前5世纪间。希腊作家把铁称为"西德罗斯",把钢称为"哈里普斯",后者由黑海东南岸一个小部落哈里布人而得名,因为希腊人认为哈里布人是炼钢技术的发明者。亚里士多德曾经说:"把铁放入熔炉,数次加热,可以得到优质的钢。"由此可见,当时已经发明固体渗碳的炼钢方法。同时,古典时代的作家们也曾多次提到当时钢炼成后投入冷水中"淬"的方法。钢首先被用来制造武器,也还被利用于某些需要钢刃的重要工具。在古典时代，人们已善于利用这种有钢刃的工具，来打穿岩层，修筑水利工程。

东方有些文明古国也很早发明炼钢方法，而且有一套独特的炼钢技术。例如波斯萨珊朝（公元 224—651 年）所炼制的"镔铁"制品，所用钢材是用块炼铁炼出的海绵铁，配合渗碳剂和催化剂，密封加热，渗碳而成。这是一种进步的固体渗碳炼钢方法。

在欧洲，自从 14 世纪冶炼生铁技术逐渐推广以后，到 18 世纪后期就出现用生铁为原料、炒炼成熟铁和钢的技术。他们把木炭放在没盖的小炉内，点着火，鼓风燃烧，接着就把生铁加入炉内，一起鼓风燃烧，生铁熔化后，就会一点一点地滴向炉底。在滴向炉底的过程中，空气中的氧就会烧掉它所含的碳、矽、锰、磷和别种杂质，使生铁炒炼成熟铁。如果能适当控制含碳量，还可以炒炼成钢。这种用生铁炒炼成熟铁或钢的方法，叫做"炒钢法"，或者称为"精炼法"。这种炒炼生铁的炉，叫做"炒钢炉"，或者称为"精炼炉"。如果这样炒炼成的钢材，能够通过不断锻打，把其中杂质清除，就可以得到组织紧密的比较优质的钢。如果把这样炒炼成的熟铁放到燃烧木炭的炉子中加热，不断使碳分渗进它的表面，反复折叠锻打，也能逐渐炼成比较优质的钢。这种以生铁为原料的炼钢方法的创造，对于推广钢制工具和器械具有重大作用。马克思在《资本论》法文版序言中，对 1780 年英国用生铁为原料的炒钢法，有过很高的评价，认为无论怎么说也不会夸大这项革新的重要性。

比上述这种简单炒钢法进步的，就是反射炉炒钢法，也叫做火焰炉精炼法、搅炼炉冶炼法。这种炒钢法，在欧洲，发明于 18 世纪末叶。炉的结构，主要分为两部分，除了燃烧的炉膛外，另有炒炼的熔炼池,不让燃料与生铁接触,仅仅使火焰通向熔炼池,利用炉壁的反射作用而产生高温。这样使用煤作燃料,可以不使煤中的硫渗入到铁中去。这种炼钢方法,利用煤燃烧时放出的热,把生铁烧成半熔状态,使生铁中的矽、磷、锰、硫和碳起氧化作用,放出大量的化学热,一方面使铁熔成粘糊状态,一方面使铁中大部分碳分烧去,并使铁中杂质成为液体从铁中分解出来。为了加速熔炼过程,并使铁块均匀地熔炼,需要不断地搅拌。等到熔炼到所谓"沸腾时期",铁块就从豆渣状态变成粘糊状态,这时需要有意识地搅拌成钢团,然后钳出锻打,打到结实为止。如果控制得好,不待碳素烧完,即拌成钢团锻打,可以得到含碳量较高的钢。

无论炒钢炉或反射炉炼成的钢,都是由粘糊状固体的钢粒焊合而成,经过不断锻打或碾轧后,钢质可逐渐紧密。它比一般的钢接焊性强,对天气影响的耐抗力也大,而且能耐震动,所以适宜于作螺钉、螺母、链条、铆钉、马蹄铁、各种简单机械和农具、小型工具。

上述各种古代炼钢方法,好处是:不需要高温,对原料和燃料都没有特殊要求,也不需要用硅铁、锰铁等铁合金助燃,对炉衬所用耐火材料也没有很多限制,设备简单,操作技术很容易掌握。缺点是:生产率不高,同时因为在低温和半熔胶状态(基本上是固体)下炼成的,所含的碳分不容易控制,杂质不容易除尽,不能浇铸钢材。

最早采用高温、液体状态的炼钢方法,是坩埚炼钢法。这种炼钢法,创造于18世纪初叶,可以用熟铁配合木炭等,熔炼成优质钢。好处是:能够把杂质分离,能得到一定成分的优质钢,同时设备简单,技术简便。缺点是:很费人工,成本较大,钢锭太小,不能铸大件的钢材。自从19世纪中叶发明了转炉炼钢法和平炉炼钢法,19世纪末叶发明了电炉炼钢法,就把炼钢技术大大推进了一步,这样炼出来的钢,能够铸成大的钢锭,还可以浇铸各式各样的大小钢铸件,这对于工业的发展起了重大的作用。

　　我们了解了上述世界炼钢技术的发明和发展情况,就可以进一步研究中国炼钢技术发明和发展的历史了。两千多年来,中国人民在炼钢技术上也经常走在世界前列。

《上 编》
中国古代炼铁技术的
发明和发展

第一章　关于中国炼铁技术发明时代的探讨

一　从古代文献记载来推断

中国炼铁技术究竟在什么时候发明的问题,学术界还没有一致的结论。不少学者都认为中国开始用铁的时代在春秋、战国之间。这种说法最早是由章鸿钊先生提出的。

章鸿钊先生在《中国铜器铁器时代沿革考》一文(《石雅》一书的附录)中,曾作出了这样的结论:(1)中国开始用铁的时代在春秋、战国之间,即公元前 5 世纪。由于吴、楚等国冶铁技术渐精,开始制作铁兵器,但当时兵器还是以铜制的为多。(2)中国铁器的渐盛时代在战国到西汉,即从公元前 4 世纪到公元开始的时候。这时农具及日用器具已多用铁制,但兵器还兼用铜铸造。(3)中国铁器的全盛时代在东汉以后,即公元 1 世纪以后。东汉兵器已都用铁锻制,此后铜渐缺乏,甚至禁止用铜器。

章先生作出上述的结论,基于下列三点理由:

(1)《吴越春秋·阖闾内传》曾说:春秋末年,吴王阖闾时制造干将、莫邪两把宝剑,是用"铁精"和"金英"炼成的。《越绝书·越绝外传记宝剑》曾说:楚国制造龙渊、泰阿、工布三把宝剑,是用"铁英"炼成的。《荀子·议兵篇》曾说当时楚国兵器有"宛钜铁釶(矛)"。《韩非子·南面篇》曾提到"铁殳",《内储说上篇》曾提到"铁室"。《吕氏春秋·贵卒篇》曾说:中山有个大力士叫吾丘鸩的,穿着铁甲,拿着铁杖作战。《史记·货殖列传》说:邯郸人郭纵以经营冶铁业起家,财富和国王相等。又说:蜀地卓氏的祖先原是赵国人,因经营冶铁业致富。宛地孔氏的祖先原是魏国人,也是经营冶铁业的。所有这些史料,都足以证明冶铁业是春秋、战国间兴起的。

(2)《左传》记述鲁僖公十八年(公元前642年)楚国曾赠送给郑国可以铸三个钟的"金"(铜),不久便懊悔,为此和郑国订立盟约,说:不能用来铸造兵器。结果郑国铸了三个钟。《韩非子·十过篇》记述晋国知氏伐赵,赵襄子召张孟谈来问道:"我没有箭奈何?"张孟谈说:"我听说董安于治理晋阳时曾炼铜做庭柱,你拿来应用,就有多余的'金'(铜)了。"《淮南子·氾论训》曾说:齐桓公想要出征而武器不足,曾命令有重罪的出一件犀牛皮制的甲和一枝戟,有轻罪的用"金"(铜)来赎,诉讼失败的出一束箭。所有这些史料,都足以证明春秋时代兵器还都用铜制,箭也都用铜镞。《史记·秦始皇本纪》曾记述:秦始皇统一全中国后,曾搜集各地的兵器到首都咸阳,铸成十二个"金人"(铜人)。可见战国末年列国所用兵器还多用铜来制作。《汉书·食货志》曾记述:西汉时贾谊曾主张把铜完全收归官府,认为收归官府有"七福",其中一福就是可以作兵器。《淮南子·氾论训》曾说:"铸金锻铁以为兵刃。"这都足以说明西汉制造兵器还是铜铁并用。

《史记·秦始皇本纪》集解引应劭说："古者以铜为兵。"应劭是东汉时人，他说古时用铜做兵器，可知东汉时兵器已很少用铜制作。

（3）《管子·海王篇》曾说：必须有铁的耜、铫、镰、铚等农具，然后能成农民。《管子》是战国末年的著作。《孟子·滕文公篇》曾记述当时有个许行，主张君民一起耕作。孟子曾为此问他的学生陈相道："许行用釜甑来蒸煮么？用铁器来耕田么？"足见战国时代农具已普遍用铁制作。《汉书·食货志》曾说汉代法律：人民私铸铁器的要处"钛左趾"（用铁钳束住左趾）的刑罚。桓宽《盐铁论·禁耕篇》曾说：铁器是关系到农夫的生死的。这都足以证明汉代民间已使用铁农具。

章先生这个分析很有见解。他认为铁农具比铁兵器先普遍应用，又认为吴、楚等国首先制作铁器，都是正确的。但认为中国就在春秋、战国之间开始用铁，还不够确切。

传说中春秋末年吴国的宝剑干将、莫邪是用"铁精"作原料，以"金英"作渗碳剂，并以含有磷质的头发和爪作催化剂而炼成的，可以肯定是钢的①。从已发现的考古资料来看，当时南方吴、越、楚等国的冶炼技术，是可能炼制钢剑的。1964 年江苏六合县程桥镇 1 号东周墓出土了一个铁丸，同出土物有"攻敔"铭文的编钟和春秋末年铜器②。金文中常称"吴"为"攻吴"或"攻敔"，"敔"、"吴"两字同声通用。1972 年程桥镇 2 号东周墓又出土一条两端已残损的弯曲铁条，同出

①　《吴越春秋》卷 4《阖闾内传》说："干将者，吴人也，与欧冶子同师，俱能为剑。……莫邪，干将之妻也。干将作剑，采五山之铁精，六合之金英，……而金铁之精，不消沦流，于是干将不知其由。……于是干将妻乃断发剪爪，投于炉中，使童女童男三百人鼓橐装炭，金铁乃濡，遂以成剑，阳曰干将，阴曰莫邪，阳作龟文，阴作漫理。"

②　见《考古》1965 年第 3 期，南京博物院：《江苏六合程桥东周墓》。

土物基本上和 1 号东周墓类似①。经过检验,铁条是用"块炼法"炼出的熟铁块锻制的,铁丸是用生铁铸造的。可知春秋末年吴国不但已能炼出熟铁块,而且已能用生铁铸造器物。1975 年湖南长沙杨家山 65 号墓还出土了一把钢剑,属于春秋晚期,含碳 0.5% 左右,在剑身断面上用放大镜可以看出反复锻打的层次,约 7 至 9 层,剑身长 30.6 厘米,身宽 2—2.6 厘米,脊厚 0.7 厘米②。这时楚国既然已经能够利用熟铁块渗碳制钢,反复锻打,制成长的钢剑;那么,与楚国相邻的吴国,在能够冶炼熟铁块和用生铁铸造器物的同时,能够炼制"干将"、"莫邪"之类的钢剑,就不足为奇了。

当春秋末年,吴、楚等国的冶铁技术已达到相当高的水平,不但能够炼出熟铁和生铁,还能用熟铁渗碳制钢,锻造宝剑。因此我们认为中国冶铁技术的发明,必然在这以前。

我在旧著《中国古代冶铁技术的发明和发展》中,根据《左传》所载春秋末年晋国用铁来铸造"刑鼎"这件事,推定当时已发明冶铸生铁技术,并已发展到较高水平,因而推测我国炼铁技术的发明当远在其前。《左传》记述鲁昭公二十九年(公元前 513 年)晋国的赵鞅、荀寅带了军队在汝水旁边筑城,"遂赋晋国一鼓铁,以铸刑鼎,著范宣子所为《刑书》焉"。就是说:借此向"国"(国都)中征收军赋"一鼓铁",用来铸造"刑鼎",著录范宣子所制定的《刑书》。要用"铸型"来铸造

---

① 见《考古》1974 年第 2 期,南京博物院:《江苏六合程桥 2 号东周墓》。

② 《文物》1978 年第 10 期,长沙铁路车站建设工程文物发掘队:《长沙发现春秋晚期钢剑和铁器》。此文认为:论墓葬形制、陶器器形、纹饰和组合,此墓和湖北江陵等地所发现的早期楚墓完全一样或者相似。陶礼器以陶鬲、钵、罐(壶)组合的存在年代,应该认为属于春秋晚期或更早一些。墓中出土的铁削和陶器组合又和春秋晚期的长沙龙洞坡 826 号墓完全相同。因此断定长沙杨家山 65 号墓应属于春秋晚期。

这样一只著有《刑书》的大铁鼎,如果冶铁炉上没有鼓风设备是不可能进行的。因为熔化铁矿石需要很高的温度,如果没有鼓风设备,怎能把冶铁炉温度提到这样高呢? 一定要有较大的冶铁炉,要鼓风设备不断地把足够的空气压送到冶铁炉里,才能促进木炭的燃烧,从而提高熔解铁矿石的温度,使冶炼出的铁熔化成为铁水,用来铸造铁器。这是我国历史上最早使用生铁铸造器物的记载。

从这时把铁作为军赋在国都中征收这个情况看来[①],铁在晋的国都中已是普遍存在之物。从这时用铁来铸刑鼎这件事看来,这时已经把铁看得同青铜一样,当作铸鼎的原料,而且把《刑书》铸在上面作为颁布成文法的一种工具了。我们知道,要把《刑书》铸在铁鼎上,不是件简单的事。即使这部《刑书》的文字不多,总该有一些条文,要把这些条文铸上,这个铸型不会太小,所需的铸铁(即生铁)也不会太少,所铸成的铁鼎的体积也不会不大。否则的话,就不可能作为颁布成文法的工具。这件事不仅说明这时的冶铁技术已经能够同时铸出较多数量的铸铁,而且已经能够用较大的铸型来铸造有铭文的较大的铁器了。要使冶铁技术达到上述较高的水平,是不容易的,决不是发明冶铁不久的技术水平所能达到的。在这时,冶铁手工业一定有较长的历史了。

前面《绪论》中已经谈过,世界上早期炼铁技术,由于炼铁炉小,温度不高,不能使铁矿石熔化,被还原的铁从炉中出来时是海绵状态的熟铁块。由于铁的熔点较高,要冶炼得大量的液体的铸铁是比较

---

①　这种把“铁”作“赋”来征收的办法,后来西汉时期也实行过。《盐铁论·禁耕篇》记载文学说:“县邑或以户口赋铁,而贱平其准。”

困难的。在欧洲,直到中世纪中期,创造了用水力来鼓风的机械设备,才基本上解决了这个问题。中国在公元前6世纪末叶铸造刑鼎的时候,虽然还没有创造水力鼓风设备,但是由于使用了比较高大的冶铁炉和在鼓风方法上有了创造,已经能够提高冶铁炉的温度,炼出多量的铸铁来。十分明显,春秋晚期已不是刚发明冶铁技术的时期,而是冶铁技术发展的时期。中国冶铁技术的发明,应该远在这时以前。

还需要补充说明一下,就是《左传》所说"遂赋晋国一鼓铁,以铸刑鼎",从来有不同的解释。东汉服虔认为"鼓"是量名,他说:"鼓,量名也。《曲礼》曰:'献米者操量鼓。'取晋国一鼓铁以铸之"(孔颖达《正义》引)。晋代杜预又认为"鼓"是鼓铸之意,说:"令晋国各出功力,共鼓石为铸,计令一鼓而足。"孔颖达《正义》反对服说而赞成杜说,认为鼓作为量器"非大器也,唯用一鼓则不足以成鼎,家赋一鼓,则铁又太多"。清代顾炎武《左传杜解补正》又反对杜说而赞成服说,说:"王肃《家语》注曰:三十斤为钧,钧四为石,石四为鼓。盖用四百八十斤铁。"按作为量器的鼓,或与作为乐器的鼓相似,该是一种不大的器物。《曲礼》说:"献米者操量鼓。"《荀子·富国篇》说:"瓜桃枣李一本,数以盆鼓。"盆和鼓都不是大器。王肃《孔子家语·正论篇》的注,是用来解释他伪造的《孔子家语》把"一鼓铁"改成"一鼓钟"的,他所说一鼓四百八十斤,未必是古代制度。我认为,"一鼓铁"是指一次鼓铸刑鼎所需要的一定量的铁,犹如《三国志·韩暨传》讲到冶铁用"马排"(马力鼓风炉),"每一熟石用马百匹"的"一熟石"。

有人认为《左传》"一鼓铁","铁"是"钟"字之误,应从《孔子家语·正论篇》作"一鼓钟"。这个说法是宋代欧阳士秀首先提出的。

欧阳士秀作《孔子世家补》，认为"古人铸鼎皆用铜，未闻以铁"，因而主张"当从《家语》作鼓钟"。并解释说："盖简子（即赵鞅）兴城而用不足，故其赋敛于晋国之内，自一鼓、十鼓以至百鼓以上，自一钟、十钟以至千钟有畸，以是为率数也。又以公私鼓钟之量有不齐者，索而齐壹之，一即壹也，毁其不齐者，更铸给焉；又取其销毁之余，以为铸刑鼎之用。"卢文弨《与周林汲（永年）太史书》（《抱经堂文集》卷 19）和《钟山札记》，也有同样的说法。其实这个说法是不通的。这年赵鞅、荀寅因有军事行动，借此向"国"中征收军赋，用收军赋得来的铁铸成刑鼎，怎么可能在征收军赋时，来个统一量制的措施呢？既然是统一量制，又怎么会"取其销毁之余"来铸刑鼎呢？这样把"赋晋国"、"一鼓钟"、"以铸刑鼎"，作为三件事，勉强连起来讲，是讲不通的。最近黄展岳先生在《关于中国开始冶铁和使用铁器的问题》一文[1]中，仍然采用这个说法，认为这是三件事，并且说：赵鞅"令晋国中行赋税，统一量制，同时颁布范宣子的《刑书》于鼎上，这些都是变法措施"。这就更讲不通了。《左传》说："晋赵鞅、荀寅帅师城汝滨，遂赋晋国一鼓铁，以铸刑鼎。"杜预注认为"因军役而为之，故言遂"，是正确的。这是因有军役而向"国"中征收军赋，借此征得"一鼓铁"，用来铸刑鼎。赵鞅怎么可能在"帅师城汝滨"之时，实行统一量制等一系列变法措施呢？

从《左传》疏所引服虔注"取晋国一鼓铁以铸之"和杜预注"共鼓石为铁"来看，他们所看到的《左传》都作"一鼓铁"，不作"一鼓钟"。《孔子家语》一书，清代学者都认为是曹魏时王肃伪造，他抄袭古书每

---

[1]　刊于《文物》1976 年第 8 期。

多增损改易,是不足据的。并不是王肃所见的《左传》别有什么正确的版本。宋代欧阳士秀因为"古人铸鼎以铜,未闻以铁",主张"当从《家语》作鼓钟"。其实,鼎是一种烹饪器,既可以用陶制,也可以用铜制,更可以用铁制。湖南长沙窑岭春秋、战国之际 15 号墓,就出土有一件形体较大的铁鼎,口径 23 厘米(相当于当时 1 尺),腹深 26 厘米,出土时重 3 250 克①。《中国冶金简史》已经指出:"从我们现在所了解的当时冶铁技术水平来看,铸铁鼎(按指刑鼎)是做得到的"②。

究竟在什么时候我国发明了炼制海绵似的熟铁块的块炼法? 文献上找不到明确的记载。《诗经·大雅·公刘》描写周的祖先在豳(今陕西彬县东北)建国时,曾经"取厉取锻,止基迺理"。这个"锻"字向来有三种不同解释:或者认为石头(如郑玄《笺》),或者认为是铁(如孔颖达《正义》),或者认为是锻冶(如陈启源《毛诗稽古篇》)。《尚书·费誓》记述周成王时鲁国伯禽讨伐淮夷、徐戎,誓师说:"备乃弓矢,锻乃戈矛,砺乃锋刃,无敢不善。"《公刘》是说把工具锻好磨好,《费誓》是说把武器锻好磨好。锻磨的工具和武器是青铜制的还是铁制的,没法确定。因为铁制工具和武器固然需要锻制,青铜器通过锻锤也可以增加硬度③。《诗经·秦风·驷驖》说:"驷驖孔阜。"孔颖达《正义》又把"驖"字径写作"铁"。原来的解释,认为马色如铁故名驖。

---

① 见《文物》1978 年第 10 期,长沙铁路车站建设工程文物发掘队:《长沙新发现春秋晚期的钢剑和铁器》。

② 北京钢铁学院中国冶金简史编写组:《中国冶金简史》,科学出版社 1978 年出版,第 43 页。

③ 例如含锡 10% 的青铜器,铸成时布氏硬度为 88,锻造后布氏硬度可上升到 228。

郭沫若先生在《古代研究的自我批判》中，指出这个说法不可信，"安知非马名在先而铁名在后，即金色如骥故名铁？铁字并不古"。同时郭老又认为铁器的使用可以上溯到春秋初期管仲时代。他引用《国语·齐语》所载管仲的话："美金以铸剑戟，试诸狗马；恶金以铸锄夷斤斸，试诸壤土。"解释说："美金自然是青铜，恶金可能就是毛铁了"①。但是有人认为"美金"该指优质的铜，"恶金"可能指劣质的铜，不一定指铁。一般说来，青铜比较贵重，不可能大量用来制作农具，"恶金"是可能指铁的。

郭沫若先生在《希望有更多的古代铁器出土》一文中，曾根据春秋中叶齐灵公时的叔夷钟铭文有"逸或徒四千"的话，他认为"或"是"铁"字的初文或省文，《国语·齐语》管仲所说"恶金以铸锄夷斤斸，试诸壤土"的话，《管子·轻重》诸篇说到齐有"铁官"，辉县出土战国铁器和兴隆出土战国铁范的工艺比较进步，推断"铁的最初出现，必然还在春秋以前"。他说："如果齐桓公既已使用铁作为耕具，则铁的出现必然更要早些，一种有使用价值的物质要真正被有效地使用，是要费相当长远的摸索过程的，特别是在古代，因此铁的最初出现，必然还远在春秋以前。"②郭老在这里又提出叔夷钟铭文作为论据。但是，"或"字是否"铁"字的初文或省文，还有不同的看法。有人认为可能是地名。

总之，从现有的古籍和金文资料，想要解决中国开始发明冶铁技术和开始使用铁器的年代，是有困难的。

---

① 郭沫若：《十批判书》，人民出版社1954年版，第51页。
② 郭沫若：《奴隶制时代》，人民出版社1973年版，第203、204页。

二 从出土的早期铁器来考察

关于中国冶铁技术的发明时代的探讨,主要应该依靠考古发现及其研究成果。但是由于早期的铁器发现不够多,也还没有取得一致的结论。

传为 1931 年 6 月,河南浚县辛村出土的一组青铜兵器,共 12 件,原为褚德彝所藏,转为美国华盛顿的弗里尔美术馆(Freer Gallery of Art)所得,著录于 1946 年出版的《弗里尔美术馆藏中国青铜器图录》一书(只著录其中 11 件)。从这组兵器的形制、花纹和铭文来看,当为西周初期制作。其中有一件刀上有"康侯"两字,当即西周初年卫国的康侯;又有一件残戈上有"太保"和"簋"三字,太保当即召公奭或其后裔[1]。其中有两件青铜兵器带有铁的部分:一件是铁刃铜钺,作饕餮纹,铁刃保存较好;另一件是铁援铜戈,作虺龙纹,铁援局部断失。1954 年日本梅原末治发表《关于中国出土的一群铜利器》一文[2],根据这两件兵器,断定中国铁器的使用,可以上溯到公元前一千年的初期。1971 年弗里尔美术馆出版盖登斯、克拉克和蔡斯合著《两件中国古代的陨铁刃青铜兵器》一书[3],发现铜钺的铁刃中留有高镍和低镍铁粒,高镍带含镍 22.6%—29.3%,具有陨铁的特点。铜戈的铁援残留含镍甚微的铁结晶,还不能肯定它是陨铁制成。

1972 年 10 月河北藁城台西村商代遗址发现一件铁刃铜钺,铜外

---

[1] 参看《文物》1977 年第 6 期,冯蒸:《关于西周初期太保氏的一件青铜器》;《文物》1979 年第 12 期,李学勤:《论美澳收藏的几件商周文物》。

[2] 收入《京都大学人文科学研究所创立廿五周年纪念论文集》。

[3] Rutherford J.Getterns, Roy S.Clarke, Jr. and W.T.Chase: Two early Chinese bronze weapons with meteoritic iron blades.

刃部已断失，残存刃部包入铜内约
10 毫米，铜钺残长 111 毫米，阑宽
85 毫米（参看图 1-1）。年代约当公
元前 14 世纪前后，相当于殷墟文化
的早期。对铜钺铁刃的锈进行仔细
检查，没有发现人工冶铁具有的夹
杂物如硅酸盐之类。利用电子探针
分析铁刃的锈，表明铁锈中含有较
高的镍，镍在铁中呈高低层相间的
分布，高镍层中含钴低，而低镍层中
含钴高。镍的最高浓度达到 3.6％，
低处为 0.9％，平均含镍约 2％。考
虑到铁的氧化以及风化后氧化镍从

**图 1-1　1972 年河北藁城出
土商代铁刃铜钺**
1. 虚线表示铁刃的后边　2. 铁刃残
部　3. 表示青铜含有的夹渣、气泡，
表明铜钺系铸成。

氧化铁中流失，原铁刃镍含量约为 6％以上，高镍带原有镍含量将在
12％以上，甚至可能在 30％以上（参看图版 1）。这种高镍和低镍的
层状分布，是陨铁的重要特征。因为这种层状组织，只有在宇宙中极
其缓慢地冷却（每一百万年冷却 0.5—500 度）的陨铁中才能形成，因
此铁刃的原料只能来自天体的碎块，即陨落的流星铁①。

　　1977 年 8 月北京市平谷县刘家河村的商代墓葬中，又发现铁刃
铜钺一件。刃部已锈蚀残损，残长 84 毫米，阑宽 50 毫米，"内"上有
一穿孔，孔径 10 毫米。比藁城出土铁刃铜钺约小三分之一。年代相

---

　　①　参看《考古学报》1976 年第 2 期，李众：《关于藁城商代铜钺铁刃的分析》；《文
物》1976 年第 11 期，叶史：《藁城商代铁刃铜钺及其意义》。

当于郑州二里岗文化的上层,不晚于殷墟文化的早期,即商代中期,同藁城台西村的商代铜器群的时代相差不远。经用 X 光透视,铁刃包入铜内的根部残存约 10 毫米,尚有少量铁质未氧化。铁刃残部锈块有明显分层现象,经光谱定性分析含有镍,没有发现钴的谱线。根据已有资料对照,估计也是陨铁锻制。钺身一面平,一面微凸,似为单范浇铸。把铁镍合金的陨铁,锻造成 2 毫米左右的薄刃,再把薄刃和青铜浇铸成一体。类似藁城的商代铁刃铜钺的再次发现,说明铁已被当时人们所认识,并加以利用;使用陨铁制造铁刃已不是偶然的现象,而是当时一种特有的工艺①。

由于陨铁含有较高的镍,而且各部分的含镍量不均匀,锻造起来比普通的钢要难得多。从平谷和藁城出土铁刃铜钺的锻造工艺来看,三千三百多年前生活在中原地区的商代人民不仅认识了铁,而且已经能够用简单工具锻造较难加工的陨铁,使之成为厚仅 2 毫米的薄铁刃,并且只有少量隙缝。显示当时金属加工技术已经取得相当成就。

以平谷、藁城出土的商代铁刃铜钺和浚县出土的周初铁刃铜钺比较,浚县铁刃铜钺的制作比较精致,并有装饰的饕餮纹,同时制作方法也有差异。平谷、藁城铜钺是先锻造成带有少量隙缝的薄铁刃,然后把青铜钺接连起来,用青铜浇铸使接合而成。从藁城出土铜钺来观察,可以看到,当用青铜浇铸铁刃时,青铜流入铁刃的隙缝,因而铁刃中有铜夹层。至于浚县出土的铁刃铜钺,制作方法显然有了改进,就是把铁刃的另一端锻有凹坑,使铁刃和铜钺浇铸接合后可以固

---

① 见《文物》1977 年第 11 期,北京市文物管理处:《北京市平谷县发现商代墓葬》。

定,这是为了防止铁刃脱落而采取的措施。这说明尽管陨铁稀少难得,但当时人们已经多次把它当作重要金属加以使用,铜钺铁刃的加工镶嵌技术也有了进步。

从铁刃铜钺和铁援铜戈的嵌铁部位来看,有其共同的特点,都是用铁作为起砍割作用的刃部。不仅铜钺嵌着铁刃,无"胡"的戈上主要起杀伤作用的部位是"援"的前半部,也采用铁来制作。这说明当时人们对铁的性能已经有一定程度的了解,至少已经初步认识到用铁作刃比青铜更为锋利,因而使用铁作为铜兵器的刃部了。从这点来看,我国在三千多年前的商代,确实已开始使用"铁"了[①]。

从商代中期和西周初年这些铜兵器用陨铁锻造刃部看来,当时应该还没有发明人工炼铁的技术。冶铁技术的发明当在其后。

还需要提一下的,就是日本杉村勇造在 1954 年发表《芮公纽钟考》一文[②],根据芮公纽钟附有角形铁管,推定西周末年已有铁的使用。此钟铭文作:"芮公作旅钟,子孙永宝用。"口呈椭圆形,顶上有环纽,环纽下脚的顶面,在接合部分有铁锈剥落;在环纽下脚以下钟的内部,露出两个切断的铁制角形管。杉村勇造推断这钟的制作年代在芮国尚未受秦、晋两国压迫以前,当在西周末年以前;并认为角形管是悬挂振舌的铁环痕迹,因而推定西周末年已有铁器。这个论断

---

① 《中国史稿》第一册(1977 年版)第 196 页说:"在商代,铁的使用已开始了。"《藁城台西商代遗址》(1977 年版)第 55 页说:"台西遗址铁刃铜钺的出土,无疑把我国使用铁的历史推到三千多年前的商代。"最近黄展岳先生《陨铁制器和人工炼铁》一文(《历史教学》1979 年第 12 期),认为这样把陨铁制器说成"铁的使用",是不确切的、不科学的。我们认为,用陨铁制成工具或工具的刃部而加以使用,当然不同于人工炼铁制成铁器而使用,但是,不能完全否认这也是一种使用。

② 见日本出版《中国古代史的诸问题》第 73—90 页。

是不正确的。从钟的形制来看,和西周时代的钟不同,而和日本弥生时代的铜铎一致。李学勤先生认为此钟是一件摹刻西周铜器铭文的日本铜器①,这个论断是正确的。西周末年是否已有铁器,还没有明确的证据。目前考古发掘中出土的铁器,最早属于春秋晚期。

1957年,在河南信阳县长台关发掘的1号楚墓,规模之大在楚墓中是罕见的。曾出土大批铜器、漆器以及其他器物,同时曾出土五件铁带钩,其中三件扁条形的,满身错金银花纹,十分精致,这三件中的两件还镶有黄金和青玉。顾铁符先生对此作了如下的推断:

> 凭我们现代人的眼光来看,在衣服装饰上,用铜比用铁要适当些,铜比铁贵重些。但在信阳楚墓里,出土了这许多铜器,偏偏和人身体最接近的,带有装饰性的带钩用铁来制造,这究竟是什么缘故呢?在几年前,河北兴隆县战国冶铜遗址附近发现了一批铁范,看来是用以铸造铜的生产工具用的。铁的硬度比铜高,用来制造生产工具比铜要好,但在已经能制造铁器的时代,为什么不直接用铁来制造生产工具,而仅仅用铁来制铸造铜生产工具的范呢?

> 对用铁制带钩这一事实,我想最可能的理由是当时铁还比较少,人们对这一种新发现的金属很重视,认为比铜还珍贵。所以用来做这样精致的工艺品。至于用铁作范,一种可能是铁还比较稀少,所以不能有大量原料来充作生产工具。另一种可能

---

① 见《新建设》1958年第8期,李学勤:《近年考古发现与中国早期奴隶制社会》。李学勤先生认为摹刻底本是《西清古鉴》卷36的周太公钟。黄展岳先生认为摹刻的底本可能是流入日本的芮公甬钟,见《文物》1976年第8期黄展岳:《关于中国开始冶铁和使用铁器的问题》。

认为铁不堪作生产工具，不如用铜做的好。假使这样估计是事实的话，说明当时人们对铁的认识不足，铁的产量也还不多。一种物质的发现到广泛使用，包括从不认识到认识，从少量生产到大量生产，都要经过一定的过程的，也就是需要较长的时间，因此用铁制带钩和用铁制器范，正足以说明这是使用铁早期的现象。[1]

顾先生这个说法是可商榷的。第一，兴隆出土铁范是用来铸造铁器的，这点考古发掘者已经提出明证。第二，从出土战国带钩来看，还是铜带钩多于铁带钩，这时铁带钩也能如铜带钩一样，镶嵌金银和玉，成为精细的工艺品，正说明这时冶铁技术和铁器工艺的进步。如果是早期很粗松而杂质多的铁器，是不可能在上面错很细密的金银丝花纹的。

郭沫若先生根据这墓出土编钟铭文有"唯酃篙屈柰晋人，救戎于楚竟（境）"的话，断定这钟作于春秋末年，并认为这墓也属于春秋末年。他说："当然，在这里也应当考虑到这样一个问题，便是编钟的铸造在前，墓的埋葬在后，编钟是墓主从别国俘获来的。但从同出铜器的花纹看来，大体上是一个时代的制作。"同时，郭先生对考古工作中墓葬的断代提出了问题，他说："信阳古墓，如果肯定为春秋时代的墓，那么长沙楚墓的年代很多就值得重新考虑了。我们不能把长沙楚墓一概定为属于战国时代。因而我们不能以长沙楚墓作为标准来定信阳古墓之年，反而应以信阳古墓分别核定长沙楚墓之年了。"[2]

---

[1] 《文物参考资料》1958年第1期，顾铁符：《有关信阳楚墓铜器的几个问题》。

[2] 《文物参考资料》1958年第1期，郭沫若：《信阳墓的年代和国别》。

春秋末期和战国早期出土的铁器统计表

	出土地区	出土铁器	时 代	资 料 来 源
楚 国	长沙杨家山65 号墓	钢剑 1 件铁鼎形器 1 件铁削 1 件	春秋晚期	《文物》1978 年第 10 期《长沙发现春秋晚期的钢剑和铁器》
	长沙窑岭 15 号墓	铁鼎 1 件	春秋战国之际	同上
	常德德山楚墓	小铁镬 1 件	春秋晚期	《考古》1963 年第 9 期《湖南常德德山楚墓发掘报告》
	长沙楚墓	铁臿、铁削3—5 件	春秋晚期	《考古学报》1959 年第 1 期《长沙楚墓》①
	长沙识字岭 314 号墓	小铁臿 1 件(原报告作凹字式铁锛)	春秋晚期(原报告定在战国,根据同出土物改定)②	《长沙发掘报告》,第 66 页,图版 35之 7,科学出版社 1957 年版
	信阳长台关 1号楚墓	错金铁带钩5 件	春秋晚期或春秋战国之际	《文物参考资料》1957 年第 9 期《信阳长台关发掘一座战国大墓》
	长沙龙洞坡52·826 号墓	铁削 1 件(原作匕首)	春秋晚期	《文物参考资料》1954 年第 10 期《长沙 52·826 号墓在考古学上诸问题》
吴 国	江苏六合程桥1 号墓	铁丸 1 件	春秋晚期	《考古》1965 年第 3 期《江苏六合程桥东周墓》
	江苏六合程桥2 号墓	弯曲铁条 1 件(两端残缺)	春秋晚期	《考古》1974 年第 2 期《江苏六合程桥 2 号东周墓》
周	洛阳中州路西工 段 2717号墓	铜环首铁削 1件(已残缺,原报告作铁刀)	战国早期	《洛阳中州路(西工段)》,科学出版社 1959 年版,第 111 页,图版 65之 9
	洛阳市水泥制品厂战国灰坑	铁铲 1 件铁锛 2 件	春秋战国之际	《考古学报》1975 年第 2 期《中国封建社会前期钢铁冶炼技术发展的探讨》《中国冶金简史》,科学出版社 1978 年版,第 45 页

---

① 此文系综合报道,没有明确指出每一出土物所出的墓葬。据分析,第一期墓约十多座,出土铁器的约三、五座,每墓出一件。

② 此墓出土陶鬲、钵、罐各一件,器形与龙洞坡 52·826 号墓出土同类陶器相同。

续表

出土地区	出土铁器	时　代	资　料　来　源
山西长治分水岭 14 号墓	铁铲 3 件铁凿 1 件镢斧等 5 件	战国早期①	《考古学报》1957 年第 1 期《山西长治分水岭古墓的清理》
韩 **国**　山西长治分水岭 12 号墓	铁凿 1 件铁锤 1 件铁镢 1 件铁斧 5 件	战国早期	同上
三门峡后川 2040 号墓	金质腊首铁短剑 1 件	战国早期	《考古通讯》1958 年第 11 期《1957 年河南陕县发掘简报》；《新中国的考古收获》，文物出版社 1961 年版，第 61 页②

长台关 1 号楚墓的墓底有腰坑，坑里有鹿的骨架；木椁是单元组合结构，由棺室等七个室合成。这都和战国时代楚墓不同。出土的编钟、木方壶、陶方鉴等形制，和春秋晚期的蔡侯墓、新郑墓的同类铜器相似，但是有许多彩绘漆器、铜陶礼器以及彩绘铜镜，又和战国早期的楚墓相接近③。目前对于这墓有两种看法：一种认为应属春秋末年或春秋、战国之际；一种认为这墓兼有春秋晚期和战国早期的特征，存在年代早晚不同的器物，判断这墓年代应以最晚出的器物为

---

①　这两座墓，原报告定在战国。殷涤非《试论东周时期的铁农具》一文（《安徽史学通讯》1959 年第 4、5 期合刊），把 14 号墓出土铜戟上的铭文第一字释为"周"字，另一戈上铭文头二字释为"宜无"，推论"周"即晋悼公（名周），"宜无"当即其字，因而推定两墓在春秋中期晋悼公时。黄展岳《关于中国开始冶铁和使用铁器的问题》（《文物》1976 年第 8 期）已加反驳，认为所释"周"字不确，"宜无"的"无"字，又字迹不清，不宜凭空推断"周"与"宜无"之间有名号关系；并以同地同类型墓葬作比较，又根据三晋兵器铭刻体例演变来分析，断定两墓出土物应属韩国早期。

②　原发掘简报定在春秋末期，《新中国的考古收获》改定在战国早期。王世民《陕县后川 2040 号墓的年代问题》（《考古》1959 年第 5 期）根据此墓在京展览品，又推定在战国中期。

③　见河南省博物馆：《河南信阳楚墓出土文物图录》，河南人民出版社 1959 年版。

准,因此应属战国早期。顾铁符先生最近发表《信阳一号楚墓的地望与人物》一文①,主张前一说,并推定见于编钟铭文的墓主"钿篙"即《左传》哀公四年(公元前491年)的司马贩(司马,官名)。我也认为前一说比较妥当。从这墓出土的五件铁带钩成为精细的工艺品来看,春秋、战国之际的冶铁技术已相当进步。

目前考古发掘出土的铁器,最早的是春秋末期和战国早期的,属于楚、吴、周、韩等地区。详见上列统计表。

表中所列许多铁器,有的已经科学鉴定。长沙杨家山65号墓的钢剑,是用含碳0.5%左右的中碳钢锻成,断面有反复锻打的层次七至九层;同出土的铁鼎形器的金相组织是莱氏体,相当于共晶铸铁。长沙窑岭15号墓的铁鼎含有少量石墨,基体为亚共晶铸铁,含碳量接近4.3%。江苏六合程桥1号墓的铁丸有莱氏体组织的痕迹,是用生铁铸成的。程桥2号墓的铁条是用"块炼法"炼出海绵铁锻成,基体为铁素体,含碳量很低,在0.04%以下,含有大量氧化铁以及延伸的氧化铁——硅酸盐共晶组成的夹杂,体积占10%,最厚达0.3—0.4毫米,有些地方达到表面,因而端部裂成多层;同时基体中各部分氧化铁分布不均。洛阳水泥制品厂春秋、战国之际灰坑出土的铁铲和铁锛,都是用白口铁铸成,还经过低温下短时期的退火处理,分别变成一种可锻铸铁②。

尽管目前发现的春秋晚期和春秋、战国之际的铁器不多,尽管这时铁工具还和青铜工具甚至木、石工具同时应用③,但是从已出土的

---

① 《故宫博物院院刊》1979年第2期。

② 《考古学报》1975年第2期,李众:《中国封建社会前期钢铁冶炼技术发展的探讨》。

③ 例如六合程桥春秋晚期2号墓出土残铁条的同时,还出土有青铜工具舀、镈、锛等。

春秋晚期到战国早期铁器来看,已经发展到较高水平,具有下列三个特点:

第一,铁已被广泛应用于各个方面。既用来制作各种铁农具如铲、锛、臿、镢等,还用来制作各种手工工具如削、凿、斧、锤等,又用来制作长短兵器如剑、短剑等,更用来制作烹饪器如鼎以及服装上用的带钩,也还用来制作铁丸和铁条等。

第二,已能根据不同用途的需要,采用各种冶炼技术和工艺。用"块炼法"炼出的熟铁块锻造弯曲的铁条,用生铁铸造工具、烹饪器以及铁丸等,用钢反复锻打制成锋利坚韧的钢剑,还用金银错的工艺制成铁带钩等精美工艺品。而且春秋、战国之际已使用退火处理技术,使铁农具变为可锻铸铁,提高其性能。

第三,当时冶铁业发展于南方和中原一些地区。首先发展于南方吴、楚两国,特别是楚国;其次是和楚国相邻的韩国和周的京都一带。传说春秋晚年吴国已制作干将、莫邪等著名的钢剑,到战国时代,楚国的兵器以锋利的铁剑、铁钺著名。近年来出土战国早期、中期的钢剑,主要是楚国的制作。与楚国相邻的韩国,也以制作锋利的钢铁剑戟著称。从目前考古发掘已取得成绩,结合古代文献来看,南方首先发展冶铁技术,是可以肯定的。1928年朱希祖先生发表《中国古代铁制兵器先行于南方考》一文[①],根据传说,认为古代铁兵器先流行于东南地区,是不错的。

1929年翁文灏先生著《为中国古代铁兵器问题进一解》一文[②],

---

① 刊于《清华学报》第5卷第1期,1928年出版。

② 刊于《认识周刊》(1929年)第7号;收入翁文灏《锥指集》,北平地质图书馆1930年版,第222—227页。

在确认"吴、越、楚始用铁兵"的前提下,对"当时南方的铁所以能比北方好"的原因,作出两种解说,一是南方炼铁使用优质木材作燃料;二是使用的原料质量好。"北方如山西、河南、山东各省铁矿是最多的,但是大概属于水成的一类,成分不太高,不太纯粹,就如现在山西炼铁所用的都是这样;长江流域之内,这种铁矿几乎没有,可用的铁矿,大概地质学家叫做接触变质矿石。""还有一种是河谷里或沿海边的铁沙,福建、浙江甚多,安徽北部和河南极南部也有一些。这种砂矿最容易炼成顶好的铁。"这一推断是很有见地的,直到后世,南方一带还常用由于风化作用形成的"土锭铁"或"砂铁"。南方的河谷或沿海边常有埋藏很浅的已经风化的富矿石,这就给南方人民较早地发明炼铁技术提供了方便。明末宋应星《天工开物》卷14《五金》部分讲到炼铁所用原料,主要是"土锭铁"和"砂铁","凡土锭铁,土面浮出黑块,形似秤锤,遥望宛然如铁,拈之则碎土。若起冶煎炼,浮者拾之。又乘雨湿之后,牛耕起土,拾其数寸土内者。耕垦之后,其块逐日生长,愈用不穷。西北甘肃、东南泉郡(今福建泉州),皆锭铁之薮也"。所说"其块逐日生长",该是指这种风化的砂铁矿块,经过不断耕垦,不断浮现出来。宋应星所说的,主要是指当时他在南方看到的情况。这样采用"垦土拾锭"的办法来"起冶煎炼",该是长期流传于南方一带的一种原始的采矿冶炼方法。

中国是世界上最早发明冶铸生铁技术的国家,这是大家公认的。1923年丁格兰(F. R. Tegengren)在《中国铁矿志》第2编《中国之铁业》中已经指出:"中国炼铁术之发明是否较近东诸国为古,虽尚未证明。但中国一知生铁之后,即自发明新法以铸炼之。……中国铸铁工作之通行,盖远在欧洲一千五百年以前。此其原因,殆以沙型铸铜久已甚精,中国人即利用制铜之经验以应用于制铁故欤?"殷、周时代青铜冶炼和铸造技术的发展进步,的确大有助于此后冶铁技术的发展,促使冶铸生铁技术提早发明。有人认为中国的冶铸生铁技术差不多是和炼制熟铁块的块炼法同时发明的。我们认为这一说法是站不住的。在欧洲,从发明块炼法发展到冶铸生铁技术,先后经历了两千多年时间。中国由于殷、周时代冶铸青铜技术的高度发展,大大提前了冶铸生铁技术的发明时间,比欧洲早了一千九百多年。但是不能说中国的"块炼法"也和冶铸生铁技术差不多同时发明的。因为冶铸生铁技术毕竟要比"块炼法"先进得多,两者之间有很大的差距。中国从发明块炼法发展到冶铸生铁技术,可能经历的时间不太长,但毕竟需要生产者经历相当时间的生产实践,从中累积生产技术的经验,才能取得这样的发展。同样的,从冶炼海绵铁到发明渗碳制钢以及锻造钢剑,从冶铸生铁到发明生铁柔化处理技术、制成可锻铸铁,都必须要经历一定的生产实践的时间,不可能都是春秋、战国之际同时发明的。不能因为这两种冶炼方法同时并存,就说是同时发明的。在一种进步的技术发明推广之后,原来比较落后的技术,由于还有一定用处,仍旧有继续应用的。在冶铸生铁技术发明推广之后,原有的块炼法还是有一定用处的,因为熟铁块可以制作有一定用途的较柔软的铁器,而且在用生铁作原料的炒炼熟铁和钢的技术发明以前,要制造钢的工具和兵器,只有用块炼法炼出的熟铁来渗碳制钢。因此在用生铁炒炼熟铁的技术发明以后,块炼法才会逐渐废弃。

1956 年周则岳先生发表的《试论中国古代冶金史的几个问题》一文[①],有《关于铁的问题》一节。他首先叙述了近人有关古代冶铁

[①]　刊于《中南矿冶学院学报》第 1 期,1956 年 7 月出版。

问题的研究论文,他认为从这些研究论文中,只能得出两个结论:
(1)春秋、战国时代突然的冶铁技术得到了高度发展;(2)春秋以前整
个还是个空白的混沌之谜。接着他对于中国古代冶铁技术,作了下
列三点的推测:

(1) 磁铁矿和有些赤铁矿,很容易被古人作普通硬石来砌炉灶,
很容易被气体或固体还原剂在并不太高的温度下,还原为海绵铁。
古人是很容易发明铁的。但是要发现它们可以在高温下锤锻成熟铁
块,必须经过许多劳力或试验,甚至要花费数十百至千年的时间。在
锤锻熟铁块的技术发明后,又必须经长期的艰苦劳动,才发明所谓
"渗碳法"的制钢技术以及对钢的热处理(即退火与淬火)和机械加工
(即锤锻)的方法。这一过程在中国似乎是在西周、东周之间开始,而
在西汉才完成的。

(2) 铁矿虽容易还原为熟铁,但它的熔点是 1 539 摄氏度,在古
代是无法熔解的。然而只要有适当的高炉,充分的燃料,强力的鼓
风,加以适当的技术控制,在旧式炉内风口附近的上部,也容易达到
1 300—1 400摄氏度的温度,只要铁内吸收 3% 以上的碳,就能熔出生
铁。我们的祖先很早掌握了这一规律(当然他们不可能知道其中的
理论),因而比世界任何地方都早,就有了这一发明。它的发明时间,
似乎与熟铁业的发展相当,也与西周、东周间经济政治转变的情况相
适应。

(3) 中国古代高炉冶炼生铁的技术,很可能是直接受着高炉炼
铜技术的影响而跃进的。古法冶炼的生铁,照例属于"白口"、"麻口"
级的,不宜于冷铸,只有在高温 1 500 度以上,并在特殊条件下,才能
产生灰口铁,才适宜冷铸。而我国远在战国时代,燕国已能用冷铸法

铸造农具(兴隆发现的燕国铁制生产工具铸范,所用的铸造技术应为
"冷铸法"),依理所用生铁必须属于灰口铁,不然就必有特殊的铸造
术,可能已使用还原剂。

　　以上三点,周先生是从冶铁技术的发展趋势来推断的。周先生
认为西周、东周之交是熟铁业(即块炼法)的发展时期,又是冶铸生铁
技术发明的时期。这个推断,就目前出土的实物来看,似乎太早了
些。但是他指出,冶铸生铁技术远在块炼法发明之后,而在块炼法发
展的同时;渗碳制钢技术的发明也远在块炼法发明之后,需要相当时
间。我认为是合理的。从春秋末年已应用渗碳制钢和反复锻打的技
术制造长 30 厘米的钢剑来看,可以肯定渗碳制钢技术在这以前早已
发明和应用,当然块炼法的发明更远在其前。从西周初期还使用陨
铁制作铜兵器的刃部来看,那时还没有发明块炼法。因此块炼法的
发明,当在西周中期以后、春秋中期以前。很可能,西周、东周之交是
块炼法的发明时期而不是发展时期。从春秋末年已有较高的冶铸生
铁技术水平和春秋、战国之际已发明生铁柔化处理技术来看,冶铸生
铁技术的发明至少在春秋中期。

　　1976 年黄展岳先生发表《关于中国开始冶铁和使用铁器的问
题》一文[①],推定我国开始冶铁和使用铁器的时间在春秋后半叶,即
公元前六七世纪间。主要有下列两点理由:

　　(1) 黄先生认为所有过去人们引用古籍和金文材料,用来说明
中国开始冶铁和使用铁器问题的,都不可信。他采用宋代欧阳士秀
之说,否定《左传》上有关赵鞅"赋晋国一鼓铁,以铸刑鼎"的记载,认

---

① 刊于《文物》1976 年第 8 期。

为"铁"是"钟"字之误。

（2）黄先生列举近年出土的早期铁器,在考古断代上纠正了一些错误的看法。例如他指出:长治分水岭12号墓、14号墓,有人对其中出土铜兵器上铭文作了不正确的考释,错误地把时代推定在春秋中期。他又指出目前所有出土早期铁器,都属于春秋末期和战国早期的,并断定:"这些被发现的铁器年代会比实际开始使用铁器的时间晚些,但相距不会太久,估计其间距离大约几十年到一百年。"因而把开始冶铁和使用铁器的时间推定在春秋后半叶,即公元前六七世纪。

黄先生这个估计看来保守了。《左传》记载晋国用铁铸刑鼎的事,该是可信的。宋代欧阳士秀改"铁"为"钟"的说法是讲不通的,这在上一节已经谈到。尽管目前出土的铁器以春秋末年的为最早,但是春秋、战国之际已是冶铁技术的发展时期,这从上面列举的春秋、战国之际铁器的三个特点,就可以清楚地看到。从块炼法发明到冶铸生铁技术的发展,到渗碳制钢技术的发明,到生铁柔化处理技术的发展,必须经历一段实践和改进的过程,特别是在古代,不可能在短期内突然发展而一举成功的。十分可能,在南方某个地区,冶铁技术的发明和发展已有较久的历史了。当然,这个问题的最后解决,还有待于古代冶铁遗址和铁器的更多发现,有待于我们进一步作深入的研究。

第二章　封建社会前期冶铁业的
发展和炼铁技术的进步

一　封建社会前期冶铁业的发展

战国以后,由于冶铁技术的进步,由于社会经济制度的变革,社会上对于铁器需要的增加,铁矿的开采、铁的冶炼和铁器的铸造,成为一种关系国计民生的重要手工业。因此冶铁业开始发展。

战国时代发现或开发的铁矿已经不少。据《山海经·中山经》和《管子·地数篇》说,这时"出铁之山三千六百九",这个统计数字不一定正确,但可知这时被发现的铁矿一定很多了。同时在采矿中也已积累了一些经验,《管子·地数篇》说:"山上有赭者,其下有铁。"所谓"赭",据李时珍《本草纲目》说,就是《本草经》上的"代赭",俗称为"土朱"、"铁朱",当是一种赤铁矿性质的碎块①,它是和赤铁矿伴存的。

---

① 章鸿钊《石雅》说:"案赭,《北山经》有美赭,《范子计然》谓之石赭,《神农本草经》谓之代赭,一名须丸,俗称铁朱(《本草纲目》),盖其质本为铁也。郭璞《流赭(转下页)

当时这种具有科学根据的探勘矿苗的经验,必然是由于当时冶铁业的发展,不断地找寻矿苗而积累起来的。战国时代著作的《山海经·五藏山经》,所载产铁之山共有 37 处。《西山经》中计有下列 8 处:(1)符禺之山"其阴多铁",在今陕西省华阴县北。(2)英山"其阴多铁",在今陕西省华阴县北。(3)竹山"其阴多铁",在今陕西省渭南县东南。(4)泰(秦)冒之山"其阴多铁",在今陕西省延安县。(5)龙首之山"其阴多铁",在今陕西省西安市北。(6)西皇之山"其阴多铁"。(7)鸟山"其阴多铁"。(8)盂(孟)山"其阴多铁"。《北山经》中计有下列 6 处:(1)虢(号)山"其阴多铁"。(2)潘侯之山"其阴多铁"。(3)白马之山"其阴多铁",在今山西省盂县东北。(4)维龙之山"其阴有铁",在白马之山南 300 里。(5)柘山"其阴有铁",在维龙之山南 170里。(6)乾山"其阴有铁"。《中山经》中计有下列 23 处:(1)渎山"其阴多铁",在今山西省蒲县南。(2)泰威之山有泉谷,"其中多铁"。(3)密山"其阴多铁",在今河南省新安县。(4)橐山"其阴多铁",在今河南省陕县西。(5)夸父之山"其阴多铁",在今河南省灵宝县东南。(6)少室之山"其下多铁",少室即今嵩山西部,在今河南省登封县北。(7)役山"多铁",在今河南省新郑县西。(8)大騩之山"其阴多铁",在今河南省密县。(9)荆山"其阴多铁",在今湖北省南漳县西。(10)铜山"其上多金、银、铁"。(11)玉山"其下多碧、铁"。(12)岐山"其下多铁",在今陕西省岐山县东北。(13)騩山"其阴多铁"。(14)虎尾之山

(接上页)赞》云:'沙则潜流,亦有运赭,于以求铁,赭在其下。'《管子》云:'山上有赭,其下有铁。'皆言出有铁处也。"又说:"然赭为铁类,其色若朱,故俗称铁朱。……赤铁与赭,每生一处,如木之同根,水之同源也。而赤铁亦易化为赭,如子之育于母,青出于蓝也。"

"其阴多铁"。(15)又原之山"其阴多铁"。(16)帝囷之山"其阴多铁",约在今河南省泌阳县、南阳县之间。(17)兔床之山"其阳多铁",约在今河南省嵩县、南阳县之间。(18)鲜山"其阴多铁"。(19)求山"其阴多铁"。(20)丙山"多黄金、铜、铁"。(21)风伯之山"多铁"。(22)洞庭之山"其下多银、铁",在今洞庭湖旁。(23)暴山"多文石、铁",在洞庭之山东南180里①。上述有明确地点的产铁山37处,分布于今陕西、山西、河南、湖北四省,即在战国时代秦、赵、韩、楚、魏等国统治地区,其中以在韩、楚两国的较多。

这时采矿技术也已相当进步。1972年发掘湖北大冶铜绿山楚国的铜矿遗址两处,其中24号勘探线的古矿井属于战国中晚期。当时的采掘方法,是用简单的铁工具,把矿井开掘达五十多米深,并有效地采取了竖井、斜井、斜巷、平巷等相结合的开拓方式,初步解决了井下的通风、排水、提升、照明和支护等一系列复杂的技术问题。竖井是交通孔道,把矿石和地下水提出地面,把井架支护送到井下,都必须经过竖井,靠辘轳、大绳和木钩等工具来提运。五十多米深的竖井,又分成几层,每掘一层竖井,就挖有一段平巷,每一平巷都装有辘轳,这样便可逐层提运,接力完成。从矿层表面开斜巷斜穿到底部,主要是为了探测矿藏;再沿水平方向开拓平巷,从矿层底部由下而上逐层开拓平巷。十条平巷的方向不一致,宽窄也不一样。在井下将采下的矿石经过分选,把贫矿、碎石和泥土充填废井,以保证运出的大多数是富矿,这样既可以有选择地进行开采,又可以减轻井下运输

---

①　此据郝懿行《山海经笺疏》。吴承志《山海经地理今释》所释,与此不同。据吴承志的考释,《西山经》的泰(秦)冒之山、龙首之山都在今青海,西皇之山等都在今西藏,战国时代中原人恐怕不具备那些地方的地理知识。

和提升的工作量。这种分段充填的上行采矿方法，是劳动人民在生产实践中的创造①。

战国时代各国都有冶铁手工业，都有重要的冶铁手工业地点。其中以韩、楚两国的冶铁手工业最为发达，著名的冶铁手工业地点也最多。宛（今河南省南阳市）介于韩、楚两国之间，原来属楚，一度曾为韩所占有，是当时最著名的冶铁手工业地点，《荀子·议兵篇》所谓"宛钜铁钝（即铁矛）"，就是宛地所炼制的。韩国著名的锋利剑戟出产在冥山、棠谿、墨阳、合膊、邓师、宛冯、龙渊、太阿等地②。战国时代各国国都都有较大规模的制铁作坊遗址，山东临淄齐国故都中有冶铁遗址四处，其中最大一处面积约四十多万平方米；河北易县燕下都城址有冶铁遗址三处，总面积也达三十万平方米；河南新郑韩国故都城址内仓城一带，也有较大规模的冶铁遗址发现。赵国国都邯郸（今河北省邯郸市）也是一个重要的冶铁手工业基地，邯郸人郭纵就以冶铁致富，据说财富与"王者"相等③。临淄之所以能成为当时重要的冶铁地点，是因为淄河两岸有"朱崖式"的铁矿；邯郸之所以能成为当时重要的冶铁地点，是因为邯郸西北地区有丰富的"邯郸式"的铁矿。至今这两类型的铁矿在铁矿床类型中仍占重要地位。

战国时代各国的官营手工业，往往由各国中央或郡县所属的仓库掌管。所有府、库、仓、廪，不仅是官府所有物资储藏之所，同时又

---

① 参看《文物》1975 年第 2 期，铜绿山考古发掘队：《湖北铜绿山春秋战国古矿井遗址发掘简报》。

② 见《战国策·韩策一》；《史记》卷 69《苏秦列传》。

③ 见《史记》卷 129《货殖列传》。

是手工业的造作场所①。大体上,库以制造兵器为主,而府以制作其他器物为主,库与府都设有作坊,并设有工师、冶尹等工官主持。中央一级由相邦(即相国)监造,地方一级由郡守或县令、司寇等监造。制造者有"工"(工匠)或"冶"(金工),也还有刑徒和服兵役的"更"(兵卒)。河北兴隆寿王坟燕国冶铁遗址出土铁范八十七件,其中十多件铸有铭文"右𪾢"两字,或者释为"右仓",或者释为"右廪",亦当为一个仓库所属的作坊所在。

秦国自从商鞅变法以后,"收山泽之税"②。所谓"山泽之税",主要是制盐业和冶铁业的税。董仲舒曾说:秦"田租、口赋、盐铁之利,二十倍于古"③。说明当时冶铁业发达,官府可以征得大量税收。秦国在某些重要城市设有盐铁市官,如秦昭王时,张仪和张若建设成都,就"置盐铁市官,并长丞"④。这种盐铁市官,当是掌管盐铁在市上的买卖,并从中征税。秦国有些地方还设有铁官,如司马迁的祖先司马昌,曾"为秦主铁官"⑤。这种铁官,当是掌管官营的冶铁业。同时秦国还设有主管开采铁矿的官,湖北云梦睡虎地秦墓出土竹简《秦律》,讲到"大(太)官、右府、左府、右采铁、左采铁课殿,赀啬夫一盾"。左右采铁当是主管开采铁矿的官。

从战国经秦代,到西汉初年,冶铁业听任商人经营。例如赵国的卓氏原以冶铁致富,被秦迁到临邛后,继续经营冶铁,成为巨富;魏国

---

① 参看《考古》1973 年第 6 期,黄茂琳:《新郑出土战国兵器中的一些问题》;《考古学报》1974 年第 1 期,黄盛璋:《试论三晋兵器的国别和年代及其相关问题》。

② 《盐铁论·非鞅篇》。

③ 《汉书》卷 24《食货志》。

④ 《华阳国志》卷 3《蜀志》。

⑤ 《史记》卷 130《太史公自序》。

的孔氏原以冶铁为业,被秦迁到南阳后,也靠冶铁成为巨富。程郑也是被秦迁到临邛后,靠冶铁致富的。西汉"文帝之时,纵民得铸钱、冶铁、煮盐"①。不但吴王刘濞由于铸钱煮盐,"国用富饶";商人胸邴也以冶铁成为巨富②。当时官府把矿山的开采权租借给商人,由商人向官府缴纳一定的租金。例如邓通从汉文帝那里得到赏赐的蜀郡严道(今四川省荥经县)的铜矿、铁矿,他就把开采权租借给卓王孙,"岁取千匹"作为租金,由卓王孙加以经营,因而卓王孙"货累巨万",而邓通所铸的钱也遍布天下③。当时经营冶铁业的大商人所使用的劳动力多到一千人,大都是收罗来的"放流人民"④,所谓"放流人民"当是流亡的农民;在有些地区由于特殊条件,有使用众多的奴隶性质的"僮",例如临邛地方经营冶铁业的卓氏有"僮"一千人,程郑有"僮"几百人⑤。所谓"僮",当是年轻的奴隶⑥。

山东莱芜曾出土窖藏农具铁范 24 件,其中有犁、镰、镢的铁范。形制具有上承战国、下启西汉中期的特点,应属于西汉前期。犁作 V 形,与战国铁犁相同,但犁头已由钝变尖。镢的形制也和战国铁镢相

---

① 《盐铁论·错币篇》记大夫曰:"文帝之时,纵民得铸钱、冶铁、煮盐,吴王擅障海泽,邓通专西山。"

② 《汉书》卷 35《吴王濞传》;《盐铁论·禁耕篇》记大夫曰:"异时盐铁未笼,布衣有胸邴,人君有吴王,皆盐铁初议也。"

③ 《华阳国志》卷 3《蜀志》临邛县下说:"汉文帝时以铁铜赐侍郎邓通,通假民卓王孙,岁取千匹,故王孙货累巨万亿,邓通钱亦尽天下。"

④ 《盐铁论·复古篇》。

⑤ 《史记》卷 129《货殖列传》;《汉书》卷 57《司马相如传》。

⑥ 日本佐藤武敏《中国古代工业史研究》(日本吉川弘文馆 1962 年版)第 6 章《春秋战国时代制铁业》,采用宇都宫清吉《汉代社会经济史研究》第 9 章《僮约研究》之说,认为"僮"的原意是少年奴隶。当时商人所以都使用少年奴隶,是因为价格比较便宜,这在居延汉简中有明证。

同,但镢的刃部较宽。从其文字标志看,其年代下限应在汉武帝实行
盐铁官营以前。这些铁范的文字标志,仅仅一字,有"李"、"氾"、
"山"、"口"等字。"李"、"氾"(范)显然是经营冶铁业商人的姓氏,
"山"、"口"可能也是姓氏,或者是私营作坊所在的地名标志①。

西汉铁官所在地和冶铁遗址对照表

郡国名	铁官所在地	已发现冶铁遗址
京兆尹	郑(今陕西华县)	
左冯翊	夏阳(今陕西韩城县南)	
右扶风	雍(今陕西凤翔县南) 漆(今陕西邠县)	
弘农郡	宜阳(今河南宜阳县西) 渑池(今河南渑池县西)	新安(河南新安县孤灯村遗址)
河东郡	安邑(今山西夏县西北) 皮氏(今山西河津县) 平阳(今山西临汾县西南) 绛(今山西曲沃县东北)	安邑(山西禹王城遗址)
太原郡	大陵(今山西文水县东北)	
河内郡	隆虑(今河南林县)	隆虑(河南林县正阳地村遗址) 汤阴(河南鹤壁市鹿楼村遗址) 温(河南温县招贤村遗址)
河南郡	洛阳(今河南洛阳市东北)	巩(河南巩县铁生沟遗址) 荥阳(河南郑州市古荥镇遗址) 梁(河南临汝县夏店遗址)
颍川郡	阳城(今河南登封县东南)	
汝南郡	西平(今河南西平县西)	西平(河南西平县酒店村遗址) 西平(河南西平县冶炉村遗址) 郎陵(河南确山县打铁冢遗址)

---

① 见《文物》1977年第7期,山东省博物馆:《山东省莱芜县西汉农具铁范》。

郡国名	铁官所在地	已发现冶铁遗址
南阳郡	宛（今河南南阳市）	宛（河南南阳市北关瓦房庄遗址） 复阳（河南桐柏县张畈村遗址） 鲁阳（河南鲁山县望城岗和煤渣岗遗址） 鲁阳（河南鲁山县马楼村遗址） 堵阳（河南方城县赵河村遗址）
庐江郡	皖（安徽潜山县）	
山阳郡	昌邑（今山东金乡县西北）	
沛　郡	沛（今江苏沛县东）	
魏　郡	武安（今河北武安县西南）	
常山郡	都乡（今河北井陉县西）	
涿　郡	涿（今河北涿县）	
千乘郡	千乘（今山东博兴县西北）	
济南郡	东平陵（今山东章丘县西北） 历城（今山东济南市）	东平陵（山东东平陵故城遗址）
琅邪郡	东武（今山东诸城县）	
东海郡	下邳（今江苏邳县西南） 胸（今江苏连云港市西南）	
临淮郡	盐渎（今江苏盐城县） 堂邑（今江苏六合县西北）	徐县（江苏泗洪县峰山镇遗址）
泰山郡	嬴（今山东莱芜县西北）	
齐　郡	临淄（今山东淄博市东北临淄北）	
东莱郡	东牟（今山东牟平县）	
桂阳郡	郴（今湖南郴县）	
汉中郡	沔阳（今陕西勉县东南）	
蜀　郡	临邛（今四川邛崃县）	
犍为郡	武阳（今四川彭山县东） 南安（今四川乐山县）	
定襄郡		成乐（内蒙古和林格尔遗址）

续表

郡国名	铁官所在地	已发现冶铁遗址
陇西郡	狄道（今甘肃临洮县）	
渔阳郡	渔阳（今河北密云县西南）	
右北平郡	夕阳（今河北迁西县西南）	
辽东郡	平郭（今辽宁盖县西南）	
中山国	北平（今河北满城县北）	
胶东国	郁秩（今山东平度县）	
广阳国		蓟（北京清河镇古城遗址）
城阳国	莒（今山东莒县）	
东平国	东平（今山东东平县东）	
鲁　国	鲁（今山东曲阜县）	薛（山东滕县遗址）
楚　国	彭城（今江苏徐州）	彭城（江苏徐州利国驿遗址）
广陵国	广陵（今江苏扬州东北）	
西　域		大宛（新疆民丰县遗址） 龟兹（新疆库车县遗址） 于阗（新疆洛浦县遗址）

　　汉承秦制，政府设有两大税收机构：治粟内史（后改称大司农）主管征收地税，以供给中央官吏的俸禄和政府日常开支；少府主管征收山泽市井之税，以供给皇帝和皇室"私奉养"。盐铁的税是归少府征收的。元狩四年（公元前119年）[1]，汉武帝把原属少府主管的盐铁收入，改归大司农掌管，并实行盐铁官营的政策，在全国四十九处重要冶铁地区设置了"铁官"，并在不产铁的地方，设置小铁官，"销旧器，铸新器"。"铁官"由大司农所属铁市长丞总管。

　　从上表可以看出，在每个西汉铁官之下，可以在重要冶铁地点设

————————

[1]　《汉书》卷24《食货志》说：汉武帝元封元年（公元前110年）置盐铁官，不确。参看日本加藤繁《中国经济史考证》（吴杰译本），商务印书馆1959年版，第1卷，第34—39页。

置一个或几个冶铁作坊。从西汉冶铁遗址出土的陶范、陶模、铁范、铁器的铭文来看,冶铁作坊以铁官所在郡县地名作为产品的标记,一郡中有几个作坊的,就依次按数字编号,以便考核管理。如河南郡作坊的产品有铭文作"河一"、"河二"、"河三"的,郑州古荥镇遗址出土的犁铧模、铲模上有隶书"河一"两字,巩县铁生沟遗址出土铁铲、铁铧上铸有"河三"两字,这就是当时在今古荥镇、铁生沟作坊的铸造铁器的标记(参看图 2-1)。此外陕西陇县高楼村出土的铁犁铧和裤形铲上铸有隶书"河二"两字,也该是河南郡另一个冶铁作坊的产品。又如南阳郡作坊的产品有铭文作"阳一"、"阳二"的,南阳瓦房庄遗址出土犁铧陶模上有铭文"阳一"两字,当即该地作坊产品的标记;另外《贞松堂集古遗文》卷 15 第 12 页著录有隶书"阳二"两字铭文的铁臿拓本,该是南阳郡另一作坊的产品。还有出土铁器、陶模上有铭文作"东二"和"东三"的,陇县高楼村出土裤形铲铸有阴文"东二"两字,梓滨《谈几种古器物的范》一文①收集有砂土质齿轮范上有阳文隶书

图 2-1　汉代冶铁遗址出土的两种有铭文标志的铁铲

1. 郑州古荥镇遗址出土有"河一"铭文的铁铲　2. 巩县铁生沟遗址出土有"河三"铭文的铁铲

---

①　刊于《文物参考资料》1957 年第 8 期。

"东三"两字,李京华先生推断这是河东郡两个冶铁作坊的产品标记①,是可能的。山东滕县薛故城遗址出土铸范有隶书"山阳二"和"巨野二"等铭文,当是山阳郡两个冶铁作坊的产品标记。江西修水县龙上村出土铁铲、铁臿上铸有隶书"淮一"两字铭文,可能是临淮郡一个冶铁作坊所用的标记,因为此地距离临淮郡不远。当时有些设有铁官的郡县的作坊,只铸有地名一字、两字、四字而不编号的。例如云南鲁甸汉墓封土中出土铁臿上铸有"蜀郡成都"四字,《新纂云南通志》卷 82《金石考》2 著录有铁臿,左右铸有篆文"蜀郡"两字,下边又有"千万"两字连文,这都该是蜀郡成都等地作坊的标记。咸阳出土舌形铁铧,背面铸有隶书"川"字,铁镵的背面又铸有隶书"田"字,"田"字可能是京兆尹蓝田作坊的标记。《汉金文录》卷 4著录有两件铲,一件有隶书"中山"两字,一件有"宜"字②,"中山"两字当是中山国作坊的标记,"宜"字可能是宜阳作坊的标记。中国历史博物馆藏有"比阳"铭文的铁犁铧,当是比阳(今河南省泌阳县)作坊的标记。

从已发现的西汉冶铁遗址来看,当时冶铁作坊已有一定的分工,设在矿区的偏重于炼铁,也有兼顾铸造的,设在城市或城市附近的偏重于铸造。

汉代冶铜、铸钱、冶铁等官营手工业都具有相当规模,都使用大量"卒徒"来从事生产,"卒"是指服役的兵卒,"徒"是指犯罪而罚充工

---

① 见《考古》1974 年第 1 期,李京华:《汉代铁器铭文试释》。
② 有"中山"铭文的农具又见《善斋吉金录》和《小校经阁金文》卷 13 著录,有"宜"铭文的农具又见《愙斋集古录》第 26 册、《清仪阁藏古器物文》第 2 册、《小校经阁金文》卷 13 著录。

役的人①。贡禹在元帝即位之初(元帝在公元前 48 年即位)曾上书说:当时铸钱的官和"铁官"所使用开铜铁矿的"卒徒"多到十万人②。各地"铁官"所用的"卒徒",一般都有几百人。汉成帝阳朔三年(公元前 22 年)六月,颍川郡阳城"铁官徒"举行武装起义,参加这次起义的就有"铁官徒"申屠圣等一百八十人。汉成帝永始三年(公元前 14年)十二月,山阳郡"铁官徒"举行武装起义,参加这次起义的就有"铁官徒"苏令等二百二十八人③。颍川郡、山阳郡并不是当时最大的冶铁手工业地点,较大的冶铁手工业地点如宛、临邛等地"铁官徒"的数量必然更多。

由于冶铁手工业的发展,铁的生产率提高,铁在市场上的价格就比铜要便宜得多。战国时代铜和铁的价格,因为文献不足征,已无从比较,但铁价远比铜价便宜是可以肯定的。西汉初期,大概铁价只有铜价的四分之一。据《史记·货殖列传》说,当时做买卖每年有二分利润,放债每年可得二分利息,一个有铜器千钧(即 3 万斤)的商人,有铁器千石(即 12 万斤)的商人,有"千贯"(即 100 万文钱)本钱的高利贷者,其剥削收入都可和"千户之君"相等。当时封君每年可以向每户征取租税 200 文钱,"千户之君"每年剥削收入可有 20 万文钱。我们从这里可知当时铜器价格是铁器价格的四倍,铜器 3 万斤的价钱是 100 万文钱,即每斤价 33 文强;铁器 12 万斤的价钱也是 100 万

---

①　《盐铁论·复古篇》记桑弘羊说:"卒徒衣食县官,作铸铁器,给用甚众,无妨于民。"《盐铁论·水旱篇》记桑弘羊又说:"卒徒工匠以县官日作公事,财用饶,器用备。"而贤良又说:"今县官作铁器,多苦恶,用费不省,卒徒烦而力作不尽。……卒徒作不中程,时命助之。"

②　见《汉书》卷 72《贡禹传》。

③　见《汉书》卷 10《成帝纪》。

文钱,即每斤价 8 文强①。

　　封建社会前期冶铁业的分布地区不断在扩大。战国时代著作的《山海经·五藏山经》,所记出铁之山共 37 处,分布在今陕西、山西、河南、湖北四省。汉武帝所设 49 处铁官,在今山东有 12 处,河南、江苏各有 7 处,河北有 6 处,陕西、山西各有 5 处,四川有 3 处,安徽、湖南、辽宁、甘肃各有 1 处。到东汉时代,在西北、西南、东北等边远地区又略有发展。《续汉书·郡国志》所记产铁地点,除了西汉已设铁官之处以外,还有下列 8 处:(1)桂阳郡的耒阳(今湖南省耒阳市),(2)巴郡的宕渠(今四川省渠县东北),(3)越嶲郡的台登(今四川省冕宁县南),(4)越嶲郡的会无(今四川省会理县西),(5)益州郡的滇池(今云南省昆明市晋宁区东),(6)永昌郡的不韦(今云南省保山市东北),(7)北地郡的弋居(今甘肃省宁县南),(8)渔阳郡的泉州(今河北省廊坊市安次区东南)。

　　汉代官营冶铁业往往是在民间已经开发的基础上收归官府经营的。不但中原地区是这样,就是边远地区也如此。例如《后汉书·循吏列传·卫飒传》说:"耒阳县出铁石,佗郡民庶常依因聚会,私为冶铸,遂招来亡命,多致奸盗。飒乃上起铁官,罢斥私铸,岁所增入五百余万。"由此可知耒阳的采矿冶铁业原来出于民间私人开创,东汉时

---

　　①　《史记》卷 129《货殖列传》说:"通邑大都,酤一岁千酿,⋯⋯铜器千钧,素木、铁器若厄茜千石,⋯⋯子贷金钱千贯,⋯⋯此亦比千乘之家,其大率也。佗杂业不中什二,则非吾财也。"又说:"封者食租税,岁率户二百,千户之君则二十万,朝觐聘享出其中。庶民农工商贾,率亦岁万息二千,户百万之家则二十万,而更徭租赋出其中,衣食之欲,恣所好美矣。"《史记·货殖列传》曾列举当时经营各式各样行业的"百万之家",他们每年的收入都有 20 万。做铜器千钧买卖的,做铁器千石买卖的,高利贷者有本钱千贯的,都是其中的一种。

卫飒才把它收归官营，禁止民间"私铸"的。

许多边远地区的冶铁技术，常是由中原迁往那里的人传过去的。例如《汉书·西域传》上说："自宛（大宛）以至安息国，……不知铸铁器。及汉使亡卒降，教铸作它兵器。"说明西汉时西域各国的冶铁技术是汉的"亡卒"传授的。又如《晋书·庾翼传》说："时东土多赋役，百姓乃从海道入广州，刺史邓岳大开鼓铸，诸夷因此知造兵器。"东土是指会稽郡。这说明东晋时广州一带的冶铁技术是由会稽郡流亡去的人传播开来的。同时也还有从中原派到边远地区的官吏，为了开辟荒地，推广使用铁农具而在那里创办冶铁业的。例如东汉初年，任延为九真郡太守，"乃令铸作田器"，"教之垦辟"（《后汉书·循吏列传·任延传》）。

西域在汉武帝以前大概只能制造一些简单的铜器，而且数量不多，因而缺乏金属工具。汉武帝以后，在中原的影响下，西域的冶金手工业有了发展，从中原去的移民那儿学会了冶铁和制作铁工具、铁兵器的技术。约为公元前1世纪以前的新疆罗布泊早期墓葬中，仅出土少数铜管和铜环；约为公元1—4世纪的罗布泊晚期墓葬和罗布泊遗址中，除发现铜镞和铅质器物外，还发现了铁刀、铁镞等铁器。尼雅遗址中也有镰刀、刀、锄、斧、镞等铁器的发现。尼雅、库车、洛甫等地还保存有冶铁、冶铜的遗迹。库车阿艾山冶铁遗址中出土了一件陶质鼓风管，和中原汉代冶铁遗址出土的相似。罗布泊、尼雅等地出土的铜镞和铁镞，多作双翼式和三棱式，和中原地区出土的也相同。《汉书·西域传上》说："自且末以往，……畜产作兵，略与汉同。"它记载的是汉宣帝、汉元帝以后的情况①，它讲到："婼羌（今阿尔金

---

① 《汉书》卷96《西域传上》说："自宣、元后，单于称藩臣，西域服从，其土地、山川、王侯、户数、道里远近翔实矣。"

山南麓）……山有铁，自作兵"；"鄯善（今车尔臣河以东若羌一带）……能作兵，与婼羌同"；"莎车（今莎车一带）……有铁山"；"姑墨（今阿克苏以北）……出铜铁"；"龟兹（今库车周围地区）……能铸冶，有铅"；"山国（库鲁克塔格山西部北麓）……山出铁"。说明当时西域有许多地方产铁，已有冶铁手工业。从佉卢文书反映的情况[1]，西汉晚期以后，西域已有自己的专业铁工。罗布泊遗址出土魏晋简牍中还提到西域当地出产的铁器，称为"胡铁"。例如：

前新入胡甬二百九十枚。

前胡铁小锯△十六。

前胡铁小锯廿八枚[2]。

入胡铁大锯一枚[3]。

这说明当时在西域的戍卒们所使用的铁锯和铁甬已靠当地少数民族所供应，因而特别加上了"胡"的称号。

云南地区的少数民族也是很早就学会冶铁技术的。虽然《续汉书·郡国志》开始记载滇池有铁，但是晋宁石寨山西汉时期墓葬中，已发现有铁器一百多件，其中除全用铁制的锛、削、矛、剑以外，还有一些铜铁合制的器物，如铜銎铁刃斧、铜銎铁刃戟、铜銎铁刃矛和铜柄铁刃剑等。这几种铜铁合制的器物，具有晋宁石寨山文物特有的风格，其形制和同地出土的同类铜器非常相像，无疑是当地滇人自己的制作。例如铜銎铁刃斧的特点身长腰细，刃略成半月形，和一些铜斧、铜锛形制全同。又如铜銎铁刃戟的特点是在"胡"和"内"之间有

---

①　见《考古学报》1977 年第 1 期，汪宁生：《汉晋西域与祖国文明》。

②　以上三条，见罗振玉、王国维：《流沙坠简》（1914 年出版）器物类 60—62 简。

③　见张凤：《汉晋西陲木简汇编》（1931 年出版）二编第 50 页。

一长銎，用来受"柲"，这在中原地区的戈、戟中是少见的，只有这里出土的铜戈有这样的长銎。铜銎铁刃矛中有一种銎作六棱形的，銎旁只有一个环钮，这里出土的铜矛也有这样的銎。铜柄铁刃剑发现有四五十把之多，其形制大体一致，假如以之与这里出土的铜剑相比，除了铜剑较短以外，形制非常相似，如柄部都有较粗的茎，茎上都以突起的圆点纹为基本纹饰；此外，无论铜剑或铜柄铁刃剑，多附有金皮的或铜皮的剑鞘，上面有晋宁石寨山文物中常见的花纹，这更是这里滇人所特有的风格，他处没有发现过。至于全用铁制的铁剑，附有滇人特有的剑鞘，也该是当地的制作。这些都足以证明西汉时代滇池已有自己的冶铁业。西汉时代滇池的冶铁业还处在开创阶段，晋宁石寨山出土的铁器数量远较青铜器为少，青铜器还居于优势，而且其中铜铁合制品还占很大比例。值得注意的是，这里的铜铁合制器物的共同特点在于铁都用在刃部，这说明当时冶炼出来的铁远较青铜锋利。其中一件铜柄铁刃经过鉴定，铁刃的成分属于高碳钢。这时能够制作长达一米的铁剑及其他武器，并使用高碳钢制作刃部，可见这里的冶铁业一开始就表现出相当高的水平，这正说明这种技术是从中原地区传来的。汉武帝时在西南地区相继设置犍为郡（公元前135年）、越巂郡（公元前111年）、牂牁郡（公元前111年）和益州郡（公元前109年），这就密切了中原地区和西南地区政治、经济和文化上的联系，当时滇人从中原学会冶铁技术而开创自己的冶铁业，应该说不是偶然的①。

到魏、晋、南北朝时期，北方由于长期战乱，社会经济受到破坏，

---

① 参看《考古》1963年第4期，林声：《谈云南开始制造铁器的年代问题》。

冶铁业也不免受到影响。《晋书·刑法志》说："魏武帝时定甲子科，犯钛左右趾者，易以木械。是时乏铁，故易以木焉。"但是，由于铁农具为农业生产上必需的工具，同时兵器也必须用铁制作，所以各地还有一定的冶铁业存在。

《三国志·魏志·王脩传》注引《魏略》说，在曹魏实行屯田制的同时，鉴于"盐铁之利，足赡军国之用"，设置司金中郎将，主铸农具和兵器。有些重要产铁地方，就长期设置铁官掌管。例如晋人常璩《华阳国志》卷3《蜀志》"临邛县"（今四川省邛崃市）条说："有古石山，有石矿，大如蒜子，火烧合之，成流支铁，甚刚，因置铁官，有铁祖庙祠。"临邛从战国以来，就是冶铁业的重要基地，汉代在此曾设铁官管理，后世也长期立冶鼓铸。河南渑池发现的汉魏窖藏的大量铁器中，有许多地名的铭文，如渑池（今河南省渑池县西）、新安（今河南省新安县）、夏阳（今陕西省韩城市西南）、绛邑（今山西省曲沃县东北）、阳成（今河南省登封县的告城镇）等等，这些地方都该设有官营冶铁作坊。

南北朝时期官营冶铁业主要制作兵器。例如后赵的石虎曾在丰国、渑池建立冶铁业[1]，南燕的慕容德曾在商山（今山东省淄博市东）建立冶铁业[2]。在北魏各地冶铁作坊中，以锻炼军刀的相州牵口冶（今河南浚县北）最为精工[3]。拓跋焘时，刘宋攻破北魏碻磝城，曾得"铁三万斤，大小铁器九千余口"[4]，可见当时北魏铁的生产量不低。

---

① 见《晋书》卷 106《石季龙载记》。
② 见《晋书》卷 127《慕容德载记》。
③ 见《魏书》卷 110《食货志》。
④ 《宋书》卷 95《索虏传》。

西魏冶铁和铁兵器制造业的规模也不小,例如在夏阳诸山设置铁冶,命令薛善为冶监,"月役八千人,营造军器"①。当时北方民间制造农具的小型冶铸业,也普遍存在着。《魏书·食货志》说:"其铸铁为农具兵刃,在所有之。"但也常常为封建贵族和官僚所垄断。例如北魏咸阳王元禧"田宅盐铁,遍于远近,臣吏僮隶,相继经营"②。又如崔挺做光州(治光城,今河南省光山县)刺史,州内少铁器,他就请求恢复设置铁官,加以经营③。当时长江以南地区,有些地方冶铁业是比较发达的。晋代和南朝在江南地区设有梅根冶(在今安徽省合肥市贵池区东)和冶唐冶(在今湖北省武昌东南),除制造兵器以外,多为民间制造农具和日用铁器④。茅山(在今江苏省句容市东南)、三白山(在今浙江省嵊州市西南)等山区,也是当时重要的炼铁地点⑤。冶城(今湖北省黄坡县东南)更是著名的冶炼兵器的地点⑥。武昌的北济湖从元嘉初年起,还新建了"水冶",就是用水力鼓风的冶铁手工业⑦。梁时修筑浮山堰,曾用东西两个冶铁作坊所存铁器几千万斤沉在堰旁,可见当时铁的产量已不低。

---

① 《周书》卷35《薛善传》。

② 《魏书》卷21《咸阳王禧传》。

③ 见《魏书》卷57《崔挺传》。

④ 《太平寰宇记》卷105池州铜陵县:"自齐、梁之代,为梅根冶,以烹铜铁。"同书卷112鄂州江夏县:"冶唐山,在县东南二十六里。旧记云:先是晋、宋之时,依山置冶,因名。"

⑤ 《太平御览》卷665:"而近造神剑斫十五芒,……以齐建武元年甲戌岁八月十九日辛酉建于茅山。"同书卷46引《南徐州记》:"剡县有三白山,出铁,常供戎器。"

⑥ 《舆地纪胜》卷49:"冶城在黄陂东南十五里。梁武为刺史,治战守之具。今火迹犹存。"

⑦ 《太平御览》卷833引《武昌记》。

二 冶铸生铁技术的快速发展

我国冶铸生铁技术所以能够比欧洲早一千九百多年发明,并很早得到发展,主要是由于下列两个原因:(1)我国自从殷商时代起,已有悠久的冶铸青铜的历史。殷商时代已有高度的冶铸青铜技术,已能铸造大件的青铜器,像近年出土的"司母戊大方鼎",带耳高 137 厘米,重达 1 400 市斤。西周时代冶铸青铜技术也非常高,所铸造的"盂鼎"带耳高 100.8 厘米,重达 307 市斤。如果那时没有规模较大的冶金工场和较完善的冶金设备,是不可能铸成的。我们在河南郑州二里冈和安阳小屯的商代遗址,都曾发现过冶铜手工业的工场,规模已相当宏大。在这样一个较好的基础上,自然容易促使冶铸生铁技术提早发明。(2)鼓风方法的革新,是提高冶铁技术的主要关键。冶铸生铁技术的发明和发展,是和冶铁鼓风炉的改进分不开的。无疑的,由于我国古代劳动人民在冶金手工业的劳动中积累了经验,革新了鼓风设备,扩大了冶铁炉,使得冶铁炉的温度有了进一步的提高,这样就发明了冶铸生铁的技术。而欧洲是在使用水力鼓风机械设备的情况下发明冶铸生铁技术的。实际上,要使铁在冶铁炉中熔化成液体,能够流到炉外来,并不一定需要水力鼓风机械设备。如果炉身比较高大,所加的燃料比较充足,运用较多的人力鼓动较大或较多的鼓风设备,同样可以提高冶铁炉的温度,使冶铁炉生产出液体的生铁来。我们只要看明清两代的冶铁炉,它们很多没有用水力鼓风机械设备,不是照样能生产生铁么? 近几十年来,我国西北和西南有些产铁地区,还是有用这种"土法"在冶铸生铁的。

利用皮囊鼓风来提高窑或炉的温度的办法,在我们中国是很早发明的。中国在殷商时代已有高度的冶铸青铜技术,已能铸造"司母戊大方鼎"这样巨大的青铜器,铜的熔点约为 1 000 摄氏度,如果那时没有鼓风设备,就很难想象他们是如何提高冶金炉的温度的。河南郑州南关外商代冶铜遗址、安阳殷墟附近商代冶铜遗址以及山西侯马东周冶铜遗址,都曾发现陶质鼓风嘴。

中国古代的冶铁炉是很早就有鼓风设备的。古时的鼓风设备是一种特制的大皮囊,形式和当时一种盛物的叫做"橐"的皮囊相类似,两端比较紧括,中间鼓起好似橐驼(即骆驼)峰,旁边有个洞口装着筒管通到冶铁炉边。在这个大皮囊上有把手,用手拿把手来鼓动,就可把空气不断地压送到冶铁炉中,以促进炉中木炭的燃烧,从而提高冶铁炉的温度。这时的冶铁炉,叫做"镤"。鼓风的大皮囊因为形式像橐,就叫做"橐"①。橐上吹出空气的筒管因为和管乐器的竹管差不多,就叫做"龠",瓦制的叫"瓾"②。这种鼓风设备或者总称为"橐龠"。这个冶铁鼓风炉,或者总称为"镤橐"。西汉冶铁的主要工具,有镤、橐、埵(或作锤)、坊四种③。埵或锤,据《淮南子·本经篇》高诱

---

① 黄以周《释囊橐》说:"橐之制与冶家所鼓炉囊相似,两端紧括,洞其旁以为口,受龠吹垂,以消铜铁,故《老子》谓之橐龠,亦谓之排橐。"又说:"卧其囊如驼峰,故谓之橐驼。"(《儆季杂著·史说略》四)

② 《说文解字》说:"瓾,冶橐榦也。""瓾"或误作"肦"、"胗",《广韵》说:"肦,排囊柄也。"《五音集韵》说:"胗,排囊柄也。"段玉裁《说文解字》注说:"冶橐谓排橐,……冶者以韦囊鼓火,《老子》之所谓橐龠也。其所执之柄曰瓾。榦犹柄也。瓾或讹作肦,而《广韵》以'排囊柄'释之,《玉篇》以'似瓶有耳'释瓾。……排橐之柄,古用瓦为之,故字从瓦。后乃以木为之,故集韵作'楯',从木。"而陈诗庭《读书证疑》卷3说:"榦即其呼吸之气口,字从今者,皆有舌义,故知其为气口也,当以瓦为之,故字从瓦,形如竹筒,故曰榦曰柄。"当以陈说为是,那么,"瓾"也就是瓦制的"龠"了。《文物》1960年第1期周尊生:《汉代冶铸鼓风设备之一——瓾》一文有相同的见解。

③ 《庄子·大宗师篇》说:"皆在镤锤之间耳。"《淮南子·本经篇》说:"鼓橐吹埵,以销铜铁。"《淮南子·齐俗篇》说:"镤橐埵坊设,非巧冶不能以冶金。"《论衡·量知篇》说:"铜锡未采,在众石之间,工师凿掘,镤橐铸铄乃成器。未更镤橐,名曰积石。"

注是"铜橐口铁筒"，就是铁制的"龠"，橐便是从这个管子压送空气入炉的。坊，据《淮南子·齐俗篇》高注是"土型"，即是土制的模型。在这四种工具中，键、橐是最重要的。

战国时代的道家著作《老子》，曾把宇宙间整个空间比作这种鼓风设备。书中说："天地之间，其犹橐龠乎？虚而不屈，动而愈出。"这种鼓风用的大皮囊很富于弹性，在空虚的时候是鼓起来的，愈是鼓动它，空气也就愈吹出来，确是"虚而不屈，动而愈出"的。张衡《玄图》说："橐龠元气，禀授无原。"陆机《文赋》说："同橐龠之无穷，与天地乎并育。"就是采用《老子》的说法的。因为古时冶铁是拿着大皮囊的把手来鼓动吹火的，所以这样的操作就称为"鼓"，冶炼铸铁往往被称为"鼓铸"了。唐代孔颖达所著的《春秋左传正义》，解释《左传》昭公二十九年的"一鼓铁"，就曾说："冶石为铁，用橐扇火，动橐谓之鼓，今时俗语犹然。"

战国时代，由于开矿技术和冶铁鼓风技术的进步，封建统治阶级已把这些生产技术和设备运用到兼并战争中去。他们不仅把开矿技术运用到攻城的战争中去，开始使用地道战术；而且把冶铁鼓风设备作为抵御地道战的防御武器。根据《墨子》的《备城门篇》、《备突篇》和《备穴篇》，当时运用"键橐"来防御地道战的具体方法是这样的：凡是遇到敌人在城墙上掘洞或是从地底下掘地道向城里进攻的时候，必须先挖掘深井，使听觉灵敏的人吊到井中，伏在用薄皮裹口的大陶瓮上静听，察知敌人所掘地道的方位，然后挖掘地道前往迎接它。等到地道快要掘通到敌方地道的时候，就得建筑灶、窑、键等设备，烧柴艾。等到地道掘通到敌方，就得用木板挡住，使有一孔通向敌方，用"橐"来鼓动，把灶、窑、键中的烟压送到敌方的地道中去，以窒息敌人。或者把整个井穴作为鐕灶,烧柴艾,用盆把井口封住,只留一孔,用"橐"来鼓动,把烟压送到敌方地道中去,使敌人不能从地道攻进城来①。这是战国时代普遍应用的一种战术,这种战术还曾沿用很长的时间②。战国时代战争中如此广泛地应用"鐕橐",是当时冶铁手工业的生产中"鐕橐"技术进步的结果。

我国炼铁技术是在炼铜技术的基础上发展起来的。春秋时代的炼铜设备已使用竖炉。1976 年在湖北大冶铜绿山古矿冶遗址发掘出三座保存基本完整的春秋时代的炼铜竖炉。炉型为圆锥形,由炉基、炉缸、炉身三部分组成。炉基筑在当时的地面下,有通风沟横贯炉底。炉缸架在通风沟上,内壁用高岭土涂糊,外壁用红黏土混合铁矿粉夯筑而成。内外壁共厚 30—40 厘米。炉缸的水平截面呈椭圆形。炉身上部倒塌,按照炉壁留存烧瘤高度及鼓风口位置推算,整个炉高 1.2—1.5 米左右。作为出铜、出渣的"金门"筑在炉缸壁的下部,

---

① 《墨子·备突篇》说:"城百步,一突门。……门旁为橐,充灶伏柴艾,寇即入,下轮而塞之,鼓橐而熏之。"《备穴篇》说:"置井中,使聪耳者伏罂而听之,审知穴之所在,凿穴迎之;……穴内口为灶,令如窑,令容七八员(丸)艾,左右窦皆如此。灶用四橐,穴且遇,以颉皋(桔槔)冲之,疾鼓橐熏之。必令明习橐事者,勿令离灶口。……穴则(即)遇,以版当之,……凿其窦,通其烟,烟通,疾鼓橐以熏之。"又说:"具鐕橐,橐以牛皮,鐕有两甀,以桥(桔槔)鼓之百十,……然(燃)炭杜之,满鐕而盖之,毋令气出。适(敌)人疾近吾穴,……即以伯(倍)凿而求通之。"又说:"凿井城上,为三四井,内新甄井中,伏而听之,审知穴之所在,穴而迎之,穴且遇,为颉皋,……用颉皋冲之,灌以不洁十余石,趣伏此井中,置艾其上七八员(丸),盆盖井口,毋令烟上泄,旁其橐口,疾鼓之。"又说:"当穴者客争伏门,转而塞之为窑。容三员(丸)艾者,令其突入伏尺,伏傅突一旁,以二橐守之。"(文中错字,据孙诒让《墨子闲诂》校正。)《墨子·节用上篇》说"有与侵就偃橐攻城野战死者,不可胜数",孙诒让《墨子闲诂》认为"偃"是"伏"之误。《韩非子·八说篇》也说:"干城拒冲,不若埋穴伏橐。"所谓"埋穴伏橐",便是指这种地道战术和防御地道的战术。

② 《墨子·备穴篇》毕沅注说:"《通典·守拒法》云:'审知穴处,助凿迎之,与外相遇,即就以干艾一石,烧令烟出,以板于外,外密复穴口,勿令烟泄,仍用鞴袋鼓之。即其遗法。'"

呈半圆形。鼓风口筑在炉缸壁上。原有两个鼓风口,现残存一个,呈喇叭形,口径约 5 厘米。炉旁筑有工作台,用于加料和放置鼓风设备①。同时熔铜设备,既有中型和小型的坩埚炉,也有大型熔铜炉。

我国古代的炼铁炉,除了简单的块炼炉以外,主要冶炼铸铁的炉也有高炉(即竖炉)和坩埚炉两种,就是在炼铜竖炉和熔铜坩埚炉的基础上发展起来的。我国古代熔铜技术,采用"内加热"的办法,就是把铜料和木炭一起加入炉中并鼓风燃烧来熔化的。"内加热"熔铜的热效率较"外加热"为高,可以取得较好的熔铜效果。我国古代冶炼铸铁的坩埚炉和高炉,也都采用"内加热"的办法,把碎的铁矿石和木炭分层加入炉中并鼓风燃烧来熔化的。正是因为我国很早就有发达的炼铜铸铜技术,冶铸生铁技术很早就发明了,并得到较快的发展,生铁很早就成为冶铁手工业的主要产品。

冶铸生铁技术的快速发展,可以说是我国封建社会前期炼铁技术的主要特点。到目前为止,战国冶铁遗址还没有进行较大规模的系统发掘,当时炼铁炉及其冶炼技术的情况,我们还不够明了,但是从大量出土的生铁铸件来看,当时生铁已成为冶铁业的主要产品。

从文献记载来看,战国、秦、汉的冶铁业已经普遍采用鼓风冶铁炉冶铸生铁。根据《史记·货殖列传》记载,卓氏的祖先本是赵国人,当秦攻破赵国时,卓氏被迁到了临邛,在临邛"即铁山鼓铸",富到有僮(奴隶)一千人。又孔氏的祖先原是魏国人,当秦征伐魏国时,孔氏被迁到了宛,因在那里"大鼓铸",富到有几千金的家产。所有这些战

---

①　见《光明日报》1978 年 6 月 23 日《文物与考古》第 85 期,湖北省文物局文物处:《我国春秋时期已采用竖炉炼铜》。

国、秦、汉间经营冶铁业的大商人，他们的冶铁技术，或者说是"即铁山鼓铸"，或者说是"冶铸"，或者说是"大鼓铸"，很显然，都已使用鼓风冶铁炉，都已采用冶铸生铁技术。

所有汉代的历史文献，谈到冶铁，没有不称为"冶铸"或"鼓铸"的。例如《汉书·张汤传》说："赵国以冶铸为业，王数讼铁官事。"《汉书·徐偃传》说："偃矫制使胶东、鲁国鼓铸盐铁。"说明当时已普遍应用冶铸生铁技术。汉武帝元狩四年（公元前 119 年），西汉政府把盐铁业收归官府经营，次年任用大商人东郭咸阳和孔仅做大农丞，管理盐铁业。东郭咸阳和孔仅奏请汉武帝在法律上规定："敢私铸铁器、鬻盐者钛左趾，没入其器物。"①这样在法律上规定禁止"私铸铁器"的条文，可见这时铁器大都是用生铁铸造的。汉昭帝始元六年（公元前 81 年），西汉政府召集了天下的开明绅士所谓"贤良"和读儒家书的所谓"文学"六十多人来到京师，和御史大夫桑弘羊辩论盐铁和酒的官营政策。桑弘羊说：官府里有"卒徒""作铸铁器"。又说：过去豪强大家"采铁石鼓铸，煮海为盐"②。又说：由官府"铸农具"，可使人专心本业，不经营末业。而贤良们却说：官府"鼓铸铁器"，大都是大器，不适合民用③。从这些辩论中，也可以清楚地看到当时铁器主要用生铁铸造。

东汉已有生铁的名称，《淮南子·修务篇》："苗山之铤，羊头之销。"东汉许慎的注说："销，生铁也。"④同时《神农本草经》的玉石部，

---

① 《汉书》卷 24《食货志》。
② 《盐铁论·复古篇》。
③ 《盐铁论·水旱篇》。
④ 见《文选》卷 35 张协《七命》李善注引许慎《淮南子注》。

已把"生铁"列入药中，说："生铁微寒，主疗下部及脱肛。"最古的医书《素问》，其《病能篇》曾说有一种病名"阳厥"的，患这种病的人常常发怒，医治要"以生铁落为饮"。并且说："夫生铁落者，下气疾也"①。所谓"生铁落"是生铁上打落下来的细皮屑。同时东汉也已有熟铁的名称，许慎《说文解字》说："鍒，铁之耎也。"鍒就是软铁的专门名称，软铁也就是熟铁。生铁是对熟铁而言的，软铁是对硬铁而言的。

三　炼铁工艺多方面的创造

封建社会前期的炼铁工艺，取得了多方面重大的发展。除了冶铸生铁技术有快速发展以外，更有铸铁柔化处理工艺的创造、铸造低硅灰口铸铁以及类似球墨铸铁工艺的发明，同时也还继续生产块炼铁，用作炼制渗碳钢的原料。现在分别叙述于下。

一、铸铁柔化处理技术的创造和发展

自从铸铁冶铸技术发明以后，铸铁的生产效率高，铸造又方便，这是使得铁器得以广泛应用的重要因素之一。但是，早期只能生产白口铸铁，白口铁耐磨，性脆而硬，强度不够，只适宜铸造犁铧等农具，不适宜制造需要质量坚韧的农具和工具。中国至少在公元前5世纪的春秋、战国之际，已经创造了铸铁柔化处理技术，把白口铁进行退火处理，使变为可锻铸铁（或称韧性铸铁）。这种可锻铸铁，和现代球墨铸铁以及某些合金铸铁相比，只属于中等强度。但是在古代，和脆硬的白口生铁、麻口生铁和不具韧性的灰口生铁相比，它无疑是

---

① 近人都认为《素问》主要是战国时代的著作，但也杂有秦、汉以后人的医论。"生铁"名称不见于战国书籍，《素问》中这部分可能出于汉代人之手。

一种优质的高强度铸铁，适宜于铸作农具和手工工具。洛阳市博物馆最近在洛阳水泥制品厂春秋、战国之际灰坑中发现了一件铁锛和一件空首铁铲，经过金相检验，证明这两件都是白口铁经过一定的柔化处理而得到的可锻铸铁。铁锛经过脱碳退火，表面冷却后形成一层珠光体组织，使铸件减小了脆性，提高了韧性，改善了性能，但这一脱碳层很薄，表明退火的温度较低，大约 750 度左右，退火的时间也不长，这可以认为是可锻铸铁的初级阶段（参看图版 2）。空首铁铲则作了进一步的退火处理，除表面是脱碳层以外，中心部分已有发展得比较完善的团絮状石墨组织，成为黑心可锻铸铁（参看图版 3）①。还有长沙识字岭 314 号墓出土春秋末年的小铁臿，其组织未经检验，但它的器形和 1957 年长沙出土并经鉴定为可锻铸铁的战国铁臿完全相同，因此很可能是同类产品。

这种工艺到战国中晚期，在楚、魏、赵、燕等国广大地区，已被广泛应用于制作农具和武器。河北石家庄出土的战国铁斧，河南辉县固围村出土的铁臿②，湖北大冶铜绿山古矿井出土的六角铁锄、铁斧③，湖南长沙出土的铁臿，都是用白口铁经过柔化处理而得到的可锻铸铁。石家庄出土铁斧和辉县出土铁臿，由于在氧化气氛下进行脱碳处理，铸件的外层已成为钢的组织，而内层还是白口铁，实际上成为钢和铁共存于同一工件中的复合组织。铜绿山出土铁锄、铁斧，经过氧化脱碳并析出部分石墨，属于白心可锻铸铁。湖南长沙出土

① 见《考古学报》1975 年第 2 期，李众：《中国封建社会前期钢铁冶炼技术发展的探讨》。

② 见《考古学报》1956 年第 2 期，孙廷烈：《辉县出土几件铁器底金相学考察》。

③ 见《文物》1975 年第 2 期，大冶钢厂冶军：《铜绿山古矿井遗址出土铁制及铜制工具的初步鉴定》。

铁臿外形端正,制作精细,壁厚仅 1—2 毫米左右,是以铁素体和珠光体为基体的黑心可锻铸铁①。

从春秋、战国之际到战国时期,铸铁柔化处理技术还处于初期阶段,固然已经出现白心和黑心两种可锻铸铁件,但多数是脱碳不完全的钢铁复合件。到西汉中期以后,由于冶铁业实行官营,这种技术得到进一步的发展。不但工艺比较成熟,而且分布地域遍及全国。从已发掘的汉代冶铁遗址来看,西汉中期以后的官营冶铁作坊,已经普遍采用这种技术作为常规工艺方法。脱碳不完全的白心可锻铸铁已较少见,黑心可锻铸铁多数以铁素体——珠光体基体为主,以适应铁农具必须具有较高强度和耐磨性的要求。

从河南巩县铁生沟和南阳市北关瓦房庄两个汉代冶铁遗址所出铁器来分析检验,可以看到汉代农具主要采用可锻铸铁。瓦房庄所出经过检验的 12 件铁农具中,有 9 件是可锻铸铁,两件是铸铁脱碳钢,另一件是白口铁。铁生沟所出一件铁镬,经鉴定也是可锻铸铁。这表明不论像铁生沟那样以炼铁为主、兼营锻铸的联合作坊,或是像瓦房庄那样铸铁、锻铁而不炼铁的冶铸作坊,都已普遍采用这种铸铁柔化技术。从质量上看,当时制作这种可锻铸铁的技术已相当稳定。河南出土的这类可锻铸铁制品,退火石墨的形状多数比较规整,呈典型的团絮状,而且分布均匀。在检验的试样中,从未见到铸件边缘部分有因氧化过烧而造成的黑色氧化铁,在铸件中心部分也极少见到有残存的莱氏体。可见汉代这方面的技术,从熔化铁液、制备泥范、

---

①　见《考古学报》1960 年第 1 期,华觉明、杨根等:《战国两汉铁器的金相学考查初步报告》。

浇注成形,到高温退火和出炉冷却,各个工艺环节的进行都是比较正常而稳定的,操作技术是高度熟练而精细的。白心可锻铸铁和黑心可锻铸铁比较,在性能上黑心的要比白心的强些,在制作技术上黑心的要比白心的困难些。而汉代冶铁工人已经能够在使用高碳低硅白口铸铁的生产条件下,制作出多数属于黑心的可锻铸铁,这是难能可贵的。汉代的可锻铸铁,除了少数石墨较为粗大或者形成较粗的珠光体(可能由于退火周期过长)以外,不少工件已和现代可锻铸铁无本质的区别。汉代的黑心可锻铸铁,也和现代的工艺要求差不多,除少数是铁素体基体外,多数是铁素体——珠光体基体或珠光体基体的黑心可锻铸铁。看来当时已能采取适当措施来控制铸件的金属组织,改进机械性能,以达到制造较高强度和耐磨性能的工具的要求①。

东汉以后,这种铸铁柔化技术仍然使用很广。除了小型农具如䦆、锄、镢和小型工具如斧之类用可锻铸铁以外,较大的犁铧也开始用可锻铸铁。河北武安午汲古城出土东汉铁犁,就是一件脱碳不完全的白心可锻铸铁②。1974年河南渑池出土一批窖藏汉魏至北朝的铁器,共60多种,4 000多件,其中相当一部分采用可锻铸铁制成,如小铁锼是用白心可锻铸铁制成,铲和犁铧用黑心可锻铸铁制成③。

还值得注意的是,南阳市瓦房庄汉代冶铁遗址的东汉地层中出土的135号铁锼,它的石墨组织虽不是出自铸态,而是在高温退火时

---

① 参看《考古学报》1978年第1期,河南省博物馆、石景山钢铁公司炼铁厂、中国冶金史编写组:《河南汉代冶铁技术初探》。

② 见《考古学报》1960年第1期,华觉明、杨根等:《战国两汉铁器的金相学考查初步报告》。

③ 见《文物》1976年第8期,北京钢铁学院金属材料中心化验室:《河南渑池窖藏铁器检验报告》。

形成的，但形状规则，接近球状，边缘也很光滑，提高了工件的机械性能。它的抗张强度预计可达 40—60 公斤/毫米^2，延伸率 4%—8% 左右，作为小农具质量相当优良①。它的含硫量不高，而石墨组织与现代高硫球墨可锻铸铁相似。远在东汉时代能取得这样的成就，确是值得称许的。

《盐铁论·水旱篇》中记载桑弘羊说："家人会合，褊于日而勤于用，铁力不销炼，坚柔不和。"又说："吏明其教，工致其事，则刚柔和，器用便。"这是说，私人聚合众人经营的冶铁业，由于农闲日子少，制作时间仓促，急于制成应用，对熔炼的火候掌握不准，结果制成的铁器坚柔不和，质量不高。官营冶铁业有官吏指导，工匠致力于他们的工作，就能炼制"刚柔和"的铁器，便于作为工具使用。从桑弘羊这段议论，结合西汉官营冶铁作坊遗址出土的铁器来看，可以认为，桑弘羊把"坚柔不和"和"刚柔和"作为鉴别铁工具优劣的标准，就是指铸铁柔化处理技术的水平而言的。这种技术的操作和管理，确实需要经历相当长的时间，必须精心细致地加以管理，如果时间仓促，急于求成，就不可能达到预期的效果。

如果用现代科学技术观点加以分类，我国古代铸铁柔化技术可以分为两种方法：（1）一种方法是在氧化气氛下对铸铁件进行退火脱碳处理。当热处理温度较低、退火时间较短时，成为脱碳不完全的白心可锻铸铁，外层是熟铁和钢的组织，而内层仍为白口组织；当脱碳完全时，白口组织消失，成为质量较好的白心可锻铸铁。这种铸件，战国时已经出现，到西汉中期以后达到成熟阶段。如果适当控制时

---

① 见《考古学报》1978 年第 1 期，河南省博物馆等：《河南汉代冶铁技术初探》。

间和温度,在退火时基本不析出石墨,而使生铁中多余的碳被氧化成气体脱掉,就成为全钢组织,这就是铸铁脱碳钢。这种铸铁脱碳钢,西汉已经出现,到东汉达到成熟阶段。(2)另一种方法是在中性或弱氧化气氛下,对铸件进行长时间高温退火处理,使成为黑心可锻铸铁。根据已经检验的古代铁器来看,战国黑心可锻铸铁大都是铁素体基体,汉代以后,以铁素体——珠光体基体和珠光体——铁素体基体为主。石墨一般呈团絮状,少数呈粗大的菜花状,也还有作球状的。

我国所以能够这样早创造铸铁柔化处理技术,是由于当时生铁冶炼技术进步较快,白口铁比较广泛地用来铸造工具,在铸造和使用白口生铁工具中,逐渐发现了白口生铁长期受热会变得柔韧的规律。西汉中期以后可锻铸铁所以能够普遍达到相当高的水平,是由于官营冶铁作坊采用了大致相同的常规工艺方法。

当时制成可锻铸铁的常规工艺方法,主要有下列四点:

(1)制成可锻铸铁的坯件,采用了高碳、低硅、薄壁的白口生铁铸件。现代可锻铸铁的坯件,使用高硅低碳的铁水铸成,但在我国古代,则用高碳低硅的白口生铁。可锻铸铁的坯件所以必须用白口生铁,这是因为坯件中如果有片状石墨析出,经过退火,石墨会长大,甚至使得退火处理失败。当时这种白口生铁含碳量相当高,一般在4%以上,很有利于石墨析出;所含硅分虽低,但硫分也低,含铬量大多小于0.01%,对于石墨化过程一般都不起明显的阻碍作用。同时由于这种生铁使用木炭熔炼,生铁中含气量低,含氧化亚铁少,非金属夹杂也较少,金属结晶粒细,比较容易进行退火处理。这时作为坯件的生铁工具的造型特点是,器形较小,薄壁而作嵌刃式(即所谓"铁口"),或者带銎。因为铸件壁薄,冷却快,内应力大,退火时可生成较多的石墨核心,从而可以细化石墨。如果器形过大,必然具有较大的厚壁,退火处理将十分困难,不可能达到完全退火的目的。

(2) 使用铁范铸造生铁铸件,可以保证取得薄壁的白口生铁。战国中晚期已较多使用铁范铸造铁器,到西汉中期以后,铁范为官营冶铁作坊所普遍应用,近年来南阳、巩县、郑州、莱芜、镇平等地冶铁遗址都出土有大量铁范或翻制铁范用的陶模。同时各地出土的铁农具和手工工具如铁镢、铁锄、耧铧、犁铧、镰、斧等,有相当数量是用铁范浇注而成。使用铁范浇注铁器,由于铁范导热性良好,浇注后冷却速度快,可以保证取得白口生铁。又由于范壁厚度一致,使铸件冷却速度均匀,可以得到薄壁而结晶良好的铁器。而且使用金属型铸件,石墨化核心可以大为增加。所有这些,都有助于进行退火处理时加速石墨化,从而取得可锻铸铁。从出土的汉、魏可锻铸铁工具来看,大多数壁厚 3 毫米,有的仅 1.5—1.6 毫米,这是为了适应退火处理工艺的需要。要取得这样薄壁的铸件,在当时手工业技术条件下,必须采取一系列的工艺措施,例如顶浇、预热铸型、提高铁水温度等等。

(3) 把薄壁白口铁工具套合叠放在加热炉或窑中,成批进行退火处理。已发现的汉代冶铁遗址中,有成百件铁工具套合叠放在一起的。金相检验中多次发现这些铁工具的銎底的脱碳程度,比銎壁外侧为甚,这一现象,当是由于同类铁工具交叉叠放,銎壁外侧受到保护,而銎底较多接触炉气的结果。巩县铁生沟冶铁遗址中发现有西汉后期 15 号地坑式加热炉一座[1]。华觉明先生认为:"巩县铁生沟

---

[1] 《巩县铁生沟》发掘报告把这种加热炉定名为"反射炉",认为用于炒炼熟铁或钢,但是从整个炉的结构来看,不应是反射炉,不可能在炉中炒炼熟铁或钢。

汉代地坑式加热炉,结构相当讲究,炉底和侧壁都设有火道,热能利用和温度分布比较合理,采用这样的退火设施,就有可能获得该遗址出土铁镬、铁铲那样质量良好的韧性铸铁件。北京农业机械厂采用地坑式退火炉,生产壁厚为 1.5—2.5 毫米的韧性铸铁,效果很好,认为操作方便,温度均匀,适用于小批量生产"[1]。

　　巩县铁生沟发现西汉后期地坑式加热炉,长方形,长 3.47 米,宽 0.83 米,最深处 0.8 米。炉门向南。其结构可分为加热室(原报告作"熔池")、燃烧室(原报告作"炉膛")、炉门、烟囱四部分。(1)加热室,平面作长方形,长 1.47 米,宽 0.83 米,深 0.8 米。位于炉的后半部。它高于燃烧室 0.54 米。加热室的壁分内外两层。外壁即建炉时所挖长方坑,坑壁涂抹一层草拌泥。东西两壁向内倾斜,因而炉底南北两端都较上口为宽。内壁及炉底用长方耐火砖垒砌而成。在内外两壁之间留出宽约 8 厘米的空间,其间并以红色耐火砖砌成条状火道。火道的南端和燃烧室连接,并砌有洞口。底部也同样有夹层,从北到南砌成四个长方形条状火道。这些条状火道的北端和烟囱相连。(2)燃烧室平面也作长方形,长 2 米,宽 0.61—1 米,残深 0.78 米。位于加热室的前半部,低于加热室 0.54 米。壁用红色耐火砖平卧交错垒砌,砖上涂有草拌耐火泥,被火烧成绿色,如玻璃状。炉底铺一层白石灰。根据炉内发现的拱形耐火砖,推知顶部为拱形。壁砖长 27 厘米,宽 13.5 厘米,厚 7 厘米。拱形砖长 30—34 厘米,宽 16.7 厘米,厚 8 厘米,弧度 2.7 厘米。(3)炉门在燃烧室的南端,已损毁,仅发现长 25 厘米、宽 20 厘米的长方形铁板一块。炉门外向南 1 米地方堆

---

[1] 《自然科学史研究》第 1 卷第 1 期,华觉明:《汉魏高强度铸铁的探讨》。

有一片木炭灰,因此估计这个炉的燃料主要是木炭。(4)烟囱位于加热室的最北端,它是就地掏挖成的两个并列的烟囱,烟囱内上方下圆,并敷有耐火泥。烟囱下部和加热室内两层炉壁间的火道相通,可以通风和出烟。烟囱上部已残,东边一个口部长 0.13 米,宽 0.12 米,下部直径 0.12 米,由口到底部深 0.98 米。西边的一个口长 0.18 米,宽 0.1 米,下部直径 0.1 米①(参看图 2-2)。

图 2-2　巩县铁生沟西汉冶铁遗址 15 号地坑式加热炉平面图、剖面图

从这种地坑式加热炉的结构来看,它的加热退火方法是:先在燃烧室中装好燃料,并把需要退火的铁工具套合叠放入加热室内,然后在炉门处点火燃烧,并加以鼓风,使燃烧室内产生大量火焰和热能,

①　参考河南省文化局文物工作队:《巩县铁生沟》,文物出版社 1962 年版,第 13—17 页。

通过炉底和侧壁的火道通入加热室,并从烟囱通入空气,使加热室内火力旺盛,温度分布均匀而持久不变。这种加热炉的顶部砌成密封式拱券形,燃烧停止后,听其自然冷却,还可以有一段保温时间,从而取得良好的退火效果。

(4) 退火工艺的操作已有一定的规范。20 世纪初叶,使用"欧法"制成白心可锻铸铁,退火时间为 144—240 小时(6—10 昼夜);使用"美法"制成黑心可锻铸铁,退火时间为 192 小时(8 昼夜)。我国古代制成可锻铸铁的退火时间该和这相当。退火温度如果低于 760—780 度时,石墨化就难以进行,因此这是退火温度的下限。温度到 850 度以上,石墨化进行就较速,因此汉魏多数可锻铸铁的退火顶温当在 850—950 度之间。个别的顶温可能达到 1 000 度。华觉明先生对汉魏可锻铸铁的退火工艺作了分析:

> 汉魏韧性铸铁大都为铁素体——珠光体基体。珠光体多数呈粗大片状,说明第一阶段石墨化时间偏长。为彻底消除白口组织,必须有充分的保温时间,使碳原子扩散,渗碳体完全分解,但在分解后又延续时间,则将导致珠光体长大,第二阶段石墨化时难以再分解。

> 纯铁素体基体之极少存在,和基体中珠光体比例一般偏高,说明第二阶段石墨化进行得很不充分。看来是随炉自然冷却而没有在临界点上进行保温。少数以珠光体为基体的铸件,可能采用了提前停炉,使快速冷却的措施,借以获得强度高、耐磨的器件(但韧性较差)。

> 表皮脱碳层一般较薄,均在现行标准的一级以内。在被检验的器件中,迄未发现有因温度过高、强烈氧化而造成过烧氧化

铁沿、粗大铁素体晶解分布等严重缺陷，说明采用了有效的保护措施(泥涂、用砂覆盖等)，温度控制较好。就技术难度来说，黑心韧性铸铁的要求为严，波动稍大，不是脱碳便是发生增碳。……我们在汉魏时期即能稳定地进行黑心韧性铸铁的生产，确实是了不起的技术成就。[①]

战国、秦、汉间创造和发展的铸铁柔化处理技术，使得用生铁铸造的工具(特别是农具)转变为可锻铸铁，增强了这些工具的抗拉强度、耐磨性、韧性以及抗冲击能力，这就大大有助于生产效能的提高，大大有助于生产力的发展。战国、秦、汉时代正当我国封建社会初期，当时社会经济所以能够高度发展，创造出灿烂的物质精神文化，该与当时生产力的发展有关，也该与当时生铁冶铸技术的快速发展和铸铁柔化处理技术的推广有密切关系。

为了便于了解可锻铸铁的机械性能的改进，兹将战国、两汉铸铁件的机械性能列为比较表如下：

战国、两汉铸铁件机械性能比较表(估计值)

器件及材质	抗拉强度 公斤/毫米^2	延伸率(%)	硬度(HB)
战国白口铸件	10—20	0	700
战国黑心可锻铸铁	30—40	6—8	100—120
西汉黑心可锻铸铁	40—50	3—5	160
西汉类似球墨铸铁	50—60	4—6	200
东汉铸铁脱碳钢件	80—90	4—6	250

(此表采自华觉明《汉魏高强度铸铁的探讨》)

---

① 《自然科学史研究》第 1 卷第 1 期，华觉明：《汉魏高强度铸铁的探讨》。

二、铸造低硅灰口铸铁以及类似球墨铸铁工艺的发明

战国中期以后,我国已能生产白口和灰口混合的麻口铁制成品。例如铜绿山出土战国中晚期铁锤中就有片状石墨存在;山东莱芜发现窖藏的西汉前期铁范,具有麻口铁组织,中间部分相当于白口铁,两侧部分夹有片状石墨,相当于灰口铁;河北满城 2 号汉墓出土西汉中期铁犁铧也具有这种组织。又如河南渑池窖藏汉魏到北朝铁器中,铁锛和六角轴承都具有麻口铁组织。铁锛刃部的外层为白口铁,中间部分为灰口铁。六角轴承的表面为白口层,向内为麻口层,占三分之二左右,最内部为灰口层。这种铁器可能在预热的铁范中铸成,表层因冷却速度较快而为白口,内部因冷却速度缓慢而成为麻口或灰口。

至迟到西汉中期,我国已能生产低硅灰口铁制成品。河北满城 1号汉墓出土的铁器中,对需要强度和韧性的镢是用可锻铸铁的,而对需要承载能力、润滑和耐磨性能的车上的锏(轴承)则用灰口铸铁(参看图版 4)。河南南阳瓦房庄汉代冶铁遗址也出土有东汉用来浇铸铁釜的灰口铁浇口,经化验,是高磷的灰口铁,含磷 0.7%(参看图版 5)。说明当时已懂得用这种流动性较好的铸铁来浇注薄壁器物。在河南渑池窖藏铁器中,也有一部分是用灰口铸铁制成的,如箭头范、铧范以及�等。铧范含碳 2.31%,接近现代高强度铸铁(含碳 2.8%—3%),但含硅量低,只有 0.21%。这些灰口铸铁的石墨片的大小和分布,都比较合理。说明汉魏至北朝时期,劳动人民在制造和控制灰口铸铁的工艺上,已经积累了丰富的经验。

现在生产灰口铸铁,其含硅量一般要求在 1%—3.5%之间,因为硅能促使铸铁中碳变成片状石墨而使其断口呈暗灰色。如果含硅量

低于 1%,在一般生产条件下就很难获得灰口铁。值得注意的是,我国古代有过很多含硅量低于 1‰ 的灰口铸铁,看来是采用了一种特殊的工艺。很可能是在铸范外面采取了特殊的保温措施,例如使用预热范或者在浇注后立即放到专门的炉子中去,造成极其缓慢的冷却过程,从而获得低硅低碳的灰口铸铁。因为冷却速度对铸铁中石墨化的影响很大,冷却愈慢,愈有利于石墨化,也就愈容易获得灰口铁[1]。

更值得注意的是,巩县铁生沟汉代冶铁遗址中出土的一件铁镢,经检验,有形状十分良好的球状石墨,有明显的石墨核心和放射性结构,与现行球墨铸铁国家标准一类 A 级石墨相当(参看图版 6)。还有河南渑池窖藏汉魏铁器中,257 号"陵右"Ⅱ式斧,大部分组织相当于 0.4% 碳钢,但在錾部发现有相当于现代球墨铸铁中的球状石墨,在平均厚约 3.2 毫米、总长 50 毫米的 U 形截面上,发现有直径约 20 微米的球墨约 30 颗(参看图版 7)。现在制造球墨铸铁的新工艺,是在试验使用金属镁和稀土金属作球化剂成功以后,才得到推广的。远在汉代,当然不可能使用这种球化剂。因此进一步搞清楚当时制造低硅灰口铁和球墨铸铁的工艺,对于今天改进铸铁的生产工艺,具有重要的现实意义。

三、低温还原"块炼法"的继续采用

在战国、秦、汉时代,冶铸生铁技术已成为主要的炼铁方法,生铁已成为冶铁业的主要产品,但是比较原始的低温还原"块炼法"仍然

---

① 参看《文物》1976 年第 8 期,北京钢铁学院金属材料系中心化验室:《河南渑池窖藏铁器检验报告》;李众:《从渑池铁器看我国古代冶金技术的成就》。

继续采用,在一定范围内发挥其作用。块炼法的生产效率虽然很低,但是生产设备和工艺远较冶铸生铁简便,便于就地取材和因陋就简。所生产的块炼铁(或称"海绵铁")含碳量低,便于锻造铁器,还可以用来渗碳制钢,因而成为古代锻造铁器和渗碳制钢的主要原料。在西汉晚期发明炒钢技术(使用生铁炒炼成熟铁或钢铁)以前,固然是锻铁和制钢的惟一原料,即使在炒钢技术发展起来以后,块炼铁也没有被完全排挤掉,仍然被用作某些制成品的重要原料。

块炼法生产的块炼铁,含碳量很低,含有较多夹杂物(由氧化铁和硅酸盐组成的共晶体),例如江苏六合程桥 2 号东周墓出土的铁条,就是块炼铁制成,第一章第二节已经谈到。湖北大冶铜绿山古矿井出土的铁耙和铁钻也都是用块炼铁制成。铁耙含碳量为 0.1%,铁钻含碳量为 0.06%。河北易县燕下都 44 号战国晚期墓葬出土的 19 号铁剑(带有铜剑首残部),铁部长 697 毫米,是迄今发现的铁剑(不包括钢剑)中最长的,其含碳量在 0.05%左右。这种块炼铁不仅含碳量很低,硅、锰、硫等其他元素的含量也都很低,因此性能柔软,易于锻造器物,缺点是不刚强、不耐用,但是经过渗碳处理成钢以后,就能克服这个缺点。所以在战国以后很长一段时间,在大量生产铸铁的同时,也还生产块炼铁,用来作为锻造铁器和渗碳制钢的原料。

巩县铁生沟西汉冶铁遗址曾发现块炼铁炉三座。以 14 号炉为例:建炉前先把地面夯实,然后从夯打的地面上向下挖成长方形的坑。坑深 0.5 米,长 0.69 米,宽 0.32 米。周壁涂耐火泥一层。在坑口周围砌有灰色耐火砖。炉腔中部有三块侧砖,纵砌于前后两壁之间作为炉齿。炉齿之间以及它与坑底之间都保留一定的空间。另外在炉身的东南方开挖一沟,作为火门。沟底呈斜坡状,长 0.82 米,宽

0.25 米，最深处 0.59 米，用以燃火或通风。根据炉基周围的痕迹观察，此炉呈椭圆形，上部原有大口，高出地面约 1 米左右，长 1.18 米，宽 0.78 米。在炉底（炉齿下面）发现有很多黑色灰烬和冶炼时剥落的小铁块。在火门附近还发现有块炼铁（参看图 2-3）①。其炼法，据推测可能是先在炉齿的下部装满木柴或木炭（从炉门

图 2-3　巩县铁生沟西汉冶铁遗址 14 号块炼铁炉的平面图、剖面图

装入），然后把燃料和铁矿石从上部炉口分层装入炉腔，再在火门点火燃烧。由于火道处可以自然通风，加上炉口的抽力和火道对流，就可以保证炉内火力旺盛。由于温度不高，只能使铁矿石还原为块炼铁。

　　总的说来，上述封建社会前期炼铁工艺的多方面发展，是适应当时制作生产工具所需的各种不同性能的钢铁材料的要求的。从各地汉代遗址出土的铁器来看，对于需要强度和韧性的铁农具，主要用的是可锻铸铁件；对于抗冲击能力要求更高的手工工具和兵器，则分别选用铸铁脱碳钢或其他钢件；轴套、轴承、铁釜、铁范则仍采用白口铁或灰口铁，而锻造铁器或渗碳制钢，则仍采用块炼铁。综观我国封建社会前期的炼铁技术，从战国初期经历战国中、晚期至西汉前期的大发展，已经达到了相当成熟的水平。不仅能生产白口铁、麻口铁和灰口铁，还能生产白心和黑心可锻铸铁，而且能够有效地根据性能应用

---

　　①　参看河南省文化局文物工作队：《巩县铁生沟》，文物出版社 1962 年版。

于制造不同要求的农具、手工工具和兵器以及日常生活用品。直到今天，世界上的生铁产品，除了合金铸铁和 20 世纪 40 年代开始发展的球墨铸铁以外，仍然是这样几种基本品种。而我国制造这几种基本品种的工艺技术的发明，比欧洲要早两千年左右。

第三章　早期炼铁炉的发展及冶炼技术

一　坩埚炼铁法的创造和长期流传

坩埚炼铁法是我国人民独特的创造,已有悠久的历史。河南南阳市北关外瓦房庄西汉冶铁遗址[1]和河北清河镇西汉初年故城冶铁遗址[2],都曾发掘出坩埚炼铁炉的遗迹,说明至迟在西汉时代已经应用此法了。前面谈过,这种炼铁法该是从坩埚熔铜法演变而来,那么,此法在春秋、战国之际早就发明了。

1959年发掘瓦房庄附近古宛城西汉冶铁遗址,发现坩埚炼铁炉17座,其中3座较完整,都近似长方形。其中一座长3.6米,宽1.82米,深度残存0.82米。炉的建筑方法是,就地面挖出长方坑,留下炉门,周壁经过夯打后再涂薄泥一层。炉顶有的用弧形的耐火砖砌成,

---

① 见《文物》1960年第1期,河南省文化局文物工作队:《南阳汉代铁工厂发掘简报》。

② 见《考古学报》1957年第3期,黄展岳:《近年出土的战国两汉铁器》。

砖的大小不同,砖的内面敷有一层厚约 1 厘米的耐火泥,泥的表面还留有很薄的灰白色岩浆,砖的背面涂有较厚(约 5 厘米)的草拌泥。炉顶有的是用土坯和草拌泥券成。炉由门、池、窑膛、烟囱四部分组成。门在炉的最前端,当是用来装炉和通风的,左右两壁都经火烧,已成砖灰色。池在门内,周壁也烧成砖灰色,池底留有厚约 1 厘米的细砂,当是用作燃烧时的"风窝"的。炉膛为长方形,周壁糊有草拌泥,火烧较轻,当是盛放成行排列的坩埚和木柴、木炭等燃料的。炉的后部设有三个烟囱,当是排出炉烟用的。有的炉内填满木柴灰,有的炉底堆有很多烧土块和砖瓦碎片。坩埚发现三件,都是椭圆形的圜底陶罐,罐外敷有草拌泥约厚 3—4 厘米,泥的内部烧成红砖色,表面则成光亮的深黑色,并存有一层灰白色光亮岩浆。另在一坩埚的内壁还粘有铁渣的碎块。从炼炉的结构以及流传到后世的坩埚炼铁法,可以推知当时的炼铁方法是:先用碎块矿石和木炭以及助熔剂混合配好,装入坩埚。装炉前,先在炉底铺上一层适当数量的砖瓦碎片,使炉底通风;并留出许多"火口"放进易燃物,以便点火,接着就铺上一层木炭,在木炭上安装成行坩埚;然后在这层坩埚之上再铺上一层木炭,在木炭上再安装成行坩埚,待炉装满,便可从"火口"点火,并加鼓风(或采取自然通风),使坩埚中矿石还原熔化为生铁。

这种炼铁法,由于经济和简便,曾长期流传,直到近代,还流行于山西、河南、山东、辽宁等省,尤以山西省的太行山地区最为流行。在近代全国土铁的总产量中,有 40% 以上是山西省太行山地区运用这种炼铁法生产出来的。据 1870 年左右德人李希霍芬估计:晋城高平(今晋城市北)日产 200 吨,阳城日产 50 吨,平定(今阳泉市南)日产 150 吨,太原日产 50 吨,共日产 450 吨。据 1899 年英人宿克来的估计:盂县(今阳泉市西北)有铁炉 60 座,每年工作 250 日,每日每炉炼铁 500 斤,每年产铁 4 500 吨,平定有铁炉 250 座,每年产铁18 000吨,荫城(今长治市南)年产 6 000 吨,高平年产 4 000 吨,泽州(今晋城市)年产 13 333 吨,阳城年产 2 000 吨,沁水(今阳城县西北)年产415 吨,太原年产 2 000 吨,总共年产 50 248 吨。据 1916 年地质调查所的约计,全国全年生产土铁共 170 850 吨,其中山西省所产土铁的数量占第一位,计有 70 000 吨,占当时全国土铁产量的 41.2%;其次为湖南,年产 35 000 吨,仅及山西省的一半;再次为四川,年产23 000吨,仅及山西省的三分之一;更次为河南,年产 14 400 吨,仅及山西省的五分之一。据王竹泉所著《山西铁矿补志》1924 年的调查,山西省各地土铁的年产量如下:高平 1 100 吨,晋阳(今太原市西南)5 000吨,长治 800 吨,和顺 300 吨,壶关 300 吨,隰县 2 000 吨,陵川(今晋城市东北)500 吨,太原 500 吨,平定 20 000 吨,临县 2 600 吨,盂县5 000 吨,再加上晋城 13 300 吨,总共年产 51 400 吨。其中以平定产量最高,在平定境内共有方炉 1 099 座①。由此可见,山西省长期流行的这种坩埚炼铁法,曾在过去土铁生产中起了很大的作用。

　　这种坩埚炼铁法,所采用的炼铁炉是方形的。建炉前,需要把地基筑结实,在三边建起高 4 尺多、厚 1 尺多的土墙或砖墙,在一面的墙底开一个孔,作为进风口,在旁建有小屋,屋里装有大风箱,以便鼓风。也有利用一旁的高地来作炉墙的,在高地里挖窑洞来安装风箱的,这样就可省造一垛土墙和一间小屋。大的方形炉,成为一个方形的炼铁场,可以装入 240 到 300 个坩埚,小的方形炉也可装入 60 到

---

　　① 见丁格兰(F.R.Tegengren)著《中国铁矿志》第 2 编。

70 个坩埚。所用风箱要 2 至 4 人推拉。

坩埚都用耐火泥(俗名"干子土")制成,也有用耐火泥 55％、粘土 40％、焦炭粉 5％配料,或者用粘土 50％、煤屑 50％配合制成的。形状为长圆筒形,制法如下:先把耐火泥加适量的水,调成面团状物,然后取一团(相当于制成一个坩埚所需的分量)置于倒立的木模底上,一面用手拍打,向下挤压,一面四周旋转拍打,即可制成。一般埚底有二指厚,埚口如粗碗口厚,每工可成 80 个。木模用桐木制成,底部呈锅底形,模外套有布套,一般直径为 5 寸左右,高 1 尺多,也有直径 6 寸以上而高 2 尺的。

炼铁时,先将矿石打碎,用筛子筛过,把较大的块剔除,再把小块矿石和无烟煤屑(作为还原剂)及黑土(作为熔剂)混合配好,装入坩埚中。大体上每个坩埚装入 10—15 斤矿石、1—1.5 斤煤屑或焦炭粉、1—1.5 斤黑土,装好后要用瓦片及煤渣把坩埚口盖紧,才能装入炉内。

装炉时,炉底先铺上一层破旧的坩埚,或者搁置适当数量的碎砖和铺上一层碎瓦片,使得炉底通风。在铺旧坩埚和碎瓦片时,要留置十多个"火口",在火口处放置麦秸或其他易燃物和一些耐烧的小竹竿,以便点火。接着,就在上面装上一层无烟煤(或焦炭),在这层煤上就可以安装几排坩埚,在坩埚间的空隙中要用无烟煤(或焦炭)仔细填充,以防坩埚倾斜,然后在这层坩埚上再铺上一层无烟煤,在无烟煤上更放上几排坩埚,最后用煤掩盖上,上面再用破旧的坩埚或碎瓦片盖好。接着在无墙的一面,就需要用破旧坩埚或石灰石积叠成一道墙,如此装炉才算完毕。

等炉装好后,便可点火。点火时,要先点中间的火口,待其大量冒烟后,再点两头的火口,以求各部位燃烧均衡。点火后拉动风箱鼓风,如炉口冒出的火焰太旺,就要及时压住,使火力集中。一般鼓风 8 小时左右,热度已够高,就停止鼓风,因为自动钻进去的空气已足够使它燃烧。让它自然通风 24 小时后,就可以开炉。这样,就可把坩埚从火中取出,把坩埚中的生铁水倾倒到铸型里。为了取出方便起见,也可以让它冷却后,打碎坩埚,取得圆柱形的生铁块。它的产量随炉的大小而不同,一次装 200 个坩埚约 3 000 斤矿石的炉子,可炼成铁 1 500 余斤。如用石灰石作为装炉后堵住炉子一面的墙壁,还可以利用炉内熔炼之火,把石灰石烧成石灰,成为一种副产品。

山东潍坊市也有这种坩埚炉。炉为长方形,四周炉墙用青砖或土坯砌成,炉后砌有挡风墙,炉底也挖有半圆形的通风道(俗名风窝),上铺铁制的炉条,以便自然通风(参看图 3-1)。

图 3-1　山东潍坊市的炼铁坩埚炉

(采自陕西省科学技术协会筹备委员会编《土法炼铁》,1958 年出版)

部位名称:1.炉墙　2.挡风墙　3.坩埚　4.风窝(通风道)　5.煤炭　6.引火柴　7.铁条

这种坩埚炼铁法,是炼铁法中成本最低的[①]。建筑土墙和制造坩埚的材料,都可就地取材,不需要材料费;采用自然通风,可以节省劳动力,装炉时需要四到六人,平时只要一人管理;劳动强度也不大,也不需要在高温之下操作;炉子构造简单,也不必经常修理;装炉和熔炼过程都很简便,一学即会。它之所以长期成为山西、山东一带农村中主要炼铁方法,就是由于有着上述这些优点。如果选取的原料成分好,从坩埚炼铁法取得的生铁质量要比高炉炼出的高。但是常常由于因陋就简,选取原料不讲究,炼出生铁质量不高。特别是使用煤作为燃料和渗碳剂以后,煤中硫磷等杂质容易渗入铁中,影响到生铁的质量。这种炼铁法虽然简便,但不适宜大规模生产,因而尽管长期流传,流行很广,然而始终处于次要地位。

二 炼铁高炉的发展变化及冶炼技术

我国古代冶炼生铁,主要使用炼铁高炉。从公元前 513 年晋国使用"一鼓铁,以铸刑鼎"的事来看,春秋末年已经使用高炉冶铸生铁了。目前对于战国冶铁遗址还没有作大规模的有系统的发掘,战国高炉的结构还不清楚。但是从文献资料来看,当时的冶铁业已经普遍采用冶铸生铁技术,该已普遍采用高炉炼铁。出土的战国铸造铁器用的铁范和大量战国生铁铸件,显然都是高炉炼铁的产品。有不少出土的战国铁农具和手工工具,壁薄而外形细致端正,如果不是高炉炼出的有足够温度的铁水是没法铸造的。

从战国到西汉,随着铁器需要量的大幅度增加,冶铁业的重大发

---

① 丁格兰《中国铁矿志》第 2 编说这种炼铁法"炼铁成本之低,犹为世界所无"。

展,炼铁高炉建造得越来越大。历史上最早关于高炉事故的记载,有下列两件:

(1) 汉武帝征和二年(公元前 91 年)春天,涿郡的铁官"铸铁",因为技术上的某种关系,"铁销,皆飞上去"①。

(2) 汉成帝河平二年(公元前 27 年)正月,"沛郡铁官铸铁,铁不下,隆隆如雷声,又如鼓音,工十三人惊走。音止,还视地,地陷数尺,炉分为十,一炉中销铁散如流星,皆上去,与征和二年同象"②。

这种事故之所以会发生,当是因为高炉相当高大,温度不够均匀,悬料很久不下,高炉下部很长一段炉料已经烧空而熔化,炉缸里积聚了很多沸腾的铁水,当上部炉料突然下降时,炉缸承受的压力过大,引起了严重的爆炸事故。炉子爆炸成十块,炸得地面塌陷数尺之深,而炉中沸腾的铁水散射如流星一般,说明当时爆炸的力量很大,这个爆炸的高炉必然是庞然大物了。在这个高炉上同时操作的工匠多到十三人,也说明这个炉子很高大,需要装料鼓风的人力很多。我国古代炼铁高炉是从炼铜高炉的基础上发展起来的。西汉初年的炼铜高炉也十分巨大。据南齐时刘悛的实地调查,南广郡界蒙山有城名蒙城,约有 2 顷地,上有烧炉 4 座,高 1 丈,广 1 丈 5 尺,就是汉文帝时邓通冶铜铸钱的作坊③。

高炉炼铁是一种经济而有效的炼铁方法,因而长期以来成为我

---

①② 《汉书》卷 27《五行志》。

③ 《南齐书》卷 37《刘悛传》载刘悛说:"南广郡界蒙山下有城名蒙城,可二顷地,有烧炉四所,高一丈,广一丈五尺。从蒙城渡水南百许步,平地掘土深二尺得铜,又有古掘铜坑,深二丈,并居宅处犹存。邓通,南安人,汉文帝赐严道县铜山铸钱,今蒙山近青衣水南,青衣在侧,并是故秦之严道地,青衣县又名'汉嘉'。且蒙山去南安二百里,案此必是通所铸。"

国冶炼生铁的主要方法。高炉从上边装料,下部鼓风,形成炉料下降,和煤气上升的相对运动。燃烧产生的高温煤气穿过料层上升,把热量传给炉料,其中所含一氧化碳同时对氧化铁起还原作用。这样燃料的热能和化学能同时得到比较充分的利用。下层的炉料被逐渐还原以至熔化,上层的炉料便从炉顶徐徐下降,燃料被预热而能达到更高的燃烧温度。这确是一种比较合理的冶炼方法,因而具有强大的生命力,长期流传。

在今河南新安、鹤壁、巩县、临汝、西平以及江苏徐州、泗洪、北京清河以及新疆民丰、洛浦等地汉代冶铁遗址中,都有高炉的残迹发现。从河南各地冶铁遗址来看,当时高炉有圆形截面和椭圆形截面两种:巩县铁生沟六座高炉的截面都是圆形的,炉身直径有1.8米的,也有1.6米的,又有1.3—1.5米之间的,有残高1米左右的①。鹤壁市东南5公里鹿楼村发现有13座高炉,截面都是椭圆形,炉缸短轴2.2—2.4米,长轴2.4—3米左右,面积一般在5.72平方米左右。其中1座残高1.14米,长2.99米,炉体系就地挖成,内积大量木炭灰烬,灰烬下有许多穿插贯连的直筒状及曲尺状的鼓风管。鼓风管都用草拌泥制成,分内外两层,每层厚达8厘米左右,外层多烧成黑灰色,局部成琉璃状②。江苏徐州峒山北微山湖南岸发现汉代炼铁炉,炉型作长方形,底部东西宽3.8米,南北长4.7米,炉壁厚1米左右,内腔作椭圆形,长轴2.5米,短轴1.4米。炉身北壁在地面以下,估计炉高1.78米以上。筑炉用石英砂粒和粘土混合而成的耐火泥夯筑而成,采用一层层捣筑结实的方法,每层厚6厘米。炉基用粘土夯筑而

---

① 见河南省文化局文物工作队:《巩县铁生沟》,文物出版社1962年版。

② 见《考古》1963年第10期,河南省文化局文物工作队:《河南省鹤壁市汉代冶铁遗址》。

成,范围大于炉身①。

　　铁生沟的 18 号高炉,圆形,用红色耐火砖砌造。炉门向南,炉壁已残,炉底成缶形。炉壁残高 1.04 米,直径 1.6 米。炉的南面,挖有一长方形的炉道,长 3.4 米,宽 0.9 米,比原来地面深 1.6 米。炉道低于炉底约 0.5 米,估计当时是在这里出铁的。炉道的北端有一片经过夯打的坚硬地面,距炉很近,估计是往炉内装料的地点。炉底南半部发现有草拌耐火泥的陶风管,呈圆筒形,残长 0.16 米,内径 0.08 米,外径 0.2 米,这证明高炉是有鼓风设备的。

　　河南郑州市古荥镇西汉中晚期冶铁遗址发现了两座特大的炼铁高炉,2 号炉的炉缸已损坏,1 号炉短轴约 2.7 米,长轴约 4 米,面积约 8.48 平方米。在 1 号炉南端 5 米处的坑内,挖出了拆炉时取出的 1 号炉积铁块,积铁块的边缘立着一块条状的铁瘤,铁瘤和积铁成 118 度夹角,向外倾斜,高约 2 米。由此可以推知高炉的高度可能达到 5—6 米,炉身呈直筒形,其下有一段喇叭形(上大下小)的炉腹与最下部的炉缸连接,有效容积约 50 立方米左右②。炉子截面筑成椭圆

---

　　①　见《文物》1960 年第 4 期,南京博物院:《利国驿古代炼铁炉的调查及清理》。

　　②　参看《文物》1978 年第 2 期,中国冶金史编写组:《从古荥镇遗址看汉代生铁冶炼技术》;《考古学报》1978 年第 1 期,河南省博物馆等:《河南汉代冶铁技术初探》。1 号炉积铁块重二十多吨,其形状、大小和 1 号炉的炉缸底部基本相符,可知是拆炉时取出的。积铁块上凝结的铁质立柱,从其结构和化学成分来看,它原是炉内结成的铁瘤,因此它的高度反映了炉内出现金属铁和熔化区以下的高度。一般小风量的高炉内,铁矿石还原成金属铁并可能生成炉瘤的部位,约为高炉全高的 40%—50%,因此可以推知这座高炉高达 5—6 米。从铁瘤的角度可以判定高炉的炉腹是向外倾斜的,炉腹角约为 62 度。条状铁瘤的上部是分叉的,中间有一个缺口。缺口内侧指向炉缸中部,有一个约成 60 度的锥形斜面。斜面一部分,粘结着耐火材料。分叉以上取样化验,含碳量只有 0.73%,而下部的含碳量远远高于这个水平,可见铁瘤上部在渣面以上。由于风管沿上述锥面而伸到炉内,所以条状铁瘤在分叉处形成缺口。铁瘤内侧与风管的外衬相连,使外衬牢固地粘结在锥面上,这是铁瘤锥面局部附有耐火材料的原因。

形,是为了使鼓风和煤气流(鼓进炉内的风和炭燃烧生成的气体)更容易达到炉缸中心,有利于提高炉的中心温度(参看图 3-2)[①]。因此这种椭圆形高炉,风口一般设在长轴的两侧。从条状铁瘤分叉处的形状,可以推知每侧有两个风口,全炉共有四个风口。这里出土的陶质鼓风管,粗端内径有达 32 厘米的,结合炉子高度和容积来推测,其鼓风能力必定达到相当的水平(参看图 3-3)。很可能每个风口不止使用一个鼓风皮囊,而同时使用一排几个鼓风皮囊。为了减少漏风,陶质鼓风管外敷有一层草拌泥。有的鼓风管表面有受热痕迹,表明风管是倾斜插入炉墙的,风口倾斜使火焰向上,有利于提高炉缸温度。炉腹作喇叭形,下部一段炉墙向外倾斜,炉腹角(指倾斜炉墙与水平所成角度)为 62 度,是为了使边缘炉料能够比较充分和煤气接触。如果炉墙是直壁,在风力不大的情况下,风量大部分就会沿炉墙上升,煤气也会沿炉墙上升,不能在中心部分很好地起作用,这样就多耗燃料,浪费煤气(参看图 3-4)。从古荥镇这座汉代高炉的结构,

图 3-2　圆形与椭圆高炉鼓风效果比较示意图

(采自《文物》1978 年第 2 期,刘云彩:《中国古代高炉的起源和演变》)

[①]　西方也曾一度采用椭圆形高炉。1850 年美国建成两座椭圆形高炉,同一年英国也建成了一座。此后不久,当时主要产铁国家瑞典和俄国,相继建成过椭圆形高炉。这些高炉虽然出现于 19 世纪中叶,在当时情况下仍被当成新的创造,取得了较好的成绩。

图 3-3　郑州古荥镇汉代冶铁遗址 1 号高炉复原图(平面图和剖面图)

(采自《考古学报》1978 年第 1 期,《河南汉代冶铁技术初探》)

图 3-4　炉墙对煤气分布影响示意图

左:直立炉墙　右:外倾炉墙

(采自《文物》1978 年第 2 期,刘云彩:《中国古代高炉的起源和演变》)

可以看到当时冶铁工人在实践的基础上加深了对冶炼原理的认识,不断改进高炉结构,使之达到较高的水平。

　　古荥镇汉代高炉的筑炉技术也达到了较高水平。炉子底座周围有延伸 6—9 米乃至 10 米以上的夯土区,炉底下部有深达 3 米以上夯实的基础,这是为使这座估计总重达 200 吨以上的高炉的基础巩固。在夯土层之上,又加夯了一层掺有 1—3 厘米大小石子的耐火粘土层,而在 50 厘米的表层耐火粘土层中并没有掺石子。它之所以要掺石子,是为了加强耐火粘土的耐压强度;它的表层之所以不掺石子,因为石子的耐热和抗渣铁浸蚀的性能不如耐火粘土。耐火粘土层的炉底厚达 3 米左右,炉底凹入的最深处约达半米以上,如果炉底耐火材料没有足够厚度,就会被烧穿而引起重大事故。炉子的上部砌筑情况,因炉墙都已坍塌,不很清楚。从 1 号炉残留一段高约半米的炉壁来看,炉衬用耐火土夯筑,厚度为半米到一米,耐火土中掺有炭末或矿粉,耐火炉衬之外用黄土夯培,这主要是为了加强结构,同时也起到保温作用。

　　汉代的筑炉技术有多种方式。有的用含二氧化硅较高的黄色或红色耐火粘土烧成的长方形或弧形耐火砖砌筑。例如巩县铁生沟遗址出土的耐火砖,二氧化硅的含量很高,占 61.16%—70.57%;二氧化二铝的含量较少,占 12.94%—15.81%;而三氧化二铁的含量较现代耐火砖为大,占 4.35%—6.14%,因而耐火度只达到 1 240—1 330度之间[1]。南阳市瓦房庄遗址出土的耐火砖,含二氧化硅 77% 强,含三氧化二铝 11% 左右,含三氧化二铁 2.7% 强,耐火度达到 1 463—1 469 度之间[2]。这显然是耐火粘土中掺入了大量含有二氧化硅相

<hr>

　　[1]　参看河南省文化局文物工作队:《巩县铁生沟》,文物出版社 1962 年版,第 17—18 页。

　　[2]　见北京钢铁学院中国冶金简史编写小组:《中国冶金简史》,科学出版社 1978 年版,第 98 页。

当高的砂石的结果。这种含二氧化硅相当高的酸性耐火材料,对于我国古代高炉所出大都是酸性炉渣来说,是合适的。

当时高炉的炉衬和炉底,也用耐火粘土做成。这种耐火粘土在许多汉代冶铁遗址中都有发现,原料和制造耐火砖的原料相同,其中掺有大量的石英颗粒。多数石英颗粒是经过破碎加工而成,在使用前曾经烧制。耐火度大体上和耐火砖差不多。

这时炼铁高炉不断向高大发展,固然提高了产量,但是炉子过于高大,就使得煤气上升的阻力增加,影响到冶炼的进程。在炉温不够高的情况下,这种矛盾尤其突出。至迟到西汉,冶炼工人从长期实践的经验中,发现炉料的粒度整齐可以减少煤气阻力,因而炼铁之前,已注意到对矿石的加工和准备,在不少汉代冶铁遗址中都发现了原料加工场。

铁生沟遗址北半部有原料加工场,有石灰岩制成的石砧用作砸碎矿石的工具,也还利用鹅卵石和碎石块作为工具。遗址中还保留有一堆筛过的矿石碎粒,粒度大小在 3 厘米左右,没有碎末,这是准备装炉的冶炼原料。另有大量矿石粉末作为废料,有的和炼渣或残砖块堆积在一起,有的挖坑加以埋藏,有的被用来铺设地面或填塞土坑①。因为在当时还没有办法使矿石粉末作为原料使用。古荥镇遗址 2 号高炉以北也发现了原料加工场,有砸碎矿石用的工具如铁锤、石砧、石夯等。砸碎的矿石有粒状和粉末状两种,后者应是筛选剩下来的废料,前者一般粒度为 2—5 厘米,最大块为 12 厘米②。在桐柏

---

①　参看河南省文化局文物工作队:《巩县铁生沟》,文物出版社 1962 年版,第 6—7 页。

②　见《文物》1978 年第 2 期,郑州市博物馆:《郑州古荥镇汉代冶铁遗址发掘简报》。

县张畈村遗址中,曾挖出数以千吨计的矿石粉末。说明当时已十分注意矿石的加工,为了取得粒度比较整齐的原料,在破碎和筛分方面花费了大量劳力。这种原料加工场的情况,说明当时冶炼技术人员已经从实践中认识到原料加工的重要性,并且已经了解到:原料粒度比较整齐能够减少煤气上升的阻力,改善炉气的利用,节省燃料,加速冶炼的进程;而矿石粉末入炉,因其颗粒太小,密度大,会使炉中温度分布不均匀,或者堵塞炉腔,降低温度,甚至由于温度骤然下降,熔体凝固结底,造成事故。

古荥镇遗址发现两种不同的炼渣,反映了当时两种不同的冶炼情况。一种炼渣颜色发黑,熔化很不充分,当是炉况不正常或发生事故的时候产生的。其中有些就是人工从炉口抓出的。另一种炼渣,断口很像玻璃状,显然经过充分熔化。经取样化验,其中含氧化钙25%左右,含氧化镁2.5%左右。这种炼渣显然加入了适量的碱性熔剂,因而熔化性和流动性比较良好,这就保证了炉渣和铁水容易很好分离,并顺利地流出炉外。这对古代冶炼生铁技术来说,是个重要的关键。

从上述熔化的炼渣来看,当时冶炼工人已有一定的造渣经验,并能适当掌握炼渣的熔化性和流动性。至迟到西汉,已经发明在炉料中配入一定数量的石灰石作为碱性熔剂,起了助熔作用,使渣中的二氧化硅和氧化钙结合,降低炉渣熔点,从而加强炼渣的熔化性和流动性。同时客观上也起了一定的脱硫作用。中国古代生铁含硫都很低,除了使用的原料含硫量比较低以外,也该与使用石灰石造渣有关。铁生沟遗址中就保留有不少作为熔剂的石灰石,经过取样化验,知道其中含氧化钙41.927%,氧化镁3.229%[①]。这和炉渣中含有一

---

① 见河南省文化局文物工作队:《巩县铁生沟》,文物出版社1962年版,第21页。

定的氧化钙和氧化镁,是密切有关的。古荥镇遗址的炼渣成分,也说明已使用石灰石作助熔剂。当时使用石灰石作为炼铁的助熔剂,是十分重要的创造。从古荥镇遗址不同地点的炼渣取样检验,尽管年代可能间隔较长,但是成分差别不大,可见当时已经知道按重量比例进行配料,已经掌握稳定冶炼的科学技术。

河南省博物馆等所著《河南汉代冶铁技术初探》一文①,根据古荥镇遗址所用的矿石和炼得的生铁、炉渣,又依据当地所出木炭和石灰石的成分,假定四个风口所用风囊,每个风囊每分钟风量为 8 立方米左右,加以推算,古荥 1 号高炉每生产 1 吨生铁,约需铁矿石 2 吨,石灰石 130 公斤,木炭 7 吨,渣量 600 公斤,日产量约 500 公斤。上述每个风囊的风量,是按照山东滕县宏道院出土的锻铁画像石上锻炉所使用的“囊”来估计的,而大型高炉所使用的鼓风器应当比它大,因此这个日产量是最低的估计。

汉代冶铁用的燃料依然是木炭。巩县铁生沟遗址曾发现不少木炭块、木炭灰和原煤(白煤)、煤饼(用煤末羼入粘土、石英或石灰石颗粒制成)。文物工作者曾经推断原煤主要使用于块炼炉,木炭和煤饼主要用于圆形高炉、长方形炼炉、排炉及反射炉等②。但是从同时出土的炼渣块中经常夹有木炭的痕迹来看,尽管这时已有原煤和煤饼作为一般燃料,炼铁用的燃料仍然是木炭。从当时炼得的生铁含硫量很低来看,也不会是用煤作燃料的。因为煤中含硫量一般比木炭高得多,如果当时用煤炼铁,含硫量不可能如此之低。汉代生铁的成

---

① 　刊于《考古学报》1978 年第 1 期。

② 　见河南省文化局文物工作队:《巩县铁生沟》,文物出版社 1962 年版,第 18—19 页。

分有如下表:

出土地点＼成分	碳(C)	硅(Si)	锰(Mn)	磷(P)	硫(S)	取样数量
铁生沟	4.12％	0.27％	0.125％	0.15％	0.043％	1
古荥镇	4.0％	0.21％	0.21％	0.29％	0.091％	3(平均)

古荥镇遗址 1 号高炉西南方向的一块积铁块,由未完全熔化的炉渣和部分还原矿石等粘结在一起,里面裹有木炭,其断面呈放射性,是一种火力较强而质地坚硬的栎木炭,比较适宜用作高炉炼铁的燃料和还原剂[①]。

从汉代以炼铁为主的古荥镇作坊来看,它的主要产品是生铁及其制品。生铁制品主要有三种类型:第一种是生铁铸造的农具和工具。古荥出土最多的是铁锛和铁镬,并无使用过的痕迹,是尚未出厂的成品。第二种是铁范。遗址中出土大量铸造铁范的陶模及其残片,表明曾大量生产过铁范,但是没有发现铁范,当是作为成品已经出厂。铁范铸造要有较高的技术水平,必须由专门的作坊生产铁范以供铸造铁器作坊应用,或者供临时铸造铁器的需要。例如河北满城发现的西汉刘胜墓,建筑岩洞之中,发现有多件铸造铁斧的铁范和铁芯,说明开凿岩洞时,用铁范就地浇铸铁斧,以便及时更换损坏的铁斧。第三种是梯形铁锭,经过脱碳退火变成了钢。古荥镇遗址中出土几十公斤这样的梯形钢锭,长 19 厘米,宽 7—10 厘米,厚 0.4 厘米。经取样化验,含碳只 0.1％,其他成分均与本遗址出土的生铁相

[①]　参看《文物》1978 年第 2 期,中国冶金史编写组:《从古荥遗址看汉代冶炼生铁技术》。

合。外形表明是铸造的，是经过脱碳退火而变成钢材的。这是作为半制成品，提供锻铁作坊和小铁匠作为锻造钢铁器物的原料的。

除了像古荥镇西汉冶铁作坊专门制造梯形钢锭以供锻铁作坊作为原料以外，汉魏间还有冶铁作坊专门制造生铁锭，提供铸造铁器和炒炼钢材的原料的。河北满城2号汉墓和河南渑池汉魏窖藏中，都有一种见方(14×14×10厘米)的生铁锭，经取样化验，其成分基本相同，有如下表：

生铁锭	碳(C)	硅(Si)	锰(Mn)	磷(P)	硫(S)
刘胜墓出土	4.05%	0.018%	0.03%	0.217%	0.063%
渑池窖藏	4.15%	0.04%	0.02%	0.34%	0.031%

这两种生铁锭的特点是，硅很低，磷稍高，含硫很低。磷稍高，是从矿石带来的。含磷高的生铁容易铸造，但含磷过多会发生"冷脆"毛病。可贵的是含硫很低，完全达到了现代生铁的质量标准，既可以作为较好的炼钢原料，也有利于制作可锻铸铁。

上面谈的，主要是西汉的冶炼生铁技术，这是我国封建社会前期冶铁技术发展的一个高峰。从春秋末期一直到西汉时代，炼铁高炉经历着一个蓬勃发展的阶段，逐渐由矮小发展到高大。但是炉子过于高大，与当时的鼓风设备不相适应，尽管对鼓风设备有所革新，还是不能使得高大的高炉得到充分的风量，这就容易造成炉温不够甚至冻结事故，各地冶炼遗址出土不少黑色半熔炉渣和大块凝铁，就是明显的佐证。古荥镇遗址的高炉冶炼水平虽然已经相当高，但是由于高炉过于高大，鼓进去的风量不够，温度不够高，有时不免发生冻结事故。这个遗址上的大块积铁已清理出的有九块，1号和5号积铁都重达 20 多吨,4 号积铁也重达 15 吨多①。有这样的大块积铁固然显示出当时冶炼效能之大,同时也反映了当时发生冻结事故的严重情况。

东汉以后高炉的冶炼技术,主要从两方面进行改革。一方面对高炉的内径作了适当的减小,使热量能够比较集中,以提高炉温;另一方面对鼓风设备机械化,创造和推广了水力鼓风机(水排),从而加强鼓风,以提高炉温。这样从两方面提高炉温,是很符合高炉的冶金原理的。汉代高炉多半建设在矿山附近,而鲁山县望城岗、桐柏县张畈村两个冶铁遗址,距矿山却有 10—20 公里,其所以远离矿山而设在河边,很可能是为了利用水力鼓风。从张畈村遗址出土物来看,冶炼的兴盛时期是在东汉时期。

至少魏、晋以后,冶炼生铁已开始用煤作燃料。北魏郦道元《水经·浊漳水注》引《释氏西域记》说:"屈茨(龟兹的异译,今新疆维吾尔自治区库车县)北二百里有山,夜则火光,昼日但烟。人取此山石炭,冶此山铁,恒充三十六国用。"从这段话,可知当时西域已用石炭(即煤)冶铁,而且采煤和冶铁的规模都相当大,"恒充三十六国用"。《释氏西域记》一书,据已故岑仲勉先生考证,出于晋朝道安之手②。西域的冶铁技术是从中原传过去的,前面已经谈到;这种使用煤作燃料来炼铁的方法,也该是从中原传过去。因此中原用煤冶铁的方法,至少在晋代或者晋代以前就开始了。我国是世界上最早用煤冶铁的国家。欧洲用煤冶铁要迟至 16 世纪。原来冶铁用木炭作燃料,优点是可以使生产的铁含杂质较少,缺点是温度不能升得太高,同时耐燃的时间较短,需要在冶炼时不断往炉内补充木炭,炼炉的启闭和燃料

---

① 见《文物》1978 年第 2 期,郑州市博物馆:《郑州古荥镇汉代冶铁遗址发掘简报》。
② 见岑仲勉:《中外史地考证》,中华书局 1962 年版,第 213 页。

的更替都会影响炉内的温度。改用煤作燃料以后，就可以弥补这些缺点。当然，用煤作燃料也有缺点，就是炼炉容易粘结，所生产的铁含非金属的杂质较多。但是两者比较起来，用煤的优点多于缺点，用煤炼铁对提高生铁产量是有很大帮助的。

魏、晋以后耐火材料的使用也有发展。至少南北朝已开始使用铝土(即含三氧化二铝超过 50％的耐火粘土)作为耐火材料。河南渑池冶铁遗址中发现了铝土鼓风管，就是一例①。铝土具有耐火度高、寿命长的优点，是比一般耐火粘土更高级的材料。我国这方面的资源丰富，在一千多年前已使用于冶金手工业了。

三　鼓风技术的改进

封建社会前期炼铁高炉及其冶炼技术的发展，是和鼓风技术的不断改进分不开的。

我国古代炼铁高炉是用皮制的"橐"作为鼓风器的。《墨子·备穴篇》在叙述用"橐"作为地道战的防御武器时，曾说"具炉橐，橐以牛皮"，可知当时冶铁炉用的风囊是牛皮制的。《太平御览》卷 905 引《淮南子》说："马之死(尸)也，剥之若橐。"又引注说："橐，治(当作冶)橐也，虽含气而形不能摇。"注文所说"虽含气而形不能摇"，是指马尸而言，若是真橐，就含气而形能摇了。如此说来，当时大的橐，有用整匹马挖空了肚来制成的。《墨子·备穴篇》又曾说："灶用四橐"，当时地道战中使用的灶要用四个鼓风囊，由此可以推知当时冶铁炉所用

①　参看北京钢铁学院中国冶金简史编写组：《中国冶金简史》，科学出版社 1978年版，第 99 页。

的鼓风器不止一两个。大概越是大的冶铁炉,所使用的风囊就越多。《吴越春秋》叙述吴王阖闾时铸造干将、莫邪两把宝剑,曾使用"童男童女三百人鼓囊装炭",然后"金铁乃濡,遂以成剑"。这个铸剑的故事虽是神话传说性质,但是所描写的冶铁技术决不是凭空杜撰的。在冶铁炉上参加"鼓囊装炭"的多到三百人,这就说明春秋、战国之际大型炼铁、炼钢炉上确已使用较多的鼓风囊。

在欧洲,在 17 世纪以前,冶铁炉的入风管大都只有一个,一般都用两个风囊挤在一个入风管把空气压送进去的。到 18 世纪,欧洲冶铁炉上的入风管才由两个陆续增加到八个、十六个。增多了入风管,四面八方用鼓风器把空气压送进去,不但可以送进较多的空气,而且可以使空气均匀地进入到炉子的每一个角落,这样便可促使炉中的燃料得到充分的燃烧,使炉子的温度提高,加速冶炼的进程。欧洲在冶铁炉上加多入风管和加多鼓风器,已是在用水力鼓风的时代了。但是我们中国,远在用人力鼓风的时代,冶铁炉上就从四周装置了多支入风管和鼓风囊,因而很早就提高了炼铁炉的温度,发展了冶铸生铁技术。

这儿附带要论述的,就是山东滕县宏道院汉画像冶铁图上的鼓风设备问题。这画像石是 1930 年滕县宏道院出土的。图的中部,描写的是锻铁的情况,图的左边,是描写鼓风烧炼的情况(参看图 3-5)。1958 年 11 月,中国历史博物馆为了筹建新馆,对这个冶铁鼓风设备进行复原,到 1959 年 1 月这项复原工作设计结束,王振铎先生把他们设计复原的情况,写成《汉代冶铁鼓

**图 3-5　山东滕县宏道院汉冶铁
画像石的鼓风机部分**

风机的复原》一文发表①。王先生认为："这个所谓韦囊皮橐，应该是由三个木环、两块圆板，外敷以皮革所制成的。……在结构上应是四根吊挂在屋梁的吊杆，用来拉持皮橐，使皮橐固定的一种构造。必需另有一条横木，中段结固在皮囊的圆板上，两头伸展出去固定在左右的墙垣或柱身，这样才能便于操纵推拉，才能使支点、力点和重点都有了着落。排气进气的风门，分别设在两头的圆板上，排风管下通地管，外接炼炉，它的运动规律，应如图中所表示的情况。"同时，还发表了一张复原图（参看图 3-6）。王先生又说："由这种鼓风机根据需要，

图 3-6　滕县宏道院汉画像石鼓风机复原图
（采自《文物》1959 年第 5 期王振铎《汉代冶铁鼓风机的复原》）

---

① 《文物》1959 年第 5 期。

有大小之分,画像中的一种,以人的比例来看,应是大型的。"这个复原是一个比较合理的推断,既符合于画像的形象,也符合于工程物理上的基本原则,只是必须加上风囊的固定的装置,才能应用。从图像来看,这种鼓风皮囊是用人力推动的,而且还要有人躺在皮囊底下操作,把皮囊推回原位。在高温的炉旁这样操作,劳动条件是很坏的,劳动强度是很高的。还必须指出,这是锻铁炉上使用的鼓风设备,是比较小的,并不是大型的。炼铁高炉使用的鼓风设备,肯定要大得多。

到东汉时,这种鼓风设备称为"排囊",也或简称为"排"。据说东汉灵帝时,杨琁做零陵(郡治泉陵,今湖南零陵)太守,当时苍梧、桂阳正发生农民起义,农民群众正聚集起来,围攻郡县。杨琁特别制造马车几十辆,把排囊连同石灰安放在车上,并且把布挂在马尾上。等到作战时,先把这几十辆马车安排在兵车的前面,使用排囊"顺风鼓灰",使得进攻的农民军看不见;接着就用火烧布,使马惊奔,突入农民军阵地,然后"弓弩乱发",把农民军打败[1]。

李恒德先生在《中国历史上钢铁冶金技术》一文[2]中,曾经对"排"作出解释:"顾名思义,所谓'排'可能是好几个风箱并在一起的,或是一个炉中有一排入风管。这种方式是在欧洲找不到的,狼炉最多不过两个风箱、两个入风口,因此燃烧的速度比较慢。"李先生因鼓风设备称"排"而推断当时炼铁炉有一排鼓风囊或一排入风管,是很

---

① 见《后汉书》卷38《杨琁传》。李贤注:"排囊,即今橐袋也。"李贤这个解释是错误的。从文中使用"排囊""顺风鼓灰"来看,"排囊"当是鼓风设备。"排囊"这个名称,后世还沿用。例如《广韵》说:"䪌,排囊柄也"。

② 刊于《自然科学》第1卷第7期,1951年12月出版。

合情理的。在日本，就有一种鼓风炼铁炉，炉身并不高大，也没有利用水力来鼓风，由于它有一排入风管，送进去的空气比较充分，也能冶炼出生铁来。原来鼓风的风囊叫做"橐"，所以会有"排橐"、"排囊"等名称，该就是由于使用一排的橐或囊而来的，后来简称为"排"，人们不知道"排"字的原意，见"排"是一种皮囊，又别造新字作"韛"、"鞴"、"皷"，又或称它为"鼓韛"、"鼓皷"①。

根据日本下原重仲在 1784 年写成的《铁山必要记事》（日本《科学古典全书》第 10 卷），日本在中世纪所应用的多管输风的鼓风机，都是在鼓风机旁有个半圆形的储风器，在储风器上再装置出一排鼓风管的，他们把这种半圆形的储风器，叫做"头"。我们推测东汉以后鼓风设备所以称为"排"或"排囊"、"排橐"，是由于装置有一排鼓风皮囊的缘故。一排鼓风皮囊怎样装置，是否和日本在中世纪应用的多管输风的鼓风设备相似，因为古代的鼓风设备不可能在冶铁遗址中保存下来，就很难根据考古资料加以证实。汉代冶铁遗址出土有内径大小不同的陶风管，南阳瓦房庄遗址出土的一段带弯头的陶风管，粗端内径为 100 毫米，细端内径为 50 毫米，长约 400 毫米。郑州古荥镇遗址出土的一段较完整的风管，粗端内径 320 毫米，细端内径约 100 毫米。内径 320 毫米的陶风管，使用的决不止一两个鼓风皮囊，很可能装置有一排鼓风皮囊。

----

① "排囊"的名称见于《后汉书·杨琁传》。"鼓皷"的名称见玄应《一切经音义》卷 12。"韛"、"鞴"、"皷"三字，都是后来新造的形声字，它们所从的"声"、"韦"、"皮"等偏旁，就是因为这种东西是一种皮囊，是用皮革制的。它们所从的"柴"、"莆"、"鼻"等偏旁，取其和"排"的声音相同。

第四章　水力鼓风机(水排)的发明和发展

一　东汉三国间水力鼓风机(水排)的发明和发展

中国古代的冶铁技术是发展得比较快的,远在两千六七百年前的春秋时代已经发明了冶铸生铁技术,这个发明要比欧洲早一千九百多年。同样的,中国水力鼓风机的发明也是较早的,远在公元开始的时期已发明了"水排",这个发明也要比欧洲早一千二百年。

《东观汉记》卷15、谢承《后汉书》(汪文台《七家后汉书》辑本卷1)和《后汉书》卷31《杜诗传》都说:河内汲县人杜诗(字公君),在东汉建武七年(公元31年)到南阳做太守,由于他"善于计略,省爱民役",总结当地冶炼经验,制造了水排来铸造农具,结果"用力少,见功多,百姓便之"。南阳原是战国时代著名的冶铁手工业地点,这里的冶铁技术本来比他处进步,在战国时代已能冶炼钢铁,所制造的铁兵器是当时最锋利的。到西汉初期,大商人孔氏就曾在这里大规模地经营冶铁业,富到有家产几千金。南阳的冶铁业有较长的历史,规模又较大,此时此地能够创造出水排来,决不是偶然的。这是几百年来冶铁手工业工人劳动经验和智慧的结晶,杜诗只是进一步加以推广利用而已。利用水排来鼓风,来冶铸农具,自然比用人力来鼓风"用力少,见功多"。这样就能减省"民役",所以"百姓便之"。从已发现的在今河南省的汉代冶铁遗址来看,汉代冶铁作坊多半建设在矿山附近,而鲁山县望城岗、桐柏县张畈村两处,却距离矿山较远,相距有 10—20 公里,而建设在河流旁边,这两处在汉代正属于南阳郡,很可能就是为了利用"水排"鼓风的缘故。

这时所以能够创造水力鼓风机水排,是和当时水力舂米机"水碓"的发明有关的。桓谭《新论》说:"伏牺制杵臼,万民以济,及后世加巧,因延力借身以践碓,而利十倍。杵舂又复设机关,用驴羸牛马及役水而舂,其利乃且百倍"①。所谓"役水而舂"就是指水力舂米机,也就是指水碓。桓谭生于西汉后期,死于东汉光武帝时(公元25—57年),《新论》的写成在王莽改制失败之后,应在更始时期(公元23—25年)或东汉之初。水碓的发明和推广使用的时期,应在前后汉之间。此后,孔融《肉刑论》也说:"贤者所制,或踰圣人,水碓之巧,胜于断木掘地。"②

水碓发明以后,在东汉时期,雍州地区使用很广,《后汉书·西羌传》载顺帝永建四年(公元 129 年)虞诩上奏章说:"雍州之域,……因渠以溉,水舂河漕,用功省少,而军粮饶足。"所谓"水舂河漕",也是指水碓。

---

① 《全后汉文》卷 15 桓子《新论》下《离事》第十一,据《太平御览》卷 762、829 引。
② 《全后汉文》卷 83,据《太平御览》卷 762 引。

两汉之际,同时发明了水碓和水排,出现了水力工作机,这是手工业技术发展史上一个重大革新。因为"所有发达的机器都由三个本质上不同的部分组成:发动机,传动机构,工具机或工作机"①,而水碓和水排,都基本上具备了这三个部分,它们有利用水力冲动的水轮作为发动机,有旋转的轮轴作为配力机,有"碓"和"排"作为工具机。从此,工具便从人手里移到一个机构上来了,机器便代替了单纯的工具。马克思曾经认为欧洲水力磨机的发明,对手工业和科学技术的发展起着重大的作用。他说:

> 磨从一开始,从水磨发明的时候起,就具有机器结构的重要特征。机械动力;由这种动力发动的最初的发动机;传动机构;最后是处理材料的工作机;这一切都彼此独立地存在着。在磨的基础上建立了关于摩擦的理论,并从而进行了关于轮盘联动装置、齿轮等等的算式的研究;测量动力强度的理论和最好地使用动力的理论等等,最初也是从这里建立起来的。②

我国在两汉之际,水碓和水排的发明,对手工业和科学技术的发展,也具有重大的作用。在东汉安帝时(公元107—125年),科学家张衡就创造了用水力为动力的天文仪器——浑天仪。到东汉灵帝时(公元168—189年),就创造了原始的水车——翻车,到魏明帝时,马钧又把翻车改进,使儿童转动,灌溉园圃。

在东汉、三国间,这种"水碓"和"水排"等水力工作机,有了进一步的推广。曹操曾徙陇西、天水、南安人民充实河北,"民相恐动,扰

---

① 《资本论》第1卷,人民出版社1975年版,第410页。
② 1863年1月28日马克思致恩格斯信,引自《马克思恩格斯全集》第30卷,人民出版社1974年版,第319页。

扰不安"。张既"假三郡人为将吏者休课,使治屋宅,作水碓,民心遂安"①。在杜诗创造水排后约两百年,魏国监冶谒者(官名)韩暨,又把水排推行到整个魏国官营冶铁手工业中去。韩暨字公至,是南阳堵阳(今河南方城县东)人,据《三国志·魏志·韩暨传》说:"旧时冶作马排,每一熟石用马百匹,更作人排,又费功力,暨乃因长流为水排,计其利益,三倍于前,在职七年,器用充实。"我们认为这时韩暨所推行的水排,就在杜诗所推广的水排的基础上改进的。两百年前杜诗在南阳推广了水排,既然"百姓便之",这时南阳人不会不应用的,韩暨既是南阳人,不会不知道的。韩暨在这时对于水排的改进,主要有两点:第一点,是"因长流为水排",他开始利用大河(即所谓"长流")作为"水排"的动力,这样就把水排的使用地区大为推广。据《水经·谷水注》说:在缺门山东十五里有地名"白超垒",白超垒的南面靠着谷水,旁侧有个坞,旧为冶官所居,"魏晋之日,引谷水为水冶,以经国用,遗迹尚存"。这个谷水旁的"水冶",既然是"魏晋之日"所创,该就是韩暨所创设的,即所谓"因长流为水排"。第二点,是把"马排"的机械装置改造成为"水排"的机械装置。《三国志·魏志·韩暨传》说在韩暨推行水排前,"冶作马排,每一熟石用马百匹"。可知中原地区在水排普遍应用前,马排已普遍使用。所谓马排,就是利用牲畜力来推动机械轮轴,依靠轮轴的转动来鼓动鼓风器的。当时熔化一次矿石(即所谓"每一熟石")要应用一百匹马力,可见冶铁工场的规模已相当大。这时韩暨把马排改造成为水排,就是把牲畜力推动的机

---

① 《三国志》卷15《魏志·张既传》。《太平御览》卷762引《魏略》说:"司农王思宏作水碓"。

械轮轴改造成为用水力激动的机械轮轴,这样就可大大降低成本,所以"计其利益,三倍于前"了。马排的结构,当是卧轮式的(参看图4-1)。

图4-1 卧轮式"马排"结构示意图

(采自刘仙洲:《中国机械工程发明史》第1编第52页,科学出版社1962年版)

部位名称:1.上卧轮(绳轮) 2.下卧轮(马牵引轮) 3.旋鼓(鼓式小轮) 4.掉枝 5.弦索 6.行桄 7.卧轴(滑轴) 8.攀耳 9.直木(往复杆) 10.木扇(附注:三国时的"马排"当使用皮囊作鼓风器,不是使用木扇的) 11.活门

这种水排自从杜诗、韩暨推广以后,就长期为冶铁手工业所沿用。据《太平御览》卷833引《武昌记》说:元嘉初年(公元424年或稍后)在武昌地方曾新造"冶塘湖",兴建"水冶",利用"水排"来冶铁。《安阳县志》(清嘉庆二十四年贵泰补纂本)卷5《地理志》山川部分说:"《邺乘》:铜山在县西北四十里,旧产铜,……案《水冶图经》曰:后魏时,引水鼓炉,名水冶,仆射高隆之监造,深一尺,阔一步半。"由此可见南北朝时南朝和北朝都曾推行水排。《元和郡县志》卷18载唐元和七年(公元812年)李吉甫上奏章说:蔚州飞狐县(今河北省涞源县)三河冶铜山约有几十里,铜矿很多,离开飞狐钱坊25里,两处同用拒马河水"以水斛销铜",铸钱人工很省,所以平日三河冶设置有四十个炉铸钱,旧迹还存在。从这里,又可见唐代还曾用水排来铸造铜钱。据苏轼《东坡志林》卷4《筒井用水辅法》条说:"《后汉书》有水辅,

此法惟蜀中铁冶用之。"从这里，又可知宋代在今四川一带，水排还是普遍应用的。到元代，王祯著《农书》，在卷 19《农器图谱》中，就有水排的图谱和说明。

二　水力鼓风机(水排)的结构

东汉初年杜诗所推广的水排，究竟是怎样的一种东西呢？《后汉书·杜诗传》李贤注说："冶铸者为排以吹炭，令激水以鼓之也。"究竟怎样"激水以鼓之"呢？虽然文献不足征，但是我们有理由可以肯定这种水排是应用机械轮轴的①。

桓谭《新论》谈到和水排同时发明的水碓时说："又复设机关，用驴羸牛马及役水而舂，其利乃且百倍。"可知水碓是"设机关"的。东汉灵帝时(公元 168—189 年)服虔所著的《通俗文》又曾谈到水碓，《广韵》碓字条引《通俗文》说："水碓曰翻车碓。"可知水碓是和翻车差不多的。《后汉书·张让传》说：毕岚曾制作"翻车"，据李贤注，翻车是"设机车以引水"，便是后世农村所用"龙骨车"的前身，是一种应用机械轮轴造成的水车。水碓既是"设机关"的，又称为"翻车碓"，该是利用水力推动机械轮轴来打动舂碓的一种水力舂米机。水碓既是用机械轮轴构造的，和水碓同时发明的水排，当然也是用机械轮轴构造的了。

在欧洲开始应用水力鼓风机械的时候，有一种最简单的水力鼓风机械，在直立的水轮的轴心上接连有一根卧轴，在卧轴上装置有拐木。当水力激动直立的水轮转动时，卧轴就连带转动，卧轴上的拐木

---

① 明末方以智《通雅》卷 34 说："水排，炊火之车也。"这是正确的。

就打动鼓风囊的底部,或者打动鼓风囊的柄,使不断地起鼓风作用。这种简单的水力鼓风机械的结构,和水碓完全相同。我们认为中国在东汉初年和水碓同时发明的水排,就是这种式样的①。

有关水排结构的记述,最早见于元代王祯所著的《农书》。在王祯《农书》中,曾叙述好多种水力发动的工作机,并绘有图样。从王祯的叙述中,可知当时所有的水力工作机,水轮的装置方式不外乎立轮式和卧轮式两种。水碓、水转连磨是属于立轮式的,水击面罗是属于卧轮式的,水磨、水碾、水砻和水排则是立轮式、卧轮式两种都有。

现在把立轮式和卧轮式两种水排,分别叙述于下:

(1) 立轮式水排的机械结构。

王祯《农书》卷19《农器图谱利用门》记述立轮式水排说:

> 又有一法,先于排前,直立木簨,约长三尺,簨头竖置偃木,形如初月,上用秋千索悬之。复于排前植一劲竹,上带撑索,以控排扇,然后却假水轮卧轴所列拐木,自然打动排前偃木,排即随入。其拐木既落,撑竹引排复回。如此间,打一轴可供数排。宛若水碓之制,亦甚便捷。

这是说:先在"木扇"前直装着一根三尺长的"木簨",在木簨的头上竖装着一块"初月"形的"偃木",用"秋千索"挂起。再在木扇前直立一根"劲竹",在劲竹头上带有"撑索",用来拉住木扇的盖板。选择湍急的河流旁边,架着竖直的"水轮",在水轮的轴心上接连有一根"卧

---

① 王祯《农书》卷19《农器图谱》在叙述水排之后,有诗一首说:"尝闻古循吏,官为铸农器,欲免力役繁,排冶资水利。轮轴既旋转,机槽互牵掣,深存橐籥功,呼吸惟一气。遂致巽风用,立见风火炽,熟石既不劳,熔金亦何易。国工倍常资,农用知省费,谁无兴利心,愿言述此制。"我们体会王祯这首诗的意思,知道王祯认为杜诗所创造的水排,就是利用水力,依靠轮轴的旋转和机槽的牵掣,来发挥"橐籥功"的。

轴"，在卧轴上排列装置着几根"拐木"。等到水流激动水轮，转动卧轴，卧轴上所排列的拐木就打动木扇前木篝的偃木，木扇的盖板就向前关闭。等到卧轴转动，拐木从偃木上滑下来，用捧索控制着木扇盖板的劲竹就把盖板拉回。这样，水轮的卧轴转动，卧轴上排列的拐木，可以同时打动好几个"排"，这和水碓的情况是相同的。

　　这里，最重要的关键是偃木，偃有"仰仆"之意，偃木当即由一仰一仆而得名。这种立轮式水排的运动，其关键当在偃木的一仰一仆之中。该是由于卧轴转动时，拐木打动初月形的偃木，使原来略向上仰的偃木向下仆，推动木篝向前把木扇的盖板关闭。等到拐木从偃木上滑下来，劲竹就把木扇的盖板拉开，使木篝和偃木都恢复原状。这样，由于拐木的打动偃木，偃木一仰一仆，就使得木扇的盖板一关一开，起着鼓风作用。我们根据这样的理解，画了一张《立轮式水排复原图》(参看图 4-2)。从这张图上，可以看到：当拐木打动初月形的偃木时，偃木会推动木篝把木扇的盖板推入，即所谓"水轮卧轴所列拐木，自然打动排前偃木，排即随入"，同时"秋千索"也跟着向前荡。等到木篝连同偃木向前推动时，拐木就从初月形的偃木上滑下来，劲

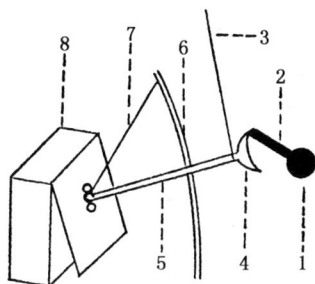

图 4-2　王祯《农书》所载立轮式水排示意图

部位名称：1. 卧轴　2. 拐木　3. 秋千索　4. 偃木　5. 木篝　6. 劲竹　7. 捧索　8. 木扇

竹又把木扇的盖板拉开,而木簧连同偃木又向后退,恢复原状,秋千索也跟着向后荡。这样,由于拐木的打动偃木,偃木一仰一仆,秋千索就如秋千那样前后摆荡,而木扇的盖板就一闭一开,起着鼓风的作用①。

这种立轮式水排的结构是比较简单的,但是它比我们前面所谈的最简单的水排已有进步。最简单的水排是用卧轴上的拐木直接打动鼓风器的,而这种立轮式水排,在鼓风器上已装置有木簧和偃木,卧轴上拐木打动的是鼓风器上的木簧和偃木,同时鼓风器还有富于弹性的劲竹�着,使鼓风器鼓动起来较为灵活。欧洲在中世纪,也同样有一种用劲竹捧着鼓风器的水力鼓风机械。

(2)卧轮式水排的机械结构。

王祯《农书》卷19《利用门》记述卧轮式水排说:

> 其制当选湍流之侧,架木立轴,作二卧轮。用水激转下轮,则上轮所周弦索,通缴轮前旋鼓,掉枝一例随转。其掉枝所贯行㭟,因而推挽卧轴左右攀耳以及排前直木,则排随来去,搧冶甚速,过于人力。②

除了上述记载以外,《农书》上还附有图谱一幅(参看图4-3)。根据这些资料,可知这种卧轮式水排的结构是这样的:选择湍急的河流旁

---

① 参看《文物》1959年第7期拙作《关于水力冶铁鼓风机"水排"复原的讨论》,和《文物》1960年第5期拙作《再论王祯农书"水排"的复原问题》。

② 《四库全书总目提要》说:这部《农书》"明人刊作舛讹漏落,疑误宏多,诸图尤失其真。《永乐大典》所载,犹元时旧本。今据以缮写校勘,以还其旧观焉。"这里所根据的是清代聚珍版本,聚珍版本就是根据《四库全书》本。这里所引"通缴轮前旋鼓掉枝"一句,他本"缴"或误作"激",徐光启《农政全书》亦误刊作"激"。"缴"若误作"激",全文就很难通解。

图 4-3　王祯《农书》(清代聚珍本)所载卧轮式水排图

　　王祯《农书》这幅图,因辗转翻刻,在明刻本上已有不少错误。清代聚珍本是根据《四库全书》本的,《四库全书》本《农书》的图是根据《永乐大典》的,比他本错误较少。但是还存在着下列错误:(1)"旋鼓"画得失真,"旋鼓"上的"弦索"画得太粗。(2)"掉枝"画得太长,没有装在"旋鼓"的转轴的上端,而误画在"上卧轮"上,没有装在"旋鼓"的"转轴"上。(3)"直木"穿进了连结"行桄"的"攀耳",末端没有和"攀耳"连结好。(4)"木扇"的箱盖板上漏画了两个可以向内开闭的"活门"。

　　边,架立木架,在木架上直立着转轴,在转轴的上部和下部都安装一个卧轮。下卧轮是水轮,在它的轮轴四周装有叶板,是承受水流,把水力转变为机械转动的装置。在上卧轮的前面安置有一个鼓式的小轮,即所谓"旋鼓"。上卧轮是绳轮,在它的周围绕着"弦索",弦索通绕到旋鼓的腰中,用来牵动整个工作机。为了使旋鼓旋转时稳定起见,在旋鼓的转轴上也装置有木架,旋鼓的转轴是贯穿着木架上的横木的。同时,在卧轮和旋鼓的木架间,还以木条相连,以加固这个机械的结构。在旋鼓的转轴的上端安装有一根可以摇动的木柄,即所谓"掉枝","掉"就是"摇动"的意思。在旋鼓的前面横放一个卧轴(即今所谓"滑轴"),在卧轴上装有左右两个"攀耳",左右两个攀耳就是卧轴的两根"连杆",一根连杆连结着前面的"行桄",行桄就是一根运动的横木,它的一端是套插在掉枝上的。在卧轴的前面就是鼓风器,即所谓"木扇",或称为"排"。在排和卧轴间,还有往复杆和卧轴的攀耳连结着,即所谓直木。当水流激动旋转下卧轮的时候,在同一转轴上的上卧轮就跟着旋转。由于上卧轮的旋转,上卧轮周围的弦索就牵动旋鼓旋转。由于旋鼓的旋转,旋鼓上端的掉枝就牵动所连贯的行桄,行桄也就推挽着卧轴的左右攀耳,使卧轴前后摇摆,成为前后摇摆的往复运动。由于卧轴的前后往复运动,也就拉动木扇前的直木作前后的往复运动,这样就能使木扇的盖板不断的开闭,起鼓风作用(参看图 4-4)。在《农书》上,"水击面罗"的结构和卧轮式水排是相同的,我们从《农书》"水击面罗图"中,就可以看到旋鼓的转轴上的掉枝,和连结在卧轴的攀耳上的行桄,是可以脱离的,在掉枝上有个孔,在行桄上有长钉,要开动机器时,只要把长钉插入掉枝的孔中;要停止工作时,只要把长钉从孔中拔出(参看图 4-5)。

图 4-4　王祯《农书》所载卧轮式水排复原图

部位名称:1.上卧轮(绳轮)　2.下卧轮(水轮)　3.弦索　4.旋鼓(鼓式小轮)　5.行桄　6.卧轴(滑轴)　7.直木(往复杆)　8.木扇　9.炼铁炉

图 4-5　王祯《农书》(聚珍本)所载卧轮式"水击面罗图"

　　这图中,漏画了"旋鼓",画错了"卧轴"的结构,但是"掉枝"和"行桄"以及"攀耳"的结构,都画得比较正确。由此可见,"旋鼓"的"转轴"上的"掉枝",是和"行桄"可以分离的,如果需要工作机停止工作时,只要把"行桄"的长钉从"掉枝"的孔中拔出。如果需要工作时,只要把长钉再插入孔中。这样,就可以随意控制水力工作机。"掉枝"上的孔应是圆形,此处误画为三角形。

　　这个卧轮式水排的机械结构,基本的作用,是使水流所激动的卧轮的回转运动改变为直线的往复运动,从而使鼓风器不断地起鼓风作用。这种卧轮式水排的机械结构比立轮式水排复杂,也比较进步,所以王祯《农书》是把它作为水排的主要式样来叙述的。在《农书》所载的水力工作机中,卧轮式水排和水击面罗都是用大卧轮通过弦索来牵动鼓式小轮(旋鼓)旋转的。这样大轮旋转一次,可以牵动鼓式小轮旋转好几次。这个原理是和《农书》上的"驴砻"(畜力绳磨)相同的,驴砻用畜力拖着大木轮旋转,再由大木轮牵着砻旋转,"计轮转一周则砻转十五余周"①。水排由于同样的原理,用大轮牵着小轮旋转,使得大轮一次回转运动可以改变为十几次的直线往复运动,这样就大大增加了鼓风器鼓动的次数,达到了"搧冶甚速"的效果。

---

　　①　王祯《农书》卷 15《驴砻》条。

这种卧轮式水排,该就是三国时所创造的。韩暨在魏国官营冶铁手工业中所推行的水排,是用马排改造成的。马排是用马力拖着大木轮旋转,利用机械的装置把回转运动改变为直线的往复运动,以牵动鼓风器,使起鼓风作用的。用马力来拖动的大木轮,必须是卧轮,不可能是立轮的。韩暨所推行的水排既然是由马排改造成的,那一定是卧轮式水排了。当然,韩暨利用马排改造的水排,不可能一开始就像《农书》所说的那样灵巧,《农书》上所记述的卧轮式水排该是经过了长期的改进,才达到这样灵巧的地步的。王祯《农书》上所载卧轮式水排的图谱,是王祯多方搜访得来的。他说因为"去古已远,失其制度,今特多方搜访,列为图谱"。这张图谱究竟和古时的制度有多少差别呢?王祯只指出了一点,就是"此排古用韦囊,今用木扇"。其实,这时的水排,不仅把韦囊改进为木扇,整个水排的结构也是经过不断的改进的。

苏轼《东坡志林》卷4《筒井用水鞴法》条说:

> 自庆历(公元 1041—1048 年)、皇祐(公元 1049—1053 年)以来,蜀始创筒井,用圜刃凿如碗大,深者数十丈,以巨竹去节,牝牡相衔为井,以隔横入淡水,则咸泉自上。又以竹之差小者出入井中为桶,无底而窍其上,悬熟皮数寸,出入水中,气自呼吸而启闭之,一筒致水数斗。凡筒井皆用机械,利之所在,人无不知。

《后汉书》有水鞴,此法惟蜀中铁冶用之,大略似盐井取水筒。[①]从这里,可知四川盐井用大绳轮通过"导轮"和辘轳(滑车)拉动装卤的长竹筒的方法,即所谓"筒井",是庆历、皇祐年间始创的。当时四

---

① 涵芬楼 1919 年据明万历赵开美刊本校印本。

川水排的机械,是和筒井用的机械大略相似的。四川的筒井每多用水作为动力,其机械结构是利用水轮来转动绳轮的,的确和《农书》所载卧轮式水排极相类似。由此可知,《农书》上所载那样灵巧的卧轮式水排,一定在庆历、皇祐年间早已有了。

北宋是封建经济高度发展的时期,手工业技术有较大的进步,许多科学技术都在这时有了进一步的提高。中国三大发明之一的火药,这时已进一步使用到武器上来,创造了燃烧性火器——火箭、火毯和爆炸性火器——霹雳炮。中国三大发明之一的罗盘针(指南针),这时已使用到航海上去。中国三大发明之一的印刷术,这时也有了新的创造,活字印刷术就是庆历年间毕昇所发明的。前面所谈到的蜀中深达数十丈的筒井,也是庆历、皇祐年间所始创的。这种深井探凿工具和探钻方法的发明,也是科学技术上的一个重要贡献。因此我们认为《农书》上所载那样灵巧的卧轮式水排,也该是庆历、皇祐年间或者在这以前所创造发明的。

直到近代,四川、云南、福建等省的土高炉,还多用水力来拉动木风箱(参看图 4-6)。

图 4-6 近代四川运用立轮式水力鼓风机的土高炉

(采自丁格兰《中国铁矿志》第 2 编下册)

部位名称:1. 立轮 2. 卧轴 3. 圆筒形木风箱 4. 土高炉

三　水力鼓风机(水排)装置工程的发展

要装置水力发动的工作机,首先要掌握河流的规律,了解四周的地形和水源。因为水力的原动力,是由水流的流量和落差来决定的,而流量和落差又是由地形、降雨量以及其他地理环境来决定的。要选择天然的合适地点来装置水力工作机,是比较困难的。因为适宜装置水力工作机的地点不一定靠近出产原料和燃料的地方,同时天然的河流也不可能经常有一定的流量。因此要推广应用水力工作机,就必须创造出一套改造地理环境的办法。为了要利用河流的能量,就必须在建筑水力工作机的地点用人工来造成一个集中的落差,使水流从上游高度的水位骤然落下,以激动水力工作机的水轮。为了要构成一个水流集中的落差,就必须建筑各种形式的拦河坝。《三国志·魏志·韩暨传》说韩暨"因长流为水排",他利用"长流",该有一套办法。《水经·谷水注》说魏晋时在谷水旁白超垒设冶官兴建"水冶",该也有一套利用谷水水流的办法。

据《太平御览》卷 833 引《武昌记》说:

> 北济湖本是新兴冶塘湖,元嘉初(元嘉元年为公元 424 年)发水冶,水冶者以水排。冶令颜茂以塘数破坏,难为功力,茂因废水冶,以人鼓排,谓之步冶。湖日因破坏,不复修治,冬月则涸。

这里所谓"塘"就是拦河坝,所谓"冶塘湖"就是因水冶筑塘而形成的湖,当然,这种湖不是大规模兴建的,只是利用低洼之地筑塘而形成的。这里说:武昌的北济湖原是新建的冶塘湖,元嘉初年在那里装置水排,利用水力来冶铁,叫做水冶。因为塘没有筑好,常常为水流所破坏，水冶也就"难为功力"了。因而就废弃水冶，改用人力来鼓风，叫做"步冶"。从此湖日渐破坏，不再修浚，一到冬季水就干涸。从这里，可知在南北朝时代，水力鼓风机械的装置工程，不但有建筑拦河坝的方法，而且已有兴建小规模的水库的方法。

　　在魏晋南北朝时代，不仅装置水排有用拦河坝的方法，所有水力工作机的装置都是用这种方法的。用筑拦河坝的方法来装置水力工作机，如果上游两岸的堤岸不高，遇到雨季大水暴涨时，无可避免地将使上游两岸泛滥成灾。如果遇到天旱，坝的下游就会发生旱灾，严重影响到农业灌溉。在晋代，因为利用水力的大手工业，特别是利用水力的农产品加工的手工业，利润很大，有权势的官僚地主往往霸占河流，到处建筑拦河坝，建造水碓，这样就不断地给农业生产带来灾害[①]。要免除农业生产的灾害，是非改进拦河坝的建筑方法不可的。中国远在战国秦汉时代，已在水利工程中设置水闸了[②]。王祯《农书》曾说这种水闸既有利于灌溉，又有利于航运，更可以"激动碾硙"等水力工作机。由此可知，这种水利灌溉工程上用的水闸，后来就同时来装置水力工作机。这样，在水力工作机所用的拦河坝上装置水闸，就可免除因拦河坝而引起的灾害；而水利工程上的堤坝水闸，又可利用它来装置水力工作机了。

---

　　①　例如《晋书·刘颂传》说："〔刘颂〕转任河内。……郡界多公主水碓，遏塞流水，转为浸害。颂表罢之，百姓获其便利。"《太平御览》卷 762 引王隐《晋书》也说："刘颂为河内太守，有公主水碓三十余区，所在遏塞，辄为侵害。颂上表封，诸民获便宜。"

　　②　参看拙作《战国时代水利工程的成就》第四节，收入李光璧、钱君晔编《中国科学技术发明和科学技术人物论集》，三联书店 1955 年 12 月版。

第五章　早期化铁炉的发展及铸造铁器技术

一　战国时代化铁炉及铸造铁器技术

我国很早就发明了冶铸生铁技术,最初生铁的铸件当是用炼铁炉的铁水直接浇注而成。至迟到战国中晚期,冶炼生铁和铸造铁器已开始分工。我们已经发现了多处战国时期的铸造铁器作坊的遗址,例如河南新郑郑韩故城内仓城的铸铁遗址、西平酒店村铸铁遗址、登封告成镇铸铁遗址等。酒店村和告成镇都是从战国时期到汉代连续使用着的铸造铁器作坊的重要遗址。酒店村可能就是当时著名的棠谿的遗址,告成镇就是古代重要都城阳城的所在。

登封告成镇的铸铁遗址,就在告成镇的东塞外,阳城古城的南墙外。1977 年曾经试掘,发现了战国时代化铁炉的残块、铸造各种铁器的残陶范以及汉代化铁炉残底等①。《山海经·中山经》载:少室之

---

① 参看《文物》1977 年第 12 期,中国历史博物馆考古调查组等:《河南登封阳城遗址的调查与铸铁遗址的试掘》。

山"其下多铁",少室山就在告成镇的西北部。根据初步调查资料,在今告成镇东北约十二公里大冶镇一带和东南仅三公里的冶上村一带,都有汉代冶铁遗址,说明由于这里产铁,从战国到汉代,这一带冶铁业不断有发展。汉武帝实行盐铁官营后,在全国设置四十九处铁官,阳城便是其中一处。

根据阳城铸铁遗址试掘的结果,化铁炉的炉底系用掺有粗砂的粘泥制成,外侧粘附有一层厚约2厘米的草拌泥,周围直径为1.44米左右。炉壁用白色石英砂掺合耐火土制成。有的炉壁在耐火泥内夹进了数层铁锄残片,类似现在在水泥中配置钢筋的作用。炉壁的内壁,有用两端尖、中间粗的圆形耐火泥条横列叠砌成的炉衬,厚4.4厘米(参看图5-1)。整个化铁炉由于遗留的炉壁不多,已不能复原。同时还出土有拐头的陶鼓风管(参看图5-2)以及木炭屑,说明化铁炉也和炼铁炉一样使用木炭作燃料。

图 5-1　告成镇战国铸铁遗址化铁炉的耐火泥炉衬

图 5-2　告成镇战国铸铁遗址化铁炉的陶鼓风管

在告成镇的铸铁遗址中,还发掘和采集到不少铸造各种铁器的残陶范。其中能看出所铸铁器形制的,计有镢、锄、镰、斧、刀、削、戈、箭杆、环、方棱形条、带钩等十多种。陶范有外范和范芯(内范)之分,外范由范底和范盖组成。其中镘范、斧范和圆柄形范,采用范底、范盖和范芯三者合铸,其余都用范底和范盖扣合铸造。凡是一套相扣合的范底和范盖,都是大小相同,并且扣合严密。外范的形制,分扁长方形和梯形两种。在每件外范(范底和范盖)的四个侧角中间,各挖有一个三角形豁槽(参看图 5-3)。在豁槽与豁槽之间,还遗留有绳子捆绑过的痕迹。同时在捆绑绳子的两侧和外范的周壁和底面,都有厚薄不等的红色加固泥遗存。这是在铸造铁器之前,为了使范底和范盖扣合紧密,先用绳子把每套陶范或几套陶范捆绑起来,并在范外再糊上一层加固泥,然后经过入窑烘烤,趁热浇铸。浇口一般都设在范底铸造面上端的中部。浇口的形制一般为上宽下窄的椭圆漏斗形。陶范的范腔多数设在范底的铸造面上,即所谓"单合范"。但也有少量是范底和范盖都有一半范腔的,即所谓"双合范"。为了使所铸铁器的器表光滑,使范底和范盖的铸造面吻合严密,在合范铸造前,还要在范底和范盖的铸造面上,涂上一层质细而薄的红色细料。因而凡是铸造过铁器的陶范,铸造面皆呈光滑的灰白色铸痕,而铸造面的周边则为光滑的红色和黑红色。

图 5-3　告成镇战国铸铁遗址出土陶锄范的底和盖

图 5-4　告成镇战国铸铁遗址出土陶带钩范

告成镇出土的陶范,有一范铸造一器的,也有一范铸造两器的,如双镢范、双斧范、双镰范、双刀范等。铸造较小的器物,更有一范铸造多件器物的,如削范有两至五个范腔上下并列的,箭杆范有四根、五根或六根范腔并列的,带钩范有四个或六个以上范腔重叠在一起的。带钩范的范底和范盖的范腔两侧各有一个方棱形母榫,可以使范腔扣合严密和吻合;范的中间有一个直浇口,直浇口和范腔间又有内浇口。说明当时已采用一范多器的薄壳铸造法(参看图 5-4)。

河南新郑郑韩故城内的仓城铸铁遗址发现有多浇口的卧式多层镢范,就是把单面的镢范并列组合在一起,以便同时浇注,但是各个范的浇口仍是分开的,没有串在一起,这是叠铸技术的初级形式。

战国时代铸造铁器技术之所以能够这样进步,是由于战国以前,在青铜冶铸技术上已经累积了丰富的实践经验。当时铸造青铜器的陶范,不仅有双合的,也还有多合的;空心的器件的铸造更要使用范芯(内范)。为了浇铸时使范芯固定,有在外范上做成卯、范芯上做成榫的。战国时代铸造铁器使用的陶范,显然是在制作铸造青铜器陶范的基础上发展起来的。

值得注意的是,1953 年河北兴隆县寿王坟曾发现了 87 件战国时代的铁范,其中有锄范 1 副(3 件),双镰范 2 副(每副 1 件),镢范 25 副(每副 2 件,其中 3 副缺外范,一共 47 件),斧范 11 副(每副 3 件,其中 3 副缺内范,一共 30 件),双凿范 1 副(计 2 件),车具范(2 件)。在出土铁范的附近曾发现大量红烧土、木炭屑和筑石基址,说明这一带是当时冶铁范铸的地方,是一个具有一定规模的冶铁作坊。在镰、凿、镢、斧等范上都有战国铭文"右廩"两字(近人释为"右仓"或"右廩"),当是燕国官营作坊的名称。战国时代各国中央和地方所设的仓库,不仅是保藏器物的处所,同时又是管理制作器物的机构,因而常常设有各种官营手工业作坊。在这个冶铁作坊西约一公里半的古洞沟,现存两个古代铁矿井,坑内面积很大,并有阶梯可下,当为冶铁的原料产地。在兴隆县鹰手营子和隆化县各发现铁斧一件,在兴隆县寿王坟发现残铁锄两件,其形式和前面所谈的斧范、锄范基本相同,证明了这批铁范是专门铸造铁工具的①。从这批出土的铁范上,可以看到战国时代的铸造铁器技术已相当发展,而且这种铸造铁工具的作坊已有一定的规模。

这批铁范中以农具范占多数,有一副锄范可以作为代表。这副锄范共三件组成,上、下两半双合,上半是平板,下半是锄的形状,还有一条四角椎形的铁内芯。范的边缘有三枚子母榫,可使上下扣合。范的背后有带弓形的把手,浇口在上端,通长 18.6 厘米,上宽 6.9 厘米,下宽 23 厘米,腰宽 20.5 厘米。把手高 4 厘米,宽 5 厘米。这副锄范的形制美观,结构整齐,用来浇铸成的铸件为板状铁锄,近背部有装木柄用的横方孔,通高 11.5 厘米,刃宽 20 厘米,体厚 0.5 厘米(参看图 5-5)。

这批铁范是用典型的白口生铁铸造而成,含碳量高达 4.45%。从它的结构来看,当时铸造技术已比较成熟。这批铁范的外面形状,与范腔的形状基本一致,这样不仅可以降低铸范用铁的消耗;还可以减轻铁范的重量,使便于操作;更可以使铸范的每一部分冷却速度均匀,以保证铸件质量和铸范寿命。这里还采用了铁内芯插入锄范壁

① 参看《考古通讯》1956 年第 1 期,郑绍宗:《河北兴隆发现的战国生产工具铸范》;《文物》1960 年第 2 期,杨根:《兴隆铁范的科学考查》。

图 5-5　兴隆发现的战国铁范

（采自《考古通讯》1956 年第 1 期，郑绍宗：《河北兴隆发现的战国生产工具铸范》）

来形成锄柄孔的方法,可以看出当时这种铸造技术已达到相当成熟的程度。如果这时冶铁工匠不掌握相当熟练的技术,是不可能浇铸造好这种留有柄孔的薄壁铸件的①。

从铸造技术的发展过程来看,从陶范到铁范的使用,是一个很大的进步。使用铁范来铸造铁器,不仅可以提高铸造铁器的质量,而且可以降低生产的成本,提高生产的效率。因为陶范一般只能使用一次,每浇铸一次都要使用新范;而铁范就不同了,可以连续多次使用。除了河北兴隆县发现大批战国铁范以外,石家庄、磁县等地也曾发现战国铁范,说明战国中晚期铁范已较多的使用。

二 汉代化铁炉的进步

从已发现的汉代冶铁遗址来看,当时冶铁作坊有以炼铁为主而兼铸铁器的,也有专门铸造铁器的。例如河南巩县铁生沟和郑州古荥镇等遗址,就是属于前一种。古荥镇遗址除发现两座大炼铁炉外,还发现有大量铸造铁范用的陶模(即母范),计有犁模、犁铧模、铲模、凹形盉模、一字形盉模、六角承模等;还出土有直接浇铸成器的陶范,计有铺首范、鼎耳范、鼎足范等;同时更出土有铸成的铁器,如犁铧、铲、锛、镢、盉等农具以及凿、矛、齿轮等。在陶模和铁器上,都发现有铭文"河一",这当是作坊铸造的标志。河南南阳瓦房庄冶铁遗址,则是一处专门铸造的作坊,除发现七座化铁炉外,还发现有陶模如铧模、盉模、楼铧模、六角承模、镢模等;陶范如铧范芯、盉范、镢范、车轴范、权

---

① 参看《文物》1973 年第 6 期,张子高、杨根:《从侯马陶范和兴隆铁范看战国时代的冶铸技术》。

范、鼎范、釜范、盆范等；铸成铁器如铁镰、铁锄、铁犁、铁臿、铁耧铧、铁凿、铁锛、铁刀、铁矛、铁齿轮、铁马具、铁六角承、铁轴、铁鼎、铁釜等。

从这些汉代冶铁遗址的化铁炉来看，它的结构和筑炉材料显然和炼铁炉有别，炼铁和化铁的分工已很明确。化铁炉以炼铁炉所产铁锭或废旧铁器作原料，进行熔化，熔成铁水，用来浇铸铁器。

巩县铁生沟遗址发现有化铁炉 1 座，炉身圆形，直径 1.01 米，底近圆形。在北壁的硬土台上遗留有三块侧立的红砖，可能是砖砌的炉齿。炉身南部有长方形的炉道，长 0.8 米，宽 0.56 米，深 0.38 米，底部平坦。炉的周围有八个铸造坑，大小不同，作长方形或不规则形。在炉和铸造坑附近发现一批不同形式的陶范，都作单合范，都已残缺。由于采取一范一器的铸法，保存下来的陶范不多(参看图 5-6)①。

图 5-6　巩县铁生沟汉代冶铁遗址化铁炉平面图和剖面图

---

① 河南省文化局文物工作队：《巩县铁生沟》，文物出版社 1962 年版，第 23—26 页。

南阳瓦房庄遗址发现化铁炉 7 座。整个化铁炉可以分为炉基、炉底、炉缸、炉体等部分。炉基直径约 2.6 米,用厚 50 毫米的草拌泥铺筑而成,烧成橙黄色。炉底是空心的,由基底、束腰式支柱、周壁与炉缸组成。基底厚约 45 毫米,用掺有大颗粒砂的耐火泥铺成,砂的粒度在 10 毫米左右。周壁厚 40—50 毫米,支柱大约有 15 个左右,直径 70—120 毫米,高 70 毫米,都是用掺有大量小颗粒砂的耐火泥筑成。支柱之上砌筑炉缸底部。

瓦房庄遗址中化铁炉的炉身圆形,周围的炉壁全用特制的弧形耐火砖砌成,外敷草拌泥厚约 15—50 毫米,内搪炉衬厚约 40 毫米。根据出土时比较完整的 14 块耐火砖的弧度来推测[1],炉的平均内径可能有 1.5 米左右。炉体是否直筒形,因为出土的耐火砖较残破和堆积不规则,已无从推断。炉体大体上可以分为三个区域:(1)预热区,炉口及其下三四层砖,炉衬略现熔融,有许多龟裂纹道,温度最低。(2)还原区,炉体中部的三四层砖,炉衬都有烧流,说明这里温度较高,可以起还原作用。(3)氧化区,再往下三四层砖,炉衬普遍烧流,有的甚至全部流下,露出砖体,说明这里温度最高,当是靠近风口处的氧化区。依照耐火砖高度以及上述炉壁烧流情况来推算,炉体高度约 3—4 米。

瓦房庄遗址出土有大量陶鼓风管。有一种陶鼓风管带有直角弯头,外敷厚约 45 毫米的草拌泥,有明显外加热的迹象,下侧泥料表层烧熔下滴,靠近拐角处的泥料也熔融顺角流下,流向火焰相对的方

---

① 14 块耐火砖中,最小的外径 1.16 米,内径 0.92 米;最大的外径 2.3 米,内径 2.14 米。

向,而另一侧则受热程度较低。经测定,烧熔的温度为 1 250 度到
1 280 度,表明其火焰温度不会低于这个水平。河南省博物馆的同志
认为这可能是一种用作预热的鼓风管,向炉内鼓送热风用的;同时根
据南阳地区流传的一种土法热风铁炉的结构,认为它可能架设在炉
顶上,作为预热管道使用的。并根据这种设想,绘制成复原图(参看
图 5-7)。

图 5-7　南阳瓦房庄汉代冶铁遗址化铁炉复原图

(采自《考古学报》1978 年第 1 期,《河南汉代冶铁技术初探》)

瓦房庄遗址距离河流较远,发掘中也未发现水渠,鼓风设备不可
能使用水排。在化铁炉的炉基以北 3—4 米处,有一个圆坑,直径 7—
8 米,深 1 米左右,底部平整,中心有长 3.3 米、宽 1.5 米的凹槽。坑的
西北部又有宽 0.75 米的阶梯,能容一人上下;正北有一条长 9 米、宽
1.4—1.6 米的沟槽。估计这个圆坑可能是使用"人排"的遗迹。

瓦房庄遗址中还出土不少梯形铁板(即铁锭)和铧、臿、锛、镬、

锄、斧等铁器残片，残片的块度约 40—70 毫米，当是化铁炉所用的原料。遗址还出土方形铁钻和铁锤，既是锻造工具，也可用来破碎铁料。更出土有大量的木炭渣，可知所用燃料是木炭。从木炭年轮和粗大的辐射状纹理来看，应由栗木烧成，这是一种质量很好的木炭。炉中残留的木炭凝块，有的与表面微熔的铁块凝结在一起，某些器形尚能辨认，这种现象可能是由于分层装料（即一层铁料夹一层木炭）加以熔炼而产生的。残存的炉衬，断面明显地分成三层，说明至少经过两次停炉修补。由此可知，当时这样大的化铁炉是半连续操作的，每出一次铁水，便浇注一批铸范，铸造各种铁器。当熔炼过久或浇注铸范告一段落，需适时停炉。如果炉衬被侵蚀烧流，就需经过修补，才能继续使用[①]。

三　汉代铸造铁器技术的发展和叠铸技术

汉代铸造铁器的技术，在战国时代铸造铁器和铜器技术的基础上有了新的发展。这时铸造用的陶范还继续使用，并有所发展，该与灰口铁的铸造有关。因为铸造灰口铁需要较缓慢的冷却速度，使用陶范是比较合适的。近年来在河南郑州古荥镇和温县西招贤村汉代冶铁遗址，都曾发现烘范窑；陕西咸阳曾发现秦汉时代车器范的烘范窑，陕西西安北郊还发现新莽钱范的烘范窑，形制基本相同。这些烘范窑除用来烘烤陶范以外，还用来预热陶范以便浇铸，这样可以减少次品，提高产品质量。

---

① 　参看《考古学报》1978 年第 1 期，河南省博物馆、石景山钢铁公司炼铁厂、中国冶金史编写组：《河南汉代冶铁技术初探》。

这种烘范窑是地坑式的。这里以温县遗址的烘范窑为例，具体说明它的结构。烘范窑呈东西方向，建筑在距现在地表深 1.5 米的长方形土坑中。窑通长 7.4 米，宽 3 米，可分为五部分：窑道（工作场地）、窑门、火膛（燃烧室）、窑室、烟囱。窑道近方形，长 2.7 米，宽 2.34 米。窑道西南角有台阶，以便工匠上下。窑道东壁就生土挖成一拱形的窑门，门高 1.44 米，宽 0.84 米。窑门内为火膛，平面作梯形，是烧火的地方。火膛与窑室相通，火焰可以通向窑室。窑室比火膛高 50 厘米，近方形，长 2.86 米，宽 2.72 米，底部为砖铺地面，四壁用土坯砌成，向上逐渐收拢，用来烘烤陶范。从残存遗迹来看，窑顶应是密封的拱券形。在窑室上部一侧或两侧当设有门，以便铸范的装卸。窑的后壁有三个烟洞和烟囱，边宽 26 厘米。中间的烟囱是垂直的，两边两个烟囱作弧形，向中间靠拢。参看复原的剖视图（图5-8）[1]。温县烘范窑以木柴和木炭为燃料，古荥镇有一烘范窑中发现有煤渣和煤饼，可能用煤为燃料。从陶范和窑壁的火候来看，窑内温度不够均匀，这是个缺点。

汉代铸造铁器的陶范的制作，是在战国以前铸造青铜器的陶范的基础上进一步发展起来的。至迟到西周时代，制范的泥料已有面料和背料之分。面料是指陶范的表层所用经过筛选的细料，可以使范的表面光洁，花纹清晰。背料是指陶范其他部分所用的加砂的粗料。比较大型的陶范同时使用面料和背料，可以节省细料的用量，并增加范的透气性。郑州古荥镇汉代冶铁作坊铸造的大型犁铧所用的

---

[1]　参看河南省博物馆、中国冶金史编写组：《汉代叠铸》，文物出版社 1978 年版，第 12—14 页。

图 5-8　温县西招贤村东汉冶铁遗址烘范窑剖视图

上图：烘范窑结构剖视图　下图：烘范窑烘制成品时剖视图
（采自《汉代叠铸——温县烘范窑的发掘和研究》，文物出版社 1978 年版）

陶范，就是沿用这个办法，同时又有了改进。他们先用背料制成范块，表面打出许多夯窝，然后用面料涂敷其上，使范面十分平整光洁。

同时小型陶范的制作，不论范身和范芯，都使用经过筛选的泥料，而不分面料和背料。当时由于积累了丰富的铸造经验，认识到范身和范芯的用途不同，浇注时承受的温度和压力不同，它们所用的原料和配比也各不相同。这里以温县东汉遗址烘范窑中保存的五百多套尚未浇注的叠铸范为例，说明范身、范芯所用原料和配比的不同。一般范身所用泥料中黏土含量比范芯要高，是为了增加其强度；同时羼和部分研磨很细的旧范土，是为了提高泥料的塑性，使易于就范成型，并使在干燥和烘烤过程中不易开裂。范芯的主要作用是用来获得铸件的内腔和穿透孔，由于它受高温金属液的包围，要求有较好的透气性和退让性。范芯所用泥料中含砂量比范身高，是为了降低强度，提高透气性；加入一定量的草秸屑，是为了减少范芯的收缩率，防止在干燥及烘烤过程中发生裂纹。经过高温焙烧，草秸屑碳化以后，又可使范芯增加孔隙，提高透气性和退让性。至于合范用的加固泥，就取用未经筛选的粗料，并掺入大量的草秸，使烘烤后形成较大的缝隙，以利透气和散热。汉代各个冶铁遗址出土的陶范，其范身、范芯和加固泥所用的原料及其配料大体上差不多。

当时陶范都用模（母范）翻制而成。模有陶模和金属模两种。一般用陶模翻制陶范的方法是：先将陶模放在模板上，套上边框，把配好的泥料填入框内，一层层地边填边夯，使泥料填满而压实，达到适当的紧实度，因此范背常常留下圆而平的夯痕，周边还隐约地可以看到夯层的痕迹。陶范制成后，等到阴干，为了保护范面，便于铸造铁器，还要刷上银灰色的滑石粉涂料。然后合范和糊上草拌泥，等到晾干，便可入窑烘烤。多数陶范的烘烤，温度在 600—700 度以上，也有温度较低的，约 200 度。陶范经烘烤之后，便可用铁水趁热浇注，铸成铁器。

陶范也有用金属模盒翻制而成的。例如温县东汉遗址烘范窑中保存的大量陶范,从其表面痕迹,可以看出它们是用金属模盒翻制的。这种金属模盒是用木模翻制成的,往往留有木纹痕迹,因而用它来翻制成的陶范,有的地方还可以看到木纹痕迹。例如铸造革带扣的陶范片上,中心斗合线及两侧的木纹痕迹还清晰可见。制作陶范时需要适当掌握泥料的紧实度,因为太松则强度不够,浇注时会将范冲坏;过度紧实则不易脱模,并且要降低范的透气性。用金属模盒翻制陶范,更需要注意这点。用金属模盒翻制陶模的方法是:先在模盒内撒一层草木灰,然后放入配好的泥料,随放随用小棒桩紧,使其紧实度适当。从温县出土陶范的表面观察,可以发现靠近范腔部位的紧实度较边沿部分为强,这样可以保证范腔结构严密,腔壁光滑平整,也利于脱模。

从温县出土的叠铸陶范,可以看到当时铸范的设计已达到相当高的水平。在许多陶范中,有一范一件的轴套范、一范两件的圆环范、一范四件的革带扣Ⅱ式范和一范六件的钩形器范,范腔多数采用偶数,在范面上可以对称排列。这种陶范片都用同一金属模盒翻制而成,具有高度的互换性;同时陶范片都对称排列而以一条或三条斗合线作为基准,可以保证合范后的范腔以及由此浇铸成的铸件,都有较高的精确度。这是相当科学的设计,同时也具有巧妙的工艺构思。

从温县出土陶范的制作来看,当时在工艺设计中,已注意到陶范的收缩量、拔模斜度和榫卯定位结构等方面。(1)关于陶范收缩量:用砂型来铸造,一般不考虑铸型本身的收缩膨胀,因为数值很小。但是用泥型来铸造,就必须注意到陶范的收缩量。以温县出土的车舌范芯与陶质芯盒作比较,芯盒内腔长 7.8 厘米,作出的范芯经烘干后长 7.5 厘米,盒腔比范芯放大 0.3 厘米的收缩量,这样收缩后的范芯放入范腔中刚刚合适。这该是根据实践经验来进行设计的。(2)关于拔模斜度:为了使范片或范块在范盒翻制成功后能够顺利取出,垂直于模壁都要做成一定的斜度,称为拔模斜度。从温县出土的陶范来看,当时对拔模斜度的设计已掌握一定规律。壁高如轴套,拔模斜度较小;壁矮如革带扣,拔模斜度相应增大。(3)关于榫卯定位结构:合范用的榫卯定位结构十分重要,制作不合规格就会严重影响铸件质量。温县出土陶范上的榫卯结构,制作很精细。榫是由卯翻制出来的,这样扣合就能严密。范片上的榫卯,少则四个,多则八个。有的范片不仅边部有榫卯,还在范腔内采用乳钉形或角锥形的小定位销,使合范时定位更为可靠。有的范还采用复合式榫卯,即两个榫或两个卯连在一起。榫卯做成三角形,也有做成梯形的。

当时陶范的工艺设计,还注意到整个布局。为了使范面紧凑,范腔之间的泥层很薄,榫卯定位结构也尽量作紧凑的安排,例如环范的榫卯就设在范腔内的自带式泥芯块上。范的外形与范腔制作得形状相同,边的厚度也尽可能一致,不少陶范还削去角部。这样不但可以减少范的体积,还可以使得散热均匀,提高铸件质量。

值得重视的是,汉代叠铸技术有了重大发展。叠铸技术,就是把许多相同的范片和范块层层叠合起来,用统一的直浇道,一次浇注出多个铸件。它最适用小型同类铸件的大量生产。这种技术,战国时代已经发明,例如齐刀币就是多层叠铸的。从齐刀币铜质模盒的特征来看,和温县汉代烘范窑出土陶范的制作工艺基本一致,说明汉代铁器的叠铸技术,是从战国时代青铜叠铸技术的基础上发展起来的。

温县烘范窑出土的 500 多套陶范,多数是用来铸造车马器,共有 16 类,36 种器形。每个铸范的范腔有 1 件到 6 件,每套铸范由 5 到 17 层范块叠成,最少一次可浇注 5 件,多的一次可浇注 60 件到 84 件。例如钩形器范,一范 6 件,每套由 10 层范叠成,一次可铸 60 件; 圆环范Ⅰ式,一范 4 件,每套由 17 层范叠成,一次可铸 68 件;革带扣 范Ⅰ式,一范 6 件,每套由 14 层范叠成,一次可铸 84 件。革带扣范 Ⅲ式,一范 2 件,每套由 12 层范叠成,一次可铸 24 件(参看图 5-9)。 陶范多层叠装方法大致有两种:(1)心轴套合法:例如轴套范,范面呈 桃形,桃尖处设置直浇口,中心为圆形轴孔。多层叠装起来,以木质 心轴由上而下贯穿轴孔,同时对准直浇口,然后糊上加固泥,便成为 一套叠装铸范。(2)定位线套合法:例如圆环范,范面长宽度相差很 小,为了防止叠装出错,在每个范的一边做出三条定向线(即泥印),

图 5-9 Ⅲ式革带扣叠铸范和铸件

(采自《汉代叠铸——温县烘范窑的发掘和研究》,文物出版社 1978 年版)

另一边又有两条定向线。按照两边不同的定向线进行叠装,便容易准确。这种范的直浇口设在中央,为了防止浇口对不准,需要用心轴贯穿直浇口(参看图 5-10)。

图 5-10　叠铸范的两种套合方法
1. 心轴套合法　2. 定位线套合法
(采自《汉代叠铸——温县烘范窑的发掘和研究》,文物出版社 1978 年版)

这种多层叠装的陶范,有一定的叠铸浇注系统,由浇口杯、直浇道、横浇道和内浇道等组成。(1)浇口杯:做在顶范上,和直浇道相通,用来接纳从浇包中流下的铁水。浇口杯随着直浇口位置的不同,采用了不同形状,有正漏斗形(如革带扣、圆环等范)和偏漏斗形(如车軎、轴套等范)两种,口径为 2 厘米或 3.5 厘米,高 2 厘米。(2)直浇道:通连浇口杯的垂直通道。直浇道高,铁水流入的速度快,压力大,对铸件填充性就好。直浇道的截面大多为圆锥形,少数也有作椭圆形的,只见于革带扣范和衔范。浇口杯和直浇道在范面上所处的位置,根据范腔内铸件排列的不同而异,有的设在范面的一侧,有的设在范面的中心,可以分为顶注式和中注式两种。(3)横浇道:仅见用于车𨫼范,是为了使铁水从直浇道合理地引入内浇道而不损伤铸件。(4)内浇道:是引导铁水从直浇道或横浇道流入范腔的通道。

现代铸造工艺,是按照金属液在浇道中充满程度来划分,有开放式、部分封闭式和封闭式三种类型。开放式,是从直浇口到横浇口到内浇口,截面积依次扩大,因而金属液在浇道中是不充满的。反之,金属液在浇道中充满的,称为"封闭式"。部分封闭式则介于二者之间。温县汉代叠铸范,对这三种类型的浇注系统已全部采用。例如Ⅰ式圆环范属于封闭式,铁水在浇道内是全部充满的。而车销范的第一层铸范是属于部分封闭式,从直浇道到横浇道,铁水是充满的,在内浇道中是不充满的;第二层和以下各层铸范,则属于开放式,铁水在浇道中都是不充满的。当时的冶铸工匠已能根据各种铸范的不同需要,分别采用三种浇注系统。如对于较小的铸件,一般采用封闭式,这样充型较快,生产率高。对于较为厚重高大的铸件,则采用开放式,内浇口厚度增大四分之三(从2毫米加到3.5毫米),而直浇口直径却增加很少,甚至不增加。但是也有些小件由于特殊情况而采用开放式的,例如Ⅲ式革带扣的浇注系统,本来和Ⅱ式革带扣一样,应该用封闭式或接近封闭式的,但是因为改用扁圆形直浇道,内浇道总面积相对增加,也成为开放式。浇注系统这种具有规律性的设计、安排,说明汉代的叠铸技术已达到相当高的水平。

汉代叠铸范浇注系统最显著的特点,就是采用了很薄的内浇口。温县出土陶范的内浇道出口处的厚度,小铸件仅2毫米(如革带扣、圆环、马镳、车舝等范),较厚重的铸件也只有3.5毫米(如车销、六角承、轴套等范)。这种设计很富于创造性。这样薄的浇口,铸范必须经过预热,才能使铁水流得进去。因为用预热的铸范浇注,能减低金属液在叠铸范中的冷却速度,提高它的流通性。预热铸范,趁热浇注,是我国传统的冶金工艺。殷周的陶范和战国的铁范,都是经过预热之后才浇注的。汉代采用这种薄浇口、预热浇注的叠铸范,不仅用来大量生产小型铸件,而且用来大量铸造钱币。

河南南阳瓦房庄汉代冶铁遗址还发现东汉时期多堆式叠铸车𫐄范,两堆铸范共用一个直浇道,使浇注的效率更为提高,金属的实收率更为增加,这比温县叠铸范又进了一步(参看图 5-11)。

图 5-11　南阳瓦房庄遗址发现东汉多堆式叠铸车𫐄范铸造工艺图

1. 𫐄范合范后的外形示意图　2. 𫐄范合范后的剖面示意图　3. 𫐄范合范后的浇道系统和范腔　4. 车𫐄叠铸件示意图

这种叠铸技术在我国长期流传和发展。例如素负盛名的广东佛山的铸造业使用叠铸技术,据说已有八百多年的历史,积累了丰富的经验。

汉代小型铸铁件采用叠铸技术,而大型铸铁件则采用地面造型。例如瓦房庄出土的一件铸铁釜,直径达 2 米左右,就是采用地面造型法。

汉代对铁范的应用,比战国时广泛了。河南南阳、郑州、鲁山、镇平和山东莱芜、滕州等地汉代冶铁遗址出土的铁范和铸造铁范的陶模,计有犁铧、一字甬、凹字形甬、凹字形锛、凹字形耧铧、镢、铲、镰、凿、锤、六角承、四方形铁材等。

南阳北关瓦房庄汉代冶铁遗址,曾出土五十多块铸造铁犁铧范的陶模和一些以这种陶模铸造的铁范。其中有上甲陶模、上乙陶模、下甲陶模、下乙陶模和铁上范、铁下范、铁范芯。陶模系用黄黏土羼合35%左右细沙制成。浇口作扁漏斗状,设在模的顶端。所制作的陶模的腔型,厚薄均匀,能使铸出的范件各个部位的范壁,达到厚薄一致。因为厚薄一致的范壁,在浇铸时才能散热均匀,使铁液在铁范腔中合理凝固,以免铸件由于散热不均而发生裂痕。在浇铸之前,先合模(将甲乙两模相合),糊上草拌加固泥,再将陶模送入窑中烘烤,达到一定温度时停烘出窑,乘热浇注铁液。烘烤目的在于提高陶模温度,以便铁液畅流,注满模腔,不致因浇口小和模腔冷而产生浇注不足的弊病。浇注时需要将浇口、冒口注满铁液,以适应模腔收缩的需要。待铁液在模腔中凝固到一定程度时,打开加固泥,脱去陶模,再打掉浇口铁,便可得到铁质铸范。

汉代使用陶模翻制铁范、再使用铁范浇铸成铁器的工艺,已得到普遍的推广。从瓦房庄遗址出土犁铧陶模和铁范来看,整个铸造工艺过程是这样的:先用上乙陶模和上甲陶模合模,浇铸出铧的铁上范;继用下乙陶模和下甲陶模合模,浇铸出铧的铁下范;再用芯的下陶模和上陶模合模,浇铸出铧的铁范芯;然后将铁下范、铁上范和铁范芯合范,加以紧固,经过预热,趁热用铁水浇注,便得到铁犁铧的成品[1]。为了

---

① 见《文物》1965年第7期,河南省文化局文物工作队:《从南阳宛城遗址出土汉代犁铧模和铸范看犁铧的铸造工艺》。

便于了解,作出示意表如下(参看图 5-12):

(1) 上乙陶模 ⎱
(2) 上甲陶模 ⎰ 合模 ⟶ 铁上范
(3) 下乙陶模 ⎱
(4) 下甲陶模 ⎰ 合模 ⟶ 铁下范 ⟶ 合范 ⟶ 铁铧
(5) 芯下陶模 ⎱
(6) 芯上陶模 ⎰ 合模 ⟶ 铁范芯

这种六模——三范——一产品的翻制浇铸工艺,汉代各地官营冶铸作坊已普遍使用。

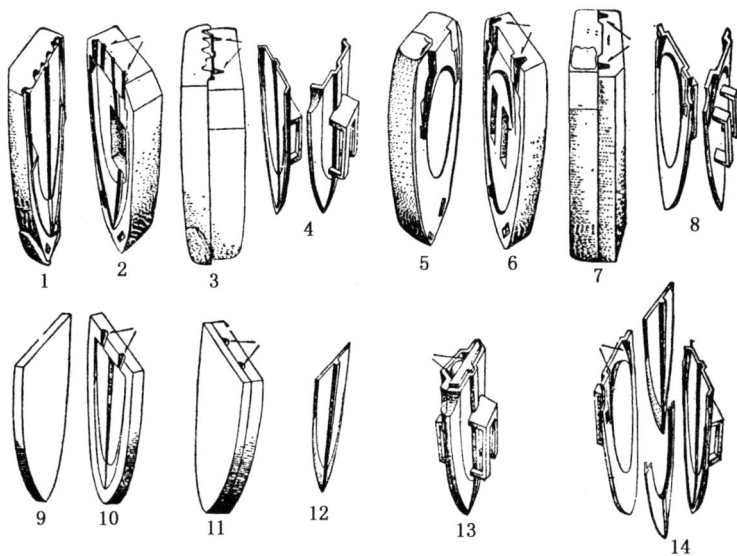

图 5-12　南阳瓦房庄铁铧翻制浇铸工艺示意图

1. 上乙陶模　2. 上甲陶模　3. 上乙陶模和上甲陶模合模　4. 上乙陶模和上甲陶模合铸的铁上范　5. 下乙陶模　6. 下甲陶模　7. 下乙陶模和下甲陶模合模　8. 下乙陶模和下甲陶模合铸的铁下范　9. 芯的上陶模　10. 芯的下陶模　11. 芯的上陶模和下陶模合模　12. 芯的上下陶模合铸的铁范芯　13. 铁范装备图　14. 用铁范铸成铁铧后的分解图

　　铁范比较耐用,用来铸造铁器,操作也比较方便,能够提高产品质量,提高生产率。这时冶铸工匠对铁范的制作也取得了成熟的经验,力求铁范的外面形状与范腔的形状基本一致,力求范壁的厚度一致,使铸件的冷却速度均匀,从而得到薄壁而结晶良好的铁器。从一些出土的铁器来看,当时使用壁厚 10 毫米左右的铁范,已能铸造出壁厚 3 毫米的铁器,如铁犁铧、铁臿、铁耧铧等。这是古代铸造业的一项杰出成就。即使在现代,铸造 3—5 毫米的薄壁铁铸件,也是比较先进的技术。汉代的铸件壁厚和铁范壁厚参看下表:

铸件名称	铸件壁厚	铁范壁厚
犁　　铧	3 毫米	10 毫米
臿	3 毫米	8—10 毫米
耧　　铧	3 毫米	8—12 毫米
六角承	6—13 毫米	12—14 毫米

　　使用铁范也还有其缺点。由于铁范传热性比陶范好,浇注后冷却速度快,浇注成的铁铸件常常是白口组织,不易得到灰口铁。但是这时正流行使用可锻铸铁(即韧性铸铁)的生产工具,用作可锻铸铁的坯件的,必须是薄壁的白口生铁,不容许有石墨析出。而采用铁范可以保证铸造出薄壁的白口铁铸件,这正符合当时作为可锻铸铁的坯件而进行退火柔化处理的需要。南阳瓦房庄遗址出土的铁器,经化验,锤和轴承是白口铁,犁铧、耧铧、铲、镰、臿等农具都是用白口铁经过退火处理而成的可锻铸铁,这些坯件都是由铁范铸造的。

四　铁器的逐渐广泛使用和铁农具的改进

　　战国时代,中原地区随着冶铁技术和冶铁业的发展,铁器的使用正向两个方面发展：由于生铁冶铸技术的发展，铸铁柔化处理技术的进步，铸造的铁农具和手工工具，特别是可锻铸铁农具的使用正逐渐推广；由于块炼法的继续使用，固体渗碳制钢技术的发展，锻造的铁兵器，特别是钢制兵器的使用正开始推广。

我国北起辽宁，南到广西、广东，东到山东半岛，西到四川、陕西，通过考古发掘，发现了不少战国中期以后的铁器，这和春秋晚期和春秋、战国之际铁器只发现于南方吴、楚地区和中原周、韩地区的情况显然不同了。在当时齐、楚、秦、韩、赵、魏、燕等七国的广大地区，都有许多铁器的发现，其中生铁铸造的农具占很大比例。1950—1951年河南辉县固围村发掘5座大型魏墓，1号墓出土铁器65件，其中农具就占58件，包括镬、锄、铲、镰、犁铧等一整套铁农具。1953年河北兴隆县寿王坟燕国冶铁遗址发现一批铁范，共48副，87件，其中铁农具范28副，51件，占全部铁范的60％。还有铁手工工具范12副，32件。辽宁抚顺莲花堡燕国遗址出土的铁农具，占全部出土农具的85％[①]。河北石家庄市市庄村赵国遗址出土的铁农具，占全部出土农具的65％[②]。这说明战国中期以后，铁农具在农具中已占主导地位。

从考古发现的战国遗址和墓葬来看，当时各国使用的兵器还是铜铁器兼用的，而且铜兵器占很大的比重。铁兵器特别是钢制兵器正开始推广。当时南方的楚国和中原的韩国都以制造锋利的钢铁兵器而著名，楚的铁剑有长达1.4米的[③]。北方的燕国至迟到战国晚期

---

① 见《考古》1964年第6期，王增新：《辽宁省抚顺市莲花堡遗址发掘简报》。

② 见《考古学报》1957年第1期，孙德海等：《河北石家庄市市庄村战国遗址的发掘》。

③ 见《考古通讯》1956年第1期，河南省文物工作队：《长沙衡阳出土战国时代的铁器》。

也已较多地使用钢铁兵器。河北易县燕下都战国晚期的墓葬中就出土有 1 件铁兜鍪、15 件铁剑、12 件铁戟、19 件铁矛以及其他铁器。其中剑、戟有用钢制的，钢剑长达 1 米以上①。

西汉时代铁器的应用比战国时更为广泛，主要表现在三个方面：一是冶铁业从中原地区不断向周围边远地区和少数民族地区推广；二是在铁农具、铁工具推广的同时，铁兵器正进一步推广；三是日常生活用的铁器和铁的机械构件正逐渐推广。

关于西汉时代冶铁业从中原向边远地区推广的情况，我们在前面第二章第一节中已经谈到。在考古发掘中，出土西汉铁器的地点，遍及福建、贵州、云南、新疆等边远地区和少数民族地区。同时，广西、广东等地出土的西汉铁器，无论品种和数量都显著增加了。据统计，目前广东出土的战国铁器只有斧、臿等 6 件，而出土的秦、汉之际铁器有凿、锛、剑、匕首、削等 19 件，出土的西汉铁器就有斧、凿、臿、镰、剑、戟、矛、匕首、削、剪等 201 件②。

从出土的西汉早期兵器来看，铜铁还是兼用的，铁兵器往往和铜兵器同时出土。但是从汉武帝以后，即西汉中期以后，中原地区的主要兵器基本上已用铁制，取代了铜兵器，而且种类增多，器形一般也加大加重。这该当与当时官营冶铁业和锻铁技术的发展有关。

西汉中期以后，铁器的制造有着明显的进步和发展。不但质量提高，而且品种增多。在铁兵器、铁农具、铁工具增多的同时，日常生活用的铁器也显著增加了。1968 年河北满城发掘的中山靖王刘胜

---

① 见《考古》1975 年第 4 期，河北省文物管理处：《河北易县燕下都 44 号墓发掘报告》。

② 见《考古》1977 年第 2 期，杨式挺：《关于广东早期铁器的若干问题》。

及其妻窦绾的两座大墓中，就出土有各种高水平的铁兵器、铁农具、铁工具以及生活用的铁器。而且这两座大墓的墓门也是用生铁就地浇铸而成。浇铸的方法是，先在墓道的外口砌了两道夹墙，然后在其间浇灌铁水，从而铸成铁门，对墓道严加封闭。所用铁水之多和现场浇铸技术的艰巨，具体说明了当时生铁冶铸技术已达到较高水平。

许多铁制的日常生活用品如灯、釜、炉、锁、剪、家用刀、书刀等，铁制的机械构件如齿轮、轴承等，都是西汉中期开始出现，到东汉以后逐渐普遍的。河南渑池窖藏大量铁器中，就有从小到大的成套轴承，表明这时作为机械构件的生铁铸件已开始有一系列的规格。这该与当时叠铸技术的发明和发展有关。东汉不但能够按照一定规格制作成批的小型生铁铸件，而且还能锻造大型钢铁兵器和工具。例如四川金堂县焦山东汉初年崖墓出土的铁矛长达 84 厘米[①]，洛阳浇沟东汉末年墓中出土铁斧，斧身长 16.3 厘米，柄也用铁制成[②]。

值得我们进一步探讨的，就是随着冶铁技术的不断进步，我国封建社会前期的铁农具不断有着新发展，这对于当时农业生产的发展是起很大作用的。

从出土的战国铁农具来看，当时已有"V"字形铁口犁铧可以用来推广牛耕，五齿铁耙可以用来挖土和翻土，还有凹字形铁口臿、一字形铁口臿和铲、镬等可以用来挖土和松土，更有六角形锄可以用来除草，镰可以用来收割（参看图 5-13）。尽管这时的犁铧还没有翻土的犁壁装置（至今没有发现战国时代的犁壁），只能起破土划深沟的

---

① 　见《考古》1959 年第 8 期，郭立中：《四川焦山魏家冲发现汉代崖墓》。

② 　见洛阳区考古发掘队：《洛阳浇沟汉墓》，科学出版社 1959 年版。

作用;要深耕和起垄做亩,还需要依靠其他农具协助完成。但是,铁犁铧、五齿铁耙、铁锄之类铁农具的出现,对提高农业生产率,毕竟是有积极作用的。

图 5-13　战国时代铸造的铁工具

　1. 五齿耙　2. 凹字形臿　3. 一字形臿　4. 斧　5. V 字形犁铧　6. 六角形锄
7. 铲　8. 锼　9. 锼　10. 镰

汉代的铁农具是在战国的基础上进一步发展起来的。汉代的凹字形臿、一字形臿、铲、锼、镰等,形制基本上和战国相同,同时也还有新发展的两刃臿和长柄镰等(参看图 5-14 和 5-15)。

汉代铁农具中有重大发展的是犁。汉代铁犁铧为了适应不同的需要,形制和大小各有差别。一种为了适用于垦耕熟地,形制较小,上下两面凸起,轻巧灵便。一种为了适用于开垦荒地,形制较大,前端呈锐角,上面凸起,中有凸脊,下面板平,锐利厚重。更有一种为了适用于开沟做渠,形制很大,特大的长宽都在 40 厘米以上,重达 12—15 公斤,往往需要数牛牵引。

图 5-14　汉代铸造的主要铁工具

1. 镰　2. 齿轮　3. 锤　4. 铲　5. 斧　6. 一字形臿　7. 钁　8. 凹字形臿及其全貌

图 5-15　汉代铁工具的使用

1. 手执箕畚的陶俑　2. 四川乐山柿子湾汉代崖墓石刻画像上手执锄的劳动者　3. 江苏徐州汉墓石刻上手执两刃畬的劳动者　4. 湖南长沙西汉后期墓葬出土木俑手执的两刃畬和畬　5. 汉画像上所见手执畬的劳动者　6. 四川成都出土汉画像砖上手执长柄镰的劳动者　7. 汉画像上所见手执锤和斧的劳动者

至迟到西汉晚期,犁铧已有翻土的犁壁(或称"犁镜")装置。山东安丘、河南中牟、鹤壁、渑池、陕西西安、醴泉、咸阳、陇县等地,都有汉代铁犁壁的出土,而且犁壁已有多种式样。陕西出土的汉代犁壁,有向一侧翻土的菱形壁、板瓦形壁,有向两侧翻土的马鞍形壁(参看图5-16),可见当时对于犁壁的设计和使用已达到相当的水平。

图 5-16　汉代的犁和铁耧铧

1. 陕西醴泉出土东汉末年配有犁壁的铁犁铧　2. 北京清河镇出土西汉铁耧铧(或称"耧脚")

目前已发现的汉代犁耕图像和模型,有下列八件:(1)甘肃武威磨嘴子西汉末年墓出土的木牛犁模型,(2)山西平陆枣园村王莽时期壁画墓牛耕图,(3)山东滕州宏道院东汉画像石牛耕图,(4)江苏睢宁双沟东汉画像石牛耕图,(5)陕西绥德东汉王得元墓画像石牛耕图,(6)陕西绥德东汉郭雅文墓画像石牛耕图,(7)陕西米脂东汉画像石牛耕图,(8)内蒙古和林格尔东汉壁画墓牛耕图(犁具已模糊不清)。这些模型和图像,虽然只有粗略的线条,从中还是可以看到当时耕犁的结构(参看图 5-17)①。我们从(1)、(2)、(5)、(6)、(7)等件,可以清楚地看到当时耕犁已有犁床(又称"犁底");从(1)、(2)、(4)、(6)等件,可知东汉耕犁大多是单长辕,用两头牛牵引;从(3)图,可知东汉耕犁也有双长辕,用一头牛牵引的。从这些模型和图像,可知汉代耕

图 5-17　汉代牛耕模型和图像(摹本)

　　1. 甘肃武威磨嘴子西汉末年墓出土牛耕模型　2. 山西平陆枣园村王莽时期壁画墓牛耕图　3. 山东滕县宏道院东汉画像石牛耕图　4. 江苏睢宁双沟东汉画像石牛耕图　5. 陕西绥德东汉王得元墓画像石牛耕图　6. 陕西绥德东汉郭雅文墓画像石牛耕图　7. 陕西米脂东汉画像石牛耕图

---

　　① 参看《文物》1977 年第 8 期,张振新:《汉代的牛耕》;日本天野元之助:《中国农业史研究》(增补版),日本御茶之水书房 1979 年 7 月版,《追记》Ⅲ,第 1025 页。

犁都已装置有犁箭。犁箭是控制耕犁入土深浅的部件。从(3)、(4)两图,还可以看到在犁箭和犁辕的交叉处插有活动的木楔,这种木楔在犁箭上可以上下移动,使犁辕与犁床之间的夹角张大或缩小,决定犁头入土的深浅。这是耕犁上的一种比较进步的装置。我们根据这些图像,绘成了一张东汉耕犁复原图(图 5-18)。从犁架上的进步装置和犁铧、犁壁的结构来看,东汉时代耕犁已经基本定型了①,后世耕犁大抵是沿着这一基本形制发展和演变的。

图 5-18 东汉耕犁复原图

部位名称:1. 犁铧(犁镜) 2. 犁壁(犁镜) 3. 犁床(犁底) 4. 犁辕 5. 犁梢(犁把) 6. 犁箭 7. 木楔

汉代在改进耕犁的同时,还创造了一种称为"耧"的播种机械,采用分行播种的方法,前边用耧的铁铧按需要的行列开沟,后面同时紧密地按行列将种子散撒在沟中,然后加以覆土、压实等工作(参看图 5-19)。

随着冶铁技术的进步,铁农具的广泛使用,汉代耕犁有了很大的

---

① 张振新《汉代的牛耕》(《文物》1977 年第 8 期)认为我国耕犁在汉代已经基本定型,这是正确的。刘仙洲《中国古代农业机械发明史》(科学出版社 1963 年版)第 18—19 页,根据唐代陆龟蒙《耒耜经》的记载,认为耕犁自唐代起开始定型,是不确当的。

图 5-19 山西平陆枣园村王莽时期壁画墓耧播图

(摹本)

改进,同时又有播种机械的创造和使用。农业生产技术的重大改革,对于社会生产力的发展无疑会发生极大的作用。

随着牛耕的推广和耕犁的改进,冶铁技术的进步,碎土平整的农具也有了很大的进步。农田经过犁耕之后,必须经过一番碎土和平整的工作,才能播种。早期碎土平整的农具叫做"耰"或"櫌",也叫做"椎",是一种木榔头。至迟到南北朝时期已采用铁齿耙和劳作为碎土平整的农具。北魏贾思勰《齐民要术》卷 1《耕地篇》曾提到铁齿镂耧和劳,并且讲到"耕荒毕,以铁齿镂耧再遍耙之"。这种铁齿镂耧,据王祯《农书》卷 12《农器图谱》2《耒耜门》的解释,就是人字耙,"铸铁为齿"。这该是战国时代铁的五齿耙的进一步发展。人字耙的结构,是在人字形的木框下,装有一排长铁齿。使用时,把它放在已耕垦的土壤上,由牛拖拉前进,或由人站在耙上,或用一定重量的砖块、石块压在耙上,以增大它的压力,来耙碎土条或土块,并铲除耕土中留存的杂草,使得耕土又细又实,达到防旱保墒的作用。这种用牛拖拉的铁齿耙,唐代以后长期流行。唐陆龟蒙《耒耜经》说:"耕而后有耙,渠疏之义也,散墢去芟者焉。""散墢"是说把已耕垦的土块或土条耙碎,

"去芟"是说把耕土中留存的杂草芟除。

与铁齿耙差不多同时发明的有"劳",或作"耢"。劳的结构,是在长方形木框上,编有许多排木条。使用的方法和铁齿耙相同,这是为了把已经耙好的耕土,进一步磨碎磨平,使组织更加细密,防旱保墒的效果更好。《齐民要术》就曾指出:"再劳地熟,旱亦保泽也。"

南北朝时期碎土整地农具铁齿耙和劳的出现,使得黄河流域农业上精耕细作技术大为提高,加强了防旱保墒工作,这对于农业生产的发展也起了很大的作用。

第六章　封建社会后期冶铁业的
发达和炼铁技术的发展

一　封建社会后期冶铁业的发达以及铁产量的提高

我国在封建社会前期，从春秋、战国之际一直到魏、晋、南北朝，无论是炼铁、铸铁和炼钢的技术，都已发展到了基本成熟的阶段，各种重要的炼铁、铸铁和炼钢的工艺都已经发明。到封建社会后期，冶炼技术在前期的基础上得到了进一步的发展。

从唐代起一直到明代，冶铁业有了进一步的发展。这期间冶铁业的发展，首先反映在历代政府每年所收入的铁的数量上（表见下页）。

表中收入项目"岁采"、"岁课"、"岁输"，是指当时国库每年这方面的收入，其中包括官营冶铁业的全部产量、对民营冶铁业征得的税收以及征购的铁。表中有些时期国库铁的收入突然减少，主要由于当时政治经济的混乱，或者由于战争的破坏。唐代自从安史之乱以后，逐渐形成藩镇割据的局面，各地税收多数不解到中央，所以到唐

唐宋元明国库每年铁的收入情况表

时　间	收入项目	铁冶数	国库每年铁的收入数	资料来源
唐宪宗元和初年 (约 806 年)	岁采	5	2 070 000 斤	①《新唐书》卷 54《食货志》。
唐宣宗大中年间 (847—859 年)	岁率	76	532 000 斤	②《文献通考》卷 18《征榷》5。
宋太宗至道末年 (995—997 年)	岁课	4 监、12 冶、20 务、25 场。	5 748 000 斤	①《宋史》卷 185《食货志》下 7《坑冶》。
宋真宗天禧末年 (1017—1021 年)	岁课		6 293 000 斤	②《文献通考》卷 18《征榷》5。
宋仁宗皇祐年间 (1049—1054 年)	岁得		7 241 000 斤	③《宋会要辑稿》第 137 册《食货》33。
宋英宗治平年间 (1064—1067 年)		77	8 241 000 斤	
宋神宗元丰元年 (1078 年)	诸路坑冶		5 501 097 斤	
南宋初年 (约 1127 年)	旧额岁	638	2 162 144 斤	
宋孝宗乾道二年 (1166 年)	岁入		880 300 斤	
元世祖中统四年 (1263 年)	岁课、岁输		4 807 000 斤 +1 037 000 斤 5 844 000 斤	①《元史》卷 5《世祖本纪》2。 ②《续文献通考》卷 23《征榷》6。
元世祖至元十三年(1276 年)	课铁		16 000 000 斤	《春明梦余录》卷 46《工部》1。
元文宗天历元年 (1328 年)	岁课	江浙、江西、湖广、河南、云南、陕西等省	(银钞 1 879 锭 38 两) 铁 881 543 斤	①《元史》卷 94《食货志》。 ②《续文献通考》卷 23《征榷》6。
明太祖洪武初年 (约 1368 年)	官冶炼铁	11 省	18 475 026 斤	《明会典》卷 194《冶课》。

宣宗时,铁冶数虽比前大有增加,而中央政府的收入数却大为减少。至于南宋时国库收入数的减少,是由于北方大块领土已为金所侵占。总的看来,从唐到明,铁的国库收入不断在增长,从公元 806 年到 1064 年,二百五十多年间增长了四倍;从 1064 年到 1368 年间,三百年间又增长了一倍多。这具体反映了当时冶铁业正在不断发展,总的铁产量正在不断增加。

在这些统计数字中,情况是比较复杂的。例如宋神宗时经过王安石的变法,铜、锡、铅、金的收入都有增加,同仁宗年间相比,铜产量增加三倍,锡增加近一倍,铅增加四倍半,金增加一倍多,但是铁的收入反而减少了 24％,其原因之一,是由于当时推广了胆水浸铜的新技术,需要耗费很多铁的缘故。当时铜的产量高达 1 460 万斤,依照北宋末年胆铜产量占铜产量总额的 15％—20％推算[①],每年大约生产胆铜 300 万斤左右,约需耗铁 650 万斤。如果把宋神宗时铁的收入 550 万斤再加上胆水浸铜法所耗铁 650 万斤,则共 1 200 万斤。可知这一时期铁的实际产量不但没有减少,反而有增加。宋代以后民营的冶铁业逐渐增多,宋元时代对民营冶铁业的抽税率为 20％,即所谓"二八抽分"[②],到明代洪武二十八年(公元 1395 年)改为 15％,即所谓"每三十分取其二"。当时政府对民营冶铁业征收的税率,只是其

---

① 李心传《建炎以来朝野杂记》中《东南诸路铸钱增损兴废本末》条说:"及蔡京为政,大观中,岁收铜止六百六十余万斤,比祖额高四十余万斤,内旧场四百六十万斤,胆铜一百余万斤。"可知北宋末年胆铜产量占铜产量总额 15％—20％。

② 《宋会要辑稿》第 138 册《食货》34 和《文献通考》卷 18 记绍兴七年工部言:"知台州黄岩县刘觉民乞依熙宁法以金银坑冶召百姓采取,自备物料烹炼,十分为率,官收二分,其八分许坑户自便货卖。"《续文献通考》卷 23 记元成宗元贞二年中书省言:"各路系官铁冶,累年积铁为数甚多,虽百姓自备工本,二八抽分,而纳官之数额不尽实,请罢其制,官为煽卖。"

产量的 15%—20%，因此宋元以后全国铁的实际产量当远远超过国库铁的收入数。

北宋以后，冶铁业所以能够得到发展，主要原因是由于生产关系的改进和"民营"冶铁业的逐渐增多。自从西汉设置铁官以后，一直到唐代，官营冶铁业占着主要地位。官营冶铁业多役使地方兵士和流配囚徒，只给很少衣食，强迫作奴隶式的劳动，有时也役使民户当差，民户受到很厉害的压迫和剥削。到北宋，这种情况就有了很大的改变。北宋的冶铁业，有官营的，有民营的，也有半官营的。所谓民营，实际上是豪强大家所经营。官营的采用劳役制，生产率很低，被劳役的人民不断进行反抗斗争，迫使官吏不得不把劳役制改为招募制。例如《宋史·梁适传》记述：宋仁宗时，梁适"出知兖州，莱芜冶铁为民病，当役者率破产以偿，适募人为之，自是民不忧冶户而铁岁溢"。宋代多数的铁冶地点、铁矿，都由豪强大家经营，由官家监督管理。例如徐州利国监，"凡三十六冶，冶户皆大家，藏镪巨万"，"三十六冶，冶各百余人，采矿伐炭，多饥寒亡命、强力鸷忍之民"[1]。又如兖州莱芜冶，其中吕氏一家所经营的最为兴盛，据说，吕氏"募工徒，斩木锻铁，制器利用，视他工尤精密。……凡东州之人，一农一工，家爨户御，其器皆吕氏作也"[2]。此外如舒州（州治怀宁，今安徽潜山县）的望江，"有富翁曰陈国瑞，以铁冶起家"[3]。又如遂安人汪革，"闻淮有耕冶可业"，便到舒州宿松附近的麻地"招合流徒，冶炭其中，起铁冶其居旁"，又派人在荆桥设置铁冶，在淳熙八年（公元 1181 年）

---

① 苏轼《东坡奏议》卷 2《元丰元年上皇帝书》。

② 李昭玘《乐静集》卷 29《吕正臣墓志铭》。

③ 岳珂《桯史》卷 2《望江二翁》条。

汪革曾率领其"二冶之众"五百余人,起兵反抗政府①。在神宗熙宁年间和元丰初年,即王安石变法的时期,曾较多听任民营冶铁业的发展,采用"二八抽分"的抽税率,是宋代民营冶铁业最发展的时期,也是宋代整个冶铁业最发展的时期。到元丰六年(公元1083年)宋政府把利国、莱芜二监收归官营,曾引起矿冶户和冶工们的反抗斗争②。

到了元代,由于蒙古贵族加强了统治,冶铁业如同其他手工业一样,它的发展受到很大阻碍。政府禁止民间开矿炼铁,全由官方垄断。在官营冶铁业手工业中,又迫使人民作为匠户来煽炼。例如燕北、燕南铁冶"大小一十七处,约用煽炼人户三万有余,周岁可煽课铁约一千六百余万斤"③。我们从元代王恽《秋涧集》卷89《论革罢拨户兴煽炉冶事》中,可以看到綦阳、乞石烈、杨都事、高撒合四处铁冶的情况,王恽在这里算了一笔细账,认为在这些官营冶铁业里,不如把冶户罢放,让冶户"自治窑冶煽炼",向每户征收包银来得合算。他在呈给御史台的呈文中说:

> 今略举綦阳并乞石烈、杨都事、高撒合所管四处铁冶,见分管户九千五百五十户,验每户包钞四两计,该钞七百六十四锭。今总黄青铁二百四十七万五千六百九十三斤半,价值不等,该钞四百六十八锭二十三两三钱三分半,比包钞亏官二百九十五锭二十六两六钱半,……如将上项户计罢去当差,许从诸人自治窑冶煽炼,官用铁货给价和买,深是官民两便。据此合行具呈,伏乞御史台照样施行。须主呈者:

---

① 岳珂《桯史》卷6《汪革谣谶》条。
② 见《宋史》卷185《食货志》下7;卷343《吴居厚传》。
③ 《秋涧集》卷90《省罢铁冶户》。

　　蒙阳

户：二千七百六十四户，每户四两，计钞一百二十一定单六两。

办铁：七十五万斤，每十斤钞一钱，计钞一百五十定。

　　乞石烈

户：一千七百八十六户，每户四两，计钞一百四十二定四十四两。

办铁：二十六万斤，每十斤价钞一钱，计钞五十二定。

　　杨都事

户：二千户，每户四两，计钞一百六十定。

办铁：五十三万二千三百三十三斤半，每十斤价钞一钱，该一百
六定二十三两三钱半。

　　高撒合

户：三千户，每户四两，计钞二百四十定。

办铁：九十三万三千三百四十斤，计钞一百六十定，内：青铁五十
三万三千三百四十斤，每十斤价钞一钱，计钞一百单六定三十三
两四钱。黄铁四十万斤，每十五斤价钞一钱，计钞五十三定一十
六两六钱。

由此可见，在这样的冶户制度之下，生产力是很低的，平均每户每年
只能炼铁 200 斤左右，少的只有 150 斤左右，至多也只有 300 斤左
右。这里所说的"青铁"是指一般生铁，所谓"黄铁"该是指含杂质较
多的铁，所以黄铁的价格要比青铁低得多。由于元代政府各个时期
的需要不同，更由于广大人民的反抗斗争，使得官营冶铁业"废置不
常"。在这个夹缝里，民间也还有大型冶铁业的存在，例如庐陵永福
人刘宗海，就"尝业铁炉于金牛，大冶煽，役者常千"[①]。当时民间冶

_____

① 《麟原文集》卷 3《刘宗海行状》。

铁业之所以能够存在,还因为官府虽禁止"无引(执照)私贩",但是对于"私铁农具、锅釜、刀镰、斧杖及破坏生熟铁器,不在禁限"。看来当时江南民间冶铁业比较盛,产量要超过北方官营冶铁业,因此法令规定:"江南铁货及生熟铁器不得于淮、汉以北贩卖,违者以私铁论。"

到明代初年,由于继续了元代官营铁冶这个局面,在冶铁业中还是以官营铁冶为主。在明初,十一省官营铁冶每年的总炼铁数是18 475 026斤,这个铁产量超过了以往任何一代的水平。洪武六年(1373年)设置十三个铁冶所,江西进贤、新喻、分宜,湖广兴国、黄梅,山东莱芜,广东阳山,陕西巩昌各一所,山西吉州二所,太原、泽、潞各一所。洪武七年(公元1374年),十三个铁冶所的每年总炼铁数是8 052 987斤。到洪武十八年(公元1385年),明太祖因存铁已多,把各处官营铁冶停了。洪武二十六年(公元1393年)因有需要,再开官营铁冶。洪武二十八年(公元1395年)内库存铁3 743万多斤,明太祖"诏罢各处铁冶,令民得自采炼,而岁给课程,每三十分取其二"[①]。此后官营铁冶日渐减少,民营铁冶也就多起来了。

从宋代以来,在官营铁冶中被奴役的人民曾不断地进行反抗斗争,生产率很低,迫使封建政府不得不逐渐开放民营的冶铁业,到明代,民营冶铁业终于占主要地位。据《明实录》所载民营铁冶历年缴纳的铁课数字,可以看到当时民营铁冶的发展情况:

永乐元年(公元1403年)79 806斤;二年80 186斤;三年75 720斤;四年82 306斤;五年77 677斤;六年79 709斤;七年84 338斤;八年79 709斤;九年84 338斤;十一年80 859斤;十二

年 86 829 斤;十三年 389 605 斤;十五年 514 399 斤;十六年 490 031斤;十七年 489 166 斤;十八年 489 166 斤;十九年 113 783斤;二十年 448 175 斤;二十一年 413 783 斤;二十二年 413 783斤;

洪熙元年(公元 1425 年)527 264 斤;

宣德元年(公元 1426 年)488 598 斤;二年 488 598 斤;三年 529 756斤;四年 490 898 斤;五年 529 757 斤;六年 490 898 斤; 七年 483 800 斤;八年 545 168 斤;九年 555 267 斤①。

这里所列举的铁课数,虽然有些涨落,但是总的趋势是在逐步上升。在永乐十二年(公元 1414 年)到十五年(公元 1417 年)间迅速上升,永乐十二年以前的铁课数在 7—8 万斤以上,永乐十五年以后的铁课数,除了永乐二十九年外,都在 40—50 万斤以上。按照当时铁课的课率十五分之一计算,铁课 7 万斤,铁产量应有 105 万斤;铁课 8 万斤,铁产量应有 120 万斤;铁课 40 万斤,铁产量应有 600 万斤;铁课50 万斤,铁产量应有 750 万斤。具体的计算,永乐元年(公元 1403年)民营铁冶的铁产量是:79 806 斤×15＝1 197 090 斤;宣德九年(公元 1434 年)的铁产量是:555 267 斤×15＝8 329 005 斤,三十年间铁的年产量上升到 7 倍以上②。

总之,宋、明两代冶铁业的较大的发展,该与当时民营冶铁业发展有关,也是由于官营铁冶中被奴役的人民进行反抗斗争所促成的。

---

① 据《明成祖实录》卷 25,32,39,47,54,60,67,73,80,90,94,99,103,108,112,115,118,121,124,127;《明仁宗实录》卷 5 下;《明宣宗实录》卷 12,23,34,49,60,74,86,97,107,115。

② 以上参考白寿彝《明代矿业的发展》,收入《中国资本主义萌芽问题讨论集》,三联书店 1957 年版。

这时期冶铁技术的迅速发展,也该与生产关系的改进有关。

从唐到明冶铁业的发展,还由于南方的冶铁业的迅速成长,这是和这期间南方社会经济的较快发展分不开的。唐代产铁的主要地区是陕州(治陕,今河南省三门峡市陕州区)、宣州(治宣城,今安徽省宣城市)、润州(治丹徒,今江苏省镇江市)、饶州(治鄱阳,今江西省鄱阳县)、衢州(治西安,今浙江省衢州市)、信州(治上饶,今江西省上饶市)。宋代在大通(今山西省交城县附近)、徐州的利国(今江苏省徐州东北盘马山下)、兖州的莱芜(今山东省莱芜市附近)、相州的利安(今河南省安阳市附近)设有"四监",在河南(今河南省洛阳市)、凤翔(治天兴,今陕西省凤翔县)、同州(治冯翊,今陕西省大荔县)、虢州(治虢略,今河南省灵宝市)、仪州(治华亭,今甘肃省平凉市南)、蕲州(治蕲春,今湖北省蕲春县)、黄州(治黄冈,今湖北省黄冈市)、袁州(治宜春,今江西省宜春市)、英州(治真阳,今广东省英德市)、兴国军(治永兴,今湖北省阳新县)设有"十二冶",在晋州(治临汾,今山西省临汾市)、磁州(治滏阳,今河北省磁县)、凤州(治梁泉,今陕西省凤县)、澧州(治澧阳,今湖南省澧县)、道州(治营道,今湖南省道县)、渠州(治流江,今四川省渠县)、合州(治石照,今四川省合川县)、梅州(治程乡,今广东省梅县)、陕州、耀州(治华原,今陕西省铜川市西南)、坊州(治中部,今陕西省黄陵县)、虔州(治赣,今江西省赣州市)、汀州(治长汀,今福建省长汀市)、吉州(治庐陵,今江西省吉安市)设有"二十务",在信州、鄂州(治江夏,今湖北省武昌)、连州(治桂阳,今广东省连县)、建州(治建安,今福建省建瓯市)、南剑州(治剑浦,今福建省南平市)、邵武军(治邵武,今福建省邵武市)设有"二十五场"。这时虽然大的冶铁业都设在北方,例如徐州的利国监共有铁冶三十六所,每冶有冶工一百多人,兖州的莱芜监共有铁冶十八所,共有冶工一千多户①,但是南方的冶铁业正在发展,半数以上的冶铁地点已都在南方,而且南方冶炼的技术水平已远胜北方。《宋史·食货志》记述绍圣元年蔡京上奏说:"商、虢间苗脉多,陕民不习烹炼,久废不发,请募南方善工诣陕西经划,择地兴冶。"这时北方已需要到南方来募"善工""择地兴冶"了。

北宋时代政府所收铁税额每年在百万斤以上的有两处:(1)磁州武安县固镇,原额 1 814 261 斤,元丰元年收 1 971 001 斤。(2)邢州綦村,原额 1 716 413 斤,元丰元年收 2 173 201 斤。所收铁税额每年在 30 万斤以上的有三处:(1)晋州,原额 569 767 斤(元丰元年收 30 098 斤)。(2)兖州莱芜,原额 396 000 斤(元丰元年收 242 000 斤)。(3)徐州利国监,原额 30 万斤(元丰元年收 308 000 斤)。所收铁税额在 10 万斤以上的有两处:(1)威胜军(治铜鞮,今山西省沁县),原额 158 506 斤(元丰元年收 228 286 斤)。(2)虢州清水猢猴冶上謺槽冶,原额 139 050 斤(元丰元年收 155 850 斤)。从此可知,北宋时产铁量较多的冶铁手工业都在北方。但是,这个情况到南宋时代就有很大的改变,南方有好几处地点每年所纳铁在 10 万斤以上。例如吉州安福县(今江西省安福县)连岭场是 714 000 斤,庐陵县(今江西省吉安市)黄岗场是 106 500 斤,信州铅山场(在今江西省铅山县)是 147 671 斤,弋阳县(今江西省弋阳县)是 12 万斤,上饶县(今江西省上饶市)也是 12 万斤,郁林州南流县(今广西壮族自治区玉林市)是 126 240 斤。显而易见,南宋时南方的冶铁业是在成长。由于南宋时南方冶

---

① 见《太平寰宇记》卷 21。

铁业的发展,火攻用的火炮已改用铁制,叫做铁火炮。形状如匏而口小,用生铁铸成,厚2寸。南宋李曾伯《可斋续稿后集》卷5曾说:"于火攻之具,则荆、淮之铁火炮动十数万只。臣在荆州,一月制造一二千只。如拨付襄、郢,皆一二万。"可知这时铁火炮的铸造业规模也已不小。

到元代,重要的冶铁地点,在腹地有河东(今山西省芮城县西北)、顺德(治邢台,今河北省邢台市)、檀州(治密云,今北京市密云区)、景州(治蓚,今河北省吴桥县西北)、济南(治历城,今山东省济南市),在陕西省有兴元(治南郑,今陕西省汉中市),在江浙省有饶州、徽州(治歙,今安徽省歙县)、宁国(治宣城,今安徽省宣城市)、信州、庆元(今浙江省龙泉市南)、台(治临海,今浙江省临海市)、衢、处州(治丽水,今浙江省丽水市)、建宁(治建安,今福建省建瓯市)、兴化(治莆田,今福建省莆田市)、邵武、漳州(治龙溪,今福建省漳州市)、福州(治闽,今福建省福州市)、泉(治晋江,今福建省泉州市),在江西省有龙兴(治南昌,今江西省南昌市)、吉安(治庐陵,今江西省吉安市)、抚州(治临川,今江西省抚州市)、袁州(治宜春,今江西省宜春市)、瑞州(治高安,今江西省高安市)、赣州(治赣,今江西省赣州市)、临江(治清江,今江西省清江县西)、桂阳(今广东省连州市),在湖广省有沅州(治卢阳,今湖南省芷江县)、潭州(治长沙,今湖南省长沙市)、衡州(治衡阳,今湖南省衡阳市)、武冈(今湖南省武冈市)、宝庆(治邵阳,今湖南省邵阳市)、永州(治零陵,今湖南省零陵县)、全州(治清湘,今广西壮族自治区全州县)、常宁(今湖南省常宁市)、道州,在云南省有中庆(治昆明,今云南省昆明市)、大理(治太和,今云南省大理市)、金齿(今云南省永德县)、临安(治通海,今云南省通海县)、曲靖

(治南宁,今云南省曲靖市)、澂江(今云南省澄江县)、罗罗(今四川省越西、喜德、昭觉一带)、建昌(治建安,今四川省西昌市)。所有冶铁地点,大多数都在南方。天历元年(公元1328年)各省的铁税额是:江浙245 867斤(另有钞1 730锭14两),江西217 450斤(另有钞176锭24两),湖广282 595斤,河南3 930斤,陕西10 000斤,云南124 701斤。南方各省的税额都已超过北方各省。到明代初年,官营铁冶共炼铁18 475 026斤,各省的铁税额是:(1)湖广6 752 927斤,(2)广东1 896 641斤,(3)北平351 241斤,(4)江西326斤,(5)陕西12 666斤,(6)山东3 152 187斤,(7)四川468 809斤,(8)河南718 336斤,(9)浙江591 686斤,(10)山西1 146 917斤,(11)福建124 336斤。到这时,湖广所负担的铁税额已占到全国铁税额的三分之一强了。

《明太祖实录》卷88记述明洪武七年(公元1374年)"命置铁冶所官,凡一十三所",各所的炼铁岁额是:

江西南昌府进监冶	1 630 000斤,
临江府新喻冶	815 000斤,
袁州府分宜冶	815 000斤,
湖广兴国冶	1 148 785斤,
蕲州黄梅冶	1 283 992斤,
山东济南府莱芜冶	720 000斤,
广东广州府阳山冶	700 000斤,
陕西巩昌冶	178 210斤,
山西平阳府富国、丰国冶	各221 000斤,
太原府大通冶	120 000斤,
潞州润国冶	100 000斤,

　　泽州益国冶　　　　　　　　　　100 000 斤，

总共 8 052 987 斤。当时除这十三个官营铁冶以外，广西、河南也还有官营铁冶存在，没有统计在内。但从此已可看出，当时产铁多的铁冶已多在江西、湖广、广东等南方各省。

　　宋代以后，由于当时社会经济的发展，民间冶铁业的发展，南方冶铁业的迅速发展，更由于劳动人民在生产实践中的不断创造，冶铁技术有了较大的进步，冶铁业于是日趋发达。

二　活门木风箱和活塞木风箱的创造和发展

　　宋代以后，冶铁技术有较大的进步，主要表现在炼铁和铸铁高炉的改进，鼓风器的改进和使用燃料的改进。关于宋代以后高炉的改进，留待下一章论述。这里先谈鼓风器和燃料的改进。

　　在中世纪，水力鼓风机械的发明，是冶铁炉的鼓风装置上起革新作用的大事。在水力鼓风机械发明之后，冶铁炉的鼓风装置上还有一件起革新作用的大事，那就是木制风箱的创造。木制风箱的好处有三点：第一，它可以制造得很大，不必像皮风囊那样要受到皮革的限制；第二，它可以造得比较牢固，可以使用很大的压力，不像皮风囊那样风压太大时容易压破；第三，风量较大，漏风可以减少，而且用人力操作方便，安装畜力和水力的发动机也方便。这样，就替冶铁炉的改进创造了条件，不但冶铁炉可以造得更高大，使它能吞下和消化更多的矿石；而且使得冶铁炉可以得到更多的氧气，好像有了强大的肺似的，可以大呼大吸了。

　　在欧洲，木制风箱的发展共有三个阶段：第一个阶段所造的木风箱是三角形的，它的形式和过去的皮风囊差不多，好像两个三角形的抽屉装在一起,是依靠一个抽屉绕着枢轴摇动来鼓风。这样简单的木风箱在欧洲是 16 世纪发明的。过了些时,才有长方形的木风箱出现。这种风箱是由两只长方形的木箱,相对地套合在一起,利用一只木箱的往复推动来鼓风的。在欧洲,一直要到发明了蒸汽发动机,开始用蒸汽发动机来代替水力工作机的时候,才又附带地发明了运用活塞来推动和压缩空气的鼓风器。这已是 18 世纪后期的事了。

在我们中国,在 14 世纪初年王祯所著的《农书》的水排图中,已经绘有长方形的简单木风箱,叫做"木扇",是利用箱盖板的开闭来鼓风的。在元代至顺元年(公元 1330 年)绘成的《熬波图》的第三十七图——《铸造铁柈(盘)图》上,也已经绘有长柜形的简单木风箱(参看第七章图 7-1),它的形式比《农书》水排图上的木扇要长得多,侧面成梯形,同样利用箱盖板的开闭来鼓风,在箱盖板上安装有四根推拉的杆,并列成一排,可由四个人同时推拉鼓风,这该是当时高大的高炉上使用四人推拉的一种大木风箱,所以木风箱的结构特别长,以便四个人并立同时推拉,与水排上高而狭的长方形木风箱不同。在这个四人推拉的箱盖板上有两个方孔,装有只能向内开闭的活门,当箱盖板向前推时,活门就被推闭;当箱盖板向后拉时,活门也就开启,让空气流入箱内。元代是中国历史上生产力发展遭到阻碍、生产技术停滞不进的时候,这种简单木风箱该是元代以前就已发明的。

敦煌榆林窟西夏壁画的锻铁图中,锻铁炉上也使用木扇。这是在木风箱上装有左右两块长方形的箱盖板,每个箱盖板上安装有一根推拉的杆,只需一人操作,用左右两手各执一根推拉杆的柄,可以一手把一根推拉杆拉开,同时另一手把另一根推拉杆推进,这样左右两手一推一拉,便可不断起鼓风作用。这种称为木扇的木风箱,利用

箱盖板推拉来鼓风,当把箱盖板推进时送风
到炉内,拉开时就无风,所以箱盖板多数成
对,同时一推一拉,以保证风量不断流入(参
看图 6-1)。

　　北宋庆历四年(公元 1044 年)编成的
《武经总要》,前集卷 12 有行炉图,图上同样
有侧面作梯形的简单木风箱(参看第七章
图 7-3),只是因为安放行炉木架比较狭小,
所以木风箱就造成直长的梯形,有两根推拉

**图 6-1　敦煌榆林
窟西夏木扇锻铁
壁画中的"木扇"**
(摹本)

的杆,只需要一人同时左右推拉。在箱盖板上的两个长方孔,装有仅
可向内开闭的活门。由此可见,这种装有活门的简单木风箱,至少在
北宋时代早已发明了。它的发明,要比欧洲早五六百年。

　　比有活门装置的简单木风箱更进步的鼓风器,便是利用活塞来
鼓风的木风箱。它的发明年代已不能确知,但是在明崇祯十年(公元
1637 年)宋应星所著的《天工开物》第 8 卷《冶铸》的图谱上,已经普遍
出现了这种风箱。它的形式和现在铁匠铺所用的手风箱相同,而且
宋应星在解说中也已称它为"风箱"(参看图 6-2)。

　　这种木风箱有长方形的,也有圆筒形的。长方形的箱体用木板
拼成,箱内装有可以推拉的一个大活塞,叫做"韝",韝有拉手露在箱
外,可以推拉(参看图 6-3①)。箱的两端有通风口,各装有只能向内
开闭的活门(参看图 6-3②③)。箱的下部或侧部装有一个通风管,通
风管的侧面装有一个吹风口,通风管的两端各装有只能向下或向内
开闭的活门(参看图 6-3④⑤)。如果把韝向前推动,韝后的空气稀
薄,箱外的空气便压开后端通风口的活门(参看图 6-3②),流入到箱

法同钟朝　　　　　　　图鼎铸

铸鼎图足合别

土槽

槽

图 6-2　明代铸鼎时所用的手风箱冶炉

（采自《天工开物》）

图 6-3　长方形木风箱结构图

部位名称：1. 辅及其拉手　2.3.4.5.6. 活门

内,而在鞲前的空气就压开通风管的活门(参看图 6-3④),冲入通风管,由吹风口吹出。等到把鞲向后拉动,鞲前的空气稀薄,箱外空气便压开前端通风口的活门(参看图 6-3③),流入到箱内,而在鞲后的空气就压开通风管的活门(参看图 6-3⑤),冲入通风管,由吹风口吹出。如此无论把鞲一推或一拉,同样可以把空气压送到冶铁炉中去,不断地起鼓风作用。还有一种木风箱,通风管两端没有活门,而仅在通风管的吹风口装有一个活门(参看图 6-3⑥),这个活门的作用:当鞲向前推时,空气就压使这个活门向后关闭,使空气从吹风口吹出;当鞲向后拉时,空气就压使这个活门向前关闭,使空气从吹风口吹出。这种利用活塞和活门的装置来推动和压缩空气的风箱,其结构的巧妙,是和近代所应用的鼓风设备差不多的。然而,它在中国至少已有三百多年的历史了。

　　圆筒形的木风箱,结构和长方形木风箱差不多(参看图 6-4)。只是风箱用圆木挖成,效果要比长方形木风箱好,因为它没有"死角",

图 6-4　圆筒形木风箱结构图

　　1. 手柄　2. 活门　3. 拉杆　4. 活塞(鞲)　5. 木梢　6. 出风口　7. 活门(采自江苏人民出版社编《土法炼铁》,1958 年版)

风量较大,风压较足,不漏风,比较耐用。这种圆筒形木风箱至迟在清代已广泛流行,我们从吴其濬(公元 1789—1847 年)《滇南矿厂图略》中已经看到①。

从宋、元时代称为"木扇"的简单活门木风箱,发展到明、清时代利用活塞来鼓风的木风箱,这是我国封建社会后期鼓风器的重大改进。由于木风箱的使用,风量加大,风压提高,风向炉内穿透深入,炉缸温度因而升高,就能炼出含硅较高的灰口铁,便于铸造较薄的铸件。

三　煤的广泛使用和焦炭的炼制

我国封建社会后期冶铁技术的进步,还表现在燃料的不断改进上。自从魏晋南北朝开始用煤作为冶铁的燃料以后,到宋代,用煤代替木炭作为燃料,日益普遍。

宋代煤的开采已比较广泛,在今陕西、山西、河南、山东、河北等省都已开采,并设有专官管理,曾实行专卖。宋人朱翌《猗觉寮杂记》卷上说:"石炭自本朝河北、山东、陕西方出,遂及京师。"朱弁《曲洧旧闻》卷 4 也说:"石炭西北处处有之,其为利甚博。"宋元丰元年(公元 1078 年),苏轼在徐州做地方官的时候,因徐州"旧无石炭",曾派人到徐州西南白土镇找得煤矿。他的《石炭行引》曾说:"以冶铁作兵,犀利胜常云。"他在《石炭行》中写道:"岂料山中有遗宝,磊落如䃜万车炭。流膏迸液无人知,阵阵腥风自吹散。根苗一发浩无际,万人鼓舞

千人看。投泥泼水愈光明,烁玉流金是精悍。南山栗林渐可息,北山顽矿何劳锻。为君铸作百炼刀,要斩长鲸为万段!"①由此可见,宋代已知道用煤来冶铁的好处。用煤来冶铁,能够提高冶铁炉的温度,加速冶炼进程,提高铁的生产率。徐州是宋代冶铁业中心之一,在附近本来没有找到煤矿,这时由于苏轼派人勘探矿苗,发现了大量的煤矿,便不必用南山栗林制木炭,可以就近应用煤来作燃料了。这为当地冶铁业的发展和冶铁术的提高创造了有利条件,所以苏轼要用十分兴奋的心情写这首《石炭行》诗了。《宋史·李昭传》记载李昭在徽宗时期出任泽州的知州,"阳城旧铸铁钱,民冒山险,而输矿炭,苦其役,为奏罢铸钱。"泽州治所在晋城(今山西省晋城市),阳城是其属县,矿炭即是煤,说明 12 世纪初叶在今山西一带也已把煤用于冶铁。

当时北方地区多用石炭,南方地区多用木炭,而四川多用竹炭。陆游《老学庵笔记》卷 1 说:"北方多石炭,南方多木炭,而蜀又有竹炭,烧巨竹为之,易燃,无烟,耐久,亦奇物。邛州出铁,烹炼利于竹炭,皆用牛车载以入城,予亲见之。"

在欧洲,英国、比利时等国在 13 世纪初开始较大规模地用煤作燃料,到 18 世纪 40 年代才用煤冶炼。所以 13 世纪末叶,意大利人马可·波罗来到中国,看到各地广泛使用煤作燃料,觉得新奇,他还不认识煤,说中国有一种黑石作为燃料,火力比木薪足,而价格比木薪便宜②。

①　《集注分类东坡先生诗》卷 25;《东坡集》卷 14。
②　冯承钧译《马可孛罗行记》第 101 章:"契丹(指中国)全境之中,有一种黑石,采自山中,如同脉络。燃烧之时,与炭无异。其火候,且较木薪为佳。若夜间燃火,次晨不熄,其质优良。至今全境,不燃他物,所产木材固多,然不用以烧。盖石之火力足,而其价亦廉于木也。"

自明代以后,多数冶铁业已用煤作燃料,宋应星《天工开物》卷10《冶铁》条说:

> 凡炉中炽铁用炭,煤炭居十七(十分之七),木炭居十三(十分之三),凡山林无煤之处,锻工先择坚硬条木,烧成火墨(俗名火矢,扬烧不闭穴火),其炎更烈于煤。即用煤炭,亦别有铁炭一种,取其火性内攻,焰不虚腾者。

这种"焰不虚腾"的煤,当是一种无烟煤。同书卷11《煤炭》条,把煤分为明煤、碎煤、末煤三大类,又把碎煤分为饭炭和铁炭两种,饭炭是烧饭用的煤,铁炭是冶铁用的煤。还说:

> 炎平者曰铁炭,用以冶锻,入炉先用水沃湿,必用鼓辅后红,以次增添而用。

这儿说使用无烟的碎煤,必须"入炉先用水沃湿",这是当时冶铁工人所创造的一种经验,是为了使煤屑相互粘结,防止鼓风后煤屑飞出或下沉,近代土法冶炼中也还应用这种方法。《畿辅通志》卷74《舆地》29《物产》2引李翊《戒庵漫笔》也说:"石炭,宛平、房山二县出,北京诸处多出石炭,俗称为水和炭,可和水烧也。"

从古以来,大规模的冶铁工场,凡是采用木炭作燃料的,都在附近山林中设有烧炭的窑。这种设窑烧炭的山,在宋代叫做"炭山"[①],在清代叫做"黑山"。清代陕西汉中一带的铁厂都还是用木炭来冶铁的。道光初年,严如煜《三省边防备览》卷10《山货》说:陕西汉中一带的铁厂都有"黑山"、"红山"两部分,"黑山"就是炭窑所在地,他们从附近山林砍伐树木,装入窑内烧成木炭,备冶铁炉的应用。"红山"

---

① 见岳珂《桯史》卷6《汪革谣讦》条。

就是冶铁炉所在地,因为从这些山里开采出来的铁矿,颜色略赤,所以称为"红山"(即赤铁矿)。《三省边防备览》卷17《铁厂咏》也说:"当其开采时,颇与蜀、黔异。红山凿矿石,块磊小坡岂,黑山储薪炭,纵横排雁翅。"

在大规模的交通运输工具没有创造以前,铁矿的附近必须有燃料的来源,冶铁业才得以发展。《盐铁论·禁耕篇》说:当时冶铁业"皆依山川,近铁炭",就是这个道理。清初屈大均《广东新语》卷15《铁》条说:"产铁之山有林木方可开炉,山苟童然,虽多铁,亦无所用,此铁山之所以不易得也。"《三省边防备览》卷10说:"山中矿多,红山处处有之,而炭必近老林,故铁厂恒开老林之旁。如老林渐次开空,则虽有矿石,不能煽出,亦无用矣。近日洵阳骆家河、留坝光化山铁厂皆歇业,职是之故。"可见到清代还是如此情况。自从宋代以后北方多用煤冶铁,不但为煤矿附近铁矿的开发和冶炼创造了有利条件,而且煤远较木炭耐烧,不像森林那样容易砍光,使冶铁业不至于因缺乏燃料而停歇。宋代以后,冶铁业所以能够进一步发展,该与使用煤作燃料有关。

但是用煤炼铁也存在着缺点。煤在炉内受热容易碎裂,容易阻塞炉料的透气;同时煤中含硫一般较高,用煤炼铁常常使得生铁中含硫量升高,影响生铁的质量。《中国冶金简史》指出:河南省安阳县唐坡遗址出土九根大铁锭,含硫 1.075%(据安阳钢铁厂中心化验室分析),"这个含硫量远远高于汉代生铁的数十倍"。同时,"利用金相、硫印、化学分析等方法,检查了唐、宋以后的若干铁器、铁钱和铁塔等,观察到五代十国即公元 10 世纪以后的一部分生铁含硫较高。这可能是用煤炼铁的证据"①。

宋、元以后,大体上是北方用煤炼铁,南方用木炭炼铁。因为用煤炼铁,使铁中含硫量增高,影响铁的质量,因而当时南方的铁质量要比北方为佳。其中福建、广东出产的尤为上乘。明代末年赵士桢《神器谱》(《玄览堂丛书》第 85 册)的《神器杂说 31 条》中讲到:"制铳须用福建铁,他铁性燥不可用。炼铁,炭火为上;北方炭贵,不得已以煤火代之,故迸炸常多。"当时福建出产生铁全用木炭炼制,质量较纯,其他地方生产的多数由于用煤炼制,"性燥不可用"。把生铁炼成熟铁,也以"炭火为上"。北方采用煤火锻炼,铁的质量就差,因而这种火器发射时常常容易炸裂。赵士桢《神器谱或问》(《玄览堂丛书》第 86 册)还谈到:

> 或问:南方木炭锻炼铳筒,不唯坚刚,与北地大相悬绝;即色泽亦胜煤火成造之器,其故为何? 曰:此政(正)足印证神器必欲五行全备之言耳。炭,木火也;北方用煤,是无木矣,禀受欠缺,安得与具足者较量高下?

当时人在使用火器的过程中,已经普遍察觉到用木炭锻炼成的与用煤火锻炼成的火器,质量大相悬殊,只是限于当时的科学水平,不可能对此作出合于科学的解释。

焦炭炼制成功,用焦炭代替煤作燃料,就可以避免煤的缺点。我国使用焦炭炼铁,至少起于明代。方以智《物理小识》记载有炼焦及用焦炼铁的情况:"煤则各处产之,臭者烧熔而闭之成石,再凿而入炉

---

① 北京钢铁学院中国冶金简史编写小组:《中国冶金简史》,科学出版社 1978 年版,第 152 页。

曰礁,可五日不绝火,煎矿煮石,殊为省力。"这里所说的"礁",就是焦炭;臭煤是指含挥发物较多的炼焦煤。这是说,在密闭的条件下,用高温烧熔臭煤,可以炼成像石一般坚硬的礁,火力耐久而旺盛,用来炼铁,很是省力。李翙《戒庵漫笔》又说北京一带"或者炼焦炭,备冶铸之用"。清代康熙初年益都孙廷铨著《颜山杂记》卷4①,记述家乡的物产,认为石炭有死活之分,活的火力旺盛,可以炼成礁。他说:

> 凡炭之在山也,辨死活:死者脉近土而上浮,其色蒙,其臭平,其火文以柔,其用宜房闼围鑪;活者脉夹石而潜行,其色晶,其臭辛,其火武以刚,其用以锻金冶陶,或谓之煤,或谓之炭。块者谓之硁,或谓之砟,散无力也;炼而坚之谓之礁,顽于石,重于金铁。绿焰而辛酷,不可爇也,以为攀,谓之铜碛。故礁出于炭而烈于炭,碛弃于炭而宝于炭也。

这是说,臭辛而火力旺盛的煤块,可以炼成坚硬而火力更烈的礁。同时书中还记述铁冶,讲到"火烈石礁,风生地穴"。礁或石礁都是指焦炭。

四　铁器铸造工艺的进步

封建社会后期,铁器铸造工艺也有较大的进步。当时铁器,除了生产工具、兵器、一般生活用具以外,又出现了大型铸件,用于建筑工程,用作宗教艺术品。

唐代已铸造铁钟、铁佛等宗教艺术品,例如西安大雁塔里的大铁钟,就是唐代铸造的。唐代已把大型铸铁件用于巨大的建桥工程。

---

①　收入孙廷铨《孙文定公全集》。

例如唐代开元十九年(公元 731 年)在蒲津(今山西风陵渡)建筑黄河上的浮桥,就在两岸各铸有四座大铁山,山上站有四个铁人驱赶着四头铁牛,并用五十六根铁柱相互贯穿起来,用来作为架设浮桥的支柱,所使用的铁多到几十万斤。

五代留存至今的大型铸铁件以沧州铁狮子为最著名。铁狮子在今河北沧州市东南沧州古城内,是后周广顺三年(公元 953 年)铸造的,狮身高 3.9 米,头高 1.5 米,共高 5.4 米;身长 6.8 米,宽约 3 米;重约 40 吨以上。背负巨盆,直径 2.1 米。前胸和臀部束带,带的两端分垂于两肩和胯部。狮头上毛发作波浪形,有少许毛发略有旋卷。它昂首张口,作奔走状(参看图版 8)。《沧县志》记载:"铁狮在旧州城内开元寺前。高一丈七尺,长一丈六尺。背负巨盆,头顶及项下各有'狮子王'三字,右项及牙边皆有'大周广顺三年铸'七字,左肋有'山东李云造'五字。腹内牙内外字迹甚多,然漫灭不全,后有识者谓是《金刚经》文。头内有'窦田、郭宝玉'五字,曾见拓本,意系冶者名字,体为古隶。"这大铁狮子原在开元寺,当是文殊菩萨的佛座,背负巨盆当是莲花座。其铸造工艺十分复杂,是按照分节叠铸方法浇铸而成。狮腹内壁光滑,该是以整块泥模为芯;外面有明显的范块拼接痕迹,范块的尺寸大小不同,如四肢和左、右肋的范块就有 13 种规格。铁狮全身的范块,除爪、腹是一次浇铸、头部范块痕迹不明外,从小腿到脊背有 15 节、344 块,莲盆和圆座有 6 节、65 块,总共有外范409 块[①]。

宋代留存至今的大型铸铁件,以湖北当阳的北宋铁塔和山西太

---

① 参看《文物》1980 年第 4 期,王敏之:《沧州铁狮子》。

原晋祠的北宋镇水金人最为著名。铁塔建立在当阳的玉泉寺前，塔身有北宋嘉祐六年(公元 1061 年)的铭文，是这年所铸造。据《玉泉寺志》记载，塔高 7 丈，重 106 600 斤。塔身为八棱，共十三层，各层分别铸造，然后套接而成。底层八角铸有金刚，冠胄衣甲，托塔站立(参看图版 9、10、11)。此外还有武士、二龙戏珠和藤菊等纹样相饰，造型工细生动，每层塔都有四门对开，塔壁中央多铸佛像，其大小仪态各不相同。佛旁有侍者。每层塔的斗栱以下，又有数以百计的小佛像连续排列，组成边缘图案，环饰塔身；斗栱以上，飞檐龙首凌空，用以悬挂风铃。这座九百多年前用生铁铸造的大型建筑物，至今造型完好，说明当时铸造和套接技术已很高明①。在太原晋祠内，从东南到西北走向的中轴线上，从水镜台经过会仙桥，便到金人台。台方形，四角各立有铁铸的镇水金人一尊，高 2 米多。其西南角的一尊是北宋绍圣四年(公元 1097 年)铸造，姿态英武，神采奕奕，衣纹转折流畅，并铸有文字。据考察，也是采用分节叠铸方法浇铸而成。此像经历八百多年的雨雪风霜，仍明亮不锈(参看图版 12)②。

当时不但能铸造大型铁铸件，也还能铸造极为精细灵巧的铸件。例如，唐代开元年间一行和梁令瓒制造精密天文仪器"黄道游仪"，先用木试制，后改用铜铁铸造。宋代至道年间(公元 995—997 年)用铁铸造浑天仪，皇祐年间(公元 1056—1063 年)改用铜制。这种浑天仪就是天文钟，用水轮转动，能按时辰击钟报时。

当时铸造铁器工艺的突出成就，更表现在铸造大铁锅上。汉代

---

① 见《文物》1978 年第 6 期《文博简讯》，《湖北当阳玉泉寺北宋棱金铁塔》。
② 《山西师范学院学报》1960 年第 1 期，乔志强：《历史上的山西制铁业》。

已经能够采用地面造型法,铸造直径达 2 米左右的铁釜(南阳瓦房庄汉代冶铁遗址出土)。到封建社会后期,铸造大铁釜锅的技术又有发展。许多大的佛教寺院中,往往保存有隋代以来的大铁釜锅。湖北当阳县玉泉寺原来保存有一件隋代大铁镬和三件元代大铁釜。隋代大铁镬是大业十一年(公元 615 年)铸造,上有铭文 44 字,每字方 2 寸左右:"隋大业十一年,岁次乙亥,十一月十八日当阳县治下李慧达建造。镬一口,用铁今秤二千斤,永充玉泉道场供养"①。三件元代大铁釜,各重 3 000 斤,两件为至元五年(1268 年)铸造,一件为至元十一年铸造②。浙江省北雁荡山能仁寺保存的大铁锅,上口直径 2.2 米,高 1.55 米,上有铭文记载是北宋元祐七年(公元 1092 年)铸造,并写明"重二万七千斤"。经实地观察,是用灰口生铁整体铸造的。这样大而厚薄均匀的生铁铸件,充分说明当时的冶炼和铸造技术已达到了较高的水平。铸造大铁锅是隋代以来传统的技术。明代宋应星《天工开物》卷八《冶铸》部分,详细记载了这方面的铸造技术:

> 其模(泥模)内外为两层,先塑其内,俟久日干燥,合釜形分寸于上,然后塑外层盖模。此塑匠最精,差之毫厘则无用。模既成就干燥,……铁化如水,以泥固纯铁柄杓,从咀受注,一杓约一釜之料(案即铁水),倾注模底孔内,不俟冷定,即揭开盖模,看视罅绽未周之处。此时釜身尚通红未黑,有不到处,即浇少许于上补完,打湿草片按平,若无痕迹。

---

① 见《同治当阳县志》卷 17 辑录阮元《隋铁镬字跋》。阮元说:"丁丑春,余过当阳玉泉寺,得见隋铁镬字,榻之。……考此镬乃彼时民间所造,民间所写,其写字之人亦惟当时俗人,其字亦当时通行之体耳,非摹古隶也,而笔法半出于隶,全是北周、北齐遗法,可知隋、唐之间,字体通行,皆肖于此。"

② 见《同治当阳县志》卷 3《古迹》。

这种铸造铁锅的方法，可以说已达到了很高的技术水平。这种铁锅"厚约二分"，最大的能够"煮糜受米二石"，要铸造得厚薄均匀一致，是非有很高技术水平不可的。不但制作泥模技术的要求很高，"差之毫厘则无用"；而且浇注铁水也要求十分周到，如有"未周之处"，就要成为废品。如果有"不到处"，必须在没有"冷定"、"通红未黑"之时，及时补好，而且要补得"若无痕迹"。必须用熟练而精细的技巧，才可能成功。宋代以后这种铸造铁锅工艺，能够达到如此高度水平，正是我国铁器铸造技术进一步发展的结果。方以智《物理小识》卷7《冶铸》条又讲到：

> 生铁铸釜，补锭甚多，惟废破铁釜熔铸，则无复隙漏。釜成后，以轻梜敲之如木者佳。然惟福山铸锅为最，以其薄而光，熔铁既精，工法又熟。他处皆厚，必用黄泥豕油炼之，乃可用。

只有"熔铁既精，工法又熟"，才能使铁锅铸造得"薄而光"，成为最佳之品。方以智所说的福山，可能是佛山之误。

明、清之际，广州佛山镇已是南方沿海的重要冶铁基地，并为产销铁器的重要商埠。它以铸锅业、炒铁业、制铁线业、制针业和制铁钉业等等著称于世。屈大均《广东新语》卷15《货语》的《铁》条说：

> ……然诸冶惟罗定、大塘基炉铁最良，悉是锴铁。光润而柔，可拔之为线。铸镬亦坚好，价贵于诸炉一等。诸炉之铁冶既成，皆输佛山之埠。佛山俗善鼓铸，其为镬，大者曰糖围、深七、深六、牛一、牛二，小者曰牛三、牛四、牛五。以五为一连曰五口，三为一连曰三口。无耳者曰牛魁、曰清。古时，凡铸有耳者不得铸无耳者，铸无耳者不得铸有耳者，兼铸之必讼。铸成时，以黄泥豕油涂之，以轻杖敲之，如木者良，以质坚，故其声如木也。故

> 凡佛山之镬贵坚也,石湾之镬贱脆也,鬻于江、楚间,人能辨之,
> 以其薄而光滑,销炼既精,工法又熟也。

佛山出产的铁锅,因为质量好,不但畅销我国长江流域和珠江流域各地,而且大批运销国外,成为广州主要出口货物的一种。根据清代雍正九年(公元1731年),广东布政使杨永斌《禁铁锅出洋疏》,当时外商所买铁锅,每船少者一百连到二三百连不等,多者五百连,并有一千连的。铁锅一连,大者一个,小者四、五、六个不等,每连约重二十斤。若以每船买铁锅五百连计算,所装运的铁锅将重一万斤[①]。说明当时出口铁锅数量之大。当时铁锅所以会这样大量出口,成为外国商船争购的商品,就是由于这种铁锅质量很高,铸造工艺达到了很高的水平。

宋代以后铁器铸造工艺的进步,还表现在"铜合金铁"冶炼法的创造上。宋人周去非《岭外代答》卷6《梧州生铁》条说:

> 梧州生铁,在熔时则如流水然,以之铸器,则薄几类纸,无穿破,凡器既轻,且耐久。都郡铁工煅铜,得梧铁杂淋之,则为至刚,信天下之美材也。

从这里,我们了解到两点:(一)宋代梧州生产的生铁质量很好,不但杂质少,比较纯粹,而且其中游离碳素比较细小,分布均匀,所以能够把铁器铸得很轻薄而"无穿破",比较坚韧而能耐久。(二)当时的铁工,已能够用"煅铜"使"铁杂淋之",冶炼成"至刚"的"美材"。无疑的,他们在这时已经创造了铜合金铁的冶炼方法。铜合金铁冶炼法,是要使生铁中熔合一定分量的铜,一般不超过2.5%,至多不能超过

---

① 见乾隆《广州府志》卷首。

4%，这样就能使它在空气中不生锈，变得更硬，使铁的质量和性能提高。既然这时已能由此炼成"至刚"的"美材"，那么，这种冶炼技术定是很熟练了。

《岭外代答》卷6《融剑》条又说：

> 梧州生铁最良，藤州（治镡津，今广西藤县）有黄岗铁最易。融州（治融水，在今广西融安县西南）人以梧铁淋铜，以黄岗铁夹盘煅之，遂成松文（纹），刷丝工饰，其制剑亦颇铦，然终不可以为良。

这里所说的"黄岗铁"，该是一种较纯的熟铁，即低碳钢，铁工用"梧铁淋铜"方法炼制成的铜合金铁作为骨干，再用黄岗铁夹盘起来锻炼，据说也能使表面表现出"松文"，可以用来制成剑。照理，剑是应该由低碳钢和高碳钢夹起来，折叠锻炼而成的，这里改用低碳钢和铜合金铁夹盘锻炼而成，其效果当然会"颇铦"而"终不可以为良"了。

第七章　后期炼铁炉的改进及冶炼技术

一　宋元时代高炉的改进及冶炼技术

运用高炉炼铁和铸造，在我国已有悠久的历史。由于这种方法比较进步，长期成为我国炼铁和铸铁技术的主流。高炉在劳动人民长期使用中不断有所改进和发展。到宋、元时代，高炉的建造方法和炉型有进一步的改革。

值得我们注意的是元代至顺元年（公元 1330 年）绘成的《熬波图》。这图是陈椿根据前任上海下砂场盐司提干（名守仁，号乐山）所绘的草图绘成的，共有四十七图，绘的是整个海盐的生产过程，并附有说明和诗。流传至今的刊本，是清代乾隆年间编辑《四库全书》时，从《永乐大典》中辑出的。图绘比较精致的，有《吉石庵丛书》影印《画院摹永乐大典本》。其中第三十七图《铸造铁柈（盘）图》（参看图版15），就有高炉铸造煎盐用的铁盘的情况。图后有说明：

熔铸杵(盘),各随所铸大小,用工铸造,以旧破锅镶铁为上。先筑炉,用瓶砂、白礁、炭屑、小麦穗和泥,实筑为炉。其铁杵(盘),沉重难秤斤两,只以秤铁入炉为则,每铁一斤,用炭一斤,总计其数。鼓鞴煽熔成汁,候铁熔尽为度。用柳木棒钻炉脐为一小窍,炼熟泥为溜,放汁入杵(盘)模内,逐一块依所欲模样泻铸。如是汁止,用小麦穗和泥一块于木杖头上抹塞之即止。杵(盘)一面,亦用生铁一二万斤,合用铸冶,工食所费不多。

这张图以及所附说明,虽然描写的是用高炉化铁冶铸铁盘的情况,但是我们可以由此推知当时炼铁用的高炉大致也相仿。由此可以了解到下列六点:

(1) 这种高炉用瓶砂、白礁、炭屑、小麦穗和泥调和成的耐火材料筑成。所谓"瓶砂",即今所谓"缸砂"。所谓"白礁",即一种白色耐火泥。加入炭屑,是为了增加它的耐火程度,炭在非氧化气氛下是一种很好耐高温材料,而且有较好抵抗炉渣浸蚀的性能。加入小麦穗,是为了使这种耐火泥有筋骨,增加它的坚韧性。

(2) 这种高炉作圆锥形,上口向上缩小,炉腰用铁链捆住加固。炉口向上缩小,炉壁上部向内倾斜,可以充分利用热能,加速熔化过程。如果是炼铁炉,就可以使还原气体(一氧化碳)分布趋向均匀,和炉料充分接触,加速还原和熔化过程。同时上口小,下部炉膛大,形成一个自然斜坡,使炉料便于顺利下降,不易造成悬料事故;而且炉子下部形成炉缸,便于集中热量,有利于铁水熔化。

(3) 在炉前的"炉脐"地方,用柳木棒钻成一个"窍"(孔),在窍下用熟泥做成"溜",作为放出铁水的口子。这种装置,与近代流传的土高炉基本相同。在炉前地上,筑成方塘,以便安放铸范,铸泻铁盘。

（4）在炉后安装有一个长柜形的简单木风箱,高度只有炉子的一半高,宽度要比炉子宽得多,箱盖板上安装四个推拉的木杆,并排成一列,由四个人同时推拉箱盖板,进行鼓风。

（5）熔铸时,放入炉中的原料与燃料是一与一之比,放入原料与燃料点火燃烧后,需要用小麦穗和泥调成的泥块把出铁口塞住。等熔铸到铁水下流时,用木棒凿开出铁口,让铁水流入方池的铸模内。等到铁水流完时,再用小麦穗和泥调成的泥块放在木杖头上把出铁口塞住,再加料继续熔铸。这种炉子一次能化铁一两万斤,可知容积是不小的。

（6）在这个炉旁,有司炉的两人,鼓风的四人,打碎废铁的一人,挑担运输的两人,共九人。

拿这张图和说明结合起来看,可知这张图由于屡次临摹,已有画错的地方。画错的是:没有画出炉前"炉脐"上的"窍"和"溜",而在炉前的下部画了一个大圆洞,如同烧饭的行灶似的,这是必须加以改正的。这种炉脐上窍和溜的结构,我们还可在明代的炼铁炉上看到。为此,在这里作了一张复原图以供参考(参看图 7-1)。

图 7-1　陈椿《熬波图》所绘元代化铁炉复原图

部位名称:1. 炉　2. 炉口　3. 束捆炉腰的铁链　4. 溜(出铁口)　5. 辅(长柜形木风箱)　6. 推拉杆　7. 铸泻铁盘用的方塘

我们把这张高炉的图,和王祯《农书》上《卧轮式水排图》(见前第四章图 4-3)上的高炉比较一下,除了木扇的形式不同外,高炉的形式也略有不同,《卧轮式水排图》上的高炉整个作圆筒形,上面口部并不缩小。

在宋代,这种高炉叫做"蒸矿炉"。《宋会要辑稿·食货》33 曾说:"雅州名山县蒸矿炉三所,熙宁六年置"。这种蒸矿炉的结构和形式,在文献上没有记载。宋代还有一种小冶铁炉,叫做"行炉",该是由于移动方便而得名的。北宋时代编成的《武经总要》前集卷 12 曾说:"行炉熔铁汁昇行于城上,以泼敌人。"同时还附有一张《行炉图》(图 7-2)。这图由于转辗翻刻,已走了样,但是我们只要参照一下《熬波图》上的化铁炉,就可以把它恢复原状(图 7-3)。从这里我们可以看到,行炉为了便于移动起见,在炉下设有木架和木脚。炉子外面的形状不作圆筒形而作方形,以便于安装在方形的木架上;炉后简单的木风箱不作横宽的梯形而作直长的梯形,以便和炉子同时安装在木架上;因为木风箱比较小而成为直长的梯形,箱盖板上安装的推拉杆

图 7-2 明代正德年间刊本《武经总要·前集》的北宋"行炉"图

(《四库珍本丛书》影印的文渊阁《四库全书》写本,这幅图少画了炉上八角形的炉口和木风箱上两个长方形的"活门")

图7-3 曾公亮《武经总要·前集》所绘北宋时代"行炉"复原图

1. 炉 2. 炉口 3. 梯形木风箱 4. 木风箱盖板 5. 箱盖板上的活门 6. 风箱的推拉杆 7. 木架

只有两个,只需一个人同时推拉。同时宋代这个行炉的结构和式样,使我们可以推知宋代蒸矿炉的结构和式样,基本上是和元代相同的,宋、元间蒸矿炉的结构和式样并没有多大的变化。

近年来发现的宋代及金代冶铁遗址,据报道,主要有下列八处:

(1)河北省沙河县綦阳村发现的宋、元时代冶铁遗址:在綦阳村南观音寺的后面土中埋着半截石碑,碑上刻着"顺德等处铁冶提举司,大德二年九月日立石"等字。大德是元成宗的年号,大德二年是公元1298年。在村北玄帝庙东有《大宋重修冶神庙记》石碑,石碑建于宣和四年八月,上有刻铭说:"其地多隆岗秃坑,冶之利自昔有之,綦村者即其所也,□皇祐五年始置官吏"。皇祐是宋仁宗年号,皇祐五年是公元1053年。从上述两块石碑,可知这是宋、元时代的冶铁遗址。在綦阳村以及附近綦村、后坡、赵岗等村,到处有残破的矿石、铁渣和冶铁炉的遗迹。在綦阳村口西边一条沟,叫"铁沟",是冶铁炉遗迹集中之处,从地面上看得出的炼铁炉遗迹有十七八个,其中四个还剩有五分之一部分,炉型为圆锥形,残存的铁块有两大堆,计十七八块,每块约有几吨重①。

（2）福建省同安县发现宋、明冶铁遗址:在城东东桥头西部约 80米处的遗址中,发现约 50 米见方、高 3 米的土堆,堆积着大量铁渣和铁砂,也还有冶铁炉残片、耐火砖残块、木炭、绿釉、黑釉、青花瓷片等。瓷片都是宋、明两代之物,尤以宋代瓷片为多。在城内中山公园中也发现有同样的土堆,土堆中的杂物与上述相同。1958 年在县城迁移一座宋代婆罗门石塔,在塔内填土中也发现有同样的铁渣。从上述情况,断定这是宋、明时代的冶铁遗址。从东桥头出土的冶铁炉残片和耐火砖残块来看,可知当时耐火材料系用高岭土、黄泥及谷壳等调和制成②。

（3）安徽省繁昌县发现的唐、宋冶铁遗址:1958 年 10 月间,在繁昌县从铁塘冲经三梁山、铁牛山到竹园湾十里范围内,发现了较大的六处炼铁炉遗址和十七个废墟墩,还有许多零星冶铁遗址。从各遗址中出土的唐、宋瓷片及炉砖形制来看,这里该是唐、宋时代的冶铁遗址。其中以竹园湾门前炉址较为完整,炉膛内尚存有未炼成的铁块、栗树柴炭、石灰石块等。冶铁炉的结构,与现在繁昌县桃形土高炉的形式很相近,平面为圆形,直径 1.15 米左右,现存炉身高 60 厘米,炉壁厚 36 厘米。壁用长方形灰砖(长 32、宽 20、高 10 厘米)立砌,内壁搪 4 厘米的耐火泥,泥中羼大量粗砂粒。炉门宽约 60 厘米。炉底下层铺长方形灰砖,上层搪着羼合大量砂粒的耐火泥,厚约 17 厘

---

①　见《文物参考资料》1957 年第 6 期,《文物工作报道》河北省部分。

②　见《文物》1959 年第 2 期,《文物工作报道》福建省部分。

米。从炉内积存的残物来看,当时炼铁方法是:先将栗树柴铺在炉膛下层作燃料,再装入打碎的铁矿石和石灰石块,然后点火冶炼。同时在附近善峰山还发现古代开采的铁矿井一处①。

(4)河北省武安县发现宋代冶铁遗址:在武安县午汲古城发现有宋代冶铁炉残迹,还能看出炉身相当高大,上下略有斜度②。

(5)河北省邯郸市武安矿区矿山村发现宋代冶铁遗址:所发现的一座宋代炼铁炉,仅存半壁,高约6米,炉底直径3米,外形呈圆锥形。炉底周圆小于炉腹,从炉腹到炉顶逐渐缩小。炉体用较大砾石和砂质耐火泥砌成。在这座炉的四周尚有四座大小相同的炉址。炉型与距离此地十多里的綦阳村冶铁遗址所发现的宋代炼铁炉,基本相同③。刘云彩先生依据照片,估量各部分比例和尺寸,绘出复原图(图7-4)④。

图7-4 矿山村宋代冶铁遗址出土高炉复原图

(6)河南省林县发现宋代冶铁遗址:林县铁牛沟遗址有宋代炼铁炉11座,炉膛内径0.9—2.6米,炉子一般靠近沟坡,利用山坡地形,使炉子建筑坚固;同时在山坡上面平台装料,便于运输;在下面平台鼓风、出铁、出渣,便于操作。这样利

---

① 见《文物》1959年第7期,《文物工作报道》安徽省部分。
② 见《考古通讯》1957年第4期,孟浩、陈慧:《河北武安午汲古城发掘记》。
③ 见《光明日报》1959年12月13日,陈应祺:《邯郸矿山村发现宋代冶铁炉》。
④ 见《文物》1978年第2期,刘云彩:《中国古代高炉的起源和演变》。

用地形建炉,可以节省人力。

(7) 河南省安阳县发现宋代冶铁遗址:在安阳县铜冶公社铧炉村附近的断崖上,发现了一座宋代残存的炼铁炉,高约 4 米,直径 2.5 米,断崖上层平台积存大量矿粉和炭屑,下层平台进行鼓风、出铁、出渣,四周地层中有许多炉渣。这里也是利用地形建炉。

以上两处冶铁遗址,炼铁炉有用当地两种山上出产的白砂石和红砂石砌成的。其残块的化学成分有如下表:

	二氧化硅	氧化钙	氧化镁	三氧化二铝
白砂石	76.21%	8.25%	5.21%	2.83%
红砂石	64.62%	5.43%	4.77%	13.48%

从上表可知白砂石和红砂石都是含硅比较高的优质耐火材料,具有较高的耐火度。从炉底和炉子下部炉墙上保留的烧结物的分析,说明冶炼时温度较高,估计不低于 1 200 度。在林县申村大队冶铁遗址中还发现有打结成型的弧形耐火砖,砖中有较粗的砂粒和较细的粘土,较粗的砂粒可以提高耐火度,较细的粘土可以使耐火材料不易开裂。这种耐火砖已和近代用来砌炉的耐火砖十分相似[①]。

(8) 黑龙江阿城县五道岭发现金代冶铁遗址:五道岭发现有 10 多个古矿坑,最深的达 40 米,开矿方法是从山上往下旋转开凿,成阶梯形,一级比一级短,并有采矿和选矿工业区。同时还发现有 50 多处冶铁遗址,大多数遗址中都发现有炼铁炉、铁矿渣、炼渣、木炭、铁块、铁矿石等。炼铁炉的炉壁共厚 1 米,内层用花岗石砌成,厚 40 厘米,石与石之间用黄粘土压缝;外层用较细的黄粘土筑成,厚 60 厘

---

① 参看《中国冶金简史》,科学出版社 1978 年版,第 148—150 页。

米。炉膛高 1.63 米。炉门向南,门长 50 厘米,宽 40 厘米,高 70 厘米。炉内尚保存有木炭痕迹①。

结合文献和考古材料来看,宋、元时代高炉的建造已具有相当的规模。炉壁有用夹杂瓶砂、炭屑、小麦穗的耐火泥筑成的,有用羼杂高岭土、谷壳的耐火泥筑成的,也有用搀有粗砂粒的耐火砖砌成的,更有用耐火的白砂石、红砂石砌成的。炉型有圆筒形的,也有上口小而作圆锥形的,更有上口小而作方形、便于移动的"行炉"。上口小而上部炉墙内倾,便于保持热量和加速还原、熔化过程,这是筑炉技术上的重要创造。炉脐有出铁孔,装有熟泥制成的"溜"(流出铁水的圆形管子)。炉后安装有很大的有活门的简单木风箱,有用四个人同时推拉的。这种高炉大都使用煤作燃料,可以连续不断地操作,当一炉铁水炼成放出后,可以继续冶炼。

河南省安阳县唐坡宋代冶铁遗址出土了九根大铁锭,根据安阳钢铁厂中心化验室的分析,成分如下:含碳 2.5%,含硅 0.86%,含锰 0.001%,含磷 0.1%,含硫 1.075%。含硫量这样高,可能是用煤炼铁的缘故。含硅量是目前化验的古代生铁中比较高的,这反映了当时的冶炼温度已比较高。由于二氧化硅(SiO_2)还原温度比较高,一般说来,生铁中硅的含量多少,反映了冶炼温度的高低。

宋代对炼铁原料仍然采用加工砸碎、筛选的办法,筛选剩下来的

---

① 见《黑龙江日报》1962 年 11 月 13 日,王永祥:《阿城五道岭地区古代冶铁遗址的初步研究》。遗址出土遗物有金代的白瓷片、褐釉瓷片、瓦片和北宋铜钱(最早为宋真宗的"咸平元宝",最迟为宋徽宗的"政和元宝"),可以证明这个遗址属于金代初期。此文因出土铁块作海绵状,推定这些炼铁炉只能炼出海绵铁,这个推论是否正确,还有待于作进一步的调查研究。这些遗址中未发现铸铁范和成品,此文推定当时炼铁和铸造已有分工。

矿粉仍然被当作废料。安阳铧炉村和唐坡遗址废弃的矿粉,经化学分析,含铁 40.55%,二氧化硅 26.58%,氧化钙 7.84%,三氧化二铝 14.04%。这就是当时冶铁用的矿石的成分。当地钢铁厂曾将这些矿粉进行富选和烧结后,用于炼铁,效果良好。

林县和安阳两地宋代冶铁遗址的炼铁炉渣,经过两地钢铁厂化验,其成分如下表:

成　分 项　　目	二氧化硅	氧化钙	氧化镁	氧化锰	硫
林县东冶炉渣	48.73%	23.24%	9.55%	0.21%	0.14%
林县利城炉渣	52.79%	24.45%	9.33%	0.27%	0.102%
安阳铧炉炉渣	43.84%	19.60%	10.94%	—	0.326%
安阳唐坡炉渣	54.26%	25.20%	11.69%	—	0.091%

这些炉渣都属于酸性,碱度很低。渣的断口多呈玻璃状,渣呈淡绿色,几乎不带铁,说明当时冶铁炉的熔化情况、流动性以及渣铁分离是比较好的,造渣的技术水平已相当的高了。缺点是去除硫的能力较差。渣中含有较高的氧化镁,这个数值同现代炼铁炉渣的氧化镁含量相近,可能是采用了白云石作为熔剂的结果。现代高炉炼铁,一般矿石中含氧化镁不多,为了有利于熔化、增加渣的流动性和脱硫能力,加入白云石作为熔剂,炉渣中氧化镁含量可提高到 8%—10% 左右。

总的说来,宋、元时代使用高炉的炼铁技术有了很大的进步,多种炉型的使用,炉口的缩小和炉型的改进,多种耐火材料的使用和质量的提高,木风箱的推广使用和风量的加大、风压的提高,煤的普遍用作燃料和炉温的提高，都是提高炼铁生产率的重要手段。

《弘治徽州府志》卷3《食货》2记载有元代初年徽州府婺源州的铁产地和冶炼情况，婺源州有铁炉五座，设在朱村、蟠坑、双桥、鱼坑、大塘，至元十九年（公元1282年）"五炉岁课一万四千四百斤"，后来因"岁久矿脉耗竭，无可煽炼，各人逃居"，五炉先后废弃。元代的"岁课"一般是铁产量的20％，五座炼铁炉的"岁课"14 400斤，那么，其年产量共有72 000斤，平均每座炉的年产量有14 400斤。根据《弘治徽州府志》和《嘉靖徽州府志》所引胡升所记载元代初年婺源州的炼铁情况：

> 凡取矿，先认地脉，租赁他人之山，穿山入穴，深数丈，远或至一里。矿尽又穿他穴。凡入穴，必祷于神。或不幸而覆压者有之。既得矿，必先烹炼，然后入炉。煽者，看者，上矿者，取钩（矿）沙者，炼生者，而各有其任。昼夜番换，约四五十人。若取矿之夫、造炭之夫，又不止是。故一炉之起，厥费亦重。或炉既起，而风路不通，不可熔冶；或风路虽通而熔冶不成，未免重起，其难如此，所得不足以偿所费也。

这里具体描写了当时开矿、筑炉和冶炼的情况。所说"凡取矿，先认地脉"，就是要预先探测好矿藏。所说"入穴深数丈，远或至一里"，是说当时开矿要深达几丈以至一里。所说"或不幸而覆压者"，是说不免要发生矿井倒压的事故。所说"既得矿，必先烹炼，然后入炉"，是说当时送入炉中的矿石要经过焙烧。我国从汉代以后，对入炉的矿石采用砸碎、筛分的方法，十分费力。这时在入炉前改用焙烧方法，不但可以使矿石经过焙烧而破碎，而且矿石经过焙烧，入炉后可以减少炉内热量的消耗；如果是菱铁矿，经过焙烧，更可以使碳酸铁分解，这都有利于加速冶炼的进程。所谓"煽者",是指鼓风的工人;"看者",是指观察炉况的工人;"上矿者",是指送原料入炉的工人;"取钩矿砂者",是指转运矿砂原料的工人;"炼生者",是指炼成生铁的工人。说明当时每炉工人的分工已很明确,因为每一工种都必须有一定技术。所说"昼夜番换,约四五十人",是说昼夜轮流换班,共四五十人,那么每炉每班工人有二十多人。胡升是宋末元初的人,他所描写的只是婺源州的炼铁情况。当时婺源州并不是重要产铁地区,前后冶炼的时间也不长,不久就因矿源耗竭而废弃,因此胡升所描写的只是当时一种小规模的炼铁情况,但是从中可以看出当时冶铁技术已经达到相当高的水平。

二　明清时代高炉的改进及冶炼技术

明代的高炉,叫做"大鉴炉"(有人认为"鉴"是"竖"字之误)。《明会典》卷194《遵化铁冶事例》曾说:遵化铁冶厂在正德四年开大鉴炉10座,共炼生铁486 000斤,六年开大鉴炉5座,炼生铁如前。嘉靖八年以后,每年开大鉴炉3座,炼生板铁180 800斤,生碎铁64 000斤。从这里,可知明代遵化冶铁炉的生产率是在提高,正德六年比正德四年提高了一倍。遵化铁冶厂每年十月上工,到次年四月放工,只生产六个月。从这里,又可知明代的一个冶铁炉在六个月中已能炼出生铁97 200斤,约486吨。明代遵化的大鉴炉,是当时一种较大的高炉,明人朱国桢《涌幢小品》卷4《铁炉》条和清孙恩泽《春明梦余录》卷46《铁厂》条,曾有具体的描写:

> 遵化铁厂(《春明梦余录》作"京东北遵化境有铁炉")深一丈二尺,广前二尺五寸,后二尺七寸,左右各一尺六寸,前辟数丈为

出铁之所。俱石砌，以简千石为门，牛头石为心。黑沙为本，石子为佐，时时旋下，用炭火，置二辅扇之，得铁日可四次。妙在（《春明梦余录》无此两字）石子产于水门口，色间红白，略似桃花，大者如斛，小者如拳，捣而碎之，以投于火，则化而为水。石心若燥，沙不能下，以此救之，则其沙始销成铁。不然则心病而不销也，如人心火大盛，用良剂救之，则脾胃和而饮食进，造化之妙如此（《春明梦余录》无"不然则"至"造化之妙如此"一段）。……生铁之炼，凡三时而成，……其炉由微而盛，由盛而衰，最多九十日则败矣。

遵化铁厂是明代主要冶铁基地，政府制造军器需要的铁就完全取自该厂。正德年间傅俊曾主持该厂。傅俊字汝原，福建南安人，以工部郎中在正德年间主持该厂，并著有《铁冶志》两卷，著录于《明史·艺文志》。上述《涌幢小品》和《春明梦余录》关于该厂高炉及其冶炼技术的记载，基本相同，当即出于傅俊所著《铁冶志》。这里，值得注意的有下列四点：

（1）这种高炉深达 1 丈 2 尺，合今 3.804 米①。所谓"广前二尺五寸"，是指前面出铁口的内径 2 尺 5 寸。所谓"后二尺七寸"，是指后面出渣口的内径 2 尺 7 寸。所谓"左右各一尺六寸"，是指两侧鼓风口的内径各 1 尺 6 寸。

（2）整个炉身全用石头砌成，以"牛头石"做成炉的内壁，以"简千石"做成炉门，用两个风箱鼓风。

---

① 据武进袁氏所藏"明嘉靖牙尺"，长 0.317 米，参看拙著《中国历代尺度考》，商务印书馆 1955 年重版。

（3）炼铁时，"黑沙为本，石子为佐，时时旋下"。就是以"黑沙"为原料，以"色间红白，略似桃花"的石子作为熔剂，陆续按时由炉口投入旋下。"黑沙"当是小块黑色矿石，可能是磁铁矿。"色兼红白，略似桃色"的石子，该是一种淡红色的萤石（即氟石，亦即氟化钙）。这种捣碎的熔剂，熔点很低，投入炉火中，便"化而为水"。因为它是一种良好的熔剂，所以"石心若燥，沙不能下，以此救之，则其沙始消成铁"。

（4）这种高炉，每3个时辰（6小时）出铁1次，每天可以出铁4次，最多能连续使用90天。

从上述四点看来，明代炼铁高炉已有较大规模和效能，并已使用很好的熔剂。

明人卢若腾《岛居随录》卷下"制伏"部分说："铸铁不销，以羊头骨灰致之，则消融。"这该是由于某种铁矿石不容易熔化，所以又采用含磷丰富的骨头作为熔剂了。

明代由于冶铁炉较大，冶铁炉较多的铁厂，就需不少开矿、烧炭和冶铁的工人。据《明会典》卷194《遵化铁冶事例》，明代遵化铁冶厂在永乐年间（公元1403—1424年）每年有民夫1 366名，军夫924名，匠270名。在正统三年（公元1438年）有民夫683名，军夫462名，烧炭匠71户，淘沙（铁沙）匠63户，铸铁等匠60户。此外还有轮班匠630名，按季分成四班。在嘉靖七年（公元1528年）有民夫410名，军夫425名，匠268名，轮班匠410名。总计此厂工人最多时达2 500多人，最少时也有1 500多人。又据张萱《西园见闻录》卷40《蠲账》条，福建尤溪铁厂，炉主"招集四方无赖之徒，来彼间冶铁，每一炉多至五七百人"。

《天工开物》卷14《五金》部分说:

> 凡铁炉用盐做造,和泥砌成,其炉多傍山穴为之,或用巨木匡围。塑造盐泥,穷月之力,不容造次,盐泥有鳢,尽弃全功。凡铁一炉,载土二千余斤,或用硬木柴,或用煤炭,或用木炭,南北各从利便。扇炉风箱,必用四人、六人带拽。土化成铁之后,从炉腰孔流出,炉孔先用泥塞,每旦昼六时,一时出铁一陀,既出,即又泥塞,鼓风再熔,凡造生铁为冶铸用者,就此流成长条圆块,范内取用。

《物理小识》卷7《金石类》也说:"凡铁炉用盐和泥造成。"由此,可知明代的一般的高炉都用盐和泥砌成,这种泥要经过长时间的捶炼,有的靠山穴筑成,有的用大木柱框围起来。一般的冶铁炉,大风箱要用四人或六人才能鼓动,每炉可以装入矿砂2 000斤,每一个时辰(即2小时)可以炼出一炉铁,如果按照"每矿砂十斤可煎生铁三斤"来计算①,明代一般冶铁炉在2小时内已能炼出600斤铁了。

明代还有一种可以抬走的小型高炉,以便冶铸铁器之用。《天工开物》卷8记述一种冶铁炉,是专门用来铸造千斤以下的钟的。据说,"炉形如箕,铁条作骨,附泥做就。其下先以铁片圈筒,直透作两孔以受杠,穿其炉垫于土墩之上。各炉一齐鼓鞲熔化,化后以两杠穿炉下,轻者两人,重者数人抬起,倾注模底孔中,甲炉既倾,乙炉疾继之,丙炉又疾继之,其中自然粘合。"《天工开物》卷8所附"铸千斤钟

---

① 《清文献通考》记乾隆二十九年四川总督阿尔泰奏:"屏山县之李村、石堰、凤村及利店、茨藜、荣丁等处产铁,每矿砂十斤可煎生铁三斤,每岁计得生铁三万八千八百八十斤,请照例开采。"三十年阿尔泰奏:"江油县木通溪和合硐等处产铁,每矿砂十五斤可煎得生铁四斤八两,每岁得生铁二万九千一百六十斤。"三十一年阿尔泰又奏:"宜宾县滥坝等处产铁,每矿砂十斤煎得生铁三斤,每岁计得生铁九千七百二十斤。"

与仙佛像"图,绘有这种冶铁炉的形状(参看图7-5)。这种小高炉,该是由当时的高炉缩小而制成,为了便于移动的,如同宋代的行炉一样。

图7-5　明代铸造大钟和大佛像时所用的冶铁炉
(采自《天工开物》)

明代各地所产生铁以南方的较为优良。李时珍《本草纲目》卷8《金石部·铁》条说:

> 铁皆取矿土炒成。秦、晋、淮、楚、湖南、闽、广诸山中皆产铁,以广铁为良。甘肃土锭铁,色黑性坚,宜作刀剑。西番出镔铁,尤胜。《宝藏论》云:铁有五种,荆铁出当阳,色紫而坚利。上饶铁次之。宾铁出波斯,坚利可切金玉。太原、蜀山之铁顽滞。……

明代唐顺之《武编·前编》卷5《铁》条也说:

> 生铁出广东、福建,火熔则化,如金、银、铜、锡之流走,今人鼓铸以为锅鼎之类是也。出自广者精,出自福者粗,故售广铁则

加价,福铁则减价。

明末清初屈大均《广东新语》卷 15 也说:"铁莫良于广铁。"但也有称许闽铁的。方以智《物理小识》卷 7《金石类·铁》条注引方中通说:"南方以闽铁为上,广铁次之,楚铁止可作钮。"茅元仪《武备志》卷 119《制具》条和赵士桢《神器谱》讲到"制威远炮用闽铁,晋铁次之"。《神器谱》还说:"制铳须用福建铁,他铁性燥不可用。"当时广东、福建一带生产的生铁,品质所以优良,首先是由于冶炼技术比较先进,其次是由于使用的铁矿石和作为渗碳剂、燃料的木炭质量都较好。当时冶炼广铁所用矿石,主要是广东云浮的沼铁矿及褐铁矿。《大清一统志》(乾隆八年修)记载:"罗定州东安县(今广东云浮市)大台山,在县东北二十里,又五里有铁山,产铁矿,剖之皆竹箐(竿)树叶之形。旧尝置炉于此。"这就是一种含有第三纪植物化石的沼铁矿。这种铁矿所含硫磷等杂质很低。《广东新语》说:"广中产铁之山,凡有黄水渗流,则知有铁。掘之得大铁矿一枚,其状若牛,是铁牛也。循其脉路,深入掘之,斯得多铁矣。"从书中描写来看,这肯定是一种褐铁矿的矿床。

特别需要讨论的是所谓"堕子钢"问题。《天工开物》所载炼铁炉和炒铁炉串联使用的图(参看图 7-6),描绘生铁水从炼铁炉的"管"(出铁口)中流出,经过圆塘,流入方塘,以便在方塘中炒炼成熟铁。在所绘生铁水流经圆塘的过程中,在圆塘上端,右面写着"此管流出成生铁",左面写着"流入方塘",在圆塘下部,右面有三个小圆孔,圆塘中的少量生铁水正在向下流入(用三条或四条虚线表示),旁边写着"堕子钢";左面又有三长条小沟,圆塘中的少量生铁水正在流入(用一条虚线表示),下边写着"板生铁"。所谓堕子钢是什么?《天工开物》没有这方面的文字说明。

生 熟 炼 铁 炉

撒潮泥灰

流入
方塘

此管流出
成生铁

板生铁

堕子钢

图 7-6　明代炼铁炉和炒铁炉串联的操作方法

（采自《天工开物》）

《中国冶金简史》对堕子钢作出解释说：

堕子钢的意义还不清楚，从图中来看，有可能是这样的过
程：在铁水流入方塘前，流经一个圆塘，当铁水流入圆塘的过程
中，随着温度不断降低，铁水中析出一种含碳较高、夹杂较少的
钢。取名"堕子钢"，正是形象地表明了这种钢是经过凝聚沉积
而成。由于当时科学发展的水平所限，虽不能了解这种分步结
晶过程的原理，但经过劳动人民的长期实践和刻苦钻研，创造了
这种巧妙的堕子钢法。①

———————————

① 北京钢铁学院中国冶金简史编写小组：《中国冶金简史》，科学出版社 1978 年
版，第 189 页。

这个解释并不恰当。生铁水从炉中流出,经过圆塘而流入方塘的过程中,正在逐渐冷却凝固,很难使得其中一部分特别分离出来,先凝聚下沉而成为一种钢。不但在明代的设备和技术条件下,就是在比较先进的设备和技术条件下也没有见到这样的实例。因此我们不能把堕子钢看作一种钢,更不能把它看作一种特殊的炼钢方法。《天工开物》卷14《五金》部分讲到"灌钢"冶炼法,要用熟铁薄片束包夹紧,"生铁安置其上",原注说:"广南生铁名堕子生钢者,妙甚。"接着原文又说:"洪炉鼓韝,火力到时,生钢先化,渗淋熟铁之中,两情投合,取出加锤。"可知宋应星是把"堕子生钢"作为一种优质生铁的。所谓堕子钢或堕子生钢,只是广南生产的一种优质生铁的品种名称。方以智《物理小识》卷7《金石类》中也谈到"广南堕子生钢"。这种优质生钢是在生铁水流经圆塘的过程中,通过小孔堕下沉积冷却凝聚而成,含碳较高,渣滓夹杂很少,因而成为炼制灌钢所用"妙甚"的生铁原料。所以宋应星在讲到炼制灌钢所用生铁原料时,特别提到这种堕子生钢;讲到灌钢冶炼过程时,又说"火力到时,生钢先化"。所谓"生钢"就是优质生铁,否则怎么可能"先化"呢? 如果堕子生钢真是一种钢材的话,钢的熔点高,是不可能先化的。

明代晚期一般所谓"生钢",实质上就是一种优质生铁,是炒炼成熟铁或钢的好原料,也是炼制灌钢的好原料。明代唐顺之《武编》前编卷5《铁》条和茅元仪《武备志》卷105,都把"生铁合熟铁炼成"的灌钢称为"熟钢",说是"或以熟铁片夹广铁,锅涂泥,入火团之"而成。所说"广铁",就是宋应星所说"广南生铁名堕子生钢者"。唐顺之又说:

> 生钢出处州,其性脆,拙工炼之为难。盖其出炉冶者,多杂

粪炭灰土，且甚粗大。惟巧工能看火候，不疾不徐，捶击中节。若火候过，则与粪滓俱流，火候少，则本体未熔，而不相合。此钢出处州，惟浙东用之，若其他远土，则皆货熟钢也。

这种处州生产、"出炉冶"而"多杂粪炭灰土"的"生钢"，也该是一种炒炼熟铁和钢的好原料，只是因为含有较多粗大的夹杂物，"其性脆"，必须经过有技巧的冶炼工匠，掌握适当的火候烧炼，再加锻打，才能成为优质熟铁或钢材。如果火候过了，火力太猛，渣滓和铁一起流动，就难以把铁分离出来。如果火候不到，火力太弱，铁的本体不能熔融，也难以使渣滓分离出来。《光绪永嘉县志》卷6《物产》引《东瓯杂俎》说：铁沙"溪山处处有之，在黄土中淘出，色黑者，是以松炭炼之成铁，以栎炭炼之生钢。"栎炭该是一种炼铁的好燃料，火力较旺，因而能够用来炼出优质生铁。所谓"以栎炭炼之生钢"，实质上还是一种优质生铁。

清代冶铁炉的规模，大体上和明代相同。明末清初屈大均《广东新语》卷15《货语》的《铁》条，记述广东冶铁炉的情况说：

> 炉之状如瓶，其口上出，口广丈许，底厚三丈五尺，崇半之。身厚二尺有奇。以灰沙盐醋筑之，巨藤束之，铁力、紫荆木支之，又凭山崖以为固。炉后有口，口外为一土墙，墙有门二扇，高五六尺，广四尺，以四人持门，一阖一开，以作风势。其二口皆镶水石，水石产东安大绛山，其质不坚，不坚故不受火，不受火则能久而不化，故名水石。

> 凡开炉，始于秋，终于春。……下铁牡（矿）时，与坚炭相杂，率以机车从山上飞掷以入炉，其焰烛天，黑浊之气数十里不散。铁牡既溶，液流至于方池，凝铁一版取之，以大木杠搅炉，铁水注

倾，复成一版，凡十二时，一时须出一版，重可十钧。一时而出二版，是日双钧，则炉太王（旺），炉将伤，须以白犬血灌炉，乃得无事。……

凡一炉场，环而居者三百家，司炉者二百余人，掘铁卝者三百余，汲者、烧炭者二百有余，驮者牛二百头，载者舟五十艘，计一铁场之费，不止万金，日得铁二十余版则利赢，八九版则缩，是有命焉。

由此可见，清初广东冶铁炉高有一丈七八尺，底部直径有 3 丈 5 尺，口部直径约有 1 丈，整个炉的内部好似瓶形。炉的身部厚 2 尺多，用灰沙和盐醋调和后筑成，筑成后用巨藤捆束，并用铁力紫荆木加以支撑，使之牢固。炉门和通风口都镶有耐火的"水石"。通风口在炉后面，口外有土墙，墙上装有高五六尺、阔 4 尺的门两扇，作为鼓风设备。这种运用门扇的鼓风设备，该是宋、元时代"木扇"的进一步发展。炉靠山崖建筑，还装置有"机车"，铁矿石用机车从山上抛掷到炉中。这时高炉已有这样的上料机械设备，也是高炉结构上重大进步。这时每一炼炉每一个时辰，可炼出重达 10 钧（300 斤）的生铁板一版。这里，既说每炉每个时辰可出铁一版，又说一个炉场每天得铁二十余版，司炉者两百余人，可知当时一般炉场日夜有炉两座炼铁，每炉工人有 100 多人。每炉每个时辰出铁一版重 300 斤，可以日产铁 3 600 斤，约 1.8 吨。以开炉时间"始于秋、终于春"两个季度六个月计算，每炉年产量约 324 吨。

道光初年严如煜《三省边防备览》卷 10 记述陕西汉中一带的冶铁炉情况说：

铁炉高一丈七八尺，四面橡木作栅，方形，坚筑土泥，中空，上有洞放烟,下层放炭,中安矿石。矿石几百斤,用炭若干斤,皆有分两,不可增减。旁用风箱,十余人轮流曳之,日夜不断,火炉底有桥,矿渣分出,矿之化为铁者,流出成铁板。每炉匠人一名辨火候,别铁色成分,通计匠佣工每十数人可给一炉。其用人最多,则黑山之运木装窑,红山开石挖矿运矿,炭路之远近不等,供给一炉所用人夫须百数十人。如有六、七炉则匠作佣工不下千人。铁既成板,或就近作锅厂、作农器,匠作搬运之人又必千数百人,故铁炉川等稍大厂分,常川有二三千人,小厂分三、四炉,亦必有千人、数百人。

由此可知,清代陕西的冶铁炉大体上和广东的冶铁炉相同,炉身也高一丈七八尺,每炉工人也要一百几十人,只是陕西的冶铁炉不用门扇鼓风而是用风箱鼓风的。

三　近代各地民间流传的土高炉及冶炼技术

近代各地流传的土高炉,就是在明、清时代炼铁高炉的基础上发展起来的。由于各地因地制宜,适应各地所产原料的特点,同时由于各地对流传的操作技术有所改进,许多地区流传着不同筑炉方法和不同的冶炼技术。我们对各地流传的各种类型的土高炉和冶炼技术加以探讨,不仅可以了解近代各种土法冶炼技术的分布情况,还可以由此追索它的起源和流变,从而了解我国历史上炼铁技术的发展情况。因此,我们不能忽视对近代各地土法冶炼技术的调查研究。

一般说来,近代各地的土高炉有高型、中型、矮型三大类。

近代高型土高炉流行很广,在陕西、山西、湖南、四川、云南、贵州等省流传有各种不同的式样。高型土高炉的外形,或是木头围成的方柱形，或是用砖石砌成的方柱形和圆柱形。炉的内部类似瓶状，敷有耐火泥。炉约高 2—3 丈，上口径 7—8 寸到 2 尺，炉腰宽 5 尺到 1 丈，炉缸直径 1—1.5 尺。炉前后近底处各有半圆形孔，前孔出铁，后孔鼓风。运用人力推动风箱鼓风，一昼夜能产生铁 1 500—3 000 斤。

高型土高炉在四川比较流行。《民国大竹县志》（1928 年陈步武等纂本）卷 13 记述当地冶铁的情况说：

> 冶铁之法，先在露天中，用木炭将生矿焙烧，使碳酸铁随热飞散，煅成红蓝二色适于冶炼之熟矿，然后可以入炉。炉以石制，高二丈余，外方，内如坛形，中宽丈余，上口只七八寸，下有"金丝门"。风箱位置，有湾吹、对吹两种。湾吹，炉较大；对吹，较小。湾吹，箱在"金丝门"左侧；对吹，箱在"金丝门"后方。冶铁者，先用木炭，将炉填满燃烧，俟木炭销熔一部，然后以矿与炭从上口陆续相同贮入，借抽运风箱之力，使发大热。经若干时，矿质化成铁水，如露珠下滴，落于"河"底。"河"满，用湿木所制木扒挖出，流入池内，上覆冷灰一二时，冷尽拖出，即成生板。县中采矿炼铁办法，大率如此。

这种炉子一般高达 2—3 丈，用白砂石砌成。砂石要求是颗粒粗、含有高岭土与石英的混合物，要放在打铁炉上长期鼓风煅烧，不爆裂、不熔化的才能使用。砌石块缝用的泥，是白色粘土和石英粉的混合物。整个炉壁、进风口、出铁口和炉缸，全用白砂石砌成，成为一个坛形。四周用杉木紧排成方柱形，并用杉木在四周箍紧，在坛形炉壁和四周木排间，用含砂的粘土填入打结。炉缸的长短和深度以及风管所安装的位置，根据风力的大小来决定。在炉子基本建成后，要先烤烘,等到炉内温度能保持摄氏 60—70 度时,才能开始搪炉。搪炉一般要搪三道:第一道采用黄泥土或白礓泥与胆水(约占 10%—15%)混合成的泥浆,用手擦在坛肚和炉缸上;第二道采用油炭灰、铁屑或铜釉渣、白色粘土、胆水等混合成的耐火材料来搪;第三道用米汤混泥浆,用高粱粑或谷粑来刷。每搪一道,都要把炉子烤热,趁热进行。在四川,炼铜也用同样的土高炉(参看图 7-7)。

图 7-7　四川省石砌的高型土高炉

部位名称:1. 金池　2. 风嘴　3. 木保护匣(这炉为炼铜用,但结构是和炼铁用的石砌土高炉相同的。采自四川省工业建设经验交流展览会编《土法冶炼》)

高型土高炉在湖南也是比较流行的。1923 年丁格兰在《中国铁矿志》第 2 编,记述当时湖南的高炉说:

> 高炉亦名标炉,形如四角柱,高十八尺,上小下大,四周砌以砖石,下部宽十四尺,上部宽十尺。其内部形如瓶,腹宽八尺,口

仅一尺,近火处敷以耐火之土(白泥和砂制成),外部敷以普通胶泥,然后再装木条,使其坚固。近底之前后二部,设有半圆之口,在前者出铁,在后者鼓风(鼓风之孔亦有在炉之侧面者)。炉顶有尺大圆孔,为加入矿石木柴及出烟之用。每一高炉可容矿石六千余斤,燃料七千余斤,每日夜可出铁二十三四担(一吨又三四成)。炼法:置燃料于炉之底部,加煅矿于上,迭次平铺,间加石灰岩助熔,直到炉顶为止。然后由炉底发火,至十余时,铁已渐熔,以铁棍击通炉底小孔,除去铁渣,铁液流出,至砂模中凝为铁板。所用燃料,分柴炭及煤炭。用柴所出之铁,名为柴铣,性脆,适于铸锅。用煤所出者名煤铣,性较坚,适于铸农具及钟磬等。然高炉多用柴炭,而煤炭多用于甄炉。柴炭之原料多为栗、松、杉等木。

这种高型土高炉在湖南长期流行,我们以湖南攸县 1919 年建成的土高炉为例。炉高 24 尺,炉的上口直径 1.5 尺,炉腰直径 5.5 尺,炉缸直长 1.5 尺,前宽 6 寸,后宽 7 寸,深 0.6 寸。进风口高 8 寸,宽 9 寸,出铁口直径 5.5 寸(参看图 7-8)。筑炉前,在炉基深挖至 3 尺以下(挖到硬底),用火砖、卵石和泥土铺出地面,再从基心处竖起一根 5 尺长的木柱,作为炉心,靠炉基四周紧排杉木(1.2 尺围大),约需 100 根,在离地 8 尺处用杉木(2 尺围大)在四周箍紧,共需 12 根,然后用含砂的粘土往内填,由下而上,层层打结,每填下 5 寸松土,要打成 1 寸多厚,使粘土十分结实,吸不进水。等到填土打筑结实后,按炉型的尺寸在中间挖空,再在内面砌一层青砖,作为炉的内壳,约需青砖 3 000 块,砖上搪上 3 分厚的盐泥(三担白泥、一担河泥、20 斤盐配成)。炉门做成向外 60 度的倾斜,使炉内火舌往外喷时,直往上升,避免火力

图 7-8　湖南省攸县 1919 年建成的砖砌土高炉

（采自《冶金报》1958 年第 44 期）

集中烧坏炉门，并减轻炉前温度，以便操作。进风口安装的是可以调换的岩石。炉缸用耐火的岩石装成。这个炉子日产 2 吨左右①。

　　近代流传在云南的土高炉，一般作方锥体，个别地区有作圆锥体的。现在以罗次县果园村的炼铁炉为例。炉高 18 尺，方锥体，基部每边长 12 尺，顶部每边长 9 尺。其筑法：先用土砖砌炉心作胎，再在胎心周围用泥土筑炉壁，并加捶打坚实。待建筑完成，将胎心所砌土砖取去，对炉壁再次加工捶紧，然后在整个炼炉内壁用一种耐火细砂

———————————

　　① 　参看《冶金报》1958 年 44 期，中共湖南省委员工业办公室：《一座生产了四十年的土高炉》。

土加入少量原盐和水拌成的泥浆涂抹,厚约 5 厘米。炉壁四周用巨木框围,每边竖巨木抬柱两根,横柱三根,四周串联钉紧。炉的内腔作煤油灯罩形,上部炉喉直径约 4 尺 5 寸,中部炉膛的最大直径达 6 尺。炉底用耐火石砌成圜底炉缸(即铁水池)。炉基之下铺有板石,板石之下铺有沙泥,沙泥之下有十字形的排水沟,内装炭灰。炉基一面正中设炉门,作为出铁水口,其底部高出地面 20 厘米。门框用砂石砌成。炉门背面对应处设后火洞,是鼓风生火的地方(参看图 7-9)。

图 7-9　云南省罗次县的土高炉

部位名称:1.月牙石(砂石)两块　2.炉牙石一块　3.小柱子(砂石)两块　4.砂土杂石四十八块　5.盘棵石两块　6.底板石一块　7.鸡胸石一块　8.大柱子(砂石)两块　9.土地石一块　10.咀子石一块　11.梭山石两块　Ⅰ.炉火口门　Ⅱ.出铁水口(封口)　Ⅲ.风管口　Ⅳ.铁水池　Ⅴ.排水沟　Ⅵ.耐火泥

鼓风用圆筒形风箱,长 6 尺,直径 2 尺。一般用水力鼓风。如用人力鼓风,需由 4 人拉曳,拉力约 100 公斤,每分钟抽拉 30—38 下。炼铁时,每两小时装料一次,每次装矿砂 120 公斤,木柴(一般用栗木)300公斤、木炭 30 公斤。先装木柴,次装木炭,后装矿砂。直到装满,共需装 12 次。一般每四小时出铁水一次。初炼时每次出铁水 100—150 公斤,一昼夜出铁水 600—900 公斤,以后逐渐增加,十天以后,一昼夜最高可达 1 200—1 400 公斤[①]。

近代中型土高炉流行的地区也很广泛。炉高 1 丈左右或 1 丈以上,用泥或砖砌成。我们先举河南商城县的土高炉为例。商城县土法炼铁已有两百多年的历史,在建炉和操作技术上都积累有丰富的经验,其中流行最广的土高炉,有腰鼓式、双节式、灯罩式三种。这三种炉型的结构和所用建筑材料不同,形状也有区别(参看图 7-10)。

(1)腰鼓式:选择干燥地点,挖一圆坑,用碎砖或石块混黄泥浆,筑出地面,作为炉基。炉底用砖砌成。炉缸用黄粘土粉(40％)、木炭或焦炭粉(40％)、砂石或瓷片、缸片碾成的粉(20％)掺水调炼而成的耐火泥制成,呈簸箕形。炉身所用的原料合成方法是:用黄粘土掺入40％的粗砂,用水捣拌,然后再掺入长 15—30 厘米的稻草作筋,由人或使牲口踩踏,直踏到泥巴滥熟为止,闷过一夜即可使用。炉身分上下两节,都成腰鼓形,它的制法是:先用泥巴做成一个底盘,沿底盘中部用竹竿或树枝插成一个圆圈,用篾片编成所需要的腰鼓形圆筒,筒内充填石块,然后在圆筒周围糊上踏熟的泥料,要分几次糊成,先糊下半节,过一昼夜再糊上半节,再过一天至三天,再糊上一层。糊好

---

① 　参看《考古》1962 年第 7 期,黄展岳、王代之:《云南土法炼铁的调查》。

图 7-10 河南省商城县流行的三种土高炉

(采自《冶金报》1958 年第 44 期)

后,先用草拍轻打,两至四天后再用光滑的拍子重打,随后不断地拍打,直到炉身干了,拍打不动为止。如此炉就建成,结实耐用。炉壁需搪耐火泥,耐火泥以 60% 黄粘土和 40% 炭粉掺水捣合而成,由炉腹直搪到炉腰,炉腰以上可用黄粘土来搪。

(2) 灯罩式:建炉基、砌炉底和制炉缸的方法同前。炉身全用青砖砌成,约需 1 600 至 2 000 块,才可砌成所需要的煤油灯罩式样。砌成后,炉壁需搪耐火泥,办法如前。

(3) 双节式:炉身分上下两节,下节用青砖砌成,上节用黄粘土掺粗砂、用稻草搭筋糊成,制作方法如前,不过下节应砌得厚一些。

这三种炉的风嘴上部的炉墙要砌成鼓形,出铁口用砂石砌成,砌砖时都用黄泥土,接缝须用黄泥浆合拌细砂填补。炉子建成后,要在炉壳上加四条铁箍和十五根竖的铁筋,加固炉身。进风嘴用黄粘土(60％)、细砂(40％)掺水搅匀的耐火泥制成,做法是:拿一根有一定尺寸的木棒,用耐火泥把它包住,做成毛坯,用板拍打,待阴干后修饰即成。鼓风器用两人可以推拉的木风箱。

开炉时,先装 60—100 斤干柴,再装焦炭至炉口,点火烧 3—6 小时,待温度达 800—1 000 度时即可装料。刚装料时,矿石和焦炭的比例是 1 比 3,逐渐增多矿石到 1 比 1。一般配料的比例是:焦炭 40 斤,矿石 40 斤,石灰石 16 斤,每次装料的程序是矿石——石灰石——焦炭。炉子正常时,一般 20 分钟左右出一次渣,40 分钟出一次铁,10—15 分钟装一批料。如进风嘴熔短,须将风嘴推进,如风嘴不能使用时,就需要调换。这种炉一般能连续生产一个月左右,泥制的炉寿命较长,可用 10 到 12 个月。双节式和腰鼓式土高炉日产量最高可达 1 吨,一般为 500—600 公斤,灯罩式土高炉日产量最高达 1.2 吨,一般也在 600 公斤左右①。

其次,我们再举湖北省鄂城县的中型土高炉为例。这种炉的炉基用红砖砌成,炉分上下两节,下节用带有粘性的黄白土筑成,上节用梯形的砖围砌而成。下节的制作方法是:先用高木板围成一个圆圈,中间放一个圆木树筒或脚盆,再用黄白粘土掺水,炼成不干不湿状态,沿圆圈四周一层层填土锤结,最后卸下围板,修光锤结实,每天早晚加锤,直到锤干为止。接着就挖进风口和出铁口,并加以修整。为了经久耐用,防止炉炸裂,在下节炉身上戳了一些三分大的小眼。

---

① 参看《冶金报》1958 年 44 期,冶金部工作组:《商城优秀土高炉》。

炉缸用白泥粉(50％)和熟焦炭粉(50％)配成的耐火泥制成,待干燥后,再用熟焦炭粉搪炉缸底部。整个炉的内腔,前、左、右三面类似坛形,后面类似人的胸腹,先用高岭土(50％)、白砂石粉(25％)、熟焦炭粉(25％)配成的耐火泥,在炉的内壁搪一层,再用高岭土(40％)、熟焦炭(60％)配成的耐火泥搪一层。进风管的制作方法是:用57％的黄粘土、40％的焦炭粉、1％的食盐(要筛细)、1％—3％的鸡毛或猪鬃,混合锤熟,把一根有一定尺寸的木棒包住,制成毛坯,待稍阴干后修饰而成。在出铁口的上下安装有耐火的石块,两侧用盐水调和的泥糊一层(参看图7-11)。这种炉每半小时可出铁95—110斤。

图 7-11 湖北省鄂城县的土高炉

(采自《冶金报》1958 年第 44 期)

矮型土高炉流行于河南、浙江、江苏、福建、湖南、湖北等省。炉型有瓿型、喇叭型、鼓形、圆桶形、方型等种。高度从一尺多到六七尺不等。多数先用竹或木按炉腔结构的需要,制成内腔模型,用耐火泥涂糊在内腔模型外围,塑成高炉的外壳。也有在木桶内用耐火泥搪成炉的内腔的，更有用小石块砌成的。

在湖南、湖北、河南等省，近代流行一种"甑炉"，是一种矮型土高炉。甑炉的炉身分两节，大口细腰，用铁锅作底，也称"喇叭炉"。1923 年丁格兰（F.R.Tegengren）在《中国铁矿志》第 2 编，记述湖南的甑炉构造及冶炼方法说：

> 甑炉以形似名，体较小而融熔较速，故用者较多。构造以三截连成，上二截为泥，内部敷以砂泥及最碎之煤。下截为泥制之锅，内部亦敷碎煤，并有一槽为储蓄铁液之用。槽之上部置石灰岩二块相合，中实泥砂，下部亦置石灰岩一块，与水平面成三十度之倾斜，以防铁液溢出。中部则旁敷泥砂，内留一洞以为出铁之用。炉之全部高五尺，上部宽三尺，中部二尺六寸，下部二尺，内部腹宽一尺八寸。炼法：以煅矿与焦炭迭层加入，至炉顶止。发火鼓风约七小时，即可出铁。每炉每次可容矿二千六百余斤，须进炭二千八九百斤，每一日夜可出铓板七八百斤（约半吨）。

现在我们以湖北麻城的甑炉为例，作进一步的具体说明。制法是：先用竹条编成所需的圆筒形，立在地上，内填石卵，然后在筒上糊泥，泥分三层糊上，每层稍干，用木棰轻打结实后，再糊另一层。所糊的泥，是用黄土、砂和稻草梗或葛麻配合而成，要先把黄粘土晒干打细，加 30％砂和水浸过的 2—3 寸长的稻草梗，掺水搅拌，用棒打熟，直打到土里没有长的茎条丝为止。炉身糊成后，取出竹筒中石卵，抽出竹筒，加以修整，再开进风口和出铁口。用文火烤干后，再加铁箍。炉底用三个大铁锅套在一起，安装在三脚架上。锅与锅之间要垫一层炭子泥，上面的一个锅内用炭子泥搪成一个簸箕形的炉缸。炭子泥是用 60％炭屑、30％黄土粉、6％高岭土粉、4％瓷碗粉，加盐水拌和而成的。炉子装配时,先把炉底(连三脚架)放在炉基上,再把上下节炉身安在炉底上,上下节炉身和炉底之间用熟铁条纵横箍紧(大修时可以拔出拆开),并用黄泥糊好外面接口。炉的内壁用炭子泥搪好,进风口和出铁口要涂得厚些。风管深入炉中 4 寸,约成 15 度倾斜,对准上边的炉门石。出铁口上用两块砂石砌成。炉旁装有四条铁条直出炉顶,铁条顶部作弯钩形,可以穿入木棒抬起来。出铁时可以抬起炉底后部,使炉身倾侧,倒出铁水(参看图 7-12)。炉高 2 米,容积为 0.5 立方米。炼铁时,先精选铁砂,再用铁锅加以烘炒,要炒得发暗红色后入炉。燃料以黑炭(烧透的木炭)与白炭(银灰色的好炭)各半混合,炭一般长 5—8 寸,因为黑炭易燃,白炭火力猛而耐烧。平时投入的矿砂和木炭的比例为 1 比 1,火力旺盛时增加到 1.5—2 比 1。大约每 10 分钟上一次料,每半小时出一次铁。风箱里的风板上,要多

图 7-12　湖北省麻城县的䰞炉

(采自《冶金报》1958 年第 45 期)

插鸡毛,使少漏气,用三至四人拉动①。

这种矮型土高炉,近代流行在福建省,有全部成为喇叭形的,俗名"喇叭炉"。制法是:先编好一个竹或木的圆筒,用配好的筑炉材料均匀地糊成喇叭形的炉壳。糊的时候,分内外两层来糊,上部要糊得薄些(约 4 寸),越到下部越厚(约10 寸),再在炉壁内涂一层炉衬,然后在炉外壳箍以扁铁。糊炉身用的材料,一般用高岭土 98%、纸根(或稻草)2%混合而成。糊炉衬用的材料,用高岭土 80%、炭屑 20%混合而成。糊炉底上层的材料用高岭土、炭屑各 50%混合而成,糊炉底下层的材料用高岭土 85%、炭屑 15%混合而成,糊风口周围另加食盐 3%(参看图 7-13)②。

图 7-13 福建省的一种"喇叭炉"

部位名称:1. 扁铁 2. 观音面
3. 出渣口 4. 出铁口 5. 炉缸 6. 炉底
7. 铁锅 8. 铁三脚

近代流行在河南的矮形土高炉,一般高 5—7 尺,上部口径 3 尺左右,中部口径 1.5 尺左右,下部口径在 1—1.5 尺之间,外形好像一只大口的瓶。炉身分上下两节,上节为喇叭形,下节内部前鼓后平,成为半圆鼓形。这两节圆筒形炉身的制法是:先编好一个竹编圆筒,其外径即做炉子的内径,用配好的耐火泥均匀粘附在圆筒周围壁上,

---

① 参看《冶金报》1958 年 45 期,冶金部中南工作组:《打破炼铁史高产先例的土炉》。

② 见陕西省科学技术协会筹备委员会编《土法炼铁》,1958 年出版。

在阴暗处慢慢吹干。耐火泥的成分是黄土30％、石英砂70％，或者是黄土20％、稻草10％、石英砂70％，也有掺猪毛、头发或麻，以加强其韧性的。两节圆筒的炉身制成后，便叠起来，外部周围用熟铁条纵横箍紧，箍得如同网络形状，使上下两节合为一体，以抗胀防裂。炉的内壁涂上一层拌有木炭屑的黄泥，作为炉衬。炉身下段进风口用砂石砌成，或用砂粒掺炭屑涂抹。与进风口相对而略低的出铁口(即炉门)，也用砂石砌成，以耐高温，并防止损伤。风管也用木炭屑、黄土及砂粒调合成的耐火泥制成。炉缸利用三个大铁锅套在一起制成，在铁锅内糊有木炭屑(30％)、黄土(60％)、砂粒(10％)制成的耐火泥，糊成中间凹、四周高的形状。锅的下面安装有带圆形铁圈的三条铁腿(安装时用两根铁条把锅底兜住)，作为整个炉子的支架。在炉基上铺有大石块，在石块上凿有三个穴，以承放炉的三条铁腿，使炉子能够固定(参看图7-14)。待炉烘干后，便可投燃料点火，待炭烧得赤热时，即可加入一层矿砂，此后每20分钟加上一层矿砂和一层木炭，并加石灰石作为熔剂。大体上炼成1吨生铁，需要2吨矿砂，

单位:厘米

图 7-14　河南省的一种矮型土高炉

0.5 吨熔剂和 3 吨木炭。开炉后 1 小时即可见铁水滴下，再过半小时，就可除去炉渣，放出铁水。如果土高炉的有效容积为 0.5 立方米，每昼夜可产铁 0.7 吨[①]。

　　近代流行于江苏省的一种"鼓炉"，因为炉型中间大，两头小，形状像鼓而得名。相传这样的土高炉已有一千多年的历史。我们以江苏省宜兴县的鼓炉为例。炉壳用炉桶一个、炉顶圈一个和羊角形泥块二块组成。制炉壳用的原料是黄粘土和稻芒配合制成，先把黄粘土晒干后捣碎，浸入池内，待浸透 10 小时后，用铁耙搅成浓泥浆，和稻芒拌和（500 斤黄粘土和入约 60 斤稻芒），再用脚踏成泥浆。制作炉桶时，先用木棒围成炉桶形，周围绕细棕绳子，做成"绳柱"，然后用黄粘土和稻芒制成的泥浆涂上，要分两三次进行，逐层捣紧，阴干待用。炉顶圈所用的原料和制作方法，和炉桶相同，在安装时为填平炉顶之用。羊角形泥块，所用原料和炉桶相同，安装时垫在炉桶下，为使炉壳达到预定的倾斜角度之用。炉底用较厚的铁锅制成，外套铁架脚（俗称"金刚箍"），后面焊有弯钩（俗称老鹰嘴）一只，用以倾侧炉体出铁水之用。锅底内要搪耐火泥。整个炉壳在安装以后要用铁箍箍紧。因为炉顶圈为泥制，容易磨损，要用破铁锅一只，凿穿后剩一圈边作为炉口（参看图 7-15）。炉门用三块砂石砌成，外面搪耐火泥。进风口的上部和针对进风口的风头石和侧石，用耐火砖或砂石砌成。风管用宜兴鼎山乌泥捣碎后，用木工具制成。搪炉底用耐火泥，是用水屑拌和滋泥浓浆制成，所谓"水屑"是木炭在熔铁后出渣中的碎屑。搪炉身用的耐火泥，用 80 斤水屑、50 斤火泥拌和滋泥浓浆制成。搪

[①]　见河南省冶金局编《土法炼铁》，河南人民出版社 1958 年版。

图 7-15　江苏省宜兴县的鼓炉

(采自江苏人民出版社编《土法炼铁》,1958 年版)

炉身和炉底衔接处的耐火泥,用 50%水屑、50%缸砂拌和滋泥浓浆制成。由于这种炉子比一般土高炉低,投入的矿石必须敲小,约在 2 厘米左右,投入的白煤最大也只能宽四五厘米。上料时先装煤,后上矿石和石灰石,第一次配料为矿石 3 斤、白煤 9 斤、石灰石 1.5 斤,第二次配料改为矿石 4 斤、白煤 8 斤、石灰石 1.5 斤。风管伸入炉 34 厘米,熔掉一些再伸进一些,每根风管约用 6 小时,出渣约 10 分钟一次,出铁约一个半小时一次,共需投料十六次。使用圆筒形木风箱鼓风,一日夜能生产铁 600 市斤①。

　　流传在湖北鄂城县等地的小土炉炼铁法,是近代土法炼铁中炼铁炉最小的一种。它只有 1 尺多高,圆筒形,外形像一个小水桶。在一个圆形的木桶内,用高岭土和耐火砂搪成较厚的炉壁,炉的内腔,

---

　　① 见江苏人民出版社编《土法炼铁》第 2 篇,孙承谋:《鼎泰元冶厂土法炼铁介绍》。

如同有些土高炉的内腔形式一样,成为瓶形,上部口径为 3 寸,中部口径为 5 寸,底部直径为 4 寸,前边靠底部开有一出铁口,后边开有一个进风口(比出铁口稍高)。炉子全重 50 斤,可以搬动。这种炉子,就其结构来看,与土高炉相同,只是特别小。因为炉子小,用一个木制的手拉或脚踏的风箱,就可以得到足够风力,使炉火旺盛,得到高温。因为炉子小,操作技术也就比较简单,只要加入炉内的原料少些,原料的颗粒细些,鼓足风力,就能保证流出铁水来,几十分钟可出铁一次,一昼夜一般能出铁 40—50 斤,多的有出 120 斤以上的①。

---

　①　见《冶金报》1958 年 40 期,冶金部中南工作组:《鄂城一瞥》。

〖下 编〗
中国古代炼钢技术的
创造和发展

第八章 固体渗碳制钢技术的发明和流传

一 关于干将、莫邪等宝剑的炼制方法

中国人民很早就发明了炼钢技术,曾经在冶炼钢铁的技术上有很多独特的创造。

中国古代有许多杰出的宝剑就是用钢制的。在《吴越春秋》和《越绝书》两书中,记述不少有关宝剑的神话传说。《吴越春秋》有这样一个传说:春秋末年吴王阖闾请当时著名的冶炼师干将铸造两把宝剑。干将开采了"铁精"和"金英",开始冶炼宝剑。炼了三个月,"金铁之精不消沦流",炼不成宝剑。后来他的妻子莫邪"断发剪爪",把头发和指甲投到冶金炉中,使用了童男童女三百人,不断地鼓动着橐(皮制风囊),不断地装进木炭,结果"金铁乃濡",炼成了两把宝剑。一把叫干将,剑身"作龟文"(龟裂纹);一把叫莫邪,剑身"作漫理"(水波纹)。《越绝书》上又有这样的传说:楚王派风胡子到吴国,请欧冶子、干将"作铁剑",欧冶子、干将凿茨山,"取铁英作为铁剑三枚",叫

做龙渊、泰阿、工布。据说龙渊是"观其状如登高山,临深渊",泰阿是"观其铱巍巍翼翼,如流水之波",工布是"铱从文起,至脊而止,如珠不可衽,若流水不绝"①。这种有龟裂纹、水波纹的宝剑,是我国古代著名冶金技师的杰出成就。

这个故事显然带有神话传说性质。所谓干将、莫邪,有人认为本来是宝剑的名称而不是人名,两者原来都是形容宝剑锋利的形容词。清代学者王念孙在《广雅疏证》的《释器》中说:"干将、莫邪皆连语,以状其锋刃之利,非人名也。……干将、莫邪皆利刃之貌,故又为剑戟之通称。……故自西汉以前未有以干将、莫邪为人名者,自《吴越春秋》始以干将为吴人,莫邪为干将之妻,……遂致纷纷之说。"王念孙这个看法是很有见地的。干将、莫邪从刀剑锋利的形容词变为锋利宝剑的名称,再从宝剑的名称变为冶炼宝剑技师的名字,并逐渐形成生动的冶炼宝剑的传说,记载于东汉时代著作的《吴越春秋》中,这个推论是合乎情理的。

然而应当指出,《吴越春秋》所记载的冶炼宝剑的传说,并不是凭空虚构的。所说"断发剪爪,使童男童女三百人鼓橐装炭",虽然带有神秘性质,但也有一定的事实为依据。丁格兰(F. R. Tegengren)《中国铁矿志》第2编《中国之铁业》部分②,曾解释说:

---

① 见《吴越春秋》卷4《阖闾内传》和《越绝书》卷11《越绝外传记宝剑》。《晋书·张华传》说:"〔雷〕焕为丰城令。焕到县,掘狱屋基,入地四丈余,得一石函,光气非常,中有双剑并刻题,一曰龙泉,一曰太阿。……焕以南昌西山北岩下土以拭剑,光芒艳发。大盆盛水,置剑其上,视之者精芒炫目。遣使送一剑并土与〔张〕华,……华以南昌土不如华阴赤土,报焕书曰:'详观剑文,乃干将也,莫邪何复不至? ……'因以华阴土一斤致焕,焕更以拭剑,倍益精明。"雷焕所掘到的剑,不一定是龙泉、太阿或干将、莫邪,但无疑是优质钢炼制的剑。

② 《地质专报》甲种第2号,地质调查所1923年出版。

　　盖铁矿石及炼铁所用的木炭,其中所含之磷皆不甚多。在古时所用之铸铁炉,实不易发生相当温度,使铁充分熔融,须加相当磷份,熔融方易。中国古代虽未能有关于磷之化学知识,但从经验上发现融铁吸收骨质后较易铸作,则甚可能。《吴越春秋》干将作剑,⋯⋯于是干将之妻莫邪乃断发剪爪投入炉中,⋯⋯此可见古代确屡试加入有机物质,而以为有若何神秘作用。近者日人村上板藏氏曾于辽阳安山铁矿发现一千年前炼铁遗址,留有兽骨,足见契丹人亦尝用此矣。

　　张子高先生因为"从我们所分析的铁器来看,含磷并不显著的高",认为丁格兰这个推测缺乏确切的证据①。其实,这个推测是有一定的科学根据的。我国古代炼铁使用木炭作燃料,又不采用含有磷质的熔剂,因而古代生铁中含磷量很低。但是,我国古代炼钢并没有排除使用含有磷质的催化剂。长期流传在河南、湖北、江苏等地的"焖钢"冶炼法,把熟铁块放在陶制或铁制容器中,除了按一定配方加入渗碳剂以外,也还使用含有磷质的骨粉作为主要催化剂,然后密封加热,使之渗碳而成为钢材。河北满城1号汉墓出土的刘胜佩剑和错金书刀,经过分析,都表明含磷较高,错金书刀的刃部中间还有含钙磷的较大夹杂物,估计也曾采用骨粉之类作为渗碳的催化剂②。《吴越春秋》所说干将在冶炼宝剑之前,"采五山之铁精,六合之金英",所谓"铁精"当是一种质量较精的用块炼法炼成的海绵铁,"金英"当是一种含碳量较多的渗碳剂。所谓"金铁之精,不消沦流",是

　　①　见张子高《中国化学史稿》,科学出版社1964年版,第37页。

　　②　见《考古学报》1975年第2期,李众:《中国封建社会前期钢铁冶炼技术发展的探讨》。

说把"铁精"和"金英"焖在炉中一起鼓风加热,没有使铁块的表面熔解而达到渗碳的作用。等到莫邪把含有磷质的头发和指甲投入炉中,焖在炉中再鼓风加热,磷质就使铁块表面熔解而起强烈的碳化作用,形成部分熔点较低的铸铁,从而流入海绵体似的铁块各部分疏松的空隙中。这样碳分不断渗入,炼制成中碳钢或高碳钢,就可以用来锻造宝剑。这就是《吴越春秋》所说:"金铁乃濡,遂以成剑。""濡"有湿润而相互渗透的意思。

有人认为这个冶炼宝剑的传说不可信,因为考古工作已经证明,吴、越的宝剑都是青铜制的。湖北江陵楚墓先后出土的越王句践剑、越王州句剑都是青铜制的,传世的吴王夫差剑、吴季子之子剑也是青铜制的。但是我们认为,春秋末年吴、越是可能炼制钢铁的宝剑的。江苏六合程桥镇1号东周墓曾出土一个铁丸,经化验是用生铁铸造的;程桥镇2号东周墓又出土一条铁条,经化验是用块炼法炼出的海绵铁锻制而成,可知春秋末年吴国不但能够炼制块炼铁,而且已能用生铁铸造铁器。湖南长沙杨家山65号墓还出土了一把钢剑,属于春秋晚期,是用7至9层的薄钢片反复锻打而成。薄钢片的含碳量为5%左右(参看图版16、17)。这时楚国既然已能炼制钢剑,那么,与楚国相邻的吴国,在能冶炼熟铁块和用生铁铸造器物的同时,炼成干将、莫邪之类宝剑,就不是不可能的了。

世界上有些文明古国,不但很早发明炼钢技术,而且有其独特的炼钢方法。古代印度、波斯等东方古国所造的"镔铁"制品,就是其中著名的一种。这种钢制品,最初是波斯萨珊朝(公元224—651年)的出产,波斯语叫做"班奈"(Spaina),北魏时期传入我国,音译为"镔铁"，亦作"宾铁"或"斌铁"①。

镔铁是古代一种杂质很少的优质钢制成品，表面有黑白相间、细如丝发的卷曲花纹，被称为"旋螺花"（参看图 8-1）。据考证，这种制

图 8-1　"镔铁"制品表面花纹两种

明代曹昭《格古要论》卷 6"镔铁"条说："镔铁出西番，面上有旋螺花者，有芝麻雪花者，凡刀剑打磨光净，用金丝矾矾之，其花则见"。金丝矾是硫酸铁（$Fe_2(SO_4)_3$）的化合物，可以用作腐蚀剂。由于腐蚀剂的作用，可以使"镔铁"的固定的内部组织显示出来，成为一种自然的花纹。这两种"镔铁"表面花纹，采自爱奇森（L. Aitchison）《金属史》（A History of Matals）第 352 页。

---

①　章鸿钊《洛氏（Laufer）中国伊兰卷金石译证》说："镔铁，史称出波斯萨山朝（《周书》卷 50），又出罽宾（《太平寰宇记》卷 182），中古著述家常德谓印度及哈密亦有之（Bretschneider，Mediaeval Researches，Vol. I. P. 146，《广舆记》卷 28）。《格古要论》卷 6云：镔铁出西番，面有螺旋纹者，有芝麻雪花者。……李时珍《本草纲目》卷 8 谓西番出镔铁，又引《宝藏论》：镔铁出波斯。"又说："镔字不知何解，……或云与伊兰语斯斑奈（Spaina）、柏密尔语斯宾（Spin）、阿富汗语奥斯彼奈（Qspina）或奥斯巴奈（Ospana）、奥塞梯语（Ossetic）奥富孙（Afsän）通（Hübshman，Persische Studien，P. 10）。镔字即由此制出者。玛伊尔氏（Mayers）曾谓此字无他意义，仅语音之转耳。"

品的原料来自古代印度一种称为"乌次"（Wootz）的钢材。这种钢材，原料是从磁铁矿石直接冶炼出来的海绵铁，也就是用块炼法炼出的熟铁块。冶炼时，把海绵铁配合一定分量的干木料、植物茎叶，作为渗碳剂，放在坩埚中，加以密封，用木炭火加热，使用大型鼓风囊鼓风，经四五小时就可得到钢材。这是因为海绵似的有空隙的熟铁块和木料等含碳分的物质，密封在坩埚中一起加热以后，海绵铁的表面起了强烈的碳化作用，逐渐形成部分熔点较低的流动的铸铁，渗入到海绵似的各部分空隙之中，随着碳分不断渗入海绵似的熟铁块中，就变成中碳钢或高碳钢。炼成钢材后，还需要使用淬火方法以增强硬度，更需要不断地锻打，挤去杂质，使钢材结实，成为优质钢。这种古老的炼钢方法，在印度直到 18 世纪以至 19 世纪初叶，仍然被小规模地使用①。在我国也曾长期流行，并有所发展，称为"焖钢"。

这种古代东方国家镔铁炼制的宝刀，五十多年前瑞士冶金学者磋概（B.Zchokke）曾加化验，锋刃部分的钢，含碳量 1.677％，含硅 0.015％，含锰 0.056％，含硫 0.007％，含磷 0.086％，是一种优质的高碳钢。同时试验曲力（曲而不折）的结果，每 1 立方厘米，可受 94 公斤到 361 公斤的重量而不折断。试验硬度（受砍不凹）的结果，每 1 平方毫米可受碰力自 193 公斤到 347 公斤的重量而不稍凹损。因此作出结论说，这种宝刀是世界上最锋利而坚韧的刀②。

---

① 参看雷依（P.Ray）：《古代中世纪印度化学史》（History of Chemistry in ancient and medieval India），第 102—103 页；《科学史集刊》第 7 期，科学出版社 1964 年版，张子高、杨根《镔铁考》。

② 参看周纬：《中国兵器史稿》第 155 页引，原著是磋概（B.Zchokke）：《论大马士革钢以及大马士革钢片》（Du Damasse' et des lames de damas），刊于《冶金杂志》（Revue de métallurgie），1924 年第 21 期。

我国古代称为"干将"、"莫邪"、"太阿"等宝剑,也该是用优质钢锻制而成的。所用的优质钢材,也该是使用海绵铁配合一定分量的渗碳剂和催化剂,密封加热,使之渗碳而成。炼制这种钢材所用的渗碳剂和催化剂,虽然和炼制镔铁有所不同,但是所用的固体渗碳技术,基本是相同的。后世长期流行的焖钢冶炼法,就是这种比较进步的固体渗碳技术。

二　中国古代的两种固体渗碳制钢技术

我国古代固体渗碳制钢技术有两种:一种是把海绵铁直接放在炽热的木炭中长期加热,表面渗碳,再经锻打,使成为渗碳钢。另一种就是把海绵铁配合渗碳剂和催化剂,密封加热,使之渗碳成钢,俗称"焖钢"。这两种方法比较起来,焖钢应该比较进步,该是前一种方法的进一步发展。

我们从河北易县燕下都出土的钢制品中,可以了解到战国时代一般的固体渗碳制钢技术。1965 年在河北易县武阳台村的 44 号墓葬中出土铁器 79 件,其中有 12 号钢剑 1 件,100 号残钢剑 1 件,9 号钢戟 1 件,115 号钢矛 1 件。经过检验表明,这些钢剑、钢戟、钢矛,都是由含碳不均匀的钢材制成。这种钢材是以块炼法炼出的海绵铁为原料,在炭火中长期加热,表面渗碳,再经锻打而成。因为碳是从表面向内渗进去的,所以这种钢片表面碳多而里面碳少。制作钢剑或钢戟时,需要把若干钢片折叠锻接,反复锻打,因而这种钢制品的横截面上就形成含碳高低不均匀的分层现象。两把钢剑的组织基本相同,由含碳 0.5%—0.6% 的高碳层以及含碳 0.15%—0.2% 的低碳层,多层相间组成,各层有宽有窄,分界有时明显,有时有较厚的过渡层。

从其中所含夹杂物的分布不均和大夹杂物的不规则形状来看,原料的铁基体没有经过液态,是使用块炼铁作为原料的。从大夹杂物成为大块的条状氧化亚铁(FeO)——铁橄榄石型硅酸铁($2FeO \cdot SiO_2$)共晶组织来看,这种夹杂物曾经处于液态,冶炼或锻造温度曾经达到共晶温度 1175 度以上。

从 100 号残钢剑的断面观察,这把剑是用块炼铁渗碳制成的低碳钢片对折,然后多层叠打而成。钢片折叠的方向并不一致,有的对折后按同样的方向堆叠,有的对折后按相反的方向堆叠。剑的断面上有弯折十几个,就是由于多层钢片对折而形成。因为表面锈蚀,总层数难以准确估计,大约由四五片经过对折的钢片叠打而成。每片钢片由于表面渗碳,因而表面为高碳层,中间为低碳层。在高碳层中间常常有大块夹杂。同时高碳层和低碳层的含磷量不均,高碳层所含的磷有时低于低碳层,这是由于原料使用块炼铁,采用固体渗碳方法,保持了原有的不均匀性(参看图版 18)。

这两把钢剑,都是经过淬火的。这是我国已经出土钢制品中观察到的最早淬火的产物。因为经过淬火,就取得了坚硬锐利的淬火高碳钢刃部和具有韧性的高碳层(珠光体为主)和低碳层(铁素体为主)的层叠组织,成为当时锋利而坚韧的兵器[①]。

和两把钢剑同时出土的钢戟,组织和钢剑相似,只是低碳层含碳较低,分层比较明显,而没有明显的折叠。当是将渗碳的钢片叠在一起锻打而成,或是将铁片叠好经过渗碳再锻打成形。整体经过淬火。

---

①　参看《考古》1975 年第 4 期,北京钢铁学院压力加工专业:《易县燕下都 44 墓葬铁器金相考察初步报告》;《考古学报》1975 年第 2 期,李众:《中国封建社会前期钢铁冶炼技术发展的探讨》。

同两把钢剑同时出土的还有铁剑,铁剑用块炼铁直接锻造而成,含碳很低,估计在 0.05％左右。铁剑和钢剑同时存在,说明当时燕国铁兵器还没有普遍使用钢制成,但是剑、戟之类的长兵器已多数使用钢制成,而且作为武士随身武器,葬入墓中而不再回收使用,说明这种固体渗碳炼钢技术已较普遍,这样的钢剑、钢戟已非稀珍之品。

战国晚期钢铁制兵器已应用较广,易县燕下都 44 号燕墓中,除出土钢剑、铁剑、钢戟以外,还出土有钢矛、铁镦、铁铤铜镞以及铁胄。铁胄共用八十九片铁甲片联缀而成。河北满城 1 号汉墓出土有铁甲片,内蒙古自治区呼和浩特二十家子古城还出土有一具完整的铁甲,以及许多铁甲片,都属于汉武帝时期的遗物。经选取二十家子出土的一件铁甲片进行金相鉴定,那是一种低碳钢,表面磨光,中心部分的碳含量稍高,约 0.1％—0.15％,含有层状氧化物和硅酸盐夹杂,表明所用材料仍系块炼铁,经过渗碳并反复锻打成甲片后,再经过退火处理,进行表面渗碳,以提高钢的延展性,以便进行加工[①]。河北满城汉墓出土的同时代的铁甲片,金相组织大体相似。当时不同地点、不同身份的人所使用的铁甲片,具有相似的金相组织,说明当时制作铁甲片的工匠,都已较好地掌握这种渗碳、锻打和退火的技术。

从文献记载来看,战国、秦、汉时代,钢制品已不是希罕之物,一般锋利的铁兵器都是用钢制成的,著名的剑戟都是用钢锻制的,珍贵的宝剑更是用优质钢材锻造而成。战国时代著作的《尚书·禹贡

---

① 见《考古》1975 年第 4 期,内蒙古自治区文物工作队:《呼和浩特二十家子古城出土的西汉铁甲》。

篇》,记载梁州(约当今四川省)贡物有"璆、铁、银、镂",过去注释家都认为"镂"是一种"刚铁"①。荀子在讨论兵法时曾谈到楚国的兵器有"宛钜铁釶(矛),惨如蜂虿",过去注释家又认为"钜"就是"刚铁"②。战国时代著作的《荀子》、《吕氏春秋》、《战国策》等书,谈到锋利兵器"白刃"③,这种兵器有白色的刀口,也该是钢制的。《战国策·韩策一》说:韩的剑戟出于冥山、棠溪、墨阳、合膊、邓师、宛冯、龙渊、太阿,都是"陆断马牛,水击鹄雁,当敌即斩",非常锋利,也该是钢制的。李斯在《谏逐客书》中讲到从别国输入秦国的宝物,"太阿之剑"就是其中一种。汉代人提到这类宝剑的更多,《淮南子·修务篇》曾把"墨阳"、"莫邪"连称,《盐铁论·论勇篇》曾把棠溪、墨阳连称。正由于这类宝剑是用特殊的优质钢制成的,才会显得这样珍贵。

我国炼铁炼钢技术,该是南方一些地区最先发明的。在我国古代传说中,都说宝刀宝剑是吴、越、楚等国所生产的④。以前朱希祖先生曾著《中国古代铁制兵器先行于南方考》一文⑤,根据古传说论证我国古代铁兵器先流行于东南地区,当时曾引起了一次学术讨论,

---

① 见许慎《说文解字》、《史记·夏本纪》裴骃《集解》引郑玄说、《汉书·地理志》颜师古注。

② 见《荀子·议兵篇》及杨倞注。

③ 见《荀子·强国篇》、《吕氏春秋·节丧篇》、《战国策·秦策一》等。章炳麟《铜器铁器变迁考》说:"按《中庸》言白刃可蹈,《庄子》言王脱白刃待之,惟刚铁故色白。"见《华国月刊》第5册。

④ 《战国策·赵策三》载马服君说:"夫吴干〔将〕之剑,肉试则断牛马,金试则截盘盂。"又说:"且夫吴干之剑材难。"《吕氏春秋·拟似篇》说:"相剑者之所患,患剑之似吴干者。"《盐铁论·殊路篇》说:"干、越之铤不厉,匹夫贱之。"《论勇篇》又说:"所谓利者,非吴、越之铤,干将之剑也。"不但吴越的剑以锋利著称,吴的刀也同样是宝刀,《山海经·海内经》注引《开筮》说:"鲧死三岁不腐,剖之以吴刀,化为黄龙。"

⑤ 刊于《清华学报》5卷1期,1928年出版。

有些人不同意这个看法。现在把文献和考古资料结合起来看，这个看法是可以成立的。不但吴国有春秋末年炼制干将、莫邪等钢剑的传说，到战国时代，楚国也还以铁兵器锋利著称。秦昭王曾说："吾闻楚之铁剑利"[①]。《荀子·议兵篇》也说："宛钜铁釶，惨如蜂虿。"宛原是楚国最著名的冶铁手工业地点，在战国后期被韩国占有，因而韩国的钢铁兵器也极著名。生产韩国著名钢铁剑戟的地点有冥山、棠溪、墨阳、合膊、邓师、宛冯、龙渊、太阿。宛冯当即是宛，在今河南南阳市，棠溪、合膊、龙渊等地也都在宛的东面。棠溪、龙渊在今河南平西县西，合膊在今河南舞阳县南。

过去我在《中国古代冶铁技术的发明和发展》一书中，提到用优质钢制成的宝剑，至少是在战国时代吴、楚等国已能冶炼。黄展岳先生不同意这个看法，曾说：

> 我看楚国兵器可能是把铸铁经过软化处理后的熟铁制成的，但也可能由铁矿砂直接炼冶熟铁。产量似极有限。当时其他各国可能还未进到炼冶熟铁锻制兵器的程度。楚国虽有铁兵出现，但仍以铜兵占优势。由于战国各国生产技术文化各方面都没有多大区别，虽然楚国冶铁技术较当时各国进了一步，但不会相差太远，不应过高估计。杨宽先生在其近著《中国古代冶铁技术的发明和发展》一书中认为：早在战国时代，中国人民已发明了"自然钢"的冶炼法，已能炼制非常坚韧而锋利的钢铁，用来制造宝刀、宝剑。这主要是指楚兵器说的。可惜我们从长沙、衡阳出土的楚铁兵细加观察，却一点也看不出钢的痕迹。杨先生

---

① 《史记》卷 79《范雎列传》。

显然是过高估计了。当然我们惟一的希望是,长沙、衡阳出土的楚国铁兵器应急速采用科学化验,正确解决这个问题。①

从目前对出土的铁器检验的结果看来,我的估计显然不是过高了。早在春秋晚期,楚国已能炼制钢剑,到战国晚期燕国也已比较普遍地使用钢剑、钢戟。目前长沙和易县等地楚、韩两国墓葬中出土的钢剑,当然不可能是当时的宝剑,要比宝剑的质量差得多。古代的宝刀宝剑,是用优质钢锻造成功的,很是费时费力的。例如三国时曹操"命有司造宝刀五枚,三年乃就"。这类宝刀宝剑,在当时就是稀有之物,十分名贵。张协《七命》所谓"价兼三乡,声贵二都"。三国时除了曹操父子曾制造这种宝刀宝剑以外,吴大帝也曾有宝刀三把,叫百炼、青犊、漏影②。战国时代早已有所谓"千金之剑"③。李斯在《谏逐客书》中便把太阿之剑作为秦王之宝,和昆山之玉、随和之宝、明月之珠等等,相提并论。可以肯定,像太阿之剑这样的宝剑,不是一般用固体渗碳方法炼制的钢材制成的,应该是用特殊方法炼制的优质钢制成的。它的炼制方法,该是像《吴越春秋》所讲炼制干将、莫邪两把宝剑那样,也像古代波斯等国炼制"镔铁"刀剑那样,是用海绵铁配合一定分量的渗碳剂和催化剂,密封加热,使之渗碳而炼成的优质钢。这是当时比较进步的一种固体渗碳制钢技术。

值得注意的是,河北满城1号汉墓出土的中山靖王刘胜的佩剑(M1:5105)、钢剑(M1:4249)和错金书刀(M1:5197)。这些钢制品的冶炼原料虽然还是块炼法炼出的海绵铁,仍然采用固体渗碳制钢技

---

① 《考古学报》1957年第3期,黄展岳《近年出土的战国两汉铁器》。

② 见崔豹《古今注·舆服第一》。

③ 《战国策·西周策》。

术,但是,所炼成的钢材质量,比燕下都出土的钢制品显然有很大提高。刀剑中不同碳含量的分层程度减小,各层组织碳的分布比较均匀,没有像燕下都出土钢剑那样有明显分层和折叠的痕迹,而且每层的厚度减小。燕下都钢剑的低碳层厚约 0.2 毫米,而刘胜佩剑则为 0.05—0.1 毫米。其中所含大的共晶夹杂物的尺寸减小,数目也减少。根据大的夹杂物的分布和含碳量的分层,这种钢剑中部剑叶的厚度由五层至七层叠打而成;含碳量最低处 0.05% 左右,高处为 0.15%—0.4%。在高碳层和低碳层之间没有明显夹杂物存在,但是在高碳层中含有较多的、比较分散的氧化铁夹杂物,同时在高低碳层中未见有含磷量数量悬殊的地方,这些特点说明刀剑的高碳层是由于表面渗碳而形成的。

与刘胜佩剑同时出土的错金书刀,是由含碳为 0.1% 到 0.4% 的薄钢片多层组成,表面经过渗碳淬火(参看图版 20、21)。钢中氧化铁及硅酸盐夹杂比较分散,反映了较高的冶炼水平,但在刀的刃部中有特大的夹杂物,夹杂物中含氧化铁较多,估计是对折或叠打时在表面生成的。值得重视的是,这些位于刃部中间的大夹杂物(最大的长达 2.5 毫米),和低碳层中含硅的氧化铁夹杂不同,其中含硅很少,相当于较小夹杂的三分之一,而含有较多的钙、铝(约 0.3%)和磷(约 1%);而低碳层中的分散的夹杂物里含钙很少。这表明这种钢制品的原料,是炼制时没有加入石灰一类含钙物质的块炼铁;而位于叠层界面部分的特大夹杂物中,含有较多的磷和钙,该是钢片在叠片前曾用骨粉之类作为催化剂进行表面渗碳。由于残留的骨灰附着于表面,叠打时其中磷钙进入表面生成的氧化铁、硅酸盐,因而成为含磷钙的较大夹杂物。同时出土的钢剑,夹杂物的元素分布也一样,即最大的夹杂物中含钙多,而内部小夹杂物中含钙很少,也该是所使用的钢片在冶炼过程中使用了含有钙磷的物质作为渗碳的催化剂的结果。

满城1号汉墓的钢剑和书刀所使用的钢片,在冶炼时,是使用木炭直接渗碳还是密封加热而渗碳,还有待于研究。很可能是采用比较进步的密封加热的渗碳方法的。我国长期流传的焖钢冶炼法,已经有悠久的历史了。前面已经谈到,《吴越春秋》中的干将、莫邪等宝剑的钢材,就已采用这种方法炼制了。使用这种焖钢冶炼法,比直接使用木炭火渗碳,能够较好地控制质量,可以炼成比较优质的钢材。

明代宋应星《天工开物》卷10《锤锻》部分载有密封渗碳炼制钢针方法,把制成的针放入釜(铁锅)中"慢火炒熬",然后用松木、火矢(木炭)、豆豉做渗碳剂,拌以土末,和针一起在釜中密封加热,在密封层外表插上两三枚针,用以测试火候,当外表插针经加热氧化、手捻成粉碎时,表明其下渗碳的针火候已足,便可打开密封层,将针淬火。这样钢针就炼制成功。据调查,我国东北的赫哲族人在近代还用类似的方法制作鱼钩。先将铁丝加工成鱼钩,然后把它同木炭、火硝一起装入陶罐内,放置炉中加热,加热到一定火候,将罐打碎,立即将鱼钩放到水中淬硬,再在铁锅中用油和小米炒熟(回火)。这样炼制成的鱼钩十分坚韧,可以钩很重的大鱼,不致拉断。赫哲族人炼制钢鱼钩的方法,基本上和《天工开物》所载炼制钢针的方法相同。

这种密封加热渗碳的炼钢方法,就是近代所说的"焖钢"。把熟铁或低碳钢焖在罐内,加热到一定温度,使碳分渗入,渗碳的深度一般在2毫米左右。这样就可以使薄铁板和扁的低碳钢片全部"焖"透,其硬度相当于高碳钢。至于厚铁块和厚的低碳钢块,只能焖得表面硬化。如果需要锋刃的工具,把工具大部分用泥涂盖而只留锋刃部分来焖,就可以得到锋利的锋刃。

这种焖钢方法在河南等地已有相当长的历史,河南所用的焖钢炉,都是方形的,用土坯建成。在距地面半尺高的地方,设有炉栅,在炉栅下面,四周留有方的通风口,以便炉子自动吸风;炉正前面留有方的装料口,在炉顶上留有方的通火口,以便出炉发散热度。焖钢用的罐子,可以用铁罐,也可以用砂罐和缸罐。铁罐可以焖几十次,砂罐和缸罐只能焖一两次。

焖钢所用的渗碳剂主要是木炭粉,所用的催化剂有骨粉、火硝等,各地配方不同:

(1)河南省鲁山县的一种配方:每焖 100 斤铁的配料为木炭粉 10 斤、牛骨粉 6 斤、火硝粉 4 斤。

(2)河南省林县的一种配方:每焖 100 斤铁的配料为木炭粉 20 斤、黄血盐 12—14 两、红汞 1 两 6 钱、黄碘 1 钱。

(3)江苏省赣榆县的一种配方:配料为木炭 30%、锯木屑 50%、盐 15%。

(4)湖北省宜都县的一种配方:每焖 100 斤铁的配料为木炭粉 4 斤、牛骨粉 20 斤、锯木屑 5 斤。

(5)河南省浚县的一种配方:每焖五百粒滚珠的配料为木炭粉 3 两、牛骨粉 3 两、苛性钾半两、黄血盐 1 两、食盐 1 两半、苏打 1 两。

(6)郑州的一种配方:焖滚珠轴承用的配料为木炭粉 70%、羊角(或牛骨)粉 20%、食盐 10%,每 10 斤可焖轴承外套 70 套、里套 150 套。

(7)天津的一种配方:焖滚珠轴承用配料为碳酸钠 25%、碳酸钙 1%、骨粉 1%、木炭粉适量。

此外,也有只用木炭粉,不用其他催化剂的。

近代焖钢炉的燃料有用焦炭、煤炭的，也有用煤球的。燃烧时要求火力均匀，温度不超过 900 度。

焖钢冶炼的基本方法是：要先将焖件做好，配料配好。装入焖罐时，要依次放一层原料，再放一层焖件，罐的底层和上层所放配料要厚些，在焖件与焖件之间应该距离均匀，以便焖件能够充分吸收碳分。待焖罐装好后，应该适当地压紧，并用粘土把罐口密封。装入焖钢炉时，罐与罐之间要有一定距离，装好后要把装料口用土坯封闭，然后点火燃烧。焖的时间依据焖件来决定，一般需要 9 至 13 小时，也有 24 小时的。如果是滚珠等小件，3 小时就可以。焖件出炉后要淬火，才能硬化。淬火有三种办法：一种是放入冷水中冷却；另一种是放在碱水中冷却，比单纯用水冷却迅速，硬度均匀；还有一种是在空气中缓缓冷却后，再放到炉中烧到 200 度，然后放入水中冷却。

这种焖钢方法在缺乏炼钢设备的农村，使用很方便。它可以焖制各种小型农具、手工业工具和家庭用具，也能制作小型机器零件，如滚珠轴承、轧花剥绒机的锯片等①。

三　中国边疆兄弟民族的炼制"镔铁"

上面第一节中，我们已经谈到波斯萨珊朝的"镔铁"，是使用熟铁配合定量的渗碳剂和催化剂，密封加热而炼成的优质钢。这种镔铁制品，在北魏时期已传入我国。同时还西传到欧洲。当时叙利亚的大马士革是欧、亚交通的重要港口，镔铁制品首先从这里输入，因而被称为"大马士革钢"。这种制品传入俄罗斯，又被称为"布拉特钢"。

---

① 参看冶金工业出版社编《土法炼钢》，1958 年版，第 4 辑第 1 篇《怎样炒铁和焖钢》、第 2 篇《怎样焖钢并用焖钢方法制滚珠轴承》。

这在当时是一种珍贵物品。

在宋、元时代，我国西北边疆地区兄弟民族也还有炼制镔铁的。《宋史·高昌传》说：在今我国新疆吐鲁番一带的高昌，"有砺石，剖之得宾铁，谓之吃铁石"。方以智《物理小识》卷7《金石类》也说："王延德《高昌行记》言：砺，石中宝铁。《哈密卫志》云：砺石谓之吃铁石，剖之得镔铁。"因为这种钢是由一种特定的矿石炼成的，所以说是由砺石中剖得的。这种矿石之所以称为"吃铁石"，也该是由于这个缘故①。宋人周密《云烟过眼录》卷上说：

> 篦刀一，其铁皆细花文，云此乃银片细剪，又以铁片细剪如丝发，然后团打万槌，乃成自然之花。其靶如合色乌木，乃西域鸡舌香木也。此乃金水总管所造刀，上用渗金镌"水造"二字。

当时中原一般人已经不知道这种镔铁的冶炼方法，看到它有细花纹，便误以银丝和铁丝团打而成。元代人刘郁《西使记》也曾说：当时的镔铁刀，刀把用鸡舌香木制成，"自当为西域之产"。元人杨瑀《山居新话》也说："镔铁胡不四，世所罕也，乃回回国中上用之。制作轻妙，余每询铁工，皆不能为也。"明人曹昭《格古要论》卷6又说：

> 镔铁出西番，面上有旋螺花者，有芝麻雪花者，凡刀剑打磨光净，用金丝矾矾之，其花则见。价值过于银。古语云："识铁强如识金。"假造者是黑花，宜仔细辨认。刀子有三绝，大金水总管刀一也，西番㶉鶒木靶二也，鞑靶桦皮鞘三也。尝有镔铁剪刀一把，制作极巧，外面起花镀金，里面嵌银回回字者。②

---

① 章鸿钊《洛氏中国伊兰卷金石译证》有案语说："此盖剖而铸之，既若镔铁，故云然。又谓之吃铁石者，亦即坚胜于铁之意。"这个解释是不妥当的。

② 明人文震亨《长物志》也说："有宾铁剪刀，外面起花，镀金，内嵌回回字者，制作极巧。"

从上述这些资料,可知宋元时代,我国边疆地区兄弟民族仍然能出色地炼制镔铁的刀和剪刀。

中国东北边疆有不少兄弟民族以能炼制精致铁器著称。室韦以能制作精好铜器、铁器著称,渤海也擅长冶铁。《新唐书·渤海传》以渤海的铁作为名贵产品。契丹也很讲究冶铁技术,辽代的奴隶们是鞍山铁矿的最早开采者,鞍山的首山附近曾发现深达十八米的辽代矿坑。在辽代的冶铁业中,以能冶炼镔铁最为著名。《金史·太祖纪》记述金太祖说:"辽以宾铁为号,取其坚也。宾铁虽坚,终亦变坏,惟金不变不坏,……于是号大金。"这里说金朝依女真完颜部住地按出虎(女真语,意为"金")水为国号,辽朝也是依辽水建号,该是出于附会。但是辽以出产镔铁著名,当是事实。辽朝贺宋朝正旦,曾用镔铁作为一种礼品。契丹炼铁遗址中发现有用含磷质的兽骨作为催化剂,可能就和炼制镔铁有关。金代也能炼制镔铁,常以镔铁作为名贵的赏赐品,例如《金史·仆散忠义传》说:"拜忠义平章政事,兼右副元帅,封荣国公,赐以御府貂裘、宾铁、吐鹘、弓矢、大刀、具装、对马及安山铁甲、金牌。"据《元史·百官志》记载,在元朝政府工部的诸色人匠总管府下设有"镔铁局",专门炼制镔铁。同时"提举右八作司"也"在都局院造作镔铁、铜、输石、东南简铁"等。辽、金、元都是能够炼制镔铁的,他们的技术该就是从西北兄弟民族那里学来,在元代的工匠中就有不少是西北兄弟民族的人。

第九章　脱碳制钢技术的发明和发展

一　固体脱碳制钢技术的发明

上一章所谈的是，我国古代以含碳量低的块炼铁或熟铁为原料，采用渗碳方法炼制成钢的技术。本章所谈的，是我国古代以含碳量高的生铁为原料，采用脱碳方法炼制成钢的技术。这种脱碳制钢技术，先后创造了两种：一种是把比较薄的生铁铸件经过脱碳退火，使变成钢件；另一种是把生铁加热到熔化或基本熔化后，经过炒炼，使氧化脱碳而成为钢或熟铁。

这种使用生铁铸件在固体状态下脱碳制钢的方法，是在铸铁柔化处理工艺的基础上发展起来的。战国时代已经采用柔化处理工艺，对生铁进行脱碳退火，出现了脱碳不完全的钢和铁共存于同一工件的复合组织，这种铸件的外层已成为钢，而内层还是生铁。例如河北石家庄市庄村出土的铁斧和河南辉县出土的铁䦆，即属于这一类。如果生铁铸件脱碳退火时，由于适当控制时间和温度，基本不析出石墨,不成为可锻铸铁,使得生铁铸件中部分的碳被氧化成气体脱掉,从而白口组织消失,铸件金属组织就全部从铁变成了钢;但仍保留有铸件的特征,具有缩孔、气眼等特征性铸造缺陷,这就是一种铸铁脱碳钢。这种钢件有的在中心部分,在某些晶粒间界之间,发现少量细小的石墨颗粒,这些颗粒只有放大500倍以上的高倍显微镜才能看出来。有些工艺不很成功的钢件,就可以发现较多的残留石墨颗粒。

这种固体脱碳制钢工艺,能够使生铁在固体状态下进行比较完全的氧化脱碳,从而得到钢件,这是铸铁热处理技术的巧妙运用和发展。这种工艺的特点之一,是有控制的适当的脱碳,它和可锻铸铁的区别就是由表及里全部适当的脱碳,使基本不析出或只析出极少的石墨;特点之二是钢件中夹杂物很少,这是由于生铁铸件中夹杂较少,没有一般用海绵铁渗碳炼成的钢制品夹杂物较多的缺点。

从北京市大葆台西汉燕王墓(公元前80年)中发现这种用铸铁脱碳钢制成的环首刀、簪、箭铤、扒钉来看,这种制钢技术至少在西汉已创造和使用[①]。在河南渑池汉、魏窖藏大批铁器中,就有许多铸铁脱碳钢的钢件,包括斧、镰等工具和兵器,从外形看是铸件,从化学成分和金相组织看基本是钢,而且夹杂物极少。粗看起来好像是铸钢件,但是用高倍显微镜仔细检查,有时在晶粒间界发现有少量的微细石墨析出。这些石墨的形态与一般铸铁析出的石墨显然不同,而是在白口生铁脱碳过程中生成的。渑池出土铁器中部分钢件的化学成分有如下表:

---

① 参看《文物》1977年第6期,北京市古墓发掘办公室:《大葆台西汉木椁墓发掘简报》。

原编号	器　名	碳(%)	硅(%)	锰(%)	硫(%)	磷(%)
254	"新安"Ⅱ式斧	0.87	0.69	0.25	0.024	0.27
277	"黾〔左水〕"Ⅱ式斧	0.87	0.05	0.60	0.011	0.14
257	"陵右"Ⅱ式斧	0.6—0.9	0.16	0.05	0.020	0.11
299	"渑池军〔左〕"Ⅱ式斧	0.29	0.10	0.58	0.011	0.11
528	"新安"镰	0.57	0.21	0.14	0.019	0.34
471	Ⅰ式斧	0.24	0.16	0.41	0.014	0.14

经过化学分析和金相观察,这些铸件基本是钢。例如 528 号"新安"镰的金相显微组织,由铁素体与珠光体组成。但是仔细的金相观察表明,有时可以在组织中心部分观察到少量石墨。例如 277 号"黾〔左水〕"Ⅱ式斧的金相组织右侧的黑点便是。有时在晶粒之间有极微小的、经放大 500 倍以上才能观察到的石墨颗粒。例如 299 号Ⅱ式斧由刃部向里截取 10 毫米试样上靠近中心的组织,在刃口 5 毫米以内,基本上为铁素体,愈向中心珠光珠(黑色组织)愈多;同时还可以看到晶粒之间的黑细石墨。由此可见这些铸件是由白口铸铁脱碳得到的。

值得注意的是,在这些铸件中,为了提高刃口的硬度,根据不同的用途,采取了不同的加工措施。有的为了使刃口锋利,进一步对刃部采取了重新表面渗碳的工艺。有的在刃部渗碳之前还经过锻打加工。例如 528 号"新安"镰的刃口边缘表面含碳较高,珠光体(相当于含碳 0.8%)占 70%,提高了硬度,而在中心部位珠光体只占 30%左右,显然是用生铁脱碳成钢以后再进行表面渗碳的结果。又如 471 号Ⅰ式斧,刃部表面为珠光体,含碳量为 0.7%—0.8%;稍里为细晶粒珠光体,分布均匀,含碳量为 0.5%—0.6%;中心部位基本没有石墨析出,珠光体较刃部显著减少,含碳量为 0.3%—0.4%;根部为铁素体和存在于晶粒间界的少量珠光体,还可以明显看到一些石墨以及一些铸造疏松的缺陷。453 号Ⅰ式斧也有类似的组织。这些钢件的金相组织和含碳量的分布,清楚地表明是用白口铁铸成器形后,在氧化气氛中脱碳,使含碳量降低,然后对刃部渗碳,使具有高碳的珠光体组织,以提高硬高(参看图版 22)。257 号"陵右"Ⅱ式斧的刃部在渗碳之前还经过锻打加工。这样在整个铸件脱碳退火之后,又对刃部表面重新渗碳,说明当时工匠对于脱碳和渗碳工艺的作用,已经有了经验性的了解,并且能够熟练地加以应用了。

这些铸件从它们的铭文看来,是不同地点的官冶作坊的产品。然而这些产品,不但器形相同,而且化学成分和金相组织也很相近,说明当时各地官冶作坊生产钢铁制品,不但有大体上统一规格,而且在冶铸工艺上也已有某种统一的要求。上列表中铸造Ⅱ式斧的渑池作坊,早在西汉时就驻有铁官,到后赵时继续建立有官营冶铁业①。上列表中铸造Ⅱ式斧和镰的新安作坊,也是汉、魏间重要冶铁基地所在。新安在汉代属弘农郡,当时铁官驻在渑池,当兼管新安作坊。在新安县西北的孤灯地发现有汉代冶铁作坊。上列表中铸造Ⅱ式斧的陵的作坊,不知在今何地,有待于进一步探讨。所有汉、魏时期这些不同地点的官冶作坊,能够制造出大体相同的钢铁制品,不但说明这种固体脱碳制钢技术已经广泛地应用,而且在冶铸工艺上已实行一定程度的规格化②。

汉代铸铁脱碳制钢工艺的成就,突出地表现于郑州市博物馆在东史马发掘到的六件东汉铁剪上。铁剪需要有较好的硬度和弹性,

---

① 见《晋书》卷 106《石季龙载记》。

② 参看《文物》1976 年第 8 期,北京钢铁学院金属材料系中心化验室:《河南渑池窖藏铁器检验报告》。

才便于应用,不至于在使用过程中很快断裂。因此按一般的工艺观点来看,无论就形状和性能来说,是不适宜铸造的。但是,其中一件经过金相检验,发现剪刀的整个断面都是含碳量为 1‰ 的碳钢,组织均匀,渗碳体成良好的球状,和现代工业中所用的碳素滚珠钢相似,而质地非常纯净,几乎找不到夹杂物。但是,经过仔细观察,在断面的较厚部位,见到有微小的石墨析出,证明这种剪刀是用铸件为材料经过脱碳退火而成的。它的制作方法,应是先用白口铁铸造出成形的铁条,经过脱碳成为钢材后,磨砺刃部,而后加热弯曲作交股式的"8"字形。从这六件东汉铁剪,可以看到当时这种固体脱碳制钢工艺有了进一步的发展,不但广泛使用生铁铸件脱碳成为钢件,而且能够利用这种成形的钢材,再锻造成为工件。

正因为当时锻造作坊和小铁匠已广泛使用铸铁脱碳钢作为锻造钢铁器物的原料,当时冶铁作坊就有专门制造成形钢锭作为原料以便采用的。郑州市古荥镇、南阳市瓦房庄和鲁山县望城岗等汉代冶铁遗址中,都有成形的薄钢锭出土,有梯形的,也有长方形的,数以百计。这些钢锭有明显的披缝,是在铁范中直接浇铸而成。古荥遗址出土的两件梯形钢锭,经金相鉴定,其金属组织为低碳钢,在铁素体晶粒内还有弥散的碳化铁。另外十多块钢锭,用火花鉴别法,并与工业纯铁和低碳钢的标样作比较,其含碳量在 0.1‰—0.2‰ 之间。这都表明这些薄钢锭是用生铁铸件经过脱碳处理而成。这样就扩大了生铁的使用范围,增加了优质钢材的来源,这对于提高钢铁产量和发展钢铁工具是有重大作用的。

但是必须指出,当时这种巧妙的固体脱碳制钢工艺,是工匠依靠长期实践的经验和熟练的技巧来掌握的。因此在大量铸铁脱碳钢制品中,有完成工艺较好的,也有完成工艺较差的。例如渑池窖藏铁器中 197 号小铁铧是脱碳退火工艺较好的例子,它的中心部分金相组织由铁素体和局部球化的较粗的珠光体组成,含碳量约 0.3% 左右,边缘部则基本上为铁素体。这种铸件退火时可能先在较高温度(900度以上)长时间脱碳,并避免生成石墨,而后冷却到 700 度左右,再经较长保温或缓慢地冷却,得到较粗的珠光体。这种组织具有较好的机械性能。与此相反,277、299 号 II 式斧则是脱碳退火工艺不完全成功的例子,都是由于脱碳温度低,使得少量石墨得以形成,而得不到全部钢的组织。这少量石墨会使退火铸件耐冲击的能力降低。

汉魏以后,渗碳炼钢技术虽已发展到相当高的水平,百炼钢也能取得较优的钢材,但是毕竟费时费力。这种固体脱碳制钢工艺,通过脱碳办法把铸铁处理成钢件,含碳量既高,夹杂物又较少,如果完成工艺较好,不析出石墨,性能是比较好的。从技术条件来看,当时使用生铁铸件,促进石墨生成的硅的含量较现代生铁为低,同时锰的含量也低,这些都为铸件防止退火时产生石墨、全部由表及里脱碳成为钢件创造了有利条件。由于当时工匠掌握了熟练的脱碳工艺,并能按照一定的规格进行生产,因而使不同地点的作坊生产出规格材质大体相同的钢材和钢制品。在尚未具备铸钢条件的古代,能够充分利用技术上的有利条件,利用热处理技术获得代替钢铸件的新方法,这是难能可贵的。当然,这种制钢方法也有它的局限性,它不可能制成较大和较厚的钢件。现在已发现的这种钢件都是比较薄的,一般不超过 1 厘米,只有这样薄的生铁铸件才便于由表及里全部脱碳成钢。

二 "炒钢"技术的发明和发展

用块炼法炼成的块炼铁渗碳制钢,缺点在于费时费力,产量过低,质量也不容易保证。用生铁在固体形态下脱碳制钢,也有很大的局限性,既不能制造较大较厚的钢件,又不便很好控制钢件中的含碳量。为了适应封建社会上升时期社会上对钢制品的较多需要,至少在西汉后期又创造了"炒钢"技术。这种技术把生铁加热到熔化或基本熔化的状态下再加以炒炼,使脱碳成钢或熟铁。这样就能把当时生产效率相当高的生铁作为炼钢原料,从而开辟了炼钢的新途径。这是炼钢技术发展史上一次重要的技术革新,直到现代,生铁仍为炼钢的主要原料。

炒钢时,首先把生铁在空气中加热,使处于熔融或半熔融状态。加热到 1 200 度时,含碳总量 3％的生铁,由约 60％的含碳 1.7％的奥氏体和 40％的含碳 3.7％左右的液体组成,通过不断的搅拌,增加氧气和铁的接触面,使液体中的碳氧化;随着温度升高,奥氏体中含碳量逐渐下降;铁中硅锰氧化后与氧化铁生成硅酸盐夹杂。如果半固态下继续搅拌,借助空气中的氧把所含的碳再氧化掉,就可以成为低碳熟铁。也可以在它不完全脱碳时,控制所需要的含碳量,终止炒炼过程,就可以成为中碳钢或高碳钢。这种钢由于含碳较高,氧化程度较低,与低碳熟铁相比,所含的夹杂物应该较小较少,经过反复锻打,便可以得到组织比较均匀的钢材。但是在古代缺乏化学分析的条件下,要在炒钢过程中控制所需要的一定含碳量是比较困难的,需要有熟练的技巧和丰富的经验。因此多数是把生铁先炒炼成低碳熟铁,再用固体表面渗碳方法重新增碳而炼制成钢的。这样炼成的钢虽然比前一种方法炼成的夹杂物尺寸较大较厚,分布不均,但是比用块炼铁炼成的渗碳钢质量要好得多,没有严重影响性能的大共晶夹杂物。区别炒钢和块炼铁炼成的钢的重要标志之一,就是炒钢夹杂物是含硅较多而含铁较少的硅酸盐，成分比较均匀，含氧化亚铁很少；而块炼铁炼成的钢的夹杂物则以氧化亚铁和含铁较多的硅酸盐共晶为主。

东汉晚期著作的《太平经》①，在卷72《不用大言无效诀》第110说：

今军师兵，不祥之器也，君子本不当有也，……不贵用之也。但备不然，有急乃后使工师击治石，求其中铁，烧冶之使成水，乃后使良工万锻之，乃成莫耶。

从这里，可知东汉时期普遍的炼钢技术是：先寻求铁矿石，冶炼成生铁水（熟铁在当时是不可能熔化成铁水的），即所谓"烧冶之使成水"，然后炒炼成钢，再反复锻打（生铁是不可能经过锻打制成钢材的），制成莫邪一类钢剑。即所谓"万锻之，乃成莫耶"。由此可见，炒钢技术的发明，使得百炼钢技术进入成熟阶段。

东汉唯物主义思想家王充，在所著《论衡·率性篇》中曾这样说：世间价值千金的宝剑，如棠溪、鱼肠、龙泉、太阿之类，原来就是矿山中普通的铁。冶工把它们锻炼成锋利的剑，岂是锻炼的原料有什么不同，而是由于锻炼到家。如果用价值一金的剑，"更熟锻炼，足其火，齐其铦"，也就和价值千金的剑相同了。这样出于天然的"铁石"，经过锻炼就"变易故质"，产生了质的变化。从这段话，我们可以清楚地看到：在汉代用一般的铁经过反复炒熟锻炼也能成为钢了。所说"更熟锻炼"，就是反复炒熟和锻炼。由于东汉炼钢技术的进步，铁工具已多用钢刃。《考工记·车人》郑玄注："首六寸，谓今刚关头斧。"贾公彦疏："汉时斧近刃，皆以刚铁为之。"到三国时，用钢制作兵器更

---

① 《太平经》收在《道藏》的《太平部》，原为170卷，今残存57卷。另有《太平经钞》10卷，是唐人节钞《太平经》而成，其中除卷1"甲部"是后人伪造补充外，其余都可信。这书是东汉时代的著作，详拙作《论太平经》，刊于《学术月刊》1959年9月号。

加广泛。陶弘景《刀剑录》说："吴主孙权黄武四年，采武昌山铜铁，作千口剑，万口刀，各长三尺九寸，刀头方，皆是南钢、越炭作之"（《太平御览》卷343引）。所谓"南钢"，可能是指当时南方出产的一种优质钢材。

东汉时代已有熟铁的专门名称。许慎《说文解字》说："鍒，铁之耎也。""鍒"就是柔软的熟铁的专门名称，正是对钢铁而言。这时以刚柔的性质，分别用来称呼钢和熟铁，该是和当时炒钢技术的推广、钢和熟铁的生产增加有关。

河南巩县铁生沟汉代冶铁遗址发现了西汉后期炒钢炉一座，上部已毁损。炉体很小，建造也很简单，从地面向下挖成"缶底"状坑作为炉膛，然后在炉膛内边涂一层耐火泥。炉门向西，长0.37米，宽0.28米，残高0.15米。炉壁已烧成黑色，炉内尚有未经炒炼的铁块（参看图9-1）。在河南省方城县赵河村汉代冶铁遗址中也曾发现同

图9-1　铁生沟遗址发现的西汉炒钢炉平面、剖面图

（采自河南省文化局文物工作队：《巩县铁生沟》，文物出版社1962年版，第14页）

样的炉型六座。这种炒铁炉容积小,呈缶形,温度可以集中;挖入地下成为地炉,散热较少,有利于温度升高;炉下部作"缶底"状,是为了便于装料搅拌。这种炉子的风当是从炉子上面鼓入的。铁生沟遗址的藏铁坑中还发现有高碳钢和熟铁,成分如下表:

原编号	样品名称	碳	硅	锰	磷	硫
T12·21	高碳钢(原报告称"海绵铁块")	1.288%	0.231%	0.017%	0.024%	0.022%
T1·22	熟铁(原报告称"优质铁")	0.048%	2.35%	微量	0.154%	0.012%

这两种样品的锰、磷、硫的含量都很低,该是用铁生沟所出生铁在炒钢炉中炒炼而成。熟铁中含硅量相当高,可能由于未经充分锻打,挤渣不完全而含有大量硅酸盐夹杂所致。高碳钢含碳量较高,该是在炒炼过程中脱碳到相当程度时就停止的缘故。

河南南阳市瓦房庄汉代冶铁遗址中,也发现几座炒钢炉,形制、结构都和铁生沟发现的缶式炒钢炉大同小异,炉底还留有铁渣块(参看图 9-2)。说明当时这类冶铁作坊,不仅用生铁铸造铁器,也还用生铁炒炼成熟铁或钢,锻制成工具、构件。遗址中出土的锻件如凿、镢等,当是该作坊自制的。南阳东郊出土一件东汉铁刀,形制较特殊,类似炊事用刀,刀身有一道平行于刃部的锻接痕迹。刀宽11.2厘米,长约17厘米,刀背厚约0.5厘米,就是用炒钢锻制,其刃部当是用高质量的炒钢锻接而成[①]。

洛阳晋元康九年(公元 299 年)徐美人墓出土的铁刀[②],长约22

---

① 见《考古学报》1978 年第 1 期,河南省博物馆等:《河南汉代冶铁技术初探》。

② 见《考古学报》1951 年第 1 期,蒋若是等:《洛阳晋墓的发掘》。

图 9-2　南阳北关瓦房庄遗址 19 号炒钢炉平面、剖面图

（采自《考古学报》1978 年第 1 期，河南省博物馆等：《河南汉代冶铁技术初探》）

厘米。经过金相鉴定，含碳量在 0.1％以下，夹杂物的总量较大，截面
上分布不匀，多的地方，体积占 8％左右，少的地方约占 2％，平均占
3％—4％，和现在熟铁相似。夹杂物的尺寸也较大，厚约 40—50 微
米，宽度约厚度的 3 至 10 倍。刃部夹杂物的尺寸略小。这是用炒炼
成的熟铁锻成，表面经过渗碳，但未经反复锻打，加工量较小。刀还
经过淬火，刃端含马氏体层约 1.5 毫米[①]。

　　近代流传在我国河南、山西、山东、安徽、湖北、湖南等省民间的

––––––––––––––––

　　① 见《考古学报》1975 年第 2 期，李众：《中国封建社会前期钢铁冶炼技术发展的
探讨》。

简便炒钢方法,就是从古代长期流传下来的。这种简便炼钢法,所采用的简便炒钢炉,建造的方法有下列两种:

(1)最简单的建炉方法,只在地下挖一个口小、底大的橘子形或圆筒形的坑,用力夯结实,用耐火泥糊成炉壁,或用耐火砖砌成炉壁。炉口上大半用半圆形的炉盖盖住,炉盖用半圆形泥板、石板或铁板制成,俗称"天门盖"。也有架起铁条、铺上或砌上青砖作炉盖的,中间凿有进风眼,安装着进风管。炉口上小半空出来,作为炉门口,也就是下料、搅拌和出钢的口子。这种炒钢炉在今山西省长期流行(参看图9-3)。

图9-3 山西省流行的一种炒钢炉

(见《土炒钢炉》,刊于《山西日报》1958年10月12日;《冶金报》同年42期)

(2)另一种建炉方法,先在地下挖成方形的土坑,选用耐火的干燥黄砂土打碎和粗砂拌匀,或用耐火黄黏土晒干打碎和粗砂拌匀,调和适量的水,捏成团,一层层地填进土坑,要填一层打一层夯,筑紧筑实,一直筑到地平。然后在筑得很结实的砂土或黏土中,挖成橘形或圆筒形的炉缸,再安装炉盖、进风管和炉门等。所用炉盖与前一种相同。在炉门口的前面,用一块小的长方形铁板铺在地上,在上竖立着

"炉门石"（用铁板或耐火石做成）。炉门是一个圆手椅的形状，左右两边各嵌有一块长方形的铁板（或用耐火石、耐火砖），从这两块铁板起，绕炉盖做一道墙，墙高以适合风管的高度为准，然后糊泥，糊成上大下小的漏斗形，以便盛料。这个部分俗名叫做"炉窝"。炼钢时，上料后再用一块铁板盖住炉门。

这种炒钢炉长期流行于河南、湖北、安徽三省。

河南省商城县的炒钢炉，也是属于这一种的（参看图 9-4）。商城县的炒钢炉建造时，一般都两个炉子并建在一起，以便轮流使用。炉缸作橘子形，炉窝是用黄砂泥土加少许草筋和水打熟后制成的，输风管用厚铁皮制成，作牛角形。

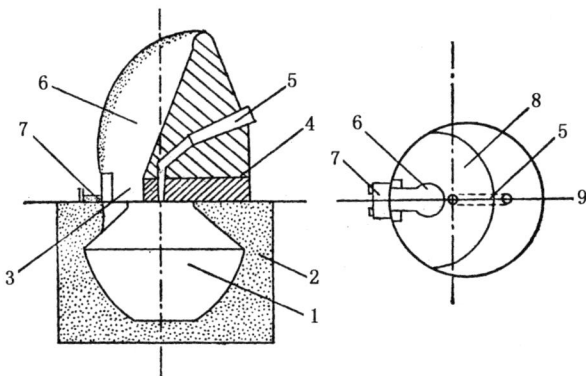

图 9-4　河南省商城县土法炒钢炉的正视图和剖视图

（采自冶金工业出版社编《土铁土法炼钢》1958 年版，第一篇《河南商城县的土法低温炼钢》）
　　部位名称：1. 炉缸　2. 夯实的耐火泥　3. 炉门口　4. 天门盖　5. 通风管　6. 炉门　7. 炉门铁　8. 炉窝　9. 地面

大体说来，在我国中部和北部，长期流传的简便炒钢炉都建筑在地下，一般称为"地炉"。南方因为地势低或者比较潮湿，不适宜建造

**图 9-5　云南的毛铁炉以及
毛铁炉鼓风情况**

（采自《考古》1962 年第 7 期黄展岳、
王代之《云南土法炼铁的调查》）

地炉，就先用砖石砌成方形的炉台，在炉台上再建成炒钢炉。例如云南的炒钢炉，叫做"毛铁炉"。构造简单，方形，每边长 4 尺 8 寸左右，高 2 尺 7 寸。顶部中央略为隆起。用砂石砌造，外壁垒砌土坯。炉的一侧装有风箱，另一侧设有火膛（参看图 9-5）。这种炒钢冶炼法，操作时也很简便。先把木柴、木炭装入炉缸内，点着火，鼓风使它燃烧，接着就把生铁加入炉内，把炉门堵塞。等到生铁烧红时，即开始炒拌。等到铁块烧得发白时，就剧烈地搅拌。铁块搅拌成豆渣状态，铁中的渣滓就分解成液体流出，豆渣状态的钢粒就成粘糊状态。这时就需要有意识地搅拌成团块，使形成一个个钢团，然后钳出锻打，打到渣滓挤出、钢块组织结实为止。锻打时，要先轻打、快打，打成形状，再重打、多打，打成结实的钢锭。

这种简便的炼钢法，是利用木柴、木炭燃烧时放出的热，把生铁烧成半熔状态，使炉内生铁中的硅、磷、锰、硫和碳起氧化作用，放出大量的化学热，一方面使铁熔成粘糊状态，一方面使铁中部分碳分烧去，并使铁中杂质成为液体而分解出来。因铁中杂质的熔点比较低，在比较低的温度下可先熔解，因此在铁的半熔状态中就可以把其中大部分的杂质和碳除去，使它转变成为熟铁或钢。如果锻打得好，能够进一步把其中的渣子挤出，使钢的组织紧密细致。如果把它放到锻铁炉中,烧红后反复锻打,可以提高钢的质量。

比上述简便炒钢炉进步的,便是反射炉。反射炉进步的地方是:简便炒钢炉只有一个炉缸,把木柴、木炭和铁块放在一个炉缸里,用木柴、木炭直接燃烧铁块,并加以炒炼。而反射炉则有两个部分,燃烧室用来燃烧燃料,熔池用来加热和炒炼铁块,它有火道使两部分连接起来,火焰从燃烧室通过火道射到炒炼铁块的熔池中,这样使用的燃料就不限于木柴或木炭,还可以用煤燃烧,使得煤中的硫不致渗到钢铁中去,同时炒炼中也容易清除杂质,可以得到质量较高的钢材。

这种反射炉炒钢法,在欧洲,发明于 18 世纪末叶。至于我国在何时发明,还有待于探索。河南省文化局文物工作队《巩县铁生沟》发掘报告,把属于西汉后期的 15 号炼炉定为反射炉,看来不够确切,这该是一种地坑式加热炉(参看本书上编第二章第三节)。

这种反射炉炒钢法,长期在我国河南、陕西、湖南、四川等省民间流传。这种长期流传的反射炉也是挖地坑建成的。有燃烧室和熔池并列的形式,也有燃烧室叠在熔池之上的形式。

河南省鲁山县流行的一种简单反射炉,是燃烧室和熔池并列的形式。这是在地下挖两个适当大小的坑,一个方形,一个圆形,四周都用耐火砖砌成炉壁。方形坑作为燃烧室,半腰安装有炉栅,其下部有口与鼓风器相连,装入燃料,可以鼓风燃烧。另一圆形坑作为熔池,是装料和炒炼用的,其顶部有一口,装有火道。燃烧室中的火焰,通过火道,从炉顶吹入熔池内。这种简单反射炉,就是在一般炒钢炉之旁安装了一个燃烧室。

陕西西安流行的一种简单反射炉,是燃烧室叠在熔池上的形式。先在地上挖掘一个地坑,坑底略作扁圆形,涂上耐火泥层,作为加热和炒炼铁块的熔池，旁边向上斜开一个缺口，作为炉门，以便装料、炒炼和出钢。在熔池之上，用砖砌造一个火口朝下的燃烧室，燃烧时可以使火由火口向下直冲到熔池内（参看图 9-6）。这种反射炉，就是在一般炒钢炉之上安装了一个燃烧室。

图 9-6　西安的一种简单反射炉

（采自科技卫生出版社编《土法低温炼钢》第六篇《最简单的反射炉炼钢》，1958 年版）

　　流传在民间的比较进步的反射炉是建筑在地面上的。燃烧室上有炉盖，下部安装有炉栅，炉栅之下有出灰口。燃烧室有火道从炉顶通向熔池，熔池有出钢口。熔池之旁还有预热室。例如四川威远流行的反射炉便是这种式样（参看图 9-7）。

　　反射炉炼钢法是否创造于西汉后期，或者稍后一些，目前还没法断定。但是，西汉后期已经创造简便炒钢炉，发明使用生铁炒炼成钢或熟铁的技术，确是事实。这标志着炼钢技术发展到一个新的阶段，使得钢材的产量可以大大提高，便于社会上能够得到大量廉价的熟铁和钢，这对于当时生产工具的改进，钢刃铁器以及钢制品的推广，起着重要的作用。欧洲用炒钢方法把生铁炒炼成熟铁，是 18 世纪中

图 9-7 四川威远流行的炒钢反射炉剖面图

叶创始于英国的。我国这种炒钢工艺比欧洲要早一千八百年。这个发明对我国封建社会前期和中期的生产的发展具有重要作用。当然，由于社会历史条件的不同，它不可能像欧洲出现在产业革命时期那样与近代工业联系起来，并发展为现代炼钢技术，但是我们决不能低估这项革新的重要意义。

在古代，一般都没有把熟铁和低碳钢区别开来，我国古代也是如此。在我国古代，对熟铁和低碳钢都混称为"铁"，东汉以后又混称为"鍒"或"鍒铁"，也或称为"鑐铁"或"熟铁"。唐人李世勣、苏恭等所著《唐本草》说："单言铁者，鍒铁也。铁落是锻家烧铁赤沸，砧上锻之，皮甲落者。"宋人苏颂《本草图经》又说："初炼矿用以铸泻器者为生铁。再三销拍，可作鍒者为鑐铁，亦谓之熟铁"（《重修政和经史证类备用本草》卷4《玉石部》引）。可知宋代由矿石初炼出来的是生铁，需要"再三销拍"，才能炒炼成熟铁。所谓"再三销拍"，就是上述的炒钢方法。

古时也有把熟铁或低碳钢称为"黄铁"的。例如晋、隋间著作的

《夏侯阳算经》卷中《称轻重》节,有下列两个算术题:

(1) 现在有生铁6 281斤,要炼黄铁,每斤损耗5两,问能炼得黄铁多少?

答:黄铁4 318斤3两。

(2) 现在有黄铁4 318斤3两,要炼为钢铁,每斤损耗3两,问能炼得钢铁多少?

答:钢铁3 508斤8两10铢5累。

这里所谓黄铁该就是熟铁。从这两个算术题,可知由生铁炼熟铁、再由熟铁炼钢铁的方法,在晋、隋间已用得很普遍。从生铁炒炼成熟铁是每斤损耗5两,再从熟铁渗碳锻炼成钢是每斤损耗3两。由于当时冶铁工匠对这两种工艺比较熟练,在操作过程中损耗的比例大体上差不多,已能掌握一定的规格,因而能够把它作为算术题了。

明代唐顺之《武编·前编》卷5《铁》条,谈到熟铁说:

> 熟铁出福建、温州等处,至云南、山西、四川亦皆有之。闻出山西及四川泸州者甚精,然南人实罕用之,不能知其悉。熟铁多漤淬,入火则化,如豆渣,不流走。冶工以竹夹夹出,以木棰捶之成块,或以竹刀就罐中画(划)而开之。今人用以造刀铳器皿之类是也。其名有三:一方铁;二把铁;三条铁。用有精粗,原出一种。铁工作用,以泥浆淬之,入火极热,粪出即以锤捶之,则渣淬泻而净铁合。初炼色白而声浊,久炼则色青而声清,然二地之铁,百炼百折,虽千斤亦不能成分两也。

这里记载锻炼熟铁的过程很详细,是采用了三段法。先把生铁炒炼成“多漤淬”的熟铁,初步“捶之成块”,或者加以划开,成为“方铁”、“把铁”、“条铁”,近代称为“毛铁”。再用毛铁进一步加以锻炼,除去渣滓,使得到较纯的熟铁,用来制作工具和兵器等。明末清初屈大均《广东新语》卷 15《货语》的《铁》条,对于广东的炒铁业有更具体的描写:

> 其炒铁,则以生铁团之入炉,火烧通红,乃出而置砧上,一人钳之,二三人锤之,旁十余童子扇(煽)之。童子必唱歌不辍,然后可炼熟而为镴也。计炒铁之肆有数十,人有数千,一肆数十砧,一砧十余人,是为小炉。炉有大小,以铁有生有熟也。故夫冶生铁者,大炉之事也;冶熟铁者,小炉之事也。

"扇之"是说鼓动鼓风器,"镴"是指熟铁片。由此可见当时炒铁炉所使用鼓风的人力比较多。明末宋应星《天工开物》卷10《锤锻》说:

> 凡出炉熟铁,名曰毛铁。受锻之时,十耗其三,为铁华铁落。

宋应星《论气》的《形气五》又说:

> 凡铁之化土也,初入生熟炉时,铁华铁落已丧三分之一;自是锤锻有损焉,冶铸有损焉,磨砺有损焉,攻木与石有损焉,闲住不用而衣锈更损焉,所损者皆化为土,以俟劫尽。

由于时代的限制,宋应星不了解铁在各种不同情况下损耗的原因,误认为铁的损耗"皆化为土"。他所说"生熟炉",当即指把生铁炒炼成熟铁的炉。所说"十耗其三"和"丧三分之一",是指生铁炒炼成熟铁和经锻打的损耗,这和《夏侯阳算经》所说每斤损耗 5 两差不多。据调查,流传在云南的土法炼铁采用三段法,先把生铁炒炼成毛铁要损耗六分之一,再由毛铁锻打成熟铁要损耗五分之一,也就是说,由生铁炒炼成熟铁,大约要损耗三分之一①。这和宋应星所说的损耗大

---

① 《考古》1962 年第 7 期,黄展岳、王代之:《云南土法炼铁的调查》。

致相当。

在明代,这种炒炼熟铁和钢铁的炉子,又叫做"白作炉"。《明会要》卷194《遵化铁冶事例》曾说:正德四年(公元1509年)开白作炉20座,炼熟铁208 000斤,钢铁62 000斤。六年开白作炉8座,炼熟铁钢铁如前。嘉靖八年(公元1529年)以后每年用白作炉炼熟挂铁208 000斤,计熟铁每挂4块,重20斤,共10 400挂。这种炒铁炉较冶铁炉为小,根据上述记录,可知白作炉一座在六个月中只能炒炼熟铁1万多斤到2万多斤。朱国桢《涌幢小品》卷4《铁炉》条和孙恩泽《春明梦余录》卷46《铁厂》条,记述遵化铁冶厂情况说:"熟铁由生铁五六炼而成。"这种由生铁五六炼而成的熟铁,实际上已经不是熟铁而成为低碳钢了。

明代唐顺之《武编·前编》卷5《铁》条,曾谈到"炼铁"的费用。他说:

> 炼铁,每十斤权炼作三斤,计用匠五工,工食二钱五分,约用炭价银一钱六分,通算炼就铁,计用银一钱六分六厘六毫,得铁一斤。此锻炼之大数。至于成置刀铳,工又益加,铁又益折,此须逐样监试一件,才能定价。

由此可见,在明代,用生铁炒炼成熟铁或钢,还比较费时费力,炼成3斤优质的低碳钢,要五个人劳动一天,同时铁的折耗也还很大,10斤生铁只能炼成3斤优质的低碳钢。这时一般的炼铁炉,大概一炉需要五六个人操作,其中最主要的是钳手,《武编·前编》卷5《火器》条在叙述"鸟铳"时曾说:"炼铁炉,每炉六人,炼该四日,共二十四工,内钳手每工四分,散匠三分,算该银七钱六分。"清代的情况大体上和明代相同,屈大均《广东新语》卷15记述佛山镇炒铁肆的情况说:"其炒铁,则以生铁团之入炉,火烧透红乃出而置砧上,一人钳之,二三人锤之。"近代我国的土法炒炼土钢的技术,就是在上述基础上发展起来的。

值得注意的是,明代还出现了一种不经炒炼的生铁脱碳制钢工艺。明代万历二十六年(公元 1598 年)赵士桢著作的《神器谱》(《玄览堂丛书》第 85 册),叙述噜密铳、西洋铳、迅雷铳等火器制造方法,在其《神器杂说三十一条》中有一条说:

> 制铳须用福建铁,他铁性燥不可用。炼铁,炭火为上;北方炭贵,不得已以煤火代之,故迸炸常多。铁在炉时,用稻草戳细,杂黄土,频洒火中,令铁尿自出,炼至五火,用黄土和作浆,入稻草浸一、二宿,将铁放在浆内,半日取出再炼,须炼至十火之外,生铁十斤,炼至一斤余,方可言熟。

这样"用稻草戳细,杂黄土,频洒火中",是为了帮助氧化;炼到"五火"(即五次烧炼)后,又用黄土和稻草做成浆,把铁放在浆里半日,取出再烧炼,也是为了帮助氧化。这样不经搅拌,先后用"五火"和"十火"来烧炼,当然很费时和费料,十斤生铁只能炼成一斤多熟铁,几乎要消耗十分之九,比《夏侯阳算经》所说"每斤耗五两",损耗几乎要增加两倍,但是所生产的料铁比较纯净,适宜于制作火器。茅元仪《武备志》卷 119《制具》条,讲到威远炮的制法,炼铁方法大体差不多,只是说要炼到五—七斤生铁炼成一斤熟铁为止。赵士桢《神器谱或问》(《玄览堂丛书》第 86 册)又说:

> 或问:近日大小神器,易铜为铁,舍铸务锻,犹然不堪,此何以故?曰:将作欲博精明之誉,损其值以致之耳。尝闻卢将军镗,南方初造鸟铳,工值三金之外。今一金吝而不给,一金不足

精工鸟铳铁炭之费,余可类推焉。

这时火器之所以必须采用较纯的熟铁锻造,是为了防止发射时爆裂。《神器谱》之所以主张火器必须采用福建铁作原料,就是因为当时福建生产的生铁质量较纯。而主张采用木炭做燃料,以"炭火为上",反对使用"煤火",则是为了防止铁中混杂硫、磷等杂质,以免发射时爆裂。所以要采用不经炒炼的生铁脱碳制钢工艺,同样是为了这点。

更值得注意的是,明代开始用炼铁炉的铁水在搅拌坑中由液体直接脱碳炒炼成熟铁的方法,就是炼铁炉和炒铁炉的串联使用①。《天工开物》卷14《五金》部分说:

> 若造熟铁,则生铁流出时,相连数尺内低下数寸,筑一方塘,短墙抵之。其铁流入塘内,数人执持柳木棍排立墙上,先以污潮泥晒干,舂筛细罗如面,一人疾手撒滟,众人柳棍疾搅,即时炒成熟铁。其柳棍每炒一次,烧折二三寸;再用,则又更之。炒过稍冷之时,或有就塘内斩划成方块者,或有提出挥椎打圆后货者。若浏阳诸冶,不知出此也。

---

① 李恒德《中国历史上的钢铁冶金技术》(《自然科学》第1卷第7期)分析《天工开物》所载的炼铁方法说:"宋应星所述的炼铁方法有几个特色是不容忽视的。第一,是炼铁炉和炒铁炉的串联使用,从炼铁炉流出的铁水,直接流进炒铁炉里炒成熟铁。……这一串联的使用方法减少了一步再熔化的过程,……宋氏叙述中的第二个特色便是炼铁炉操作的半连续性,他说道'既出,即又泥塞,鼓风再熔',……宋氏叙述中第三个特色是历史上为中国人所独创独有的一套钢铁生产系统,这个系统自铁矿开始,炼成生铁,再由生铁炼成熟铁,然后由生铁和熟铁合炼成钢,正是今日推行在全世界的钢铁生产系统。宋氏叙述中的第四个特色是熔剂的使用。……我们可以看到一个人站在炒铁炉旁向生铁上撒泥灰,另有些人在用木棍搅。泥灰的作用在此是熔剂,木棍的作用除搅以外,还可以帮助氧化。"李先生所说的第二个特色,是高炉炼铁技术发明后就有的,至少早在汉代已有了,第三个特色至迟在南北朝时代也早已有了,只有炼铁炉和炒铁炉的串联使用(即今所谓"热装"炒炼法),该是明代所发明和创造的。

方以智《物理小识》卷7《金石类》也说：

> 凡铁炉用盐和泥造成，出炉未炒为生铁，既炒则熟，生熟相炼则钢。尤溪毛铁，生也。豆腐铁，熟也。熔流时又作方塘留之，洒干泥灰而持柳棍疾搅，则熟矣。

这样在炼铁炉旁设置方塘来炒铁，减少了炒炼熟铁时再熔化的过程，不但缩短了炒炼熟铁的时间，也还减低了炒炼熟铁的成本。这种炼铁炉和炒铁炉串联操作方法的使用，是冶铁技术进步的具体表现（参看上编第七章插图46）。以上两书所说在炒炼熟铁时，要先在流体的生铁上撒干泥灰，泥灰可能是作为造渣的熔剂。至于用柳棍来炒炼，则是为了提高氧化脱碳的速度。

三　"百炼钢"技术的发展

由于炒钢法的创造，使得"百炼钢"技术发展到成熟阶段。东汉、魏、晋、南北朝时期，最精良的钢就称为"百炼精钢"或"百炼钢"。例如陈琳《武军赋》说："铠则东胡阙巩，百炼精钢"[1]。《文选》卷25载晋刘琨《重赠卢谌诗》又说："何意百炼刚（钢），化为绕指柔。"在夏赫连勃勃称王时，曾以叱干阿利为将作大匠，制造"五兵之器，精锐尤甚"；又制造一种"百炼钢刀"，刀上有龙雀形的大环，号为"大夏龙雀"[2]。南朝有一种"横法钢"，也是百炼而成，或称为"百炼钢"。当时用百炼钢制成的刀，十分锋利，据说能够斫断用头发丝悬挂起来的捆为一束

---

[1]　《北堂书钞》卷121引。

[2]　见《晋书》卷130《赫连勃勃载记》。据说叱干阿利"性工巧"，然而"残忍刻薄"，工匠制成兵器，既成呈之，工匠必有死者。射甲不入，即斩工人；如其入也，便斩铠匠。先后杀工匠数千。由此可以看到当时冶铁工匠所受的迫害极其严重；但是从此也可以看到，当时炼钢和制作钢铁兵器的技术已有很大发展。

的十三根"芒"①。

从已发现的古代钢制品来看，我国东汉时代已经掌握这种百炼钢技术，当时"炼"的工艺有"三十炼"、"五十炼"、"百炼"等区别。东汉流行一种环首钢刀，叫做"书刀"。因为它的一面常有错金的马形纹样，又称为"金马书刀"。皇帝往往用它来赏赐给臣下，官僚和儒生往往用带子把它系在腰间，因此也往往作为陪葬品。东汉人李元《金马书刀铭》说："巧冶练刚，金马托形；黄文错镂，兼勒工名"②。所说"练刚"，就是"炼钢"。说明这时已用"刚"字专指钢制品。

罗振玉《贞松堂吉金图》卷下著录有四件"书刀"，一面有错金的马形纹样，一面有错金铭文。其中三件铭文都是"卅炼"：

一、"永元十六年（公元 104 年），广汉郡工官卅湅（炼）△△△△△△△△△史成、长荆、守丞熹主。"

二、"永元十△年，广汉郡工官，卅湅（炼）书刀，工冯武……"

三、"……广汉〔郡工官〕卅〔湅〕△△△秋造，护工卒史克，长不，丞奉主"③。

汉代在今四川省境内设置工官两处，即蜀郡（治成都，今四川成都市）和广汉郡（治雒县，在今四川广汉北）。从已发现的古物来看，两处工官生产有金银钿漆器、刀剑和铜镜等。从上列三把"书刀"的铭文来看，广汉郡工官所造"书刀"都是采用"卅炼"工艺制成的。

1974 年山东苍山县汉墓出土一把环首钢刀，全长 111.5 厘米，刀

---

① 见《太平御览》卷 665 引陶弘景说。

② 《太平御览》卷 346 引。

③ 以上三把书刀，罗振玉《贞松堂吉金图》卷下及《贞松堂集古遗文》卷 15、容庚《汉金文录》卷 6、黄濬《衡斋金石识小录》卷下、刘体智《小校经阁金文》卷 14 著录。

身宽 3 厘米，刀背厚 1 厘米，环首呈椭圆形，环内径 2—3.5 厘米。刀身有错金火焰纹和隶书铭文："永初六年（公元 112 年）五月丙午造卅涷（炼）大刀，吉羊（祥）宜子孙"①。说明这把大刀也是用"卅炼"工艺制成的。

东汉钢制品还有用"五十炼"工艺制成的。1978 年江苏徐州铜山县驼龙山汉墓出土一把钢剑，锋部稍残，无首，通长 109 厘米，剑身长 88.5 厘米，宽 1.1—3.1 厘米，脊厚 0.3—0.8 厘米。剑把正面有错金铭文："建初二年（公元 77 年）蜀郡西工官王愔造五十涷（炼）△△△孙剑△。"内侧上阴刻铭文"直千五百"四字。"西工官"是蜀郡的工官，王愔是工官姓名。铭文说明这把钢剑是蜀郡工官用"五十炼"工艺制成的②。

东汉钢制品更有用"百炼"工艺制成的。1961 年日本奈良县古墓出土一把钢刀，上有错金铭文："中平△〔年〕五月丙午，造作〔支刀〕，百炼清〔刚〕，上应星宿，〔下〕辟〔不祥〕"③。中平是公元 184—189 年东汉灵帝年号。铭文说明这把钢刀用"百炼"工艺制成的。

上述山东苍山汉墓出土的"卅炼"环首钢刀，经过金相鉴定，刃部由组织均匀、晶体很细的珠光体组成，有很少量的铁素体，估计含碳量在 0.6%—0.7%之间。刃部经过淬火，虽经锈蚀，还可见少量马氏体。钢中变形量较大的细长硅酸盐数目较多，但尺寸很小，大部厚度在 2.5—5 微米、宽度 25—40 微米、少数宽达 60 微米，这是锻造时和

---

① 《文物》1974 年第 12 期，刘心健、陈自经：《山东苍山发现东汉永初纪年铁刀》。
② 《文物》1979 年第 7 期，徐州博物馆：《徐州发现东汉建初二年五十涷钢剑》。
③ 日本《考古学杂志》48 卷 2 号（1962 年），梅原末治：《奈良县栎本东大寺山古坟出土汉中平年纪年的铁刀》。

基体的钢一起高度变形的产物。除硅酸盐外,尚有少量变形较小的灰色氧化铁夹杂物。这些夹杂物显然与西汉中叶以前用块炼铁渗碳制成的刀剑中的夹杂物有差别,它没有大块以氧化亚铁和含铁较多的硅酸盐共晶夹杂,而以细长硅酸盐夹杂为主,夹杂物数目多,细薄分散,变形量很大,而分布比较均匀(刘胜书刀中最大夹杂长 2.5 毫米,而这把钢刀中夹杂约长 0.05 毫米,相差 50 倍);但可以看出夹杂物排列成行,表现有分层存在。这些成行夹杂物在刀的外缘行间较密,中间较疏。钢的各部分含碳量均匀,这也和西汉中期以前用块炼铁渗碳制成的钢不同。把这种钢刀和现代熟铁相比,夹杂物很相似,但数量较少,约占体积 1%,较熟铁少三分之一至一半,夹杂物也较细,分层比较明显。根据含碳量分布和夹杂物形态来分析,这种钢刀不是用炒成的熟铁再用固体表面渗碳制成的钢锻造而成,而是用炒钢方法取得的含碳量较高的钢为原料,再经过反复折叠锻打而成。

上述江苏徐州汉墓出土的"五十炼"钢剑,经过金相鉴定,组织也由珠光体和铁素体组成,分层明显。各层含碳量不同,最高含碳量0.7%,最低含碳量 0.4%。切割部位剑脊厚 5 毫米,其中心部位 2 毫米含碳 0.6%—0.7%。组织比较均匀。剑柄含碳量与剑身大致相同,中心部位约 0.7%。剑身、剑柄夹杂物数量不多,细薄分散,变形大,以硅酸盐夹杂为主,夹杂物排列成行。剑柄部分夹杂物数量较剑身稍多。可知这把钢剑组织和苍山出土"卅炼"钢刀基本相同,也该是用含碳较高的炒钢为原料反复锻炼而成。

什么叫"卅炼"、"五十炼"和"百炼"? 北京钢铁学院理论组作了如下的推测:

　　　　如果说"百炼"一词在早期形容反复锻炼的意思,那么在有了"卅炼"与"百炼"共存的事实以后,它们的含义就应代表一定的工艺质量标准。永初卅炼刀中硅酸盐夹杂物有明显分层,如以位于同一平面的连续或间断的夹杂物作为一层的标志,由三个观察者(其中二人事先不知道卅炼及测量目的),在 100 倍显微镜下,整个断面观察到的层数分别平均为 31 层、31 层弱及 25 层。据此,卅炼似乎是将炒钢锻造后折叠,再行锻打,如此反复最后得到大约 30 层,或将锻打的炒钢 30 层叠在一起进行锻造但不再折叠;当然也可能是指钢加热次数为三十火,每五六火折叠一次。以上推测是否正确,有待将来根据更多的实物进行考查。①

华觉明先生赞成后一说,认为"卅炼""说明它是经过三十次左右反复锻炼(即三十火)制成的"。"每加热锻打一次,称为一'火'或一'炼',这些术语,至今流传应用。"本人认为所谓"卅炼"、"五十炼"和"百炼"的"炼",既包括加热次数,也包括折叠锻打次数。因为这时的炒钢技术水平,要炼制成含碳量高、含杂质少而组织均匀的优质钢,只能先制成薄钢片再经反复锻打而成。要制成有一定长度的优质钢的刀剑,又必须把一定数量的薄钢片陆续折叠和反复锻打,要陆续折叠和反复锻打是非加热不可的。因此在当时,这种"百炼"的利器,同时又有"百辟"的称呼。"辟"是"襞"的假借字,就是襞积折叠而加以锻打的意思②。

在东汉末建安年间,曹操命令造宝刀五把,三年才造成,自己留

---

① 《考古学报》1975 年第 2 期,北京钢铁学院李众:《中国封建社会前期钢铁冶炼技术发展的探讨》。

② 《文选》卷 35 张协《七命》说:"乃炼乃铄,万辟千灌。"李善注:"辟谓叠之。"

了两把，把其余三把分给了三个儿子。这五把宝刀，也叫做"百辟刀"，是"百炼利器"，据说是用来"以辟不祥，摄服奸宄"的①。既称为"百辟刀"，又说是"百炼利器"，说明"百炼"和"百辟"的意义是一致的。曹植为此作赋说：

> 乃炽火炎炉，融铁挺（当作"铤"）英。乌获奋椎，欧冶是营。扇景风以激气，飞光鉴于天庭。爰告祠于太乙，乃感梦而通灵。然后砺以五方之石，鉴以中黄之壤。规圆景以定环，摅神思而造象。垂华纷之葳蕤，流翠采之滉瀁。故其利陆断犀革，水断龙角，轻击浮截，刃不纤削。逾南越之巨阙，超西楚之太阿。实真人之攸御，永天禄而是荷。②

这五把宝刀，要三年才造成，就可知它们不是一般的刀了。冶炼时，先用"炽火炎炉"来"融铁铤英"，这种"炽火炎炉"是有强大的鼓风设备的，即所谓"扇景风以激气"。在融好"铁铤英"后，还要由力气大的人锻打，即所谓"乌获奋椎"。锻打的次数是很多的，所以又叫做"百辟刀"。"辟"就是折叠锻打的意思。这样炼成的刀，有着"华纷"和"翠采"，非常锋利。这种宝刀，既然是"以辟不祥"的，又要"告祠于太乙"，又说"实真人之攸御"，看来不是一般作战用的刀，而是道家的"伏魔"宝刀之类。这时炼制宝刀宝剑技术的发展，看来与道家有关。

---

① 《太平御览》卷345引曹操《内诫令》说："百炼利器，以辟不祥，摄服奸宄者也。"《北堂书钞》卷123引《内诫令》也说："往岁作百辟刀五枚，吾闻百炼利器，辟不祥，摄伏奸宄者也。"《艺文类聚》卷60引曹操令说："往岁作百辟刀五枚适成，先以一与五官将，其余四，吾子中有不好武而好文学者，将以次与之。"这也该是《内诫令》中的文字，因为各书节引，以致各不相同，严可均辑《全三国文》，漏辑《北堂书钞》这段引文，误认《艺文类聚》卷60所引为另一个令，并定名为《百辟刀令》。据此，可知曹植《宝刀赋》所说的"宝刀五枚"，即是"百辟刀五枚"。

② 丁晏纂《曹集铨评》卷2《宝刀赋》。

在建安二十四年(公元 219 年),曹丕也曾命令"国工"挑选"良金",精炼"宝器",共炼成宝剑三把、宝刀三把、匕首两把和露陌刀一把。据他自己说,所有"国工""亦一时之良也","至于百辟"才炼成的,炼成的时候"五色充(或作"跃")炉,巨橐自鼓,灵物髣髴,飞鸟翔舞"。炼成的宝剑,有"光似流星"而名为"飞景"的,有"色似采虹"而名为"流采"的,还有名为"华锋"的。宝刀中有"文似灵龟"而名为"灵宝"的,有"采似丹霞"而名为"含章"的,有"似霜"而名为"素质"的。匕首中有"理似坚冰"而名为"清刚"的,有"曜似朝(早)日"而名为"阳文"的。露陌刀是"状如龙文"而名为"龙鳞"的①。曹毗《魏都赋》也说:"剑则含章、飞景、清刚、露皓、流采之珍,素质之宝,乍虹蔚、波映,或龟文、龙藻。"傅玄《正都赋》也说:"苗山之铤,铸以为剑,百辟文身,质美铭鉴。"②所有这些有特殊花纹和光彩的"文身"的"宝器",该也是用百炼钢的技术锻炼而成。曹毗《冶成赋》说:"含彩可以宝珍"③,这种"可以宝珍"的"含彩",也该是指这些"宝器"的"文身"而言的。

这些宝刀宝剑的炼制,值得我们注意的是:曹操命令"有司"炼制的"宝刀",叫做"百辟刀",曹丕命令"国工"炼成的"宝器",也是"至于百辟"才炼成的,炼成的宝剑也叫"百辟宝剑",宝刀也叫"百辟宝刀",匕首也叫"百辟匕首"。所谓"百辟",是和"百炼"的意义一致的,就是经过一百次左右的加热和反复折叠锻打。这代表了当时炼制优质钢利器的工艺质量的最高水平。

值得注意的是,从西汉到东汉、三国,主要钢铁兵器有了很大的

①　见严可均辑《全三国文》卷 8 曹丕《典论·剑铭》。
②　《北堂书钞》卷 122 引。
③　《文选》卷 22 鲍照《行药至城东桥》诗注引。

变化,就是长剑逐渐消失,而代之以环首长刀。之所以会起这样的变化,看来由于两个原因:一是由于骑兵的发展和战斗上的需要。剑的特点,前有长的尖锋,两侧有锋利的刃口,既便于向前推刺,又可以左右挥舞和劈削。到这时由于骑兵的发展,大量使用骑兵作为主力临阵战斗,由于马速很快,飞奔作战,就不便于使用长剑来推刺和挥舞,而适宜使用长刀来劈砍。环首长刀只一侧有刃,另一侧是厚实的刀脊,又没有长尖锋而有方刀头,很便于挥臂劈砍。同时长剑在战斗中容易弯曲或折损,环首长刀由于刀脊厚实,不易折损。二是由于制造方便和炼钢技术的进步。长剑的尖头和两侧都需要有锋利的刃,而中脊又需要较厚而坚韧,因此工艺要求高,不便于大量制造。环首长刀只一侧需要锋利的刃口,制造比较方便,便于大量制作。特别是由于炒钢方法和百炼钢技术的进步,使得环首长刀的制造大为发展。1957—1958 年在洛阳西郊西汉墓群的清理中,就发现 23 座墓陪葬有较长的环首长刀,长度从 85 厘米到 114 厘米[1]。这说明西汉时期环首长刀正日渐增多。山东沂南画像石墓墓门的横额上刻有战斗图,图中作战双方除使用弓箭以外,主要格斗武器就是环首长刀[2],说明东汉末年已把环首长刀作为主要武器。从南北朝时期的壁画、画像砖来看,当时主要兵器还是环首长刀和楯。

魏晋南北朝时期,曾经出了不少炼制这种宝刀宝剑的著名冶炼家。例如晋代永嘉年间的刘懤和南朝齐、梁时的黄文庆,都是当时极

---

[1] 《考古学报》1963 年第 2 期,中国科学院考古研究所洛阳发掘队:《洛阳西郊汉墓发掘报告》。

[2] 南京博物院:《沂南古画像石墓发掘报告》,文化部文物管理局 1956 年出版,第 12 页,图版 24。

著名的刀剑冶炼家。当时验看刀剑锋利的方法是这样的：把若干根"芒"（稻秒）捆为一小束，用头发丝系住这小束"芒"的秒，悬挂在一根杖头上，由一人拿着杖，由另一人用刀剑去斫这束用头发丝系在杖头上的"芒"，凡是能把"芒"斫断而发不断的才算好刀剑。据说刘懂炼制的刀剑，锋利得能够斫断这样用头发丝悬挂起来的捆为一束的十三根"芒"。而黄文庆用上虞谢平所开凿的"刚朴"（炼钢的矿石）炼成的"神剑"，比刘懂炼制的刀剑更要锋利，据说它能够斫断这样悬挂起来的捆为一束的十五根"芒"①。

在我国西南的兄弟民族中，从宋代以来还多用经过百炼或数十锻的钢来制刀。南宋初年曾敏行所著《独醒杂志》卷4曾说：他在湖南见到瑶族人民的"黄钢刀"，能够一挥斩断牛腰，这种黄钢刀是经过百炼，从铁中取得"钢精"的②。

在宋代，磁州的锻坊还有能炼百炼钢的。据沈括《梦溪笔谈》卷3《辨证一》说：

> 予出使至磁州锻坊，观炼铁，方识真钢。凡铁之有钢者，如面中有筋，濯尽柔面，则面筋乃见，炼钢亦然。但取精铁锻之百余火，每锻称之，一锻一轻，至累锻而斤两不减，则纯钢也，虽百炼不耗矣。此乃铁之精纯者，其色清明，磨莹之，则黯然青且黑，

---

① 《太平御览》卷665引陶弘景说："而近造神剑斫十五芒，观其铁色青激，光采有异，盖薛烛所谓涣如冰之将释者矣。顷来有作者十余人皆不及此。作刚朴是上虞谢平，凿镂装治（平声）是石尚方师黄文庆，并是中国绝手，以齐建武元年甲戌岁八月十九日辛酉建于茅山，造至梁天监四年乙酉岁，敕令造刀剑，形供御用，穷极精功，奇丽绝世。"

② 明人包汝楫《南中纪闻》说："倭奴制刀，必经数十锻，故铦锐无比。其国中，人炼一刀自佩，起卧不离，即黔蜀诸土夷亦然。土夷试刀，尝于路旁，伺水牛经过，一挥牛首辄落。"张澍《续黔书》卷6也说"苗人制刀，必经数十锻，故铦锐无比"，也还有在路旁伺水牛经过而试刀的说法。

与常铁迥异。亦有炼之至尽而全无钢者,皆系地之所产。

从沈括这段话,可知百炼钢是由"取精铁锻之百余火"而得名,既加热"百余火",同时又锻打百余次。所谓"精铁",当是一种用炒钢方法取得的高碳钢材,其中含有不少渣和杂质,就是沈括所说的"柔面"。采用加热锻打的方法,可以把钢材中所含夹杂物挤出去,所以每锻一次,钢材就轻一些。等到"锻之百余火","至累锻而斤两不减",说明钢材中的渣和杂质再也挤不出去了,这样就得到了质量比较纯净的钢材。所谓"斤两不减",并不是真的绝对不减,实际上锻打时仍有少量氧化皮脱落,但为量很微,不易察觉。

但是,各地出产的钢材原料,由于矿石的成分和冶炼方法有差别,成分和质量不同。有的质量较差,所含杂质较多,特别是含硫较多,在不断加热锻造时会引起热脆,这就不可能经过"锻之百余火"而取得坚韧的钢件。沈括说:"亦有炼之至尽而全无钢者,皆系地之所产。"那是由于当时科学水平的限制,不可能对此作出科学的解释,只能根据经验,以为与产地有关了。沈括所说"纯钢","其色清明,磨莹之,则黯然青且黑",这是指经过"锻之百余火",钢材中杂质清除,组织均匀而细密,成为后世所说的"喜鹊青"。方以智《物理小识》卷7注引方中通说:"烧淬刀石,色白再烘之,为喜鹊青乃刚。"这种"锻之百余火"炼成的钢,因为很费时费力,成本太高,在宋代已较少见,像沈括这样杰出的科学家直到磁州参观锻坊后,才知道有"百炼钢",而且认为"方识真钢"。其实钢并无真伪之分,只有质量上的差别。

沈括《梦溪笔谈》卷19《器用》有一段说:

古剑有湛卢、鱼肠之名。湛卢谓其湛湛然黑色也,古人或以剂钢为刃,柔铁为茎干,不尔则多断折。剑之钢者,刃多毁缺,巨

阙是也,故不可纯用剂钢。鱼肠即今蟠钢剑也,又谓之松文,取
诸鱼燔熟,褫去胁,视见其肠,正如今之蟠钢剑文也。

夏鼐先生解释说:

> 这是因为"剂钢"(指高碳钢)淬火后质硬而脆,可能当时未
> 用回火(tempering)的方法,它的硬度适合于制成利刃,但易断
> 折。"柔铁"是指锻铁(即熟铁)或低碳钢,硬度稍低,但坚韧而不
> 脆,用作剑的中脊(茎干),铁剑便不易断。我国近年在战国至西
> 汉墓中,发现铜剑和铁剑颇多。铁剑由于锈重,未作分析。但是
> 铜剑往往是脊部的青铜含锡较少,有的呈赤色,像嵌合赤铜一
> 条。含锡少则质柔而坚,不易断折。刃部含锡较多,质硬而脆,
> 适合刃部的要求。……铁剑这种制造法,当源于古代的铜剑。[1]

沈括认为古代的鱼肠剑和当时的蟠钢剑都是采用"以剂钢为刃,
柔铁为茎干"的锻合制剑方法。所谓"剂钢"当是用灌钢冶炼法取得
的中、高碳钢,所谓"柔铁"实际上是低碳钢,由于不断反复锻打,使钢
中杂质稀少,组织细密;同时由于作为刃部的硬钢和作为茎干的软钢
锻合得紧密而均匀,使得钢剑刃部坚硬锋利,而整个剑身富于韧性和
弹性,不易折断。

沈括所说"以剂钢为刃,柔铁为茎干"的刀剑锻制方法,在我国古
文献上没有详细的记述,但是,我们从流传在日本的"锻刀法"中还可
以见到。日本的锻刀法是这样的:首先要炼成"软钢"、"中硬钢"、"硬
钢"等含碳量不同的钢,以便锻制刀剑的"皮部"、"刃部"和"心部"。
大体上,皮部需用硬钢,刃部需用中硬钢,心部需要软钢。这三部分

---

[1]　《考古学报》1974 年第 2 期,夏鼐:《沈括和考古学》。

的钢，都需要经过多次折叠锻打而成。折叠锻打时，或者采取直的对折办法，或者采取横的对折办法，需要经过多次反复的对折锻打。一般皮部锻制的方法，先把硬钢反复对折锻打，要反复锻打十次以上，然后再用经过五次以上反复锻打的较薄的软钢块，和硬钢块锻合，再反复对折锻打，使得这层皮部在一层层的硬钢中夹有一层层薄的软钢。在所有皮部、刃部和心部的钢都反复折叠锻制完成后，再把这三部分的钢按照刀剑的需要折叠起来锻打，其折叠的方法也有多种（参看图9-8）。总之，心部的钢要求其富于韧性与弹性，使不易折断，刃部的钢要求其耐磨而锋利，皮部的钢要求其具有一定的硬度和韧性。

　　这种"以剂钢为刃、柔铁为茎干"的锻合技术，我国在什么时候创造，还有待于进一步的探讨。华觉明、杨根、刘恩珠等同志在对辽阳三道壕出土西汉铁刀残段和长沙出土铁剑残段进行金相考察后指出："其中长沙铁剑较为完整，可以看出它在各个部分含碳量不一致，并作有层次的分布，杂质的条件分布也最明显。据此可以推断，它是用类似《东洋炼金术》一书所载的将铁料层层包裹，反复锻打的方法制成的，为了使它外坚内韧，还经过淬火处理（另有铁剑残段，截面有明显的包裹痕迹，估计也是用此法做成的）"[①]。从春秋末年以后，制造钢剑，就采用多层薄钢片折叠反复锻打的方法，后来发展到"卅炼"以及"百炼"或"百辟"，不断有着进步。但是什么时候进一步明确采用"以剂钢为刃，柔铁为茎干"，还需要通过对古代许多钢剑、钢刀的金相鉴定，才能判明。

---

　　①　《考古学报》1960年第1期，华觉明、杨根、刘恩珠：《战国两汉铁器的金相学考查初步报告》。

第一次折叠锻打

第二次折叠锻打

第三次 ……

（A）经过第一阶段十次
折叠锻打的硬钢。

（B）经过五次折叠锻打
的软钢。

"皮部"第二阶段锻打，
用硬钢配合薄片软钢，反
复折叠锻打。

"皮部"第一阶段锻打，
要反复折叠锻打约十次。

"皮部"、"刃部"、"心部"的锻合方法。

皮　心　皮

刃

图 9-8　日本刀的锻制法

（采自日本近重真澄:《东洋炼金术》第二章第六节）

《梦溪笔谈》卷 21《异事》还说:

钱塘（今浙江省杭州市）有闻人绍者,尝宝一剑。以十大钉陷柱中,挥剑一削,十钉皆截,隐如秤衡,而剑锋无纤迹。用力屈之如钩,纵之铿然有声,复直如弦。关中（指今陕西省渭水流域）

钟谔亦蓄一剑，可以屈置盒中，纵之复直。张景阳《七命》论剑曰："若其灵宝，则舒屈无方。"盖自古有此一类，非常铁能为也。沈括谈到闻人绍所藏的宝剑，不但剑刃十分锋利，"挥剑一削，十钉皆截"，而且富有韧性，截去十钉之后，刃部没有一点折损，仍然"隐如秤衡"；并且极其富于弹性，"用力屈之如钩，纵之铿然有声，复直如弦"。钟谔所藏的宝剑，就更富于弹性，"可以屈置盒中，纵之复直"。这种剑所使用的钢材，已经和现代用来制作钢卷尺、带锯条、板簧、簧片的弹簧钢差不多，也该是经过百炼而成，说明当时钢的热处理加工技术已经达到很高的水平。

明代钢铁的生产量已有显著的提高。据明人朱国桢《涌幢小品》卷4"铁炉"条和孙恩泽《春明梦余录》卷46"铁厂"条，记述遵化铁冶厂的情况说："钢铁由熟铁九炼而成。"可知明代还多"九炼而成"的钢。《天工开物》卷10《锤锻》部分说："刀剑绝美者，百炼钢包外。"说明明代也还有百炼钢作为优质钢材。所谓"百炼钢包外"，就是把硬钢和软钢锻合的技术。明戚继光《练兵实纪杂集》的《军器解》中，指出当时步马兵所使用的腰刀，造法是"铁要多炼，刃用纯钢，自背起用平铲平削，至刃平磨无肩，乃利，妙尤在尖。近时匠役将刃打厚，不肯用工平磨，止用侧锉，将刃横出其芒，两下有肩，砍入不深，刀芒一秃，即为顽铁矣。"所说"铁要多炼，刃用纯钢"，当是刀脊使用低碳的软钢，刃部使用高碳的硬钢，加以锻合而成。

第十章 "灌钢"冶炼法的发明和发展

一 "灌钢"的起源及其冶炼技术的进步

中国早期冶炼钢铁技术，最突出的成就，就是"灌钢"冶炼法的创造。在世界上坩埚制钢法发明以前，钢铁冶炼技术还停留在用熟铁低温冶炼的阶段，由于温度不能提高，钢铁不能熔化，钢液不流动，就产生铁和渣滓不容易分离的问题和碳分不能迅速渗入的问题。必须经过百炼才可能得到纯钢，这样所花费的人力和时间是很多的，不可能生产大量的钢铁。由于中国古代劳动人民的辛勤劳动，在冶炼钢铁技术上积累了不少经验，不断地发挥创造能力，很早就发明了灌钢冶炼方法。这种冶炼方法，利用生铁的铁液灌入未经锻打的熟铁，能使碳分较快地、均匀地渗入。只要配好生铁和熟铁的比例，就能比较准确地控制钢中含碳量，再经反复锻打，就可以使质地均匀，炼成质量较好的钢铁。这是成本较低、工艺简便而比较能保证质量的一种炼钢方法。这种独特的炼钢方法，是我国早期炼钢技术上一种创造性的成就。

这种具有创造性的灌钢冶炼方法，至少南北朝时在南方已经普遍应用了。《重修政和经史证类备用本草》卷 4《玉石部》引梁陶弘景说："钢铁是杂炼生𫓨作刀镰者。"所谓"生"就是指生铁，所谓"𫓨"就是指熟铁，"杂炼生𫓨"就是把生铁和熟铁混杂起来冶炼。《重修政和经史证类备用本草》又引宋代嘉祐年间苏颂所著的《本草图经》说："以生柔相杂和，用以作刀剑锋刃者为钢铁。"明人唐顺之《武编·前编》卷 5《铁》条说："熟钢无出处，以生铁合熟铁炼成。"明末宋应星《天工开物》卷 14《五金》部分说："生熟相和，炼成则钢。"方以智《物理小识》卷 7《金石类》说："生熟相炼则钢。"所说的也都是同样的意思。

究竟用什么方法把生铁和熟铁混杂起来冶炼呢？东魏、北齐间（公元 550 年左右）有个讲究道术的人叫"綦母（双姓，亦作綦毋）怀文"的，曾经炼造一种"宿铁刀"。所谓"宿铁"就是后世所说的灌钢。《北史》卷 89《艺术列传》说："怀文造宿铁刀，其法烧生铁精，以重柔铤，数宿则成刚。以柔铁为刀脊，浴以五牲之溺，淬以五牲之脂，斩甲过三十札。今襄国冶家所铸宿柔铤，是其遗法，作刀犹甚快利，但不能顿截三十札也"（《北齐书》卷 49《方伎列传》所载略同）。这里所说"柔铤"是柔铁（即熟铁）的原料，也就是今天所谓"料铁"①，"宿"是说生铁熟铁如同雄雌两性的动物宿在一起交配，就是《天工开物》解释灌钢所说"生钢（铁）先化，渗淋熟铁之中，两情投合"。这是说：把生铁烧出精液来，让精液灌注到熟铁的原料中，经过几度交配之后就成钢铁。"宿铁"就是由此得名的。綦母怀文用柔铁来作刀脊，是为了

① 许慎《说文解字》："铤，铜铁朴也。"朴是"原料"的意思。

使刀有弹性韧性;他用牲畜的溺和脂来浴淬,是为了使刀刚利。这样炼造"宿铁刀",是很合于冶金原理的。清代学者成瓘在所著《篛园日札》卷 6"琐语琐事之沿"中,认为"此灌钢之始",是很有见识的。

这种灌钢冶炼法,大概晋代已经发明,南朝齐、梁时代的医学家和道教思想家陶弘景(约公元 452—536 年)已经把它作为炼钢的主要方法记录下来。北朝东魏、北齐间的道术之士綦母怀文也曾用灌钢冶炼法炼制成质量很高、十分锋利的钢刀,这种炼制方法后来在襄国(今河北省邢台县西南)一带长期为冶炼家所采用。一种生产技术从发明到普遍应用,成为主要生产技术,是需要经历一段改进和推广的时间的;而从发明达到高水平,更必须经过不断的实践,从实践中取得改进的经验的。由此可以知道灌钢冶炼法的发明必然远在南北朝之前。但要确定这种炼钢方法的发明年代,还有待于对魏晋时代的钢制品作出科学的检验分析。

西晋张协《七命》说:

> 大夫曰:楚之阳剑,欧冶所营。邪溪之铤,赤山之精。销逾羊头,镤(或作镤)越锻成。乃炼乃铄,万辟千灌。丰隆(雷神)奋椎,飞廉(风神)扇炭。神器化成,阳文阴缦。流绮星连,浮彩艳发。光如散电,质如耀雪。霜锷水凝,冰刃露洁。……此盖希世之神兵,子岂能从我而服之乎?[①]

除去其中描写的神秘色彩,我们可以看到当时宝剑的冶炼方法。"销逾羊头"的"销"当指生铁,《淮南子·修务篇》:"羊头之销",许慎

---

① 《文选》卷 35 张协《七命》;《晋书》卷 55《张协传》。

注："销，生铁也"①。"镤越锻成"的"镤"是指经过锻制的熟铁。"乃炼乃铄"，"炼"是说烧炼，"铄"是说熔化。"万辟千灌"，"辟"是"襞"的假借字，是襞积折叠的意思，指反复折叠锻打；"灌"应该指熔化的生铁水灌注到熟铁之中。"乃炼乃铄，万辟千灌"，当是形容灌钢的冶炼进程。"万辟千灌"是说"辟"的次数比"灌"多，因为灌钢仍然是使用固体原料炼成的，不能熔成钢液，还是需要不断地锻打，使组织均匀并挤出杂质，因此后步工序仍然保留着百炼钢需要反复锻打的特点。

这种灌钢冶炼法，当是劳动人民在炒钢的实践过程中逐渐创造出来的。用生铁炒炼成钢，所用火候和保留的含碳量是比较难掌握的；如果炒炼"过火"，含碳量过低，就不能炼成含有一定含碳量的钢。因此遇到炒炼"过火"时，就变成熟铁，不免要重新加入一些生铁加以补救。这样把生铁和熟铁同时炒炼，冶炼工人就逐渐掌握"杂炼生铄"的炼钢规律，进一步地创造了这种灌钢冶炼法。

与此同时，这种具有创造性的灌钢冶炼法的发展，该和当时讲究方术的道家有关。道家的方术，着重讲究的是"炼"，如炼气功、炼丹、炼金银、炼刀剑等。因为他们讲究"炼"，的确"炼"出了不少新的科学技术。由于他们炼气功，发展了气功疗养法；由于他们炼丹和炼金银，创造了原始的化学；由于他们炼刀剑，提高了炼钢技术。他们炼丹和炼金银的目的，本来在于制成仙药和炼成金银，虽然他们本来的目的没有达到，但是由于不断地用各种矿物配合和烧炼，发现了不少秘密，创造了不少新东西。他们炼丹、炼金银多在深山古洞，经常在

---

① 《文选》卷 35 张协《七命》李善注引许慎《淮南子注》。

高山峻岭人迹罕至的地方采集药物,为了避免野兽的侵害,需要佩带弓剑。所谓"凡学道术者,皆须有好镜剑随身"[①]。他们很讲究锻炼宝剑,例如南朝的陶弘景,他不但是个炼丹家和药物学家,著有《本草经集注》,而且是个锻炼刀剑的专家,著有《太清经》,一名《剑经》[②],《太平御览》卷 665 也引有他有关刀剑的长篇大论。道家在炼丹和炼金银的过程中,运用多种矿石和金属作化合试验,必然会丰富冶金的知识,提高冶金的技术。这种用生铁熟铁相和炼的灌钢冶炼法,该就是道术之士在劳动人民冶炼经验的基础上,经过炼制宝刀宝剑的实践而进一步提高了。我们前面所谈的,那个在北朝最先推行灌钢冶炼法、炼造"宿铁刀"的綦母怀文,就是个道术之士,可为明证。

南北朝时代这种灌钢冶炼法的发展和推广,使得钢的生产率有了较大的提高,使得钢较普遍地用到农具和手工业的工具上,隋、唐以后生产力的大幅度的提高该与此有关。

到宋代,这种灌钢冶炼法已在全中国范围内流行,作为主要的炼钢法了。苏颂《本草图经》说:"以生柔相杂和,用以作刀剑锋刃者为钢铁。"说明宋代用作刀剑锋刃的钢材,都是灌钢。宋代沈括《梦溪笔谈》卷 3《辨证一》说:"世间锻铁所谓钢铁者,用柔铁屈盘之,乃以生铁陷其间,封泥炼之,锻令相入,谓之团钢,亦谓之灌钢。"这里的"柔铁",是炒炼生铁所得的熟铁。这是说:在炼钢炉中把熟铁条屈曲地盘绕着,把生铁片嵌在盘绕的熟铁条中间,用泥把炉密封起来烧炼,待炼成后再加锻打,这样灌钢就炼制成功了。采用泥封办法,主要是为了防止加热时氧化脱碳。人们利用生铁的含碳量高和熔点低,可

---

① ② 见唐李绰《尚书故实》。

以在温度较低时先熔化，让生铁的铁液灌入四周盘绕的熟铁中，使熟
铁中所含的碳到达适当的分量，终于转变成为品质较纯的钢铁。因
为这种钢的冶炼方法的主要特点，是用生铁液灌注熟铁，所以称为
"灌钢"。又因为这种钢的冶炼方法是用生铁和熟铁团结起来炼成
的，所以又称为"团钢"①。

　　到明代，这种灌钢的冶炼方法又有提高。明末方以智《物理小
识》卷 7《金石类》说："灌钢以熟片加生铁，用破草鞵盖之，泥涂其下，
火力熔渗，取煅再三。"这是说，用熟铁片加上生铁，用泥涂的破草鞋
盖住，运用炼钢炉的火力，使生铁的铁液"熔渗"到熟铁片中，再加锻
打，便可炼成灌钢。明末宋应星《天工开物》卷 14《五金》部分说得比
较详细，他说："凡钢铁炼法，用熟铁打成薄片如指头阔，长寸半许，以
铁片束包尖（夹）紧，生铁安置其上（原注：广南生铁名堕子生钢者，妙
甚），又用破草覆盖其上（原注：粘带泥土者，故不速化），泥涂其底下。
洪炉鼓鞲，火力到时，生钢（铁）先化，渗淋熟铁之中，两情投合，取出
加锤。再炼再锤，不一而足。俗名'团钢'，亦曰灌钢者是也。"这是
说：先把熟铁打成薄片像指头阔，长一寸多光景，把若干熟铁薄片夹
紧捆住，放在炼钢炉中，用一片生铁放在上面，再把破草鞋鞋底涂了
泥，盖在上面。随后就把炼钢炉鼓风，等到温度到达一定度数，生铁
便先熔化成铁液，渗淋到下面的熟铁中。等到渗淋完毕，就取出来锻
打。这样，一次锻炼的过程才算了结。接着还需要再炼再锻。明代
灌钢的冶炼方法和宋代不同的是：(1)不用泥封而用涂泥的草鞋遮

---

　　① 李恒德先生《中国历史上的钢铁冶金技术》(《自然科学》1 卷 7 期，1951 年 12 月
出版)，解释灌钢制作技巧，说是"把强度高、硬性高的生铁嵌在柔铁里锻打成一种兼有
韧性和硬度的制成品。这种锻的方式演变成后世的夹钢"。这是错误的。

盖；(2)不把生铁片嵌在盘绕的熟铁条中，而是把生铁片盖在捆紧的若干熟铁薄片上。他们不用泥封而用涂泥草鞋来遮盖，一方面是使炼钢炉依然能够从空气中得到氧，使生铁在还原气氛下熔化；一方面是使大部分火焰反射入炉内，以提高冶炼温度。他们把熟铁打成薄片后夹紧捆住，无非使生铁的铁液能够灌到若干熟铁薄片的夹缝中，增加生铁和熟铁的接触面，使熟铁易于吸收生铁的铁液，能够使碳分均匀地渗入，这是冶炼方法的进一步的改进。宋应星从原理上概括说："凡铁分生熟，出炉未炒则生，既炒则熟，生熟相和，炼成则钢。"

这种灌钢冶炼法，明代在福建的安溪、湖头、福鼎、德化等处还很流行。顾炎武《天下郡国利病书》的福建部分说：

> 凡炼铁，依山为窑，以矿与炭相间，乘高纳之。窑底为窦，窦下为渠。炭炽，矿液流入渠中者，为生铁，用以镁铸器物。复以生铁再三销拍，为熟铁。以生熟相杂和，用作器械锋刃者，为刚铁也。今安溪、湖头、福鼎及德化等处，尚有业作者。

所谓"以生熟相杂和"，便是灌钢冶炼法。李时珍《本草纲目》卷8《金石部》说钢铁共有三种："有生铁夹熟铁炼成者，有精铁百炼出钢者，有西南海山中生成状如紫石英者。"这里所说的第一种钢铁，即"生铁夹熟铁炼成者"，就是指灌钢。这里所说的第三种钢铁，是依据《宝藏论》的说法，李时珍曾引《宝藏论》说："钢铁生西南瘴海中山石上，状如紫石英，水火不能坏，穿珠切玉如土也。"实际上天然的钢铁是不存在的，这是金刚石（俗称"金刚钻"）的误传①。

---

① 《旧唐书》卷198《西戎传》说西戎"有金刚似紫石英，百炼不销，可以切玉"。章鸿钊《石雅》卷上《金刚》条说："纪元后一世纪时，棣奥司诂梨堤氏曾别金刚为四种，其第三种如铁，谓之铁质金刚。……要之金刚与铁，世常相混，至中古世犹然。"

中国自从冶炼生铁技术推行以后，一般炼高碳钢的技术有两种，一种是"精铁"炼成的百炼钢，一种就是生铁和熟铁混杂炼成的灌钢。根据上面所引陶弘景、苏颂、唐顺之、方以智、宋应星等人的话，他们谈到冶炼钢铁的方法时，都只举出了冶炼灌钢的方法，可知从南朝起一直到宋代、明代，这种炼钢法已逐渐成为炼钢的主要方法。沈括在《梦溪笔谈》卷3《辨证一》中论到钢铁，也说当时人所谓钢铁都是指灌钢。因为这种炼钢法比较简便，比较进步，所以百炼钢的方法已居于次要地位。沈括因为在磁州锻坊中见到了当时不常见的百炼钢冶炼方法，因而认为百炼钢才是"真钢"，而灌钢乃是"伪钢"。他曾说："此乃伪钢耳，暂假生铁以为坚；二三炼则生铁自熟，仍是柔铁。然而天下莫以为非者，盖未识真钢耳。"这个说法是完全不正确的。钢铁（中碳钢和高碳钢）和熟铁的区别，在于钢铁的含碳量较高而没有杂质，根本无所谓"真钢"、"伪钢"。这种灌钢冶炼法能够"假生铁以为坚"，正是它的巧妙处。宋代曾敏行《独醒杂志》卷4说："今人才以生熟二铁杂和为钢，何炼之有？"这样的看法也是不正确的。因为古人不懂得炼钢过程中的变化，不了解灌钢冶炼法的原理，因而就产生不正确的看法。其实灌钢冶炼法的巧妙，不仅在于利用生铁水作渗碳剂，"假生铁以为坚"，而且利用它和熟铁中渣滓发生氧化作用，把渣滓除去。沈括说灌钢经过二三炼"仍是熟铁"，其实任何中碳钢或高碳钢，如果用烈火炒炼，把其中碳分烧掉，都是要变成低碳钢的，不仅灌钢是如此。明人唐顺之《武编·前编》卷5《铁》条，也曾讨论到这点：

> 人谓久炼则生铁去而熟铁存，其性柔，颇似不然。盖生铁虽百铸，所折甚少；熟铁每一铸，所折甚多；其去其存，不知其孰多而孰少也。人有谓团钢久则钢脆，与性柔之说相反。

其实,灌钢冶炼法使用生铁灌注熟铁,结果使生铁和熟铁经过变化,都变成了钢,并不存在"其去其存"、"孰多孰少"的问题。灌钢既不是"久炼则生铁去而熟铁存,其性柔",也不会"久则钢脆"。

二　明清以后"苏钢"冶炼技术及其传播

明、清以后流行的"苏钢"冶炼法,是灌钢冶炼法的进一步发展。它比灌钢冶炼技术有了改进。当炉温在摄氏1 300度左右的时候,炉里的生铁熔化,铁水均匀地滴淋入料铁的疏松的蜂窝中,不但能够起均匀的渗碳作用,还能与存留其中的氧化渣发生强烈的氧化作用,使渣和铁分离,渣浮于表面而逐渐流出体外,这样便能得到含渣少而成分均匀的钢材。

明唐顺之《武编·前编》卷5《铁》条所说"熟钢",就是灌钢:

> 熟钢无出处,以生铁合熟铁炼成。或以熟铁片夹广铁(案即广东生产的优质生铁),锅涂泥,入火而团之①;或以生铁与熟铁并铸,待其极熟,生铁欲流,则以生铁于熟铁上,擦而入之。此钢合二铁,两经铸炼之手,复合为一,少沙土粪滓,故凡工炼之为易也。……此二钢久炼之,其形质细腻,其声清甚。(明茅元仪《武备志》卷105同)

这里叙述了两种灌钢的冶炼方法,前一种"以熟铁片夹广铁","入火而团之",就是前举方以智、宋应星所说的方法,当是明代最流行的一

---

①　"或以熟铁片夹广铁,锅涂泥,入火而团之",这是说,把熟铁片夹着广铁(即优质生铁),装入锅中,锅口涂泥密封,然后入火加热,使生铁先熔化,和熟铁片团结起来,炼成熟钢。最近华觉明同志来信指出:"锅涂泥,似解释不通。铁锅连读,可释为用熟铁片夹着锅铁片合炼,因为锅铁片很薄,又是优质生铁,适用于炼灌钢,而广东又是盛产铁锅的。"这个解释,可备一说。

种方法。后一种"以生铁与熟铁并铸",等到"生铁欲流"时把生铁水擦入熟铁中,当是灌钢冶炼法的进一步发展,也就是流传在今四川等地的苏钢冶炼法①。唐顺之是明代嘉靖年间的人,可知,至少明代中期(15—16世纪之间)这种苏钢冶炼法已经发明了。

这种苏钢冶炼法,曾盛行于安徽芜湖。《嘉庆芜湖县志》(陈春华纂本)卷1曾说:"芜工,人素朴拙,无他技巧,而攻木攻革刮摩抟埴之工皆备,然不能为良,惟铁工为异于他县。"又说:

> 居于鏖治钢业者数十家,每日须工作不啻数百人。初锻熟铁于炉,徐以生镆下之,名曰馁铁,馁饱则镆不入也。于时渣滓尽去,锤而条之,乃成钢。其工之上者,视火候无差,忒手而试其声,曰若者良,若者楛。其良者扑之皆寸断,乃分别为记,橐束而授之客,走天下不訾也,工以此食于主人倍其曹,而恒秘其术。

这里所谓"生镆",即是生铁板。所谓"以生镆下之",就是以生铁水淋熟铁,如同把生铁水喂给熟铁吃一般,因而"名曰馁铁",如同今四川威远所谓"吃生"。由于高温的生铁水和熟铁中的渣滓起氧化作用,能够除去渣滓,结果"渣滓尽去"。当时掌握这种技术的人,全凭经验,有丰富经验的工人可以观察火候来操作,并可以鉴定成品的好坏。因为当时全凭一代代的把经验传授下来的,有经验的工人可以

---

① 凌业勤《"生铁淋口"技术的起源、流传和作用》(《科学史集刊》第9期,科学出版社1966年出版)分析唐顺之《武编·前编》卷5《铁》条说:"从这段文字叙述里似乎谈炼钢法,作者认为这种作法只在表面熔覆一薄层生铁,渗碳层也仅及表层,如要炼团钢,大可不必这样作,而对已成器形的工件,将有很好的功效,证之今天手工业中的锄板擦生,方法完全相同,所以尽管唐氏并列在炼钢法内,似可作擦生工艺看待。"我认为这个看法不正确。唐氏明明说:"以生铁与熟铁并铸",等到"生铁欲流",就把生铁放在熟铁上,让生铁液"擦而入之"。这很明显就是后来流传的"苏钢"冶炼法,和使用在工具的刃部的"生铁淋口"技术是有区别的。

得到较高的待遇,因而有经验的老师傅往往"秘其术"。芜湖这种炼钢业,到咸丰年间也还很盛。《民国芜湖县志》(鲍寔等纂本)卷 35 曾说:"钢为旧日驰名物产,咸丰后尚存炼坊十四家,均极富贵。"

据张九皋先生的调查,芜湖的炼钢业,远起于南宋初年。据说在北宋末期,山东曲阜有精于炼钢的铁工濮家兄弟七人,因金兵南侵,激于义愤,相约分别从军,从事炼制武器。兄弟七人分别随军转战南移,于南宋初期分别在安徽的芜湖、凤阳、和州、当涂、江苏的溧水、苏州、常州、浙江的嘉兴成家立业,来到芜湖的是老七。濮七先住于古城东南郊的百家店镇,炼制钢铁,因炼制的钢铁品质优良,业务发达,人们称百家店为濮家店。到南宋中期,濮七的孙子濮万伦,积累了丰富的炼钢经验,精于"听钢"(即敲击钢的声音,就能鉴别它的优劣)。到明代中叶,由于社会经济的发展,芜湖专业炼钢的钢坊开始扩大,濮家的濮万兴钢坊就从濮家店迁到古城西郊濮家院(在今市区明城以内,与铁石墩、铁锁巷毗连),以便取西湖水淬钢。后来因炼钢业发展,加之明城筑成后用水不便,濮万兴又在西城外七更点设置总作坊,以濮家院为东作坊。在乾隆、嘉庆年间,是最盛的时期,又增设西作坊,并在石桥港西面(即今花津路)建筑白石浴池,专供本坊工人沐浴,可见工人人数之多。

从明代中叶到清代初期,芜湖大钢坊发展到八家,除濮万兴以外,著名的有葛永泰、马万盛两家,这两家都是从南京迁来的,葛家在先,马家在后。葛永泰钢坊开设于西湖池东面,即今太阳宫(古名北极阁)湖滨街附近。马万盛钢坊最初开设于市区城内堂子巷中段,离濮家院很近,后来也因用水不便,迁到七家点。当时炼钢业所以会集中到芜湖来,是因为芜湖邻境的繁昌、当涂两县都产铁,皖南山区产木炭,而芜湖的水道交通较便利。不但芜湖的钢坊多数是从南京迁来的,炼钢工人也都是来自南京周围的江宁、句容、溧水、当涂。从康熙到嘉庆年间,芜湖大钢坊发展到十八家,小型的还没有计算在内,单陈姓钢坊一家,就发展成为五家:陈奎泰、陈元泰、陈祥泰、陈京泰、陈茂源。到嘉庆六年,清政府就对钢坊加强统制,曾饬令芜湖关道宋镕详定运销章程,责令各钢坊出具连环互结,公布坊票,认明熟客,指定售卖地方,并将钢斤数目、商贾姓名,填写票内,具结,就近呈送关道衙门编号钤印,验明放行。同时钢坊也正式成立公所,并在城内薪市街建筑公所,专人办理章程中所规定的事项。这时芜湖炼成的钢,行销七省之广,最远是山西省。濮万兴总作坊设有客舍,招待各省顾客食宿,钢款的汇划和现银的解运,都由票号办理。芜湖最后一家山西人开的三晋源票号(在三圣坊兴隆巷内),在七十年前芜湖炼钢业完全衰落时,才迁回山西[①]。

相传苏钢是由江苏人发明的,所以称为"苏钢"。在明、清时代,芜湖的苏钢冶炼业为最盛,而芜湖有不少大钢坊是由南京迁去的,炼钢工人也多数来自南京周围的地区。这种炼钢技术全凭父亲传儿子、师傅传徒弟一代代传下来的,老师傅是不肯随便教人的,所谓"恒秘其术",而明、清时代的苏钢冶炼工人既然都出于江宁、句容、溧水等地,那么,这个苏钢冶炼法创自江苏人的传说,应该是有根据的。自从灌钢冶炼法在南朝推广以后,在江苏地区该是比较流行的,首先记述灌钢冶炼法的陶弘景便是南朝秣陵(即今江宁县)人,隐居于句曲山(在今句容市东南)的。由灌钢冶炼法发展出来的苏钢冶炼法,

---

① 以上资料见《安徽史学通讯》1959 年第 3 期,张九皋:《濮家与芜钢》。

发明于江苏地区,该不是偶然的。

明、清时代芜湖所以会成为苏钢冶炼业的中心,不仅由于附近出产原料,交通方便,更由于苏钢冶炼工人多出在其所附江苏地区。此后苏钢冶炼法的传布,也都是由芜湖传布开来的。这种苏钢冶炼法,在清代乾隆年间曾由陶裕盛传授到了湖南湘潭,使得湘潭也逐渐成为苏钢冶炼业的中心之一。1935年出版的《中国实业志(湖南省)》第七篇说:

> 湘潭产钢,名曰苏钢,……质地较优。该业起自前清乾隆年间,由芜湖陶裕盛传授来湘。至咸丰时,湘潭之苏钢坊,计有四十余家。所产之钢,销于湖北、湖南、河南、陕西、山西、山东、天津、汉口、奉天(今辽宁省)、吉林等地,殊见畅旺,亦为湘潭苏钢业之黄金时代。迨光绪年间,亦受洋钢进口影响,贸易渐渐缩小,钢坊相继停闭(至宣统初年,只余六家,且所出之货,销路滞迟,营业奄奄不振)。

可知湘潭的苏钢,曾经在清代中期盛极一时,行销很广。1870年6月德人李希霍芬写给米琪的信曾说:"山西不炼钢,所用的钢全部来自芜湖和汉口。"李希霍芬在1882年所著《中国》一书卷2也说:当时山西所用钢,一部分是中国的,一部分是欧洲的,由汉口和芜湖购进,但欧洲的钢过脆,因此要同软铁掺合使用①。当时由汉口运销各地的钢,其中该有不少是由湘潭生产的。近代流行于四川等地的苏钢冶炼法,可能是由湘潭传往的。

周志宏先生于1938年在重庆北碚金刚碑附近的一个炼钢厂内,

---

① 见彭泽益编《中国近代手工业史资料》第2卷第140、143页。

曾对这种苏钢冶炼法作了一次比较深入的调查研究。这里炼钢的炉
子称为抹钢炉,高约 0.7 米左右。炉前部炼钢部分用砂石砌成,并衬
以沙泥;炼钢炉的结构形似陶瓶,上部有沙泥捏成的盖板。炉底作狭
长方形,由四根熟铁条平列构成,中间露出三孔,使空气和渣滓上下
可以畅通。鼓风设备是平列的两个风箱,系用砂石砌成,截面成三角
形(参看图 10-1)。炼钢时,先把未经锻打的熟铁(即料铁)两条放入
炉中红炽的木炭中,加盖鼓风。2 分钟后,即去炉盖,用火钳钳住一
块长方形的生铁板斜搁于炉口内,继续用力鼓风,这时温度升高达
1 000 摄氏度左右。3 分钟后,斜搁在炉口内的那块生铁板的一端开

图 10-1 四川重庆冶炼"苏钢"的抹钢炉

　　(采自《科学通报》1955 年第 2 期周志宏《中国早期钢铁冶炼技术上创造性的成就》)

　　甲 正中截面图　乙 平面图　丙 横中截面图
1. 炉膛及膛壁上涂泥砂　2. 炉桥　3. 进风口
4. 灰渣出口处　5. 连续性风箱　6. 风叶　7. 活门
8. 送风柄　9. 风箱墙

始熔化,从炉口喷出的火焰中夹有生铁板的火花,温度约在1 300摄氏度左右。这时炼钢工人便用左手握大钳夹住生铁板左右移动,使熔化下滴的铁液均匀地滴在熟铁上,发生强烈的氧化作用,同时用右手执钢钩不断翻动熟铁,使熟铁各部分能均匀地尽量吸收铁液。6分钟后,一块生铁板熔化淋完,接着就用第二块生铁板斜搁在炉口内。4分钟后,就进行第二次淋铁,到生铁板淋完为止。到这时,淋铁工作完毕,把淋过铁的熟铁夹到磴上锻打,除去熔渣,使成为钢坯,俗称"钢团"。接着便把钢团放到炼炉(俗称"抽条炉")内加热,锻打成钢条,在钢条尚呈红色时投入冷水中淬冷。这样炼成的钢,内外部成分相差很微,含渣很少,磷、硫也有显著的降低,除了锰、矽成分低外,其他成分完全合乎碳素工具钢的成分。在半流体状态冶炼过程中能得到这样的钢,已是很杰出的①。

这种苏钢冶炼法,在四川省威远县也已有较久的历史。威远县的抹钢炉,结构和重庆市的差不多,操作过程也差不多。当地工人把"料铁"叫做"钢坯",生铁板叫做"抹板",装炉时把钢坯放在炉心,顺四条、横两条地安放,又把抹板放在钢坯上烧着。当钢坯接近软化状态时,用钢勾把钢坯不断翻转,使受热均匀,叫做"勾钢"。等到钢坯呈半熔化状态时,就把铁水滴入抹板上,先滴钢坯两头,再滴中间,因为两头的温度一般较中间上升得快,这叫做"吃生"。"吃生"要吃两次,在观察到钢坯增碳已经足够时,就停止"吃生",把钢坯钳出。钢坯还要经过炼炉烧红,锻打成一定的形状。抹板一般都采用高锰生

---

① 《科学通报》1956 年第 2 期,周志宏:《中国早期钢铁冶炼技术上创造性的成就》。

铁(含锰 3%—4%),加热在 1 150—1 250 度之间,这样就可以增碳和增锰,得到较好的工具钢①。

周志宏先生对苏钢冶炼法曾作深刻的分析。他说:

依据作者的实地考察和取样检验的结果,可以肯定说:这种炼钢方法是和世界工业先进国家早期的炼钢方法不同,它们过去所有熟铁渗碳钢等方法,我们都有,可是上面所说的炼钢方法,在国外还没有类似的发现,显然是一种创造性的发明! 必须指出:这种方法设备很简陋,材料单纯,原料消耗很大,但整个的操作过程却能适合现代的冶金原理。不用坩埚而创造出一种淋铁氧化的方法使渣铁分开,成为比较纯的工具钢,这是中国古代先进炼钢工作者的智慧结晶。他们利用生铁的高碳和低熔点,可以在低温时熔化,成滴地滴入料铁,同时也由于料铁疏松,易于吸收铁液,并使其分散成为无数小珠流入料铁内各个蜂窝中,与存留其中的氧化渣紧密地发生作用,并迅速地除去杂质,减低碳分,这时渣铁分开,渣浮于表面,逐渐流出体外,而铁液中碳分降低到相当程度,即不再流动,而留于海绵体内,直至全部空隙填满,渣子流去,一个不含渣的钢团就被冶炼成功了。这种利用料铁的结构来分散渣和铁液至极细小的个体,以达到增加接触面和氧化速度的方法,与近代白林快速炼钢法在原则上是没有什么区别的。依据对成品的检查,缺点是有的:如硬度上有点参差,钢团的表面还有空隙,个别部分尚有炉渣存在。但在半液体

---

① 见四川省工业建设经验交流展览会编《土法冶炼》,重庆人民出版社 1958 年版,第 4 篇《威远钢铁厂土法炼钢技术操作经验》。

状态下很难做到严格的控制,所以还是含渣少、成分均匀的产物。这里值得我们注意的是在成分方面:除锰、矽均低外,其他都与碳素工具钢的成分完全相似。至于磷、硫特低的原因,系由于原料的磷、硫已在炒料时去其一部分,在抹钢时又去其一部分,故含量特低。在低温度时,在含多量氧化铁渣的作用下,这是可以做到的,但渣杂的去除,碳分的适合与均匀,完全依赖于液体铁珠的大小和降落的频数的控制,以及温度的调节。在这方面熟练工人的操作,也是值得称道的。他们凭自己的丰富经验来看炉内的火色,利用鼓风的缓急来调节温度和作用的快慢,在当时没有新式科学的测温设备,单凭经验来控制,不能不说是一种杰作。从产品所显示的细小颗粒及均匀的淬硬断面,与近代工具钢几乎完全相似,所以中国早期钢铁冶炼的技术是符合科学的原理的。

我们从这个分析中,可以了解这种苏钢冶炼法的巨大成就。

三 "生铁淋口"技术的发明和流传

更值得重视的,就是在明代锻制工具和兵器的锋刃时,采用了"生铁淋口"的方法,使锋刃具有钢铁组织的表面层。这个方法所应用的原理是和苏钢冶炼法相同的,也该是灌钢冶炼法的进一步发展,也是中国人民在炼钢技术上独到的创造。

宋应星在《天工开物》卷10《锤锻》部分叙述锄镈制造方法时说:"凡治地生物,用锄、镈之属,熟铁锻成,熔化生铁淋口,入水淬健,即成刚劲。每锹锄重一斤者,淋生铁三钱为率,少则不坚,多则过刚而折。"这种"生铁淋口"的方法,就是利用熔化的生铁作为熟铁的渗碳剂,使这种熟铁的刀口的表面有一定厚度的生铁熔复层和渗碳层,渗碳层具有高碳钢的组织,所以这种熟铁制的刀口,用"生铁淋口"法处理后,再加上淬火处理,就能"刚劲"。这种炼制工具钢刃的方法,既不需要夹进炼好的钢条,又不需要把工具加以熔化,而利用了炼钢原理,很巧妙地用"生铁淋口"的方法使工具具有钢刃,不但方法简捷,而且节省很多时间,这又是我们祖先在制造生产工具上的一个创造性成就。

这种生铁淋口技术,四百多年来在民间流传很广,几乎遍及全国。凌业勤先生曾赴山西、河北、山东、江苏等省进行实地调查,看到这项技术仍然广泛用于农具制造,并听到不少老农对"擦生"农具如锄、锨、镐、镢等给以很高评价,认为既耐磨而又韧性好,因而锋刃快,经久耐用。这种传统工艺,各个地区有各自传统的操作习惯,所用来"淋口"或"擦生"的生铁材料也有不同。如山西省使用疙瘩犁镜铁片、古庙钟铁、古建筑铁柱铁瓦、锅铁、秤砣铁等等;山西阳泉地区使用坩埚炼铁法炼制成的高碳灰口铁条。根据化验分析,这种生铁材料含碳量很高(3.5%—4%)而含硅量很低(0.04%—0.12%),是一种高碳低硅的生铁。这种生铁材料的性能是:熔点低(1 130 度左右),流动性好,渗碳作用强,硅低使生铁不容易析出石墨。有了这些性能,擦生工艺便容易进行,产品质量可以得到保证。他们所以要搜集古代铁器作为擦生的生铁原料,就是因为我国古代铸造的铁器基本上都是高碳低硅的生铁。所要擦生的农具本体是含碳量在0.25%以下的熟铁或低碳钢,要烧到1 200 度左右为合适,过低渗碳作用不强,过高则本体将严重脱碳,材料发疏而脆。整个擦生的时间,包括加热、擦生、淬火等等,大约 4—5 分钟,而生铁液擦上的时间仅为 20—

30 秒钟。操作者的动作要求敏捷而准确,否则会擦不匀,表面凹凸不平,影响质量。淬火前,工件要凉到樱红色,估计温度在 750—800 度左右。入水淬火的时间约 5 秒。经过修边开刃,便成为一件耐磨而又韧性好的农具。每 3 市斤重的锄要淋生铁 4.5 市两,也就是每重 1 市斤要淋生铁 1.5 市两。《天工开物》说:"每锹锄重一斤者,淋生铁三钱为率。"所淋的生铁液只有现在的五分之一。这是因为宋应星所说的只淋农具的刃口部分,而现在大多是全面淋擦的。

这种生铁淋口技术的作用,有人认为是渗碳①,也有人认为是渗碳兼生铁堆焊②。凌业勤先生从北京昌平农具厂出产的"双枣花"名牌锄板左上角截取试样的过渡层金相照片进行了分析,其外层是白口生铁熔覆层,厚度约 0.14 毫米;其次为高碳钢层,厚约 0.11 毫米;再其次是过共析层,厚度约 0.23 毫米;更其次为亚共析层,也就是向本体金属过渡的一层,厚约 0.15 毫米。他进一步说:

> 可以初步认为最外面为白口生铁熔复层,在高温下与本体金属表面层熔合良好,从图像上可以清楚看出,所以同堆焊有所不同,也不能单纯理解为渗碳作用,因为它覆着一层生铁,起了耐磨的作用。所用的擦生材料含碳量高达 4% 左右,而本体金属含碳量在 0.25% 以下,两者间的碳分浓度差距很大,高温下碳元素迅速扩散到本体金属中去,形成了渗碳层,渗碳层与生铁熔覆层总起来就叫"擦生层",组织结构都由珠光体和数量不同的渗

---

① 见《压力加工与热处理》1959 年第 10 期,黄尧仁:《我国古代的金属学与钢铁热处理技术》。

② 见《中国农机学报》1963 年 6 卷 3 期,袁绍华:《擦镳处理及其在犁铧上的应用》。

碳体形成混合物。经过冷锤、淬火以后,组织起了变化,形成了马氏体和渗碳体。这种组织基体的特性是十分坚硬,有很高的耐磨性,而本体未起渗碳作用的低碳钢部分却异常柔软,韧性良好。表面坚硬、内部柔韧这正是一件手工具、农具和武器所要求的特性。擦生厚度如果适当,刃口还会常保持自动磨锐的特点,这就是一般叫做"自刃性"。如果擦生层过厚或渗透了(老匠师叫做"吃透了"),整个断面都变成坚硬的高碳钢,也就不能显出这些优特点了,而且还会变脆易折。这正是宋应星氏所谓:"少则不坚,多则过刚而折"的道理。①

我们从这个分析中,可以了解这种生铁淋口技术对于改进生产工具性能的巨大作用。由于采用生铁淋口技术,使原来以熟铁或低碳钢作为本体的生产工具,表面有一层一定厚度的擦生层,包括渗碳层和生铁熔覆层(渗碳层具有高碳钢性质),达到了表面坚硬、内部柔韧和耐磨、耐用的要求。

根据本章的论述,可知灌钢冶炼法在南北朝时期已普遍使用,距今已有一千四五百年了。它的发明年代还要早,可能在西晋时期。在那个时候,欧洲的炼铁炉连生铁还不会生产哩!

从灌钢冶炼法的发展历史来看,它是在不断的进步的。明代用生铁淋灌夹紧的若干熟铁薄片的方法,比宋代以前用生铁淋灌盘绕的熟铁条的方法是前进了一步,因为这样可以增加接触面。明代中期以后的苏钢冶炼法,把熔化的生铁左右移动,使生铁液淋灌到不断

---

① 《科学史集刊》第9期(科学出版社1966年出版),凌业勤:《"生铁淋口"技术的起源、流传和作用》。

翻动的熟铁条上,比明代以前把生铁和熟铁安置在炉内,让它们自己"两情投合"的方法又前进了一步,因为这样不但可以更多地增加接触面,而且可以利用强烈的氧化作用来清除杂质,从而加速冶炼进程,并提高钢的质量。明代中期以后创造的生铁淋口技术,又是苏钢冶炼法的发展,这对改进生产工具的性能起了很大作用。

第十一章　锻造技术和淬火工艺的进步

一　锻造技术的进步

中国古代对于熟铁和钢的机械处理方法是"锻"。一方面是为了把熟铁或钢的渣滓挤去，使组织比较均匀细致，性能提高；一方面是为了锻造成所需要的形状。

我国铁的锻造技术发明很早。河北藁城等地出土的商代铁刃铜钺，它的铁刃就是用陨铁锻造而成，而且已经能够把陨铁锻成厚仅 2 毫米的薄刃。河南浚县出土西周早期铁刃铜钺，还在铁刃上锻成凹坑，使铁刃和铜钺经过浇铸接连后可以固定。这都说明当时的锻造技术已具有一定水平。

我国古代锻打熟铁和钢材用的锻炉，用土坯、石块或砖砌成，形状和当时温酒用的炉灶差不多，"四边隆起，其一面高"。大体上锻炉的结构，从汉代以后直到近代，没有多大变化①。例如近代流行于云

① 《史记·司马相如传》裴骃《集解》引韦昭说："炉，酒肆也，以土为堕，（转下页）

南的锻铁炉，又称"压铁炉"，用土坯和石块砌成，形同南方炉灶。火腔略近正方形，每边长约35厘米。使用小型风箱鼓风（参看图11-1）。一炉三人操作，一人掌钳，两人锤打。每次安置熟铁6—8块，待鼓风烧炼20分钟左右，即可取出锻打一次，淬火后再入炉烧炼，再炼再锤。

图11-1　云南流行的锻铁炉

　　河南巩县铁生沟汉代冶铁遗址发现锻炉1座，炉基为白色夯土，夯土每层厚8厘米，有平夯痕迹，相当坚实。锻炉用红色耐火砖和红色耐火泥建成。炉腔近圆形，直径0.36米，高0.24米。底部平坦。南有火门，炉北有一道高0.43米的土台。锻炉依台砌成。炉西挖有长方形土坑，长0.56米，宽0.26米，深0.3米（参看图11-2）。炉西发现有不少铁块、薄铁片以及铁锄、铁条等物，皆为锻制。在炉北的台上，有一片被火灼烙的遗迹，深灰色，中间高而四周略低①。

　　山东滕县宏道院出土画像石《冶铁图》，西部描写锻炉用皮囊鼓风的情况，一人正在推拉皮囊，一人躺在皮囊底下推动，看来锻炉建筑于地坑里。炉旁有两人相对，正在一个铁砧上锻打铁器，同时旁边又有人正在观察已锻成的铁器，以便进一步加工（参看图11-3）。

（接上页）边高似炉。"《汉书·食货志》颜师古注也说："卢（炉）者，卖酒之区也，以其一边高，形似锻家卢，故取名耳。"《汉书·司马相如传》颜师古注又说："卖酒之处，垒土为卢，以居酒瓮，四边隆起，其一面高，形如锻卢，故名卢耳。"可知锻炉的形状，从汉代以来没有多大变化。

　　①　见河南省文化局文物工作队：《巩县铁生沟》，科学出版社1962年版，第26页。

图 11-2　巩县铁生沟汉代冶铁遗址发现的锻炉平面、剖面图

图 11-3　山东滕县宏道院汉冶铁画像石的锻铁部分

　　我国古代钢铁的刀剑的制造,都是采用锻造技术的。所谓百炼和百辟,就是把薄钢片通过加热反复折叠锻打一百次以上。关于这点,我们在前面论述百炼钢制造方法时已经讲到。由于不断地反复锻打,可以使得钢中杂质减少,组织细密。

从出土的战国、秦、汉的铁农具和工具来看,多数是用生铁铸造而经过柔化处理的,但也有少数是用熟铁锻造成型的。例如西安半坡战国墓出土的铁锄,截面成尖劈状,中间有銎,壁厚为 0.25 厘米。和其他铸造成型的铁锄相比较,它的特点是銎特深,尖劈很短,壁较薄。它的锻造工艺过程估计如下:先将原材料多次锻打成薄片,再将薄片折合和锻接,然后再加工锻成所需要的器形。这件铁锄锻造成型的过程大体如下图①:

图 11-4　铁锄锻造成型的过程示意图

封建社会后期锻造技术更有进步。前面叙述百炼钢技术的时候已经谈到,古代的鱼肠剑和宋代的蟠钢剑,由于不断加热和反复锻打,使杂质稀少,组织细密,富于韧性和弹性。

明、清时代锻造技术有较大的发展,大到“千钧锚”,小到锥、锯、锉、凿、针,都有一定的锻造方法。据《天工开物》卷 10《锤锻》条,千钧锚的锻造方法是:“先锻成四爪,以次逐节接身。”关于锻接的方法,《天工开物》说:“凡铁性逐节粘合,涂上黄泥于接口之上,入火挥槌,泥滓成枵而去,取其神气为媒合,胶结之后,非灼红斧斩,永不可断

---

①　参看《考古学报》1960 年第 1 期,华觉明、杨根、刘恩珠:《战国两汉铁器的金相学考查初步报告》。

也。"《物理小识》卷7《锻缝》条也有同样的说法,并说:"大器以细陈壁土撒接口自合。"这也该是从锻接的经验中得来的方法。这样采用陈年壁土细末或黄泥撒在接口,在锻合过程中,壁土和氧化铁皮形成低熔点的液态硅酸盐,被挤出接缝,所谓"泥滓成柎而去",因而不会留下隙缝,胶结得十分牢固。

我国古代钢铁锻造技术的突出成就,更表现在"冷锻"方法上。

远在11世纪,我国的羌族已能运用冷锻方法锻制成很坚韧的甲。李焘《续资治通鉴长编》卷132记载北宋庆历元年(公元1041年)五月甲戌太常丞直集贤院签书陕西经略安抚判官田况"上兵策十四事",其中第十二事说:

> 工作器用,中国之所长,非外蕃可及。今贼甲皆冷锻而成,坚滑光莹,非劲弩可入。自京赍去衣甲皆软,不足当矢石,以朝廷之事力,中国之技巧("中"字旧脱,从《愧郯录》卷13引增补),乃不如一小羌乎？由彼专而精,我漫而略故也。今请下逐处,悉令工匠冷砧,打造纯钢甲,旋发赴缘边,先用八九斗力弓试射,以观透箭深浅而赏罚之。闻太祖朝旧甲,绝为精好,但岁久断绽,乞且穿贯三五万联,均给四路,亦足以御敌也。

由此可见当时西夏使用的钢甲,都冷锻制成,由于他们在这方面"专而精",所造钢甲都"坚滑光莹,非劲弩可入"。

宋人岳珂《愧郯录》卷13《冷端(锻)甲》条又说:

> 杨太监简在戎监,尝得诸李尉府显忠之族子,谓甲不经火,冷砧则劲可御矢,谓之冷端(锻)。遂言于朝,乞下军器所制造。时显忠之子师尹为知阁门事,实领是官,力辩其不然,文移互往复,其实工人惮劳费耳。时虽知其强辩,而无以折之。

接着，岳珂引据上述田况的话，又说："然则此甲在祖宗朝已有之，时珂以忧去国，恨不能以所闻佐其说，故迄今犹不能革其制焉。"如此说来，冷锻法不但西夏采用，原来宋朝也是应用的。

沈括《梦溪笔谈》卷19《器用》有一条记载青堂羌（在今青海西宁附近）用冷锻方法制作"瘊子甲"说：

> 青堂羌善锻甲，铁色青黑，莹彻可鉴毛发，以麝皮为缅（按指串甲片的皮带）旅之，柔薄而韧。镇戎军（在今宁夏固原市）有一铁甲，椟藏之，相传以为宝器。韩魏公（即韩琦）帅泾（今甘肃泾川县）、原（今甘肃镇原县），曾取试之，去之五十步，强弩射之不能入。尝有一矢贯札，乃是中其钻空，为钻空所刮，铁皆反卷，其坚如此。凡锻甲之法，其始甚厚，不用火，冷锻之，比元厚三分减二，乃成。其末留筋头许不锻，隐然如瘊子，欲以验未锻时厚薄，如浚河留土笋也，谓之瘊子甲。今人多于甲札之背隐起，伪为瘊子，虽置瘊子，但元非精钢，或以火锻为之，皆无补于用，徒为外饰而已。

这是利用冷锻使变形而提高钢的硬度和韧性，直到今天仍然是强化金属的最重要的方法之一。冷锻到原来厚度的三分之一的程度（即比原来厚度减去三分之二），它的末端要留一小块不锻，好像皮肤上长的瘊子，以便检验未锻时的厚薄。李恒德先生在《中国历史上的钢铁冶金技术》一文中解释说："沈括在这里明确地指出来冷作比热作的长处，他科学地说明了所谓瘊子甲上留有瘊子的冶金学意义。原来瘊子的目的，是在表示锻前和锻后厚度的差别，用实物记下冷作的程度，和今天欧美人用缩减数来表示冷轧钢经过冷作程度是一样道理"[①]。《中国冶金简史》还解释说："青堂羌族的铁工们，在长期的生产实践中，

---

① 刊于《自然科学》1卷7期，1951年12月出版。

得到一个经验:'比元厚三分减二乃成'。现代科学实验证明:一般金属的冷加工形变量小于 60%—70% 时,形变量越大,强度性能越好;而形变量过大,则脆性急剧增加。'三分减二'的形变量,大体上符合这个冷加工硬化规律"[1]。青堂羌这种冷锻方法的制造,是早期钢铁锻造技术上的一个杰出成就。因为冷锻不但可以避免热锻时金属表面粗糙而有斑点的缺点,使钢片表面非常光滑,"莹彻可鉴毛发";而且能够把钢甲锻打得更加结实硬化,具有比热锻甲更高的硬度,使得五十步以外的强弩也不能射穿。

古代冷加工方法还使用于铁锯条上。《天工开物》卷 10《锤锻》部分讲到锯条的制作方法:

> 熟铁锻成薄条,不钢,亦不淬健,出火退烧后,频加冷锤坚性,用锉开齿。

可知当时铁锯条是用熟铁制造,采用冷加工硬化方法来提高硬度的,避免了使用钢料制造锯条,淬火时容易变形和开齿困难等缺点。

我国古代钢铁冷加工技术的发展,还表现在钢针的制造上。《天工开物》卷 10《锤锻》部分说:

> 凡针,先锤铁为细条,用铁尺一根,锥成线眼,抽过条铁成线,逐寸剪断为针。先磋其末成颖,用小槌敲扁其本,钢锥穿鼻,复磋其外,然后入釜,慢火炒熬,炒后以土末入松木、火矢、豆豉三物罨盖。下用火蒸,留针二三口插于其外,以试火候,其外针入手捻成粉碎,则其下针火候皆足。然后开封,入水健之。凡引线成衣与刺绣者,其质皆刚。惟马尾刺工为冠者,则用柳条软

---

① 北京钢铁学院中国冶金简史编写小组:《中国冶金简史》,科学出版社 1978 年版,第 160 页。

针。分别之妙，在于水火健法云。（参见图 11-5）

图 11-5 明代使用"冷拉"的造针方法

（采自《天工开物》）

李恒德先生解释说："这一段造针的方法，既说明了冷作的利用，更说明了当日中国人已利用了今日拉丝的技巧。早在三百年前我们的祖先们已聪明地利用生铁作镁，发明冷拉了。除此以外，……当时造针的过程中，至少包括了两种热处理的步骤：一个是用松木、火矢、豆豉作渗碳剂的表层增炭处理，另一个便是所谓水火健法，也就是今日的淬火处理。"①很明显，这种造针方法具体表现了古代中国人民在钢铁的冷加工和热处理上，已掌握了较高的技术水平。1973 年江

① 《自然科学》1 卷 7 期，李恒德：《中国历史上的钢铁冶金技术》。

西出土明代嘉靖三十二年(公元 1553 年)的细铁丝,经金相检验,证明系冷拔钢丝。冷拔钢丝的优点是强度高,韧性好,不易折。《物理小识》卷 7《冶铸》条有方中德注说:"青州出铁,而颜神镇穿珠灯,必资山西铁丝。"可知明代以山西生产的铁丝最佳。

事实上,这种冷拔钢丝的工艺不仅存在于三百年前,远在宋代已经出现。中国历史博物馆所藏宋代济南刘家功夫针铺印刷广告铜版,上刻"济南刘家功夫针铺"八字,中雕一兔子捣药图像,左右两边刻有反文"认门前白兔儿为记",下面刻有反文"收买上等钢条,造功夫细针,不误宅院使用,客转与贩,别有加饶,请记白"等字(参看图 11-6)。所以刻成反文,是便于印刷广告。看来,在宋代制造细针,还很费功夫,所以有"功夫针铺"和"功夫细针"之称。到明代"冷拉"

图 11-6 宋代济南刘家功夫针铺印刷广告铜版

(原大 12.5×13 厘米)

方法有了进步,到清代就更有进步。屈大均《广东新语》卷15说:"诸冶惟罗定大塘基炉铁最良,悉是锴铁,光润而柔,可拔之为线。"所谓"锴铁",当是当时当地对低碳钢的称呼。《民国佛山忠义乡志》(1923年冼宝幹等纂本)卷6《实业志》记述佛山的铁线行、土针行的情况说:

> 铁线行,亦佛山特产,法以生铁废铁炼成熟铁,再加工细拔成线,小者如丝,大者如箸,有大缆、二缆、上绣、中绣、花丝等名,以别精粗,式式俱备,销行内地各处及西北江,前有十余家,多在城门头、圣堂乡等处,道、咸时为最盛,工人多至千余,后以洋铁线输入,仅存数家。

> 土针行,亦本乡特产。用熟铁制成,价值不一,行销本省各属,咸、同以前最盛,家数约二三十,多在鹤园社、花衫街、莺岗等处,后以洋针输入,销路渐减,今仅存数家。

到清代初年,这种锻造技术有了高度发展,创造了"铁画"的艺术。《嘉庆芜湖县志》(陈春华等纂本)卷1说:"康熙间,有汤天池者,创为此,名噪公卿间。"汤天池名鹏,溧水人[1],芜湖铁工,因为有个邻居是画家,他天天看画家绘画,熟悉了绘画的艺术,于是运用他熟练的锻造技术,把熟铁锻制成画,既能锻制山水画,也能锻制兰竹草虫,很能表现出我国绘画的特色,称为"铁画",成为我国特有的工艺品。它同当时的绘画一样,有的装上木框成为屏条、堂幅,有的合四面做成灯框,叫做"铁灯"。在清代乾隆年间,安徽建德(今县东北)的铁工

---

[1] 张九皋《芜湖手工炼钢业的片断史料》(《安徽史学通讯》1958年第1期)说:"据《芜志》载,汤是溧水县人,也有说他是句容县人。经我最近在芜湖调查,汤天池是溧水神巷村人,离句容县汤巷村很近,汤的祖先是从汤巷迁居神巷的。"本来当时芜湖炼钢工人都来自溧水、句容一带,这一带炼钢技术的传授有很悠久的历史,可见汤天池的创造铁画工艺,是有历史渊源的。

梁应达,在铁画工艺上也有突出的成就。梁应达字在邦,据金浚《梁应达像生志》,他原来靠"冶铁为生",在业余锻制铁画,后来铁画的工艺越锻越好,所作山水、花卉、鸟虫,都很精妙[①]。

在清代初年,安徽芜湖能够创造出铁画工艺,不是偶然的,当时芜湖是全国最著名的钢铁产地之一。铁画以熟铁为原料,由艺人依据画稿,取料入炉,经过锻打、钻锉、整形、校正、焊接、退火、烘漆等工序,然后装上木框成为铁画。在艺术上,铁画吸取明末清初安徽新安江画派的笔意和章法布局,画面黑白分明,虚实相衬,线条疏密粗细适当,酷似水墨画,而有强烈的立体感,构成了艺术上独特的风格。

明末清初北京、杭州等地还出现了不少锻造刀剪的著名工匠。例如王麻子刀、镊子张、张小泉剪。清杨静亭《都门杂咏》有咏镊子张的诗:

> 锤剪刀锥百炼钢,打磨厂内货精良;教人何处辨真假?处处招牌镊子张。

又有咏王麻子刀的诗:

> 刀店传名本姓王,两边更有万同汪;诸公拭目分明认,虎额三横看莫慌。

清范祖述《杭俗遗风》说:"五杭者,杭扇、杭线、杭粉、杭烟、杭剪也。"又说:"剪店则惟张小泉一家而已。"王麻子刀和张小泉剪,直到今天还是刀剪的名牌货。

二 锻造技术的进步和锻造铁农具的改进

封建社会的生产主要是农业,而从事农业生产的农民是一家一

[①] 参看《文物参考资料》1957 年第 3 期,姚翁望:《汤天池和梁应达的铁画》。

户的个体小农。广大的个体小农都使用简单的农具,分别从事农业
生产。因此农具的改进,对于当时农业生产的发展关系很大。战国、
秦、汉时期,由于生铁冶铸技术的进步,铸铁柔化处理技术的创造和
发展,除了大型铁犁铧使用白口生铁铸造以外,多数农具采用可锻铸
铁制成,使农业生产得到重大发展。但是由于技术条件的限制,可锻
铸铁农具一般器形较小,薄壁而作嵌刃式,因而耕作效能还比较差。
东汉以后由于炒钢方法和锻造技术开始发展,锻造的小铁锄开始流
行。从战国一直到东汉前期,除草用的农具主要是铸造的六角形铁
板锄(大多经柔化处理而成为可锻铸铁),到东汉后期开始流行锻造
的曲柄的半圆形铁板锄,但器形还较小。这种曲柄铁锄后世长期流
传,不断有所改进。1976 年河北磁县南开河村出土元代木船上的 82
件铁器,其中有曲柄铁锄 4 件,曲柄较长,长 74 厘米,锄板也较宽,刃
部宽 19 厘米(参看图 11-7)。在魏、晋、南北朝时期,虽然锻造铁农具
正在逐渐增加,但是铁农具还是以铸造的可锻铸铁为主。到唐宋时

图 11-7　东汉、北宋和元代的锻造铁锄

1. 河南洛阳东汉墓出土的曲柄铁锄　2. 河南禹县出土北宋曲柄铁锄　3. 元代王祯
《农书》上的曲柄铁锄图　4. 河北磁县南开河村元代木船出土的曲柄铁锄(正面和侧面)

代,由于炒钢方法和灌钢冶炼法的进步,锻造技术的进步,铁农具就发生了明显的变化,锻造的钢刃熟铁的厚重农具代替了小型薄壁的嵌刃式铸铁农具,只有犁铧、犁壁(即犁镜)等农具,为了坚硬耐磨,还是用白口铁铸造。

唐代的耕犁更为进步。唐末陆龟蒙著《耒耜经》详细记载了唐代江东的犁,它由大小十一个部件组成,结构更为坚固轻巧。"犁镜"(即犁铧)上有翻土的"犁壁"装置,"犁辕"和"犁底"(即犁床)之间有调整入土深浅的"犁箭"装置,"犁辕"作弯曲的弧形,辕头又有可以转动的"犁槃"装置(参看图11-8)。很明显,这比我们在上编第五章第四节中所谈到东汉的犁更为进步了。元代王祯《农书》卷2《农桑通诀·垦耕篇》称赞当时犁的功用,"不问地之坚强轻弱莫不任使,欲浅欲深,求之犁箭,箭一而已;欲廉欲猛,取之犁梢,梢一而已;然则犁之为器,岂不简易而利用哉?""浅深"是指开垦入土的深浅,"廉猛"是指垦耕入土的宽窄,就是说,通过对犁箭的上下调整,可以控制开垦的深浅;通过对犁梢(即犁杷)的把握,可以控制垦耕的宽窄。《农书·垦耕篇》还说:"沿山或老荒地树木多者,必须用镢劚去,余有不尽耕科(俗谓之埋头根也),当使熟铁煅成镵尖(套于退旧生铁镵上),纵遇根株,不至擘缺妨误工力。"为了掘除荒地上的树根,必须在耕犁的生铁镵上,套上熟铁锻成的镵尖,这是因为生铁铸造的犁镵硬脆,容易折损,只有熟铁和钢锻造的镵尖才能胜任。

至迟到宋代,耕犁的结构又有重大的改进,发明了犁刀,并加以

**图11-8 唐陆龟蒙《耒耜经》
所载江东犁复原图**

(根据中国历史博物馆复原模型)

推广使用。这与当时钢铁冶炼技术和锻造技术的进步有密切关系。根据《宋会要辑稿·食货》三之一七《营田》条记载：宋孝宗乾道五年（公元 1169 年）正月十七日，把楚州界内宝应县、山阳县空闲的水陆官田，分配给"归正人"，每名田一顷（100 亩），每五家编成一甲，"每种田人二名，给借耕牛一头，犁、杷各一副，锄、锹、钁、镰刀各一件，每牛三头用开荒鏊刀一副，每一甲用踏水车一部、石辘轴二条，木勒泽一具"。其中作为开荒农具的鏊刀，就是犁刀①。这时为了开垦荒田，每两个农民借给耕牛一头，每三头耕牛发给开荒用的犁刀一副，说明南宋初年已经普遍使用犁刀作为开荒的农具了。

这种犁刀，元代王祯《农书》称为"䟆刀"。《农书》卷 2《农桑通诀·垦耕篇》说："如泊下芦苇地内，必用䟆刀引之，犁镵随耕，起垡特易，牛乃省力。"䟆刀就是犁刀。这是说，开垦湖泊旁边的芦苇地，必须先用牛拉引犁刀除去芦苇的根，然后再用牛拉引犁镵加以垦耕，这样就省力而容易见效。王祯《农书》卷 14《农器图谱·铚艾门》有䟆刀的记载：

> 䟆刀，《集韵》与"劙"同，辟荒刃也。其制如短镰，而背则加厚。尝见开垦芦苇、蒿、莱等荒地，根株骈密，虽强牛利器，鲜不困败，故于耕犁之前，先用一牛引曳小犁，仍置刃裂地，辟及一垅，然后犁镵随过，覆垡截然，省力过半。又有于本犁辕首里边，就置此刃，比之别用人畜，尤省便也。

王祯谈到当时使用犁刀有两种办法：一种是把犁刀装置在小犁

---

①　参看天野元之助《中国农业史研究（增补版）》，日本 1979 年 7 月御茶之水书房出版，第 3 编《农具编》，第 883 页。

**图 11-9　元王祯《农书》
所载劂刀图**

的犁底(犁床)上(参看图 11-9),专用一
牛牵引开垦,然后再用一牛牵引大犁镵
耕垦;另一种是把犁刀直接附装在大犁
的"辕首里边",使犁刀和犁镵在同一犁
上同时起开垦和耕地的作用。这种同时
装置有犁刀和犁镵的耕犁,就完全和新式犁的装法一致。这种开垦
荒地用的犁刀,必须是熟铁锻造并嵌有钢刃的。如果用生铁铸造,不
但容易折断,而且不可能取得铲除深根的效果。宋、元时代犁刀及其
装置方法的创造,使耕犁的功用大大加强,这在农业机械发明史上是
值得大书特书的大事。这种农业机械上的发明和创造,是与当时炼
钢技术和锻造技术的进步分不开的[①]。

　　铁搭是值得重视的垦耕工具,唐、宋以后流行于长江流域。明朱
国祯《涌幢小品》卷 2《农蚕》条说:"中国耕田必用牛。以铁齿耙土,乃
东夷儋罗国之法。今江南皆用之。不知中国原有此法,抑唐以后仿
而为之也。"所说"铁齿"当即铁搭。唐、宋时代铁搭确已在南方流行。
1956 年江苏扬州东北凤凰河工地出土宋代铁搭,是一把四个齿的铁
耙[②],形制和现在农村中使用的基本相同。元王祯《农书》卷 13《钁锸
门》说:"铁搭四齿或六齿,其齿锐而微钩,似耙非耙,劂土如搭,是名
铁搭。就带圆銎,以受直柄,柄长四尺。南方农家,或乏牛犁,举此劂
地,以代耕垦,取其疏利,仍就镉镂块壤,兼有耙钁之效。尝见数家为

---

　　① 刘仙洲《中国古代农业机械发明史》(1963 年科学出版社出版)第 20 页,根据王
祯《农书》,认为这是农业机械发明史上值得大书特书的事,这是正确的。但是由于他没
有看到《宋会要辑稿》有关犁刀的记载,认为这种犁刀"应用的范围不大,在各地实际看
到的也不多",这就不正确了。

　　② 《文物》1959 年第 1 期,蒋缵初:《江苏扬州附近出土的宋代铁农具》。

朋,工力相助,日可劚地数亩。"这种铁搭不但可以用来开垦土地,也还"兼有耙耰之效"。这种铁搭是用熟铁和钢锻造而成。王祯所作的《铁搭赋》就曾讲到:"自夫锻炼而锋,乃有銎柄之楬。独擅力乎田园,尝始见于江浙。锐比昆吾之钩,利即莫邪之铁。"顾炎武《天下郡国利病书》第8册《苏松》项下也说:"上农多以牛耕,无牛犁者以刀耕。其制如锄而四齿,谓之铁搭。人日耕一亩,率十人当一牛。"说明铁搭是唐、宋以后十分得力的一种手工耕垦工具(参看图11-10)①。

图11-10　宋元时代锻造的铁搭
1. 江苏扬州凤凰河出土宋代铁搭
2.《四库全书》本王祯《农书》上的铁搭图　3. 明刊本王祯《农书》上的铁搭图

用熟铁和钢锻造的铁搭,坚韧而锋利,如果有强壮的劳动力使用,可以取得比牛耕更好的垦耕效果。《天工开物》卷1《乃粒·稻工》中谈到:"吴郡力田者以锄代耜,不借牛力。"所谓"锄"即指铁搭,所谓"耜"即指牛耕的犁。说明明代晚期吴郡一带农民翻耕农田,常常不用牛耕而靠人力使用铁搭来进行。成书于明代末年的《沈氏农书》和《补农书》,记载嘉湖地区农业生产的情况也是这样。《沈氏农书》谈到田地的垦耕,不谈牛耕,而一再谈到田地的"垦"和"倒"。"垦"是指庄稼收割之后开始用铁搭普遍翻地,"倒"是指"垦"好之后再用铁搭按照"垦"的相反方向倒翻。《沈氏农

---

①　参看日本天野元之助:《中国农业史研究(增补版)》,1979年日本出版,第3编《农具编》,第812—813页。

书》上卷《逐月事宜》记载：正月，天晴，垦田，倒地；二月，天晴，倒地，倒田，倒秧田；三月，天晴，倒田；四月，天晴，倒花草田，倒地；六月，天晴，垦倒种菜地（伏内）；八月，天晴，倒地；九月，天晴，垦地；十月，天晴，垦地；十一月，天晴，垦菜棱（种菜）；十二月，天晴，垦坂田。在这里，田和地是有区别的，田是指种稻的水田，地是指种麦和蔬菜的旱地。一般说来，"垦田"应在冬天，"倒田"应在春天，都必须在晴天。《沈氏农书》上卷《运田地法》说："冬天垦地，草根翻在上；春天倒地，草根翻在下。"又说："垦地、倒地，非天色极晴不可。"无论"垦"或"倒"，所使用的农具都是铁搭。《逐月事宜》在记载正月天晴垦田、倒地之后，在"置备"项下记有"铁扒、锄头"。所谓"铁扒"，当即铁搭。

明代晚期太湖流域农民多数不用牛耕而使用铁搭翻田，首先由于经济上的原因，一则农民贫困，养不起耕牛；二则由于地少人多，农民耕地不足而人力有余。同时也还有耕作技术上的原因，使用铁搭可以比牛耕翻得深、翻得匀、翻得透。《沈氏农书》上卷《运田地法》中讲到："古称深耕易耨，以知田地全要垦深。……须要晴明天气，二三层起深，每工止垦半亩，倒六七分。春间倒二次，尤要老晴时节。"又说："必照垦田法，二三层起深。"一般用铁搭翻垦有五六寸深，所谓"二三层起深"，可达七八寸深，牛耕不可能耕得这样深。《运田地法》又说："而扼要之法，一在垦倒极深，深则肥气深入土中，徐徐讨力，且根派深远，苗干必壮实，可耐水旱。"要"垦倒极深"，只有铁搭可以办到。《补农书》说："农事随乡，地之利为博，多种田不如多治地。盖吾乡田不宜牛耕，用人力最难。"所说"农事随乡"，"不宜牛耕"，因为太湖流域的土壤是青紫泥，土质粘重，需要干垦，而干垦不是一般耕牛所能胜任，因而靠人力使用铁搭比较适宜。江南有些地区为了加深垦耕,以求提高产量,既用牛耕,又依靠人力使用铁搭开垦。《正德松江府志》卷7《风俗》部分说:"牛犁之后,复以刀耕,制如锄而四齿,俗呼为铁搭,每人日可一亩,率十人当一牛"①。明徐献忠《吴兴掌故集》记载湖州归云庵老僧说:由于先用人耕,继用牛耕,耕深八寸,收获就加倍。由此可见,铁搭这一农具的创造和使用,对南方农业生产的发展确实起着很大作用。

　　踏犁或称"长镵",也是值得重视的垦耕工具,也是唐、宋以后开始流行的。唐杜甫《乾元中寓居同谷(峪)县作歌七首》,说到"长镵长镵白木柄";宋陆游的诗中也谈到长镵,如《山园杂咏》说到"笑携长镵伴畦丁",《杂感》讲到"药品随长镵"。这两首诗都是陆游在故乡所作,可知当时浙江山阴一带流行这种农具。王祯认为长镵即是踏犁,在《农书》卷13《镬锸门》解释说:"长镵,踏田器也。比之犁镵颇狭,制为长柄。……柄长三尺余,后偃而曲,上有横木如拐,以两手按之,用足踏其镵柄后根,其锋入土,乃掀柄以起垡也。在园圃区田,皆可代耕,比之镬劚省力,得土又多。古谓之蹺铧,今谓之踏犁。"这种踏犁有长柄,柄上有横木,耕作时,用两手按横木,用脚踏镵柄后根,使镵锋刺入土中,然后加以发掘(参看图 11-11)。铁镵必须坚韧而锋利,肯定也是用熟铁和钢锻造而成。这种踏犁可以用来代替牛耕,在宋代已很流行。例如淳化五年(公元 994 年)因宋(今河南商丘)、亳(今安徽

图 11-11　王祯《农书》上的长镵图

---

　　① 顾炎武《肇域志·江南九·松江府》所引相同。

亳县)等州发生牛疫,耕牛死去过半,政府就造踏犁数千具分给农民①;又如景德二年(公元 1005 年)由于契丹侵扰,河朔(河北)一带牛多死亡,耕具不足,政府又造踏犁分发②。据说当时淮、楚之间,农民使用踏犁耕垦,"凡四五人力,可比牛一具"③。宋周去非《岭外代答》卷 4《风土门》记载广西静江(治桂州,今桂林市)的踏犁,"三人二踏犁,夹掘一穴,方可五尺,宿樗巨梗无不翻举,甚易为功"。由此可知三人相互配合,同时使用两把踏犁"夹掘一穴",能够发挥较大的功效。铁搭和踏犁,从唐、宋以后,长期是重要的开垦农具。清代编著的《授时通考》卷 32《功作》部分,绘有垦耕的图,就画有一个农民正使用铁搭垦耕,而另一个农民正使用踏犁开垦④。

唐、宋以后由于炒钢技术和锻造技术的进步,除了制成铁搭、犁刀、踏犁等开垦工具以外,镬、耒、枚、锄、铲等农具也器形扩大,采用炒钢锻制而成。王祯《农书》解释铁枚说:"锻铁为首,谓之铁枚,惟宜土工。"还有《铁枚诗》说:"非锹非耒别名枚,柄直銎圆首利铦,毋谓土工能事毕,划除荒秽要渠兼。"1976 年河北磁县元代木船出土一批铁器,经金相鉴定,其中铁锥、铁船钉、铁刀、铁剪,都是用不同含碳量的炒钢作为原料,叠在一起,反复锻打而成的钢制品。铁刀在锻打成形后经过淬火处理。铁剪在成形后刃口也经过淬火处理⑤。这种锻造

---

① 见《宋史》卷 173《食货志·农田》;《宋会要辑稿·食货》一之一六《农田杂录》;《玉海》卷 178《食货·农器》。

② 见《宋会要辑稿·食货》一之一七《农田杂录》;《玉海》卷 178《食货·农器》。

③ 《续资治通鉴长编》卷 59 真宗景德二年正月条;《宋史》卷 173《食货志·农田》。

④ 参看日本天野元之助《中国农业史研究(增补版)》,第 725—727 页。

⑤ 参看《考古》1978 年第 6 期,中国冶金史编写组、首钢研究所金相组:《磁县元代木船出土铁器金相鉴定》。

工具的方法,应该是长期流传沿用的。明宋应星《天工开物》卷 10《锤锻》部分,记载明代制造刀、剑、斧、斤、锉、凿等兵器和工具,都用熟铁锻造,而在刃部采用"夹钢"、"嵌钢"技术,制成钢和铁复合的工件。这种制作钢和铁复合工件的方法,应该在明代以前就已应用了。

唐、宋以后锻铁农具的发展,是我国古代农具发展史上的大事,它对封建社会后期社会生产力的巨大发展起了很大的作用。

三　淬火技术的发明和发展

"淬"是中国古代对于钢铁最重要的热处理方法,明代以后又称为"健"。就是将已经锻好的钢铁烧红,达到一定温度,突然浸入冷却剂中很快冷却,使它获得高的硬度和一定的物理机械性能。古代常用的冷却剂就是清水,水最便宜,而且冷却能力很强。《天工开物》卷 10《锤锻》部分说:"凡熟铁钢铁,已经炉锤,水火未济,其质未坚,乘其出火之时,入清水淬之,名曰健钢、健铁。"

淬火方法至少在战国时代已经发明。"淬"也作"焠",《史记·天官书》说:"火与水合为焠。"《说文解字》说:"焠,坚刀刃也。"《汉书·王褒传》说:"巧冶铸干将之朴,清水淬其锋。"古人已经注意到对作为冷却剂的"水"的选择。《史记·苏秦列传》司马贞《索隐》引《晋太康地理记》说:"汝南西平有龙泉水,可以淬刀剑,特坚利,故有龙泉水之剑。"曹丕《典论·剑铭》也曾说:"淬以清漳,厉以礛碏。"据《北堂书钞》卷 123 引《蒲元别传》,蒲元曾在斜谷为诸葛亮铸炼刀三千把,认为"汉水纯弱,不任淬,用蜀江爽烈",派人到成都取江水来淬。有一人取来江水中杂有涪水,他指出涪水不可用。据说他用江水淬火,"刀成,以竹筒密内(纳)铁珠满其中,举刀断之,应手虚落,若薙生刍,故称绝当世,因曰神刀"①。可见三国时炼制钢刀专家蒲元对于淬火工艺有极其丰富的经验,已经认识到不同水质对淬火后钢质量的影响的规律,因而对水的选择特别讲究。

从已经出土的古代钢制品的金相考察结果来看,至少战国后期已广泛使用淬火工艺。河北易县燕下都 44 号墓出土的锻钢件大都经过淬火处理,例如两把钢剑和一把钢戟,都是把薄钢片经过反复折叠锻打成形之后,再经过淬火的,都发现有针状的马氏体组织②;还有一件矛的骹部(指矛头的较细部分)和一件箭铤,分别为 0.25% 及 0.2% 的碳素钢,由铁素体和珠光体组成,是经过正火处理后的组织③。说明当时除淬火工艺之外,还掌握了正火工艺,已能依据不同的需要,对钢材进行不同的热处理,以改善机械性能。

到西汉时期,淬火工艺有进一步的发展,常常对钢刀、钢剑的刃部采用局部渗碳和淬火技术,从而提高刃部的硬度和机械性能。例如河北满城出土的刘胜佩剑,由于对刃部采用这种技术,内部组织的硬度比较低,而刃部的淬火马氏体组织的硬度就高得多④。同时出

---

① 《太平御览》卷 345 引《蒲元传》也说:"蒲元……于斜谷为诸葛亮铸刀三千口,熔金造器,特异常法。刀成,自言:'汉水纯弱,不能淬用。蜀江爽烈,是谓大金之元精,天分其野。乃命人于成都取之,有一人前至,君以淬刀,言杂涪水不可用。取水者犹悍言不杂。君以刀画水云:'杂以八升,何故言不?'取水者方叩头首伏云:'实于涪津渡负倒覆水,惧怖,遂以涪水八升益之。'于是咸共惊服,称为神妙。刀成,以竹筒密内(纳)铁珠满其中,举刀断之,应手灵落,若薙生刍,故绝称当世,因曰神刀。"

② 马氏体组织在显微镜下常呈针状,是淬火时,因冷却速度高,由奥氏体转变而成。易县燕下都 44 号墓出土两把剑的马氏体的魏氏硬度为 530 公斤/毫米²,其中低碳的铁素体硬度为 150—180 公斤/毫米²,珠光体为 260 公斤/毫米²。

③ 所谓"正火",是把钢件加热到适当温度使形成奥氏体,然后在空气中冷却,得到较细而均匀的珠光体和铁素体组织,这对细化晶粒,提高机械性能,都有较好效果。

④ 满城出土刘胜佩剑,内部组织的魏氏硬度为 220—300 公斤/毫米²,刃部的马氏体组织的魏氏硬度为 900—1 170 公斤/毫米²。

土的错金书刀同样由于对刃部采用这种技术,刃部的马氏体组织硬度就较高,而刀背低碳部分的硬度就低得多①。这样对刃部采用局部渗碳和淬火办法,使得刃部坚硬锋利而背部具有较好的韧性,符合了兵器的使用要求,显示出我国古代劳动人民炼制钢刀、钢剑技术的进步。山东苍山出土的东汉永初六年"卅炼"环首钢刀,同样在刃部发现马氏体组织,说明也是采用局部淬火技术。这种局部淬火技术为后世长期沿用。

钢在淬火时常用的冷却剂,除了清水以外,还有盐液、碱水、油脂等。所用液体的性质不同、液体的温度不同以及淬火时间的长短不同,都会发生不同的效果。我国至少在南北朝时期已经初步认识到这点,并使用含有盐分的液体和动物的油脂作为冷却剂。前面已经谈到,綦母怀文在用灌钢冶炼法制成"宿铁刀"之后,便"浴以五牲之溺,淬以五牲之脂"。他之所以要"浴以五牲之溺",因为牲畜的尿中含有盐分,用盐分的液体作冷却剂,钢的冷却速度可以比水快,可以得到比水淬更硬的性能。他之所以要"淬以五牲之脂",因为用油脂作冷却剂有一定的优点,在低于 300 度的温度时具有较弱的冷却能力,约为水的十分之一,冷却速度可以比水慢,可以得到比水淬更坚韧的性能,并且可以减少淬火过程中的变形和开裂。

《物理小识》卷 8《器用类》有"淬刀法",书中说:"山间水出而殷者曰绣水,淬刀刻玉,地溲也。一曰虎骨朴硝酱,刀成之后,火赤而屡淬之,一以酱同硝涂錾口,煅赤淬水。"这里所谈的,又是一种特殊的"淬

---

① 满城出土的错金书刀,刃部马氏体组织的魏氏硬度为 570 公斤/毫米²,刀背低碳部分的魏氏硬度为 140 公斤/毫米²,边缘珠光体的魏氏硬度为 260 公斤/毫米² 左右。参看《考古学报》1975 年第 2 期,李众:《中国封建社会前期钢铁冶炼技术发展的探讨》。

锻法"。所谓"地溲"，明人卢若腾《岛居随录》卷下《制伏》条说："冬月收取地溲，以柔铁烧赤投之二三次，刚可切玉。地溲形状，如油如泥，色如黄金，气甚腥烈。沟涧流水及引水灌田之次，多有之，亦能化铜制砒。"据《天工开物》，"地溲"是"石脑油"之类，是我国兄弟民族用来"淬"钢的，《天工开物》卷14《五金》部分说："夷人又有以地溲淬刀剑者（地溲乃石脑油之类，不产于中国），云钢可切玉，亦未之见也。"石脑油是地下流出或汲出而未经提炼的原油（石油的原油），色黄或褐，带绿闪光，与卢若腾所说"地溲形状，如油如泥，色如黄金，气甚腥烈"相当。

值得注意的是，明代已经出现"冷待淬火"工艺。《天工开物》卷10《锤锻》部分记载铁锉的制作说：

> 凡铁锉，纯钢为之，未健之时，钢性亦软，以已健钢錾划成纵斜文理，……划后烧红，退微冷，入水健。久用乖平，入火退去健性，再用錾划。

这种等待"微冷"而淬火的技术，就是现代淬火前的"冷待"。这种工艺的关键就在于等待"微冷"。因为冷待短暂时间，再淬入水中，可以减少工件内外温差，可以防止淬火时造成变形和发生开裂。等到使用较久，锉上所有纵斜刻文被磨平，需要重新加以刻划，就得"入火退去健性"，就是把锉重新加热后缓慢退火，用来降低由于淬火而增加的硬度，以便再度加以刻画。这样采用"冷待淬火"工艺和退火重新加工工艺，说明当时熟练的工匠，由于长期实践的经验，对淬火工艺的功能已有较深的认识。

明代人们对于淬火工艺功能的认识确已比较精深。例如明代赵士桢《神器谱》讲到"噜密铳"的"机"的"轨"的制造说："其轨必用钢铁,如钱厚,不用水蘸(淬),蘸则恐其太硬;用别铁恐其性软起迟。"讲到"西洋铳"的"机"的"发轨"的制造也说:"发轨用钢铁,不用水蘸。"当时人们已经认识到,有些钢件如果不需要"太硬",就不宜用水淬火。

总　论

一　总论中国历史上炼铁技术和铸造技术的发展

在世界冶金技术发展史上，我国炼铁、炼钢技术的发明都不是最早的。我国在公元前 14 世纪的商代中期一直到公元前 12 世纪的西周初期，还不会用矿石炼铁，只能用陨铁锻成铁片作为铜钺的刃部。我国什么时候发明炼铁技术的，目前还不能确切判断，看来不外乎西周后期和春秋前期，不过还有待于出土更多古代铁器来加以证明。我国最早发明炼铁技术的地点，大概在南方某个地区。从现在已出土的春秋晚期铁器来看，都是南方楚、吴两国的产品，而且当时南方炼铁技术已有相当的水平，不但能用低温块炼法炼制块炼铁，还能用生铁铸造铁器，更能用块炼铁渗碳制钢并锻造钢剑。古文献上春秋晚期吴国炼制干将、莫邪等钢剑的传说，并非出于虚构。从炼制干将、莫邪等宝剑传说的内容来看，是符合冶金原理的。这种宝剑所用钢材，该是使用优质块炼铁，即所谓"铁精"，配合一定分量的优质渗碳剂,即所谓"金英",再配合有磷质的催化剂,即"断发剪爪",然后密封加热,使之渗碳而炼成。干将、莫邪之所以能够成为宝剑,不同于一般的宝剑,就是由于它使用优质钢材经过精细的锻炼而成。李斯在《谏逐客书》中把太阿之剑和昆山之玉、随和之宝、明月之珠、纤离之马等等,一样看作秦王的"宝",而且说:"此数宝者,秦不生一焉,而陛下说(悦)之。"这把不出于秦国而为秦王所爱好的太阿之剑,肯定也是干将、莫邪一类的宝剑,而不是寻常的钢剑。它可能就是从南方楚、越地区输入秦国的。曹植《宝刀赋》,称赞所造宝刀"逾南越之巨阙,起西楚之太阿"。因为巨阙、太阿之类宝剑从来就是出产在南方的楚、越地区。

我国炼铁、炼钢技术虽然发明较迟,但是它的发展,却后来居上。从公元前 6 世纪的春秋晚期起,中国人民在这方面不断有独特的创造,在世界冶金史上经常居于遥遥领先的地位。这是当前科学技术史的研究者所公认的。

从炼铁技术来看,中国是世界上最早发明生铁冶铸技术的国家,至迟在公元前 6 世纪的春秋晚期,中国人民已经能冶铸白口生铁,用来铸造铁器,使得铁的生产率有很大的提高,铁器的应用逐渐推广。这一发明要比欧洲各国早一千九百多年。中国又是世界上最早发明生铁柔化处理技术的国家,至迟在公元前 5 世纪的春秋、战国之际,中国人民已经能够把又硬又脆的白口生铁加以柔化处理,使变为可锻铸铁(即韧性铸铁),用作农具和工具原料,便利了铁制生产工具的广泛使用,有助于当时社会生产力的发展。这项发明又比西方早两千三百年。

我国之所以能够很早发明生铁冶铸技术,是由于当时冶炼工匠继承和发展了青铜冶铸技术，并运用长期积累的丰富经验，在炼铁炉及冶炼技术上很早取得了重大进步。远在商代，青铜冶铸技术已有很高的水平，不但有近人称为"将军盔"的内加热的坩埚炉，也还有直径达1米左右的竖炉，更有直径1米、深半米到1米的地坑式竖炉。这种熔铜竖炉的炉衬是用石英砂和黏土组成的耐火材料制成，使用木炭作为燃料。根据对残存的炉壁和炉渣的熔点进行测定的结果，炉壁熔化温度一般是1 160—1 300度，炉渣熔化温度是1 100—1 200度。要达到这样高的温度，应该已经采用鼓风设备。这种高大竖炉所熔炼的铜，已经能够用来浇铸大型青铜器如司母戊大鼎等。这种青铜冶铸技术，到西周、春秋时代有进一步的发展。春秋后期的炼铁炉及冶炼技术之所以能够取得重大发展，能够很早发明生铁冶铸技术，毫无疑问，是由于继承和发展了青铜冶铸技术，并运用了长期积累的丰富经验。我国很早创造了坩埚炼铁法，该就是从坩埚熔铜法发展而来。我国又很早发明了高炉炼铁法，该又是从冶炼青铜的竖炉进一步发展而来。

欧洲生铁冶铸技术的发展，先有白口生铁，再有灰口生铁，然后才有可锻铸铁。但是中国古代不同，有着自己独特的发展途径，在能生产白口生铁之后，不久就创造了铸铁柔化处理技术。我国能生产可锻铸铁（即韧性铸铁），远在能生产灰口生铁之前。在欧洲，从发明生铁冶铸技术，到创造铸铁柔化处理技术，经历了三个多世纪，而在我国，所经历的时间就比较短。这是什么缘故呢？这是由于我国生铁冶铸技术发明较早，在生铁农具和工具的大量铸造和比较广泛的使用中，人们逐渐发现了生铁铸件经过持续高温加热可以变得柔韧的规律。现代可锻铸铁必须使用高硅低碳铁水铸成，而在我国古代，

却用高碳低硅的白口生铁。这种生铁由于含碳量相当高,一般在 4%
以上,有利于石墨析出。同时使用木炭作燃料,非金属的夹杂物较
少,金属晶粒较细,退火比较容易进行。特别是战国中晚期以后,较
多地使用铁范铸造铁器,这样可以得到便于进行退火柔化处理的薄
壁白口生铁铸件。

我国不但很早发明了生铁冶铸技术,很早创造了铸铁柔化处理
技术,到战国中期已能铸造麻口生铁,到西汉中期又进一步能够铸造
低硅的灰口生铁。这是炼铁技术不断取得进步的结果。主要是由于
炼铁炉造得高大,结构有了改进,鼓风设备有了进步,炉温得到了
提高。

汉代炼铁高炉,一般炉身直径在 1.5 米左右,高大的直径达 3—4
米,高达 5—6 米,有效容积达 50 立方米左右。高炉的截面一般筑成
圆形,高大的高炉有筑成椭圆形的,这是为了使鼓风和煤气流便于达
到炉缸中心,从而提高炉的中心温度。这种高炉有四个风口,每个风
口可能使用一排皮囊来鼓风,以提高炉内的温度。当时鼓风设备有
用人力的,称为"人排";有用马力的,称为"马排"。至迟在西汉、东汉
之交,又发明了"水排",利用水力进行鼓风。水排的发明,要比欧洲
早一千二百年。这时高炉所用矿石原料,已用砸碎和筛选的方法加
工,使粒度整齐,减少煤气上升的阻力,改善炉气的利用,节省燃料,
加速冶炼的进程。与此同时,在炉料中搭配一定数量的石灰石作为
碱性熔剂,以促进炼渣的熔化性和流动性。汉代由于炼铁技术的进
步,用木炭作燃料,高炉所生产的生铁质量很高,含硫量很低,已经完
全达到了现代生铁的质量标准。

我国不但很早发明生铁冶铸技术,而且在生铁冶铸技术发明之

后,很早就把炼铁和化铁分工。早在战国时期已有化铁炉,专门用来熔化铁料和浇铸铁器。浇铸铁器用的铸范,不但有陶范,也还有铁范。不但有单合范,也还有双合范。当时有一范铸造两器的,铸造较小器物时还有一范多器的。我国是世界上最早用金属型铸造的国家。

汉代是我国封建社会前期冶铁技术发展的一个高峰时期,不但炼铁技术有重大发展,铸造铁器也有飞跃进步。汉代化铁炉造得和炼铁炉同样高大,直径有 1.5 米左右,高约 3—4 米,可能已采用预热鼓风管的办法,向炉内鼓送热风,以提高炉温。这时已能铸造大型的薄壁铁器,铁釜有直径达 2 米左右的。同时铸造较小器物,已采用叠铸技术,把同一规格的具有多件范腔的铸范,多层叠装,通过一个浇注系统加以浇铸。这样一次便可浇注小型铸件 60 件到 84 件。汉代对铁范的应用更加广泛,已能用壁厚 10 毫米的铁范铸造出壁厚仅 3毫米的薄壁铁器。

汉代炼铁技术达到了成熟阶段,已能生产白口生铁、麻口生铁、灰口生铁以及白心、黑心可锻铸铁。除了合金铸铁和现代开始发展的球墨铸铁以外,现代世界上的生铁产品仍然是这几种。值得注意的是,在巩县铁生沟汉代遗址和渑池窖藏汉魏铁器中还发现了与现代球墨铸铁金相组织极为相似的球状石墨组织。总之,我国在封建社会前期,具有中华民族特色的古代冶铁技术体系基本上建立起来了。为便于了解起见,作出示意图如下:

封建社会后期的炼铁技术,在前期成熟的基础上有着一定的发展。宋、元时代炼铁和化铁用的高炉,炉型结构有了改进,多数炉口逐渐向上缩小,炉壁上部内倾,这是为了减少热量散失和充分利用还

中国封建社会前期炼铁技术发展示意图

铁矿石　　　　木炭

低温固体还原法　　　高温液体还原法
（块炼法）

春秋后期‥‥‥‥块炼铁‥‥‥‥‥‥‥白口生铁
（公元前6世纪）

铸铁退火柔
化处理技术

春秋战国之际‥‥‥‥‥‥‥‥‥‥‥‥‥可锻铸铁
（公元前5世纪）　　　　　　　　　　（韧性铸铁）

战国中期‥‥‥‥‥‥‥‥‥麻口生铁
（公元前4—前3世纪）

西汉中期‥‥‥‥‥‥‥‥‥灰口生铁　　　球墨可锻铸铁
（公元前2—前1世纪）

西汉中期以后‥‥‥‥‥‥‥‥‥‥类似球墨铸铁

表例：—— 表示采用原料　□表示采用技术　——▶表示技术成果
　　　══ 表示生产成品　‥‥‥表示所处时期

原气体，并便于炉料顺利下降，从而加速还原、熔化过程。同时鼓风器有了改进，开始使用有活门的大型木风箱，利用箱盖板的开闭来鼓风，可以增加风量和风压，并减少漏风，从而提高炉温。这种活门木风箱的发明，比欧洲早五六百年。

明代炼铁技术又有进步，一般高炉可投入铁砂2 000多斤，使用两个风箱从左右两侧鼓风，并使用熔点很低的熔剂，可以炼出优质的生铁。当时优质生铁主要生产于南方广东、福建，其中称为"堕子生钢"的最为著名。堕子生钢是在炼铁炉放出铁水流经圆塘的过程中，通过小孔流下沉积凝聚而成,含碳较高,夹杂很少,成为炼制灌钢所用的最好生铁原料。这时鼓风器已由有活门的木风箱改为有活塞推拉的木风箱,无论一推或一拉都可以不断起鼓风作用。这项发明要比欧洲早一二百年。同时对入炉的矿石原料,事先采用焙烧方法,既可以使矿石破碎,投入炉中还可以减少炉内热量消耗。

炼铁所用燃料也是不断有所改进的。原先用木炭作燃料,至少魏、晋以后已开始用煤作燃料。到封建社会后期,用煤作燃料更加广泛。使用煤作燃料有很大优点,燃料来源多,火力旺而耐烧,有利于产量提高和冶铁业的发展。但也存在缺点,煤中含硫量较高,影响生铁的质量。至迟到明代又创造了炼制焦炭的方法,开始用焦炭作燃料,这样就可以避免用煤作燃料的缺点。这是使用燃料的重大改进。

总的说来,封建社会后期炼铁技术比前期是有发展的,但是发展的速度比起前期来是迟缓了。特别是明代末年(17世纪)以后,就停滞不前了。封建社会后期由于炼钢技术有进一步发展,钢的生产不断增加,可锻铸铁的使用减少,铸铁退火处理技术就逐渐被遗忘了,我们没有从文献中看到有关这方面的任何记载。

二 总论中国历史上炼钢技术和锻造技术的发展

我国炼钢技术有着独特发展的历史,从春秋晚期起,中国人民不断创造出独特的炼钢技术。

块炼铁(或熟铁)、生铁和钢,都是铁碳合金,它们之间的主要差别在于含碳量的多少。块炼铁(或熟铁)的含碳量低,生铁的含碳量高,而钢的含碳量则介于块炼铁(或熟铁)和生铁之间。因此古代的炼钢方法不外乎两种:如果用块炼铁(或熟铁)作原料,就必须用渗碳技术以增加碳分；如果用生铁作原料，就必须用脱碳技术以减少碳分。

我国在公元前 6 世纪的春秋后期已经使用固体渗碳制钢技术炼制钢材，并用来锻造宝剑。这种钢材，我们称为"块炼渗碳钢"。当时使用的固体渗碳制钢技术有两种：一种是用块炼铁放在炭火中加热渗碳；一种是用优质块炼铁配合定量的渗碳剂和催化剂，密封加热渗碳。前一种方法比较简便，不需要特殊的设备和技术，所需要的温度也不很高，因而它成为我国最早的一种炼钢方法，用来取得一般钢材，以便锻造成作战需要的锋利兵器。后一种方法比较精细，需要特殊的设备和技术，既要选择优质原料，配合定量的配料，又要掌握一定的火候，必须由高水平的技师指导和操作，可以由此取得优质钢材，锻造成著名的宝剑。从春秋后期一直到战国、秦、汉，我国有不少著名的宝剑如干将、莫邪、太阿之类，就是著名技师使用这种方法炼成的。

到公元前 2—前 1 世纪的西汉时代，中国人民又创造一种别开生面的制钢法，就是用薄壁的白口生铁铸件通过脱碳退火处理，既使白口组织消失，又不析出石墨，不致变成可锻铸铁，从而整体成为钢件。这是在铸铁柔化处理技术的基础上进一步发展起来的。这种钢材，我们称为"铸铁脱碳钢"。在河南渑池发现窖藏的汉、魏铁器中，有些白口铁工具整体通过脱碳退火成为钢件之后，再在刃口部分进行局部渗碳或加工锻打，以提高刃部的硬度和锋利程度。在东汉时期，还有用白口铁条通过脱碳退火成为钢件之后，再磨砺刃部，而后加热弯曲制成剪刀的。说明这种固体脱碳制钢技术已被广泛应用，而且有进一步的发展。

至少在公元前 1 世纪的西汉后期，中国人民又创造了用生铁炒炼成钢或熟铁的新技术,就是用生铁加热到熔化或基本熔化的状态下加以炒炼,使脱碳而成钢或熟铁。这种钢材,我们称为炒钢。有的由于在炒钢过程中控制了一定的含碳量,使成为钢材;有的由于控制一定的含碳量困难,在炒炼成熟铁之后,再用表面渗碳方法,使重新渗碳而成钢材。当时生铁已成为冶铁业的主要产品,可以充分供应炒钢的原料,这样就可以大大提高钢的生产率。直到今天,炼钢仍以生铁作为主要原料。这种炒钢技术,我国曾长期使用,一直流传到近代。明代更创造了炼铁炉和炒钢炉串联使用法,把炼铁炉中流出的铁水直接炒炼成熟铁或钢。

原来使用块炼铁渗碳制钢、锻造成剑的时候,为了提高质量,需要把许多薄钢片折叠起来反复锻打。到公元1—2世纪东汉时期,中国人民又进一步创造了百炼钢锻炼技术,就是把薄钢片经过很多次加热和反复折叠锻打,以求清除杂质,使组织均匀而成为优质钢件。当时根据加热和反复折叠锻打的次数,有所谓"卅炼"、"五十炼"和"百炼"的差别。这种百炼钢技术也曾长期使用,锻造技术也不断有进步。根据宋代科学家沈括的分析,古代的鱼肠剑和宋代的蟠钢剑采用以高碳钢为刃部和低碳钢为茎干的锻合制剑方法,使得钢剑刃部锋利而剑身富于韧性和弹性。有的钢剑"可以屈置盒中,纵之复直",类似现代的弹簧钢。

从来炼钢技术,或是用低碳的熟铁进行渗碳,或是用高碳的生铁进行脱碳。我国在南北朝时期使用(可能创始于晋代)灌钢冶炼法,开创了独特的炼钢技术,它同时兼用生铁和熟铁两种原料,利用生铁含碳量高、比熟铁熔点低而先熔解的特点,把两种原料配合一起加热,让先熔的生铁液作为渗碳剂,灌注到疏松的熟铁的空隙之中,使熟铁的含碳量升高而成为钢材。因而这种炼钢方法被称为"灌钢"，亦称"团钢"。这种炼钢技术曾长期流行，不断有新发展。宋代把生铁片嵌在盘绕的熟铁条中间，用泥把炉密封起来烧炼，炼成灌钢。明代有了改进，把生铁片盖在捆紧的若干熟铁薄片上，使熟铁容易吸收生铁的铁液；不用泥封而用涂泥的草鞋遮盖，使生铁得到氧而容易熔化。至少到明代中期（15—16 世纪之间），开始发展成为苏钢冶炼法，用人工钳住熔化的生铁板左右移动，使熔化下滴的高温的生铁液，均匀地淋入疏松的熟铁的空隙中，不但起了均匀的渗碳作用，同时熟铁中存留的渣滓也发生强烈的氧化作用，从而使渣铁分离，得到优质钢材。明代中期以后对于铁工具和铁兵器，采用液体增碳的"生铁淋口"方法，使刃部表面产生生铁熔复层和渗碳层，渗碳层具有高碳钢性质，达到了表面坚硬、内部柔韧和耐磨、耐用的要求。这种生铁淋口技术，又是苏钢冶炼法的重要发展。

总的说来，我国在封建社会前期，具有中华民族特色的古代炼钢技术基本上已经成熟，到封建社会后期，这种独特的炼钢技术体系进一步有了重大发展。为了便于了解起见，我们把我国历史上炼钢技术多方面发展情况，作出示意图，见下页。

我国钢铁的锻造技术也是不断进步的。公元前 14 世纪的商代中期，中国人民已经能够把陨铁锻成厚仅 2 毫米的铁刃。到公元前 6 世纪的春秋后期，炼制钢剑，已是使用多层薄钢片折叠反复锻打而成。到公元 1—2 世纪的东汉时代，采用百炼钢技术制造刀剑，进一步发展了锻造技术。到封建社会后期，锻造技术更有进步。宋代精工的钢剑正由于锻造技术进步，加工均匀，富有韧性和弹性。同时冷加工技术有了发展，用冷锻强化钢的方法制成的钢甲特别著名，用冷拉方法制成的钢针也很坚韧耐用。到清代初年,著名的钢铁产地芜湖,还利用锻造技术,创造了铁画工艺。

中国古代独特的炼钢技术系统发展示意图

块炼铁　　生　铁

固体渗碳技术

春秋后期 ……块炼渗碳钢
(公元前 6 世纪)

铸铁退火柔化处理技术

春秋战国之际
(公元前 5 世纪)…………可锻铸铁
(韧性铸铁)

固体脱碳技术

西汉时代 ……铸铁脱碳钢
(公元前 2—前 1 世纪)

炒钢法

西汉后期 ……炒钢·……熟铁
(公元前 1 世纪)

百炼钢技术

东汉时代 ……百炼钢
(公元 1—2 世纪)

灌钢冶炼法

南北朝时期 ……灌钢
(公元 5—6 世纪)

苏钢冶炼法 ⟹ 生铁淋口法

明代中期 ……苏钢　　擦生铁工具
(公元 15—16 世纪)

表例: —— 表示采用原料 ▢ 表示采用技术 ⟶ 表示技术成果
⟹ 表示技术进一步发展 ══ 表示生产成品 …… 表示所处时期

三　总论中国历史上铁农具的改革及其作用

在中国古代社会历史发展过程中，炼铁技术和铸造技术的发明和发展，炼钢技术和锻造技术的发明和发展，对于铁农具的改革起了重要作用，而铁农具的不断改革，对于社会生产力的发展起了重要作用。

中国是世界上最早发明生铁冶炼技术的国家。至迟在公元前6世纪的春秋晚期已能炼出白口生铁，用来铸造铁农具和铁工具。春秋晚期生铁冶炼技术的发明和发展，使得铁的生产率大为提高，成本大幅度地降低，十分有利于铁农具的推广。采用生铁冶炼技术，炼铁炉可以连续操作一段时间，燃料损耗可以大为减少，而矿石的出铁率又可以大为提高。

中国又是世界上最早发明生铁柔化技术的国家。至迟在公元前5世纪的春秋、战国之际已经发明用"退火"处理办法，制造可锻铸铁（又称"韧性铸铁"或"展性铸铁"）的农具和手工工具。早期生产的生铁是白口铁。白口铁的优点是耐磨，适宜于铸造犁铧一类农具；它的缺点是质硬而脆，容易折损，不适宜制造犁铧以外各种需要强度和韧性的农具。如果采用适当的退火处理方法，可以使白口铁发生脱碳和石墨化的作用，从而改进生铁的性能。如果退火处理的效果偏重于起脱碳作用，就成为白心可锻铸铁。如果退火处理的效果偏重于起石墨化作用，就成为黑心可锻铸铁。这样制成的可锻铸铁农具，就消除了原来白口铁硬脆的缺点，变得韧性好而耐冲击。在两种可锻铸铁农具中，黑心的性能要比白心的优越。

战国时代的生铁柔化技术还处于开创阶段，还不够成熟，多数产品是白心可锻铸铁，表面经过脱碳，形成一层熟铁和钢的组织，增加了铸件的韧性，而内部依然是白口生铁。但是这一技术的发明和使用，已使原来的白口铁农具改进了性能，提高了工作效率。这对于铁农具的推广显然起了重要作用。尽管这时已发明用块炼铁渗碳制钢的技术，但是渗碳制钢，反复折叠锻打，十分费时费力，而且成本又高，因此只能用来制作部分兵器（当时青铜兵器还多于钢铁兵器），不可能用来制作广大农民使用的农具。采用生铁柔化技术制成的韧性铸铁农具，性能虽然比钢刃熟铁的制成品要差些，但是制造方法简便，成本低廉，适宜于普遍推广使用。生铁柔化技术的发明和发展，使得可锻铸铁农具广泛推广使用，这是中国古代历史上铁农具的第一次重大改革。

从现在已出土的早期铁器来看，春秋晚期和战国早期南方楚国地区和中原周、韩地区使用的铁农具，只有镤、镢、凹字形侈刃铁口锄、空首布式锄等种，还不能排除青铜和木石农具的使用。由于生铁冶炼技术的进步，生铁柔化技术的发展，到战国中期，北起今辽宁，南到今广东，东到今山东，西到今四川、陕西，都有各种铁农具出土，铁农具在农具中已经取得主导地位。而且铁农具的品种增多，犁铧有 V 字形铁口犁一种，耙有五齿耙一种，臿有一字形铁口臿、凹字形铁口臿两种，锄有凹字形侈刃铁口锄、空首布式锄、六角梯形板锄等三种，还有镤、镢、镰等种。铁口犁、铁口臿、铁口锄，只是把铁制刃部镶嵌在木农具的锋刃的边缘上，成为一种嵌刃式（即所谓"铁口"）的铁农具，铁的刃部虽还比较单薄，但铁的锋刃毕竟坚固锐利多了。这时的 V 字形铁口犁虽然没有翻转土块的犁壁的装置，但是它的前端尖锐，锐端有直棱，能够起破土划沟的作用，便利于推广牛耕，这比起过去依靠人力耕作用的耒耜等耕具,显然是耕作技术史上的一次重大革新。这时的五齿耙既可以用来挖土,又可以用来翻土起垄,作为耕垦的农具。两种铁口臿既可以用来掘起土块,也可以用来翻动土块,作为耕垦的辅助农具。三种不同形式的锄,有的可以用来起土开沟,有的适应了中耕除草的需要。这些铁农具的推广使用,为当时精耕细作的农业技术创造了条件。《吕氏春秋·上农篇》说:"是以六尺之耜,所以成亩也;其博(当作镈)八寸,所以成甽也;耨柄尺,此其度也。其耨六寸,所以间稼也。"这里所说的"耜"当是犁的代称。这是说:长六尺的犁可以用来耕垦成垄,刃宽八寸的镈(大锄)可以用来起土开沟,垄与沟的宽度都以耨(小锄)柄一尺的长度作为标准。这说明当时已很讲究铁农具柄的长短和刃的宽狭,以适应当时耕垦、整地、除草等技术上的需要。随着铁农具的推广使用,农业生产技术有很大进步,从事研究农业技术的科学也就兴起,这就是所谓农家之学。《吕氏春秋》中《上农》、《任地》、《辩土》、《审时》等四篇,就保存了当时农家之学的一部分。

　　春秋、战国之际,铁农具的革新和推广使用,使得农业生产技术取得重大进步,社会生产力得到重大发展,这对当时社会历史的发展有重大的促进作用。当时中国社会正由奴隶制转变为封建制。这个转变的分界线,有的依据《史记·六国年表》定在周元王元年(公元前475年);有的为了上接《春秋》定在鲁哀公十四年(公元前481年),这年正是发生"田氏代齐"(田常杀死齐简公)事件的一年。而欧洲由奴隶制转变为封建制的分界线,是在西罗马灭亡的公元476年。中国进入封建社会比欧洲要早一千年,这不是偶然的,是当时高度发展的生产力推动生产关系变革的结果。中国生铁冶炼技术的发明比欧洲早一千九百多年,生铁柔化技术的创造又比欧洲早两千两百多年。铁农具因之很快得到推广使用,功能也日益提高,既有利于开垦田地和精耕细作,也便于水利灌溉事业的兴修,从而促进小农经济的发展。战国初年李悝在魏国实行变法,根据魏国地少人多的情况,提倡"尽地力之教",主张精耕细作,来发展农业生产。后来商鞅在秦国实行变法,根据秦国地广人稀的条件,提倡大力开垦荒地和休耕地,来发展农业生产。这些变法措施,都是在铁农具的改革和农业生产技术发展的基础上提出的。

根据李悝的估计,战国初期魏国农业产量,1亩(相当于今1/3亩)一般可以生产粟(小米)一石半(相当于今3斗)①,相当于今天1亩生产小米9斗。战国末年秦开凿郑国渠之后,改良了灌溉地区的土壤,"收皆亩一锺"②,即每亩生产六石四斗。当时秦1亩(商鞅变法后以240步为1亩)合今0.69亩,1石约合今2斗,以此折算,就是今天1亩生产1.85石,比李悝估计的一般产量增加一倍。由于农产量的提高,战国时代一夫一妇种田100亩(相当于今30多亩),可以养活5—9人。《孟子·万章下篇》说:"上农夫食九人,上次食八人,中食七人,中次食六人,下食五人。"《吕氏春秋·上农篇》也说:"上田夫食九人,下田夫食五人,可以益,可以损,一人治之,十人食之,六畜皆在其中矣。"一家一户的小农生产,这时可以养活6—9人,甚至10人,这就使得"五口之家"或"八口之家"的小农经济成长发展,成为封

---

① 见《汉书·食货志》。三晋的量器至今没有发现,根据安邑下官锺(咸阳市博物馆藏)、少府壶、尹壶(上海博物馆藏)等三晋容器上所刻容积来推算,每升合192到231毫升,大体与商鞅方升接近。参看拙著《战国史》(1980年版)第229页注①。

② 《史记》卷29《河渠书》。

建社会的经济基础。

　　战国时代的铁农具，犁铧采用白口生铁铸造，其他铁农具多数用可锻铸铁制成。汉代的铁农具，就是在战国的基础上作了进一步的发展。从出土的汉代铁犁铧来看，已有大小不同的形制，以适应垦耕熟地、开垦荒地、开沟做渠等不同的需要。最大型的开沟用的犁铧，陕西陇县、河北满城等地都曾出土，长宽有在 40 厘米以上、重达 12—15 公斤的。由此可见当时人所说："县官（官府）鼓铸铁器，大抵多为大器"①，是有根据的。这是铁农具进步的重要标志之一。开荒犁的推广，便利了荒地的开垦，有利于农业生产的发展。大型的开沟犁的出现，更便利了大型水利工程的建设，这对于农业生产的发展起了重要的作用。从西汉晚期到东汉时代，犁铧上都已装置有翻土用的犁壁，而且犁壁已有多种多样，有向一侧翻土而作菱形或板形的，有向两侧翻土而作马鞍形的。东汉时代的耕犁都已装有"犁床"（或称"犁底"），大多是单长辕，用两头牛牵引，而且装置有"犁箭"可以上下移动，以决定犁铧入土的深浅。这时中国的耕犁已经定型，后世的耕犁只是在这个基础上不断有所改进罢了。

　　汉代的韧性铸铁农具比战国有很大进步，制成品多数属于黑心可锻铸铁，质量已与现代可锻铸铁没有本质的差别。汉代冶铁作坊采用铁范铸造薄壁的白口生铁铸件，用作制成可锻铸铁的坯件。由于铁范导热性良好，浇注成铁器后冷却速度快，可以保证取得白口生铁。又由于铁范的范壁厚薄一致，使铸件的冷却速度均匀，可以得到薄壁而结晶良好的白口生铁铸件，有助于进行退火处理时加速石墨

---

① 《盐铁论·水旱篇》。

化,从而取得优质可锻铸铁。这时可锻铸铁农具之所以能够大量推广,是由于官营冶铁作坊采用了成批生产的进步办法。他们采用铁范来铸造坯件,使得成批的坯件规格一致。他们使用规模较大的加热炉,把薄壁的同一规格的坯件套合叠放在炉内加热,就可以成批进行退火处理。在已发现的汉代冶铁作坊遗址中,就有成百件同一规格的铁工具套合叠放在一起的。在金相检验中,多次发现这些铁工具的釜底的脱碳程度比釜壁外侧为甚,这一现象当是由于采用成批生产办法,把同一规格的铁工具交叉叠放在一起加热,釜壁的外侧受到保护,而釜底较多接触炉气的结果。

汉代由于冶铁技术的进步和冶铁手工业的发展,铁农具显然比战国时代有很大进步。耕犁结构的改进,各种大小形制的犁铧和铧壁的创造和使用,各种优质可锻铸铁农具的成批生产和推广使用,使得当时以一家一户为单位的小农扩展了独立生产的能力,这就大大促进了当时农业生产的发展。当时人们已经普遍认识到铁农具在农业生产中的重要性,例如说:"铁器者,农夫之死生也"①;"铁器,民之大用也"②。同时人们也已认识到冶铁工人操作技术的熟炼细致与否,会影响到铁农具的质量是否合于实用。如果生铁柔化技术的操作水平高超,就能使得制成的铁农具"刚柔和"而合用,否则的话,就"坚柔不和"而不合实用③。汉代之所以能够成为封建社会前期生产力高度发展的时期,铁农具的改革和推广该是一个重要的因素。

西汉时代由于生铁柔化技术的发展,出现固体脱碳制钢技术,可

---

① 《盐铁论·农耕篇》。
②③ 《盐铁论·水旱篇》。

使小型的薄壁的铁工具由表及里全部适当的脱碳，成为钢件而不析出或只析出极少的石墨，我们称之为"铸铁脱碳钢"。汉、魏之间就有一些小铁农具如镰刀之类就是铸铁脱碳钢的性质的。这是韧性铸铁农具的一个发展。

战国、秦、汉时期韧性铸铁农具的发展和推广是中国历史上铁农具的第一次重大改革，对于封建社会前期生产力的发展起了重大的促进作用。唐、宋时期钢刃熟铁农具的推广是中国历史上铁农具的第二次重大改革，对于封建社会后期生产力的发展起了重大的促进作用。

封建社会前期，从战国、秦、汉一直到魏、晋、南北朝，长期使用生铁柔化技术制成可锻铸铁农具，有它的优点，也有它的缺点。缺点是由于技术条件的限制，可锻铸铁农具一般器形较小，薄壁而作嵌刃式（即所谓"铁口"），因而耕作的效能还比较差。尽管汉代炼铁和铸铁技术有很大发展，炼铁炉和化铁炉的容积都很大，可以铸造大型铁器，但在当时，除了用白口生铁铸造大型犁铧和犁壁以外，由于技术条件的限制，还不可能制造其他各种需要强度和韧性的大型可锻铸铁农具。因为采用生铁柔化技术，使白口生铁变为可锻铸铁，只有用薄壁的小型铸件作为坯件，才能使得退火处理成功。如果铸件厚而大，退火就不可能完全，强度和韧性就不合工具的需要。因此必须采用钢刃熟铁农具，才可能使农具造得大而厚重，符合农业生产进一步发展的需要。

钢刃熟铁农具有一个逐步推广的过程，这和炼钢技术的不断革新有密切关系。从春秋晚期一直到西汉前期，尽管当时已发明用块炼铁锻成熟铁和渗碳制钢的方法，但是由于成本昂贵，费时费力，只能用来制成部分兵器。到西汉晚期,发明用生铁炒炼成熟铁或钢的方法,熟铁和钢的生产有所提高,因而东汉时代钢刃熟铁的兵器就大为推广,排除了青铜兵器的使用;同时,部分重要手工工具如斧之类也已采用钢作刃部。但是由于熟铁和钢的产量还不够多,还不可能大量用来制作农具。从战国一直到东汉前期,除草用的农具主要是可锻铸铁的六角梯形板锄,到东汉后期才开始出现用熟铁锻造的曲柄的半圆形板锄,但器形还较小,还不够普遍。整个魏、晋、南北朝时期,铁农具的制作还是以可锻铸铁为主,钢刃熟铁农具还不多见。

南北朝时期推行的灌钢冶炼法,是炼钢技术的一次重大革新,这是中国劳动人民创造的一种独特的炼钢技术,此后不断有所改进,成为中国封建社会后期的主要炼钢方法,使钢的产量和质量不断提高,这就为推广钢刃熟铁农具创造了有利条件。南北朝时期著名医药家陶弘景说:"钢铁是杂炼生𫓨作刀镰者"①。"杂炼生𫓨"就是指兼用生铁和熟铁作原料的灌钢冶炼法,所说"作刀镰者",说明当时除了使用灌钢作刀剑等兵器的刃部以外,需要锋利的镰刀的刃部也已用灌钢制成。但是大量推广使用钢刃熟铁农具,开始于唐、宋时代,这是炒炼熟铁技术和灌钢冶炼技术以及锻造技术进一步发展的结果。唐、宋以后,除了犁铧、犁壁为了坚硬耐磨,仍然用白口生铁铸造以外,锻造的钢刃熟铁的厚重农具代替了小型薄壁的嵌刃式的可锻铸铁农具。值得重视的是,这时在耕犁上发明了使用钢刃熟铁的犁刀的装置,同时创造了钢刃熟铁的铁搭、踏犁等垦耕工具。

唐、宋时代耕犁的结构又有了进步。唐末陆龟蒙《耒耜经》记载

---

① 《重修政和经史证类备用本草》卷 4《玉石部》引。

了当时江东的犁,由大小十一个部件组成,结构坚固而灵巧,除了有犁壁、犁箭等装置外,犁辕的头上还有可以转动的犁槃的装置。至迟到宋代,耕犁上更有了钢刃熟铁的犁刀的装置。南宋初年犁刀已被普遍用作开荒的农具,称为"䥇刀"或"开荒䥇刀"。元代王祯《农书》又称为"劚刀",或者装置在小犁的犁底(犁床)上,用牛牵引作为第一道开荒的工具;或者直接附装在大犁的"辕首里边",使犁刀和犁铧在同一犁上起开垦和耕田的作用。宋、元时代犁刀及其装置方法的创造,使耕犁的功用大为增强,这是农具发展史上一次值得大书特书的重大革新。

唐、宋以后长江流域流行的铁搭,也是农具发展史上的重大发明。这是十分得力的手工垦耕工具,用钢刃熟铁锻造而成,有四齿或六齿,十分锋利。铁搭在长期的广泛使用中,适应不同开垦的需要,有各种不同式样,多数的齿的刃部是平方的,又有齿的刃部作为梯形的,也有齿的刃部是锐利的。平方的齿刃多用于开垦旱地,梯形的齿刃多用于开垦水田,锐利的齿刃多用于开垦荒地。由于齿刃如同刀一样的锋利,当时人们把使用铁搭垦地称为"刀耕"。明代太湖流域的农民常常不用牛耕而靠"刀耕"。这是因为农民贫困,养不起耕牛;同时这一带地少人多,耕地不足而人力有余,如果有强壮劳动力使用铁搭"刀耕",可以比牛耕翻得深、翻得匀、翻得透;而且太湖流域的土壤是青紫泥,土质黏重,需要干垦,而干垦不是一般牛耕所能胜任,因而靠人力使用铁搭比较适宜。据说十个人使用铁搭翻耕可当牛一头。当时使用铁搭翻耕田地,有所谓"垦"和"倒"的区别。"垦"是指庄稼收割之后开始用铁搭顺次普遍翻地,一般在冬天进行;"倒"是指垦好之后再用铁搭按照垦的相反方向倒翻,一般在春天进行。当时有些地区为了加深垦耕,既用牛耕,又用铁搭翻耕。明、清时代江南地区农业生产有很大发展,使用铁搭深耕是起了很大作用的。直到今天江南地区农民还把铁搭作为人工耕垦的重要工具。

唐、宋以后流行的人工使用的开荒农具——钢刃熟铁的踏犁,虽然速度比牛耕慢,但在缺少耕牛的条件下,还是一种有效的垦耕工具。如果有强有力的劳动力配合使用,还能取得比牛耕更好的效果。这种踏犁在北宋初年已推广使用。据说四五个人使用踏犁耕作,可比牛一头。

唐、宋时代钢刃熟铁农具的推广,是中国历史上铁农具的第二次重大改革,特别是耕犁上犁刀的创造和使用,铁搭和踏犁的创造和推广,对于长江流域特别是太湖流域农业生产的发展起了相当大的作用。

明、清之际擦生铁农具的推广,是中国历史上铁农具的第三次改革。明代中期以后,铁农具除了犁铧、犁壁仍用生铁铸造,犁刀、铁搭之类仍用钢刃熟铁制造以外,锄、镈、镰等小铁农具采用生铁淋口技术,制成擦生铁农具,这对农业生产的发展也起一定的作用。

明代中期以后,灌钢冶炼技术发展为苏钢冶炼技术。苏钢冶炼技术使用火钳钳住正在熔化下滴的高温生铁液的铁条左右移动,使均匀地滴淋入疏松的熟铁块的孔隙中,发生渗碳作用,从而取得较纯的钢材。生铁淋口技术是苏钢冶炼法的一个发展,它用熔化下滴的高温生铁液滴淋小铁农具的刃部,使它的表面有一定厚度的生铁熔覆层和渗碳层,而这种渗碳层具有高碳钢的组织,这样使得这些小铁农具制作时不需要在刃部夹进炼好的钢条,而能具有钢刃的性能。直到今天,山西、河北、山东、江苏等省仍然采用这种方法制造小铁农具。现在稍有不同的地方,就是不仅用生铁淋口,而大多是全面用生铁液来淋擦的,因而被称为"擦生农具"。这种擦生农具的特点是,既耐磨,韧性又好,锋刃快,经久耐用。这次铁农具的改革,显然没有上两次那样重要,因为擦生铁农具的功能效果并不比钢刃熟铁农具更

中国封建社会冶铁技术发展和铁农具进步示意图

铸铁退火柔化处理技术

春秋战国之际 ……… 铸造的薄壁嵌刃式可锻铸铁农具
（公元前 5 世纪）

固体脱碳技术

西汉时代 ……… 小型铸铁脱碳钢农具
（公元前 2—前 1 世纪）

炒钢法

西汉后期 ……… 小型锻造熟铁或炒钢农具
（公元前 1 世纪）

南北朝时期 ……… 灌钢冶炼法
（公元 5—6 世纪）

唐代 ……… 大型锻造钢刃熟铁农具
（公元 7—9 世纪）

明代中期 ……… 生铁淋口技术
（公元 15—16 世纪）

擦生的锻造铁农具

表例：▢ 表示采用技术　　→ 表示技术成果
⇒ 表示技术进一步发展　　━ 表示生产成品　　…… 表示所处时期

好,只是方法简便,造价低廉,便于推广使用;而且改革的范围较小,只限于小铁农具,如犁刀、铁搭等耕垦农具就不适宜采用这种方法制造。尽管如此,但是制造方法简便而造价低廉还是很重要的,因为这样便于广大贫苦农民采购使用,对于农业生产的发展无疑是有积极意义的。正是这个时期,农业生产得到进一步发展,社会经济得到进一步繁荣,产生了资本主义的萌芽。

在 16 世纪以前,无论从社会经济和科学技术的发展来看,中国在世界上是个先进的大国。就炼铁炼钢技术这个领域来看,也是如此。但是在 16 世纪以后三百年中,中国日益落后于西方了。中国在明末清初之际,虽然也产生了资本主义萌芽,促进了民营商办矿冶业的发展,但是由于封建的专制统治,采用限制和打击措施,对商业、手工业和海外贸易加以束缚和摧残,严重压制了商业资本的发展和向手工制造业资本的转化,微弱的手工业资本不可能较快地大量积累起来。正因为如此,中国的资本主义萌芽发展十分迟缓,越来越落后于西方。这时欧洲的炼铁炼钢技术,由于产业革命而得到了快速的发展,而中国原来先进的炼铁炼钢技术,却变成落后者,而且越来越落在西方近代钢铁工业的后面。

落后是要挨打的。自从鸦片战争以后,中国在帝国主义列强的侵略和本国反动统治阶级的压榨下,变成了半殖民地半封建的社会,经济命脉既为帝国主义者操纵和掠夺,生产也就越来越落后,使得旧中国的钢铁工业走着一条屈辱的道路。在帝国主义者的侵略和国内反动派的压迫下,原有土法的炼铁炼钢被排挤得奄奄一息,而现代化的钢铁工业也不能发育,满身带着帝国主义盘剥、榨取的鞭痕。自从1890 年我国创办第一个现代钢铁联合企业——汉阳钢铁厂起,到

1949 年新中国成立前为止，五十九年间总共只生产了 760 万吨钢，平均每年只有 12.8 万吨，1949 年的钢产量只有 15.8 万吨，落在二十四个国家的后面。更可痛心的是，我国重要的钢铁资源，成了帝国主义者血腥的魔手掠夺的目标。

新中国的成立，标志着中国进入历史发展的新时代。一百多年殖民主义、帝国主义奴役中国人民的时代从此结束，广大劳动人民成为新中国的主人。三十年来，我们在旧中国遗留下来的"一穷二白"的基础上，建立了独立的比较完整的工业体系和国民经济体系。钢铁工业有了新发展，钢产量从 1950 年的 60.6 万吨发展到 1979 年的 3 443 万吨。粉碎"四人帮"以来，我们从政治上、思想上和组织上拨乱反正，提出了实现四个现代化的宏伟目标。在今天回顾我国炼铁炼钢技术发展的历史，更可以增强我们实现四个现代化的信心，鼓舞我们在科学技术领域尽快地赶上和超过世界先进水平。

外三种

中国历代尺度考

一　序　说

　　度量权衡为百物制度标准,不知度量权衡即不可与言百物制度,是知考古之学,度量权衡颇重要,然又最难定者也。唐李淳风作《隋书·律历志》,尝分隋以前尺度为十有五等,凡二十有八种,使后之考古者,得有所凭借,其功伟矣！顾《隋志》所载,仅有诸尺与"晋前尺"之比例,究与现代尺度相差若何,其可信之程度若何,皆非一言可决也。自来律吕家精研于此者,代不乏人,即在日本亦颇有考论者,惜俱未得其要领①。

　　考古之学,首重实物,假借推度者次之,顾传世之尺,多私家所庋藏,学者不获亲见,其存亡不可知。康熙间曲阜孔尚任得"汉建初尺",其拓本摹本多传于世,然拓本纸有伸缩,不免失真,摹本尤难凭借。至王复斋《钟鼎款识》所摹晋前尺,沈彤、程瑶田尝据以考论古代

---

① 　日本学者治尺度者,有中村迪斋之《三器考》,中根元珪之《律原发挥》,荻生徂徕之《库量衡考》,伊藤东涯之《制度通》,狩谷掖斋之《本朝度量权衡考》,最上德内之《度量衡说统》,猪饲敬所之《读礼肆考》,斋藤高寿之《井田图说》。

礼制,近据王国维氏之考证,实为高若讷所摹制之尺,亦未得其真。希尔特(Hirth)氏尝据《金石索》以算周尺,约合二三公分半,秦汉古尺约合十七公分又十分之三,汉末尺约合二九公分又三分之一,亦未足据。以古器物相推度之法,由来所尚,晋泰始十年荀勖造律尺即"晋前尺",其所校古法有七品:一曰姑洗玉律,二曰小吕玉律,三曰西京铜望臬,四曰金错望臬,五曰铜斛,六曰古钱,七曰建武铜尺(见《晋书》《隋书·律历志》)。宋丁度又尝以大泉、错刀、货布、货帛四物参校,以求铜斛之尺,而高若讷卒用汉货泉度尺寸,依《隋书》定尺十五种,上之太常寺(《宋史·律历志》)。清儒治此者尤众,其最著者如钱塘之《律吕古谊》、吴大澂之《权衡度量实验考》,钱氏精于数术而以实物证明之;吴氏自言不知算律,据宏璧镇琮、古玉律琯、古剑以求古尺度,自谓"尺寸皆同""丝毫不爽",然犹不能无疑也。其所据古玉古金,今不知存否,又未知所度准确否,其所摹"大泉五十""小泉直一"过大,其所摹"晋前尺"又微小,所摹"宋三司布帛尺"又缩小甚多,尺度之难考也如此①。

　　所幸年来古物屡有出土与发现,晋荀勖造"晋前尺",所校七品,五曰刘歆铜斛,今王莽嘉量完好尚在,初藏坤宁宫,后归故宫博物院,王国维氏尝惊为"旷世环宝"(见《莽量考》),成《中国历代之尺度》一文(初刊《学衡》五十七期,后收《观堂集林》)除刘歆铜斛外,记历代实

---

① 晚近以古钱推考尺度者较多,日本足立喜六氏著《长安史迹考》一书,收《东洋文库》,其第二章《汉唐之尺度及里程考》,亦以古钱作实测。全书商务有杨炼译本,其第二章吴晗凡桐亦有译文,吴译刊《人文月刊》五卷第六、七期,凡桐译刊《北强月刊》二卷三期。

物、拓本、摹本共十六种①。马衡氏因依其尺度，摹制《隋志》十五等尺，并为文说明之。至1932年洛阳金村被盗掘出"周铜尺"，传与战国初期韩器𩰙钟同墓出土，及1934年叶退庵先生又得一镂牙尺，传亦洛阳出土，其长短俱与"刘歆铜斛尺"相当，证以商鞅量，又相合。周汉古尺，清儒各自为说，聚讼不一，得此可论定矣。然周汉二代，上下千载，若谓此千载之内，其尺度俱与铜斛尺等同，无毫黍之差，其谁能信？后世尺度虽每年检校，犹不能无参差，周汉上下千载，人间恒用，必多讹替；取巧作伪，又为剥削阶级之通病，其间必然有所增大，故此铜斛尺吾人仅能定为晚周及新莽之尺度，或不足以统括二代也。欲求二代古尺之梗概，仍不能不综合诸说，比勘而推究之。

隋唐以后尺度，变迁较微，但前人论述颇略于此。且一代通用之尺度，不特形式有异，长度亦多不同。日本正仓院法隆寺所藏牙尺，古今学者俱认为唐尺，钜鹿故城出土之木尺，皆认为宋尺，咸不无差异，学者纷纷然求其若者为准则，若者为差谬而终不可得。故吾人仍不能不参验文献与古物，以定其一是。然传世之古物，又不相一致，同为唐代泉货，开元通宝与乾元重宝不同，同为开元通宝，爪形与右拨者又复相异，盖一代之尺度，本多参差，而古钱之冶铸又不能无出入也。故吾人惟有参校异同，以求其近当而已。至于精密之勘定，自有待于实物之继续发现，更有待于古器物学、古泉学之发展进步，彼此可相得而益彰也。

---

①　王氏《中国历代之尺度》一文，刊《学衡》五十七期，后收入《观堂集林》，称《记现存历代尺度》。仅列实物摹本拓本之长短十六种而推其变迁之因。惜未尝博稽群借以旁推交通。所论多不详尽，犹未餍吾人之愿望也。《宋史》称宋《乐髓新经》卷第六为历代度量衡，惜其书不传。《国闻周报》十一卷三十八期，尝有曾士莪氏所作之补白，题为"中国历代尺数考"，大体录《玉海》及《七修类稿》，简略无足取。

二 尺度之起源

自来论尺度之起源,要不外三说:

(一)取则于乐律累黍说　此《汉书·律历志》主之。

(二)取则于蚕丝马尾说　此《孙子算经》主之。

(三)取则于人身及应用器物说　见《史记·夏本记》等。

三说中疑后一说近是。

(一)取则于乐律累黍说

此说不知始于何人,《史记》仅言"凡九寸命曰黄钟",《汉书·律历志》乃云:

> 度者,……本起黄钟之长,以子谷秬黍中者,一黍之广度之
> 九十分,黄钟之长,一为一分,十分为寸,十寸为尺,……而五度
> 审矣。

其后诸史律历志及《尚书注》等皆从其说,《唐六典》亦云:

> 凡度以北方秬黍中者,一黍之广为分,十分为寸,十寸为

尺，……

注云：

> 此说肇始刘歆之《三统历》，班固祖述之，载于《律历志》，相
> 传为歆所杜撰，《发蒙算经》亦有累黍之文。

宋叶适《习学记言》亦谓司马范氏论钟律，以黍起分者，独刘歆妄作新
说。然考之《淮南子·天文篇》有云：

> 十二蔈而当一粟，十二粟而当一寸。

《说苑·辨物篇》亦云：

> 度量权衡以黍生之为分。

是累黍之说，非创始于歆矣。惟先秦古籍，俱未及此，其起于汉代可
无疑也。《习学记言》曰：

> 司马迁言"王者物度轨则一本于六律"，六律为万事根本，汉
> 人之论，盖因之矣。

其推论疑近当。宋司马光、范镇、房庶皆否认起于黄钟之说，《习学记
言》云：

> 司马范氏论钟律，……凡物度数，必由分寸起，……自然之
> 数也。故宫系于分，分不系于宫，黄钟系于寸，寸不系于黄钟。

房庶亦谓律生于尺，尺非起于黄钟，并自言尝得古本《汉志》，在"一黍
度之九十分""一黍"下，有"之起积一千二百黍"八字（见《宋史》）。明
刘濂著《乐经元义》亦云：

> 度量权衡，非始于黄钟也，未有黄钟之前已有此物，但法用
> 不出于一耳。……既制黄钟，乃以律捵齐三物，……此帝大一统
> 之政，即天下同轨同文之意也。

是刘濂虽以度量不起于黄钟，而以黄钟乃用以捵齐三物者。刘氏

又云：

> 若夫累黍以为分者，盖分寸之度，必有所起，用麦则太大，用粟则太小，惟所谓黍者，其形大小适中，……则汉九寸用黍之法，非上古之遗法而何哉？

是刘氏又主累黍之说。其他律吕之书，论列者颇多，大抵俱如上述，此不赘述。

近刘复氏著《从五音六律说到三百六十律》一文（见《辅仁学志》第二卷第一期），又主起于黄钟之说，谓先民盖先有黄钟之长短观念，然后有一般物品之长短观念，并称欧洲博物馆所藏蛮人器物，度量器具如尺秤之类甚少见，而乐器如鼓笛之类则甚多，乐器蛮人用以娱乐，发明颇早，度量器具于蛮人生活不甚需要因而较迟。刘氏并为之假设起源之过程如下：

（1）远古即有管制之乐器。

（2）因管上开孔之部位不同而发生不同之声音。

（3）先民惊异于不同之声音而有管长短之研究。

（4）借用此研究之结果，制为尺寸，以量其他物品。

刘氏此说，虽较近情，疑仍非是。据考古学家之研究，原始社会遗址中，已有人骨、火石、鱼骨、兽骨等制成之容量器具，度量器具之发明与应用，似不必在乐器之后。品物一经比较，不免发生长短大小之意识，此疑先民早已有之。

累黍之说，亦纯后起。凡专门工具之创制，必先假借通用物品渐次改良而成，度量器具之起源，当不例外，累黍以为尺，先民必不能有此奇想也。自《汉志》载累黍之说，后世遂据以为造尺之本，然黍有大小，尺度遂亦不同，及清乾隆六年校正营造铁尺，犹以子谷秬黍中者纵度之一,当其分也。

(二) 取则于蚕丝马尾说

贾谊《新书·六术篇》云:

> 数度之始,始于微细,有形之物,莫细于毫,是故立一毫以为度始,十毫为发,十发为氂,十氂为分。

《孙子算经》云:

> 度之所起,起于忽,……蚕吐丝为忽。

《易通卦验》云:

> 十马尾为分。

此说疑皆附会字义而成。《史记·自序·正义》亦云:"忽,一蚕口出丝也。"《集韵》亦云:"忽,轻也,一蚕为一忽,十忽为一丝。"而《汉书·叙传注》引刘德云:"忽,蜘蛛网细者也。"又《律历志注》云:"忽,微若有若无,细于发也。"此皆以意释义,故言人人殊。《说文》云:"氂,牛尾也。"《淮南子·说山篇》注:"氂,马尾也。"此即《易通卦验》之说所由本。分以下毫厘诸名,大抵起于汉代,盖社会渐进,应用渐繁,分析亦愈密也。《新书》称十毫为发,十发为氂,十氂为分,而《说文》又云:"十发为程,一程为分。"分以下诸名起于汉代,故颇不一其辞,纷纷无定则。毫氂诸名,既汉代始有,其非尺度之起源复何疑?

(三) 取则于人身及应用器物说

《史记·夏本纪》谓禹以身为度,此以帝王之身作则也。《公羊·僖公三十一年传》云:"肤寸而合",《注》云:"侧手为肤,按指为寸。"《说文》云:"寸,十分也,人手却一寸动脉,谓之寸口。"《礼记·投壶篇》谓："筹室中五扶，堂上七扶，庭中九扶。"《注》云："铺四指曰扶，一指按寸。"《大戴礼·主言篇》云："布指知寸，布手知尺。"疑先民最初量物用手，一把谓之一尺，一指谓之一寸。"尺"字疑即像毛把之形，"寸"篆文作"Ⳙ"，疑即像按指之形，下"一"画即像物，"Ⳙ"像以指按之也。《说文》又云："夫，丈夫也，周制以八寸为尺，十尺为丈，人长八尺，故曰丈夫。"寸之与指，尺之与手，丈之与身，寻之与肘，其关系诸书固明言之矣。《庄子·人间世篇》"其拱把而上者"，《释文》引司马〔注〕云："两手曰拱，一手曰把"，《孟子·告子篇》"拱把之桐梓"，《注》云："拱，合两手。把，以一手也。"以手量物之习俗，至今犹然。

《小尔雅》云："跬，一举足也"，《白虎通》云："再举足曰步。"步之起于足，固甚明显。《考工记》云：

> 室中度以几，堂上度以筵，宫中度以寻，野度以步，涂度以轨。

其言虽不必可靠，然度量初无专门器具，即以应用器物度之，此亦历史发展中应有之过程也。人类于原始时代，皆以手足树皮树枝等以量长度，至今美洲西部之印第安人，量长之最小单位为步。《旧约申命记》（Deuteronomy）用足之阔为单位，希腊罗马用足长为单位，故至今西文名尺曰 Foot。即英国之码，亦以亨利第一之手臂为准则。古埃及亦以手为准，有"一指""一手""一肘"等区别，则谓我国之寸起于指，尺起于手，于此又得一佐证矣。

三　历代尺度变迁之原因

《隋书·律历志》云：

> 开皇初调钟律尺及平陈后调律水尺，此宋代人间所用尺，传入齐、梁、陈以制乐律，与"晋后尺"及"梁时俗尺""刘曜浑天仪尺"略相依近，当由人间恒用，增损讹替之所致也。

人间恒用，增损讹替，此固尺度变迁之一因。

《礼记·王制·正义》引延平周氏云：

> 后世之尺，或以黍，或以忽，或以指，然地生黍有大小，蚕之吐有巨细，人之手有长短，而上之人又失其同度量之法，此步尺之所以不同也。

又引严陵方氏云：

> 按礼图有黍尺有指尺，盖累一黍为分，按一指为一寸，黍尺有长百黍，指尺则长十指，然而地有肥瘠，人有长短，则黍之与指，安能无差，此古今之尺所以异也。

黍尺指尺之说，唐宋以下颇多信从，古今尺度之不同，此固亦其一因。

考《隋书·律历志》校自周至隋十五等尺,尺度每代递增,《宋史》引丁度议所谓"其制弥长,出古远甚"。其增率之速,莫剧于东晋后魏之间,三百年间,几增十分之三,是时内乱外患相寻,官吏贪暴,剥削残酷,尺度之突然增长,当由此故。其惟一之主因,实由于课税。钱塘《律吕古谊》云:

三代以后,取民无制,权量之属,每代递增。至魏孝公太和十九年,诏改长尺大斛,依《周礼》制度颁之天下,隋炀帝大业三年四月壬辰改度量衡,并依古制。

阮元《积古斋钟鼎彝器款识商周兵器说》云:

古度量衡短小且轻,今度量衡长大且重,又何也?自古利权皆自上操之,官吏之征银帛粟米也,未有不求赢者,数千年递赢之至于如此,此亦不得不然之势也。

近王国维氏更云:

求其原因,实由魏晋以降,以绢布为调,而绢布之制,率以二尺二寸为幅,四丈为匹,官吏惧其短耗,又欲多取于民,故尺度代有增益,北朝尤甚。自金元以后,不课绢布,故八百年来尺度,犹仍唐宋之旧。案《隋书·律历志》载高祖之言,谓魏及周齐贪布帛长度,故用土尺,今征之《魏书·高祖纪》,太和十九年诏改长尺大斗,又《杨津传》"延昌末,津为华州刺史,先是受调绢匹,度尺特长,在事因缘,共相进退,百姓苦之,津乃令依公尺度"。案自太和末〔至〕延昌,不及二十年,而其弊已如此。又《张普惠传》"神龟中,天下民调幅度长广尚书计奏复征绵麻,普惠上疏曰:绢布匹有丈尺之赢,一犹不计其广,丝绵斤兼百铢之剩,未闻依律罪州郡,若一匹之滥,一斤之恶,则鞭户主,连三长,此所谓教民以贪者也,今百官请俸,人乐长阔,并欲厚重,无复准极,得长阔厚重者,便云其州能调绢布,精阔且长,横发美誉,不闻嫌长恶广求计还官者,此百官之所以仰负圣明也"云云,尺度之由短而长,全由于此。

其论尺度增益之由于课税,至为详尽。按自宋代以后,课税多折价,贪官固不必求尺度之增长,但须折价提高耳。如《宋史·食货志》云:

> 宣和初……言者论西蜀初税钱三百折绢一匹,草十围,计钱二十。今折草百五十围,围估钱百五十,税钱三百,输至二十三千。

余可概见。

考度量衡器之增大,实不仅由于地主政府在课税中"欲多取于民",更由于地主阶级在收取地租中"欲多取于民"。故在中国历史上,量器之增大较尺度为速。东晋后魏三百年间尺度增长十分之三,而量器之增大达于三倍。自唐迄明尺度增长十五分之一,而量器之增大又达十分之六。

唐宋以后尺度增长虽较东晋后魏间为小,但其增长之趋势依然存在。唐代实用之唐大尺,原本于隋开皇官尺,约长 0.295 公尺,然出土唐代通行之尺有长达 0.315 公尺者。宋代实用之三司布帛尺,原本唐大尺,约长 0.31 公尺,然出土宋代通行之尺有长达 0.329 公尺者。明清两代官尺(即营造尺),长度在公尺 0.32 左右,然一般通用之裁尺较官尺又长一寸余。其所以增长,又无非由于剥削阶级剥削榨取之故。

四　远古尺度

(一) 前人于远古尺度之臆测

律吕家有所谓黄帝尺者,朱载堉《律吕精义》云:

> 历代尺度,皆本黄钟,……有以黄钟之长,均作九寸,而寸皆
> 九分,黄帝命伶伦始造律之尺名古律,又名纵黍尺。

此盖律吕家据《吕览·古乐篇》及《史记·乐书》而妄为臆说也。又宋范景文言黄帝尺即宋三司尺。按:三司尺,李照等用以定律,《金史乐志》云:"李照所用太府尺,即周隋所用铁尺。"谓宋三司布帛尺即黄帝尺,亦律吕家之臆说耳。

《韩诗外传》有云:"禹十寸为尺,汤十二寸为尺,武王八寸为尺。"蔡邕《独断》则云:"夏以十三月为正,十寸为尺,……殷以十二月为正,九寸为尺;……周以十一月为正,八寸为尺。"后世律吕家据此以考夏殷尺度,《律吕精义》云:

> 有以黄钟之长,均作十寸,皆十分,舜同律度量衡之尺,至夏

后氏未尝改，故名夏尺。传曰："夏禹十寸为尺"，盖指此也。有以黄钟之长，均作四段，加出一段而为尺，此商尺也。适夏十二寸五分，传曰："十二寸为尺"，盖指此也。

又云：

> 宝钞尺墨边外齐作为一尺，名曰今尺；即《唐六典》所谓大尺是也。此系商汤古尺；……即今工部营造尺也。十寸曰尺，八寸曰咫，殷以夏尺为咫，因而益也。

《律吕新说》亦同。盖朱氏据《韩诗外传》之说，以为夏尺殷尺周尺为十与十二与八之比，其说殊非。《外传》之意，非言比例，《说文》云："夫，丈夫也，周制以八寸为尺。"是汉人以周制尺八寸，《外传》所云皆汉人所传制度耳。《独断》谓汤九寸为尺，律吕家皆非之，《律吕古谊》云："蔡说出自忆撰"，实则《外传》所言，何尝非汉人所臆撰，皆非其真也。唐《孙氏千金》云："夏家古尺今八寸"（见《律吕古谊》引），亦无据。

《礼记·王制》云：

> 古者以周尺八尺为步，今以周尺六尺四寸为步，古者百亩，当今东田百四十六亩三十步，古者百里，当今百二十一里六十步四尺二寸二分。

所谓古者，不明何指，或谓指商，亦臆说也。又《孟子·滕文公篇》云：

> 夏后氏五十而贡，殷人七十而助，周人百亩而彻。

顾炎武辈皆以为尺步有长短，非授田有多寡。《日知录》云：

> 《诗》曰："信彼南山，维禹甸之，畇畇原隰，曾孙田之，我疆我理，南东其亩。"然则周之疆理，犹禹之遗法也。……一王之兴，不必将改畛涂、变沟洫、移道路以就之，为此烦扰而无益于民之事，岂其然乎？

邹伯奇尝据此推算,定夏尺当今七寸四分七厘,殷尺当今六十三分一厘,周尺即医家同身尺当今六寸四分,又以周制八寸为咫,定咫当今五寸一分二厘。其《学计一得古尺步考》云:

> 又考周尺即医家之同身尺,当今工部营造尺六寸四分,则一步当今四尺二寸二分四厘,一里当今一千二百六十七尺二寸,据《王制》殷以周八尺弱为步,则殷一步当今五尺一寸一分五厘四毫,一里当今一千五百三十四尺有奇。若据《孟子》夏后氏五十亩殷人七十亩当周百亩,以积求边则殷百里当周一百一十九里半有畸,夏百里当周一百四十一里半弱,则是殷以周尺七尺九寸为步,计一里当今一千五百一十四尺有畸,夏一里当今一千七百九十二尺有畸,若均以八尺为步、三百步为里折之,则殷一步当今五尺零五厘弱,一尺当今六寸三分一厘弱,夏以周尺九尺三寸三分四厘为步,计一步当今五尺九寸七分三厘有畸,一尺当今七寸四分七厘弱。

邹伯奇氏所定尺度图

此亦臆测。邹氏以《王制》古者以周尺八尺为步指殷,今以周尺六尺六寸为步指周,周法而亦言周尺者,对古者以周尺为步而言之也。谓以数比例,则周百亩当殷六十八亩一十八步余,与《孟子》之数近而略少。邹氏据《王制》以牵合《孟子》,臆测远古尺度,未为当也。

(二) 传殷墟出土骨尺

此尺传为河南安阳殷墟出土,出土情况不明,是否为殷代之物,尚不可知。此尺但有寸不刻分,诸寸亦不均等,中有一槽,剖面作凹形。全尺左侧长 0.1678 公尺,右侧 0.1680 公尺,平均之则得:

$$\frac{.1678 + .168}{2} = 0.1679 \text{ 公尺}$$

$$\frac{.1679}{.32} = 0.5247 \text{ 营造尺}$$

$$= 0.5597 \text{ 市尺}$$

(三) 古玉尺

叶遐庵先生收藏有玉尺二:

1. 玉尺甲 此尺寸分皆有,只一面刻画。全尺长 0.1287 公尺。

$$\frac{.1287}{.32} = 0.4022 \text{ 营造尺}$$

$$= 0.429 \text{ 市尺}$$

2. 玉尺乙 原物断,仅八寸有奇,五寸有分,五寸无分,亦只一面刻画,一头刻羊角形如Ψ。全尺长 0.1357 公尺。

$$\frac{.1357}{.32} = 0.424 \text{ 营造尺}$$

$$= 0.4523 \text{ 市尺}$$

此二玉尺较殷墟出土骨尺尤短,其年代不可考。我国周以前之尺度,今日尚无可靠之资料,足资考证。

五 周汉之尺度

(一) 刘歆铜斛尺

《晋书·律历志》云：

武帝泰始九年，中书监荀勖校太乐，八音不和，始知后汉至魏，尺长于古四分有余。勖乃部著作郎刘恭依《周礼》制尺，所谓古尺也。依古尺更铸铜律吕，以调律吕，以调声韵，以尺量古器与本铭尺寸无差。又汲郡盗发魏襄王冢，得古周时玉律及钟磬，与新律声韵暗同。于时郡国或得汉时故钟，吹新律命之皆应。勖铭其尺曰："晋泰始十年，中书考古器，揆校今尺，长四分半。所校古法有七品，一曰姑洗玉律，二曰小吕玉律，三曰西京铜望臬，四曰金错望臬，五曰铜斛，六曰古钱，七曰建武铜尺。姑洗微强，西京望臬微弱，其余与此尺同。"铭八十二字，此尺者勖新尺也，今尺者杜夔尺也。

《隋书·律历志》所举第一等尺，包涵五种：一周尺，二《汉志》王莽时刘歆铜斛尺,三后汉建武铜尺,四晋泰始十年荀勖律尺为晋前尺,五祖冲之所传铜尺。引梁武《钟律纬》称祖冲之所传铜尺其铭作此八十二字,又称雷次宗、何胤之二人作《钟律图》所载荀勖校量古尺文与此铭同。是李淳风于"晋前尺"未亲见,其所本以校诸尺者,恐为摹制品。

宋皇祐中诏累黍定尺,高若讷以汉货泉一寸依《隋书》定尺(见《宋史·高若讷传》及《律历志》),王复斋《钟鼎款识》有"晋前尺"拓本,王国维氏已考定为高若讷摹制之品,其铭辞作"周尺汉志镏歆铜尺,后汉建武尺、晋前尺并同",此尺苟为真品,决无自称晋前尺之理,《宋史·律历志》所称高若讷所造十五种尺,"一周尺与《汉志》刘歆铜斛尺、后汉建武中铜尺、晋前尺同"。与此尺铭辞只差三字,则此尺为若讷所造甚明(《观堂集林》卷十九《王复斋钟鼎款识中晋前尺跋》)。亦且原拓已亡,扬州阮氏、汉阳叶氏刊本均已失真。所幸新莽嘉量,今尚存世有两器,吾人可据此得其厓略也。一器原藏坤宁宫,《清会典》云:"乾隆间得东汉圆形嘉量",当即指此也。

新莽嘉量上为斛,下为斗,左耳为升,右耳为合、龠,共五量,量各有一铭,其辞为:

> 律嘉量斛:方尺而圜其外,庣旁九厘五毫,冥百六十二寸,深尺,积千六百二十寸,容十斗。

> 律嘉量斗:方尺而圜其外,庣旁九厘五毫,冥百六十二寸,深寸,积百六十二寸,容十升。

> 律嘉量升:方二寸而圜其外,庣旁一厘九毫,冥六百四十八分,深二寸五分,积万六千二百分,容十合。

> 律嘉量合:方寸而圜其外,庣旁九毫,冥百六十二分,深寸,积千六百二十分,容二龠。

> 律嘉量龠:方寸而圜其外,庣旁九毫,冥百六十二分,深五

分,积八百一十分,容如黄钟。

《西清古鉴》测之曰:

> 斛深七寸二分,径一尺四寸,斗深七分有二,径与斛同,升深
> 一寸八分有一,径二寸一分,合深七分有二,径一寸一分,龠三分
> 有六,径一寸。

是刘歆铜斛尺当营造尺七寸二分,合 230.4 公厘。至高若讷所摹制之晋前尺,阮元跋谓建初六年尺较此晋前尺长二分强(《积古斋钟鼎彝器款识》十),按建初尺长营造尺七寸四分,是高若讷所摹制者当营造尺七寸二分弱。吴大澂氏云:

> 近验拓本往往与原器不符,盖纸潮则赢,干则缩,"建武尺""刘
> 歆尺"皆以王复斋拓本为据,故小于建初尺二分余,实则所差无几。

吴氏谓拓本干缩甚是,谓"刘歆尺"与"建初尺"相差无几则未得其实。

刘复氏尝著《故宫所存新嘉量之较量及推算》,刊《工业标准与度量衡》第一卷第四期。尝将新嘉量五器之径与深,作精密之推算。今此器径深皆不均等,刘氏校量五器圆径之方法,乃分圆周为二十等分,以相对之等分点两两相联,得十圆径,每一圆径校量一次,且此器内壁不直,不特须量"上径",且须量"下径",惟升斗因刘氏所用尺两定点针太短,不能达底,故仅能量中径而未能量下径。如是再相加而求其平均之径。刘氏校量五器之深,亦分"边深""中深"测之,盖此器底微凹也。刘氏校量边深,分圆周为十等分,就每一等分点校量一次。校量龠合升之"中深"则酌定底部十点,每一点校量一次,至斗斛"中深"之校量尤较精,就圆面作四直径,分全圆为八等分;分每一直径为六等分,得五等分点,四直径共二十等分点,乃按点校量之。如是再相加而求其平均之深。然后据各器平均之深与径,再平均之而求其尺之值:

一　龠

（上径）	（下径）
（一）33.2 公厘	（一）30.9 公厘
（二）33.5 公厘	（二）31.4 公厘
（三）33.1 公厘	（三）31.4 公厘
（四）33.7 公厘	（四）31.4 公厘
（五）33.2 公厘	（五）31.5 公厘
（六）32.8 公厘	（六）32.0 公厘
（七）32.8 公厘	（七）31.5 公厘
（八）32.8 公厘	（八）31.3 公厘
（九）32.2 公厘	（九）31.9 公厘
（十）33.3 公厘	（十）31.3 公厘

平均 33.16 公厘　　　　　　平均 31.46 公厘

$$\frac{33.16+31.46}{2}=32.31 \text{ 公厘} = 龠径 \cdots\cdots 得数 \qquad (1)$$

（边深）	（中深）
（一）12.1 公厘	（一）14.0 公厘
（二）11.9 公厘	（二）13.9 公厘
（三）11.5 公厘	（三）14.0 公厘
（四）11.9 公厘	（四）14.0 公厘
（五）11.6 公厘	（五）13.9 公厘
（六）11.5 公厘	（六）13.9 公厘
（七）11.4 公厘	（七）13.9 公厘
（八）12.1 公厘	（八）14.1 公厘
（九）11.7 公厘	（九）14.0 公厘
（十）11.9 公厘	（十）14.0 公厘

平均 11.76 公厘　　　　　　平均 13.97 公厘

$$\frac{11.76+13.97}{2}=12.865 \text{ 公厘} = 龠深 \cdots\cdots 得数 \qquad (2)$$

二 合

<table>
<tr><td>（上径）</td><td>（下径）</td></tr>
<tr><td>（一）33.2 公厘</td><td>（一）32.1 公厘</td></tr>
<tr><td>（二）33.4 公厘</td><td>（二）32.4 公厘</td></tr>
<tr><td>（三）33.5 公厘</td><td>（三）32.3 公厘</td></tr>
<tr><td>（四）33.7 公厘</td><td>（四）32.5 公厘</td></tr>
<tr><td>（五）33.8 公厘</td><td>（五）32.3 公厘</td></tr>
<tr><td>（六）33.9 公厘</td><td>（六）32.3 公厘</td></tr>
<tr><td>（七）33.9 公厘</td><td>（七）32.2 公厘</td></tr>
<tr><td>（八）33.5 公厘</td><td>（八）32.0 公厘</td></tr>
<tr><td>（九）33.5 公厘</td><td>（九）32.0 公厘</td></tr>
<tr><td>（十）33.3 公厘</td><td>（十）32.2 公厘</td></tr>
<tr><td>平均 33.57 公厘</td><td>平均 32.23 公厘</td></tr>
</table>

$$\frac{33.57+32.23}{2}=32.9\ \text{公厘}=合径\cdots\cdots得数 \qquad (3)$$

<table>
<tr><td>（边深）</td><td>（中深）</td></tr>
<tr><td>（一）23.4 公厘</td><td>（一）25.7 公厘</td></tr>
<tr><td>（二）23.9 公厘</td><td>（二）25.1 公厘</td></tr>
<tr><td>（三）23.7 公厘</td><td>（三）25.3 公厘</td></tr>
<tr><td>（四）21.9 公厘</td><td>（四）25.5 公厘</td></tr>
<tr><td>（五）22.9 公厘</td><td>（五）25.4 公厘</td></tr>
<tr><td>（六）22.7 公厘</td><td>（六）25.4 公厘</td></tr>
<tr><td>（七）22.8 公厘</td><td>（七）25.7 公厘</td></tr>
<tr><td>（八）22.0 公厘</td><td>（八）25.2 公厘</td></tr>
<tr><td>（九）22.7 公厘</td><td>（九）25.6 公厘</td></tr>
<tr><td>（十）23.2 公厘</td><td>（十）25.2 公厘</td></tr>
<tr><td>平均 22.92 公厘</td><td>平均 25.41 公厘</td></tr>
</table>

$$\frac{22.92+25.41}{2}=24.165\ \text{公厘}=合深\cdots\cdots得数 \qquad (4)$$

三　升

（上径）	（中径）
（一）65.4 公厘	（一）64.1 公厘
（二）65.8 公厘	（二）64.0 公厘
（三）65.5 公厘	（三）64.3 公厘
（四）65.5 公厘	（四）64.5 公厘
（五）65.6 公厘	（五）64.6 公厘
（六）66.0 公厘	（六）64.6 公厘
（七）65.4 公厘	（七）64.7 公厘
（八）65.5 公厘	（八）64.1 公厘
（九）65.6 公厘	（九）63.9 公厘
（十）65.3 公厘	（十）64.4 公厘

平均 65.56 公厘　　　　　平均 64.32 公厘

$$\frac{65.56+64.32}{2}=64.94\ 公厘＝升径……得数 \tag{5}$$

（边深）	（中深）
（一）58.0 公厘	（一）57.6 公厘
（二）58.0 公厘	（二）58.2 公厘
（三）57.3 公厘	（三）58.0 公厘
（四）57.0 公厘	（四）57.8 公厘
（五）57.0 公厘	（五）58.0 公厘
（六）57.4 公厘	（六）58.0 公厘
（七）57.7 公厘	（七）58.0 公厘
（八）57.4 公厘	（八）58.3 公厘
（九）58.1 公厘	（九）57.9 公厘
（十）58.3 公厘	（十）57.9 公厘

平均 57.62 公厘　　　　　平均 57.97 公厘

$$\frac{57.62+57.97}{2}=57.795\ 公厘＝升深……得数 \tag{6}$$

四　斗

（上径）	（中径）
（一）327.6 公厘	（一）323.2 公厘
（二）327.0 公厘	（二）323.5 公厘
（三）326.5 公厘	（三）323.0 公厘
（四）326.5 公厘	（四）323.0 公厘
（五）326.9 公厘	（五）323.2 公厘
（六）327.4 公厘	（六）326.7 公厘
（七）326.7 公厘	（七）325.5 公厘
（八）327.0 公厘	（八）324.8 公厘
（九）328.2 公厘	（九）325.0 公厘
（十）327.0 公厘	（十）324.2 公厘

平均 327.08 公厘　　　　　平均 324.21 公厘

$$\frac{327.08+324.21}{2}=325.645 \text{ 公厘}=斗径\cdots\cdots得数 \qquad (7)$$

（边深）		（中深）	
（一）20.5 公厘	第一直径〔（一）23.1 公厘	第二直径〔（一）22.8 公厘	
（二）20.3 公厘	（二）25.0 公厘	（二）24.2 公厘	
（三）20.6 公厘	（三）25.2 公厘	（三）25.3 公厘	
（四）22.0 公厘	（四）24.7 公厘	（四）24.0 公厘	
（五）21.9 公厘	（五）23.5 公厘	（五）22.4 公厘	
（六）21.9 公厘	第三直径〔（一）23.9 公厘	第四直径〔（一）22.9 公厘	
（七）21.7 公厘	（二）25.2 公厘	（二）24.7 公厘	
（八）21.4 公厘	（三）25.3 公厘	（三）25.3 公厘	
（九）21.4 公厘	（四）23.9 公厘	（四）24.7 公厘	
（十）21.1 公厘	（五）22.8 公厘	（五）22.5 公厘	

平均 21.28 公厘　　　　　平均 24.07 公厘

$$\frac{21.28+24.07}{2}=22.675 \text{ 公厘}=斗深\cdots\cdots得数 \qquad (8)$$

五　斛

（上径）		（下径）
（一）332.5 公厘		（一）328.1 公厘
（二）331.9 公厘		（二）329.7 公厘
（三）329.9 公厘		（三）329.0 公厘
（四）329.0 公厘		（四）328.5 公厘
（五）328.5 公厘		（五）329.4 公厘
（六）328.4 公厘		（六）328.5 公厘
（七）330.3 公厘		（七）328.8 公厘
（八）331.3 公厘		（八）329.4 公厘
（九）330.0 公厘		（九）329.2 公厘
（十）328.0 公厘		（十）329.2 公厘

平均 329.98 公厘　　　　　平均 328.98 公厘

$$\frac{329.98+328.98}{2}=329.48 \text{ 公厘}=\text{斛径}\cdots\cdots\text{得数} \qquad (9)$$

（边深）　　　　　　　　　（中深）

（一）231.0 公厘	第一直径	（一）229.5 公厘	第二直径	（一）229.0 公厘
（二）230.0 公厘		（二）227.0 公厘		（二）226.5 公厘
（三）230.0 公厘		（三）226.5 公厘		（三）226.5 公厘
（四）230.0 公厘		（四）227.5 公厘		（四）227.0 公厘
（五）229.0 公厘		（五）229.4 公厘		（五）229.7 公厘
（六）229.7 公厘	第三直径	（一）229.2 公厘	第四直径	（一）229.2 公厘
（七）229.8 公厘		（二）227.0 公厘		（二）227.0 公厘
（八）229.4 公厘		（三）226.3 公厘		（三）226.5 公厘
（九）229.5 公厘		（四）229.0 公厘		（四）227.5 公厘
（十）230.0 公厘		（五）230.3 公厘		（五）229.4 公厘

平均 229.9 公厘　　　　　　平均 228.0 公厘

$$\frac{229.9+228.0}{2}=228.95 \text{ 公厘}=\text{斛深}\cdots\cdots\text{得数} \qquad (10)$$

先就五器之深——即得数(2)(4)(6)(8)(10)——求出一平均数：

第一法：

龠深	得数(2)	12.865 公厘	龠深	5 分
合深	得数(4)	14.165 公厘	合深	10 分
升深	得数(6)	57.795 公厘	升深	25 分
斗深	得数(8)	22.675 公厘	斗深	10 分
斛深	得数(10)	228.950 公厘	斛深	100 分

总数 346.450 公厘　　　总数 150 分

$$\frac{346.450}{150} = 2.3096666 \text{ 公厘} = \text{分之值}$$

$$2.3096666 \text{ 公厘} \times 100 = 230.96666 \text{ 公厘}$$
$$= \text{尺之值} \cdots\cdots \text{得数} \qquad (11)$$

第二法：

得数(2)×20 ＝ 257.30 公厘　　（ 5 分之 20 倍为尺）

得数(4)×10 ＝ 241.65 公厘　　（10 分之 10 倍为尺）

得数(6)×4 　＝ 231.18 公厘　　（25 分之 4 倍为尺）

得数(8)×10 ＝ 226.75 公厘　　（10 分之 10 倍为尺）

得数(10) 　　＝ 228.95 公厘　　（尺）

总数 1185.83 公厘　　总数　　5 尺

$$\frac{1185.83}{5} = 237.166 \text{ 公厘} = \text{尺之值} \cdots\cdots \text{得数} \qquad (12)$$

求第一、第二两法所得结果之平均数：

$$\frac{\text{得数}(11) + \text{得数}(12)}{2} = 234.06633 \text{ 公厘}$$
$$= \text{尺之值} \cdots\cdots \text{得数} \qquad (13)$$

此就五器之深求得尺之值。

次就五器之径——即得数(1)(3)(5)(7)(9)——以求尺之值。

首论斛与斗之径：

得数(9)　斛径　329.480 公厘

得数(7)　斗径　325.645 公厘

平均 327.5625……得数　　　　(14)

$$\frac{得数(14)}{据铭文推得之刘歆圆径 1.4332136 尺} = 228.551 \ 公厘$$
$$= 尺之值……得数 \quad (15)$$

（方边 = 1 尺　则圆径 $= \sqrt{1^2 + 1^2} = \sqrt{2} = 1.4142136$ 尺
1.4142136 尺 + (2 × 庣) = 1.4142136 + 2 × 0.0095
$= 1.4332136$ 尺 = 刘歆圆径）

$$\frac{得数(14)}{《隋志》祖冲之所定圆径 1.436192 尺} = 228.07709 \ 公厘$$
$$= 尺之值……得数 \quad (16)$$

(《隋书·律历志》云:"祖冲之以圆率考之,此斛当径一尺四寸三分六厘一毫九秒二忽",盖

$$\sqrt{方冥 \times 斛冥 \times \frac{1}{355}} = \sqrt{452 \times 162 \times \frac{1}{355}} = \sqrt{73224 \times \frac{1}{355}}$$
$$= \sqrt{\frac{73224}{355}} = \sqrt{206.2647887323 \ 寸}$$
$$= 14.36192 \ 寸 = 祖冲之圆径）$$

次论升径：

$$\frac{得数(5)}{刘歆升径 2.8664 \ 寸} = 22.6555 \ 公厘 = 寸之值……得数 \quad (17)$$

（方边 = 2 寸　则圆径 $= \sqrt{2^2 + 2^2} = \sqrt{8} = 2.8284$ 寸
2.8284 寸 + (2 × 庣) = 2.8284 寸 + (2 × 0.019)
$= 2.8664$ 寸 = 刘歆升径）

$$\frac{得数(5)}{祖冲之升径\ 2.8724\ 寸}=22.6082\ 公厘$$

$$=寸之值\cdots\cdots 得数 \qquad (18)$$

$$(2.8664\ 寸+2\times0.0015\times2=2.8724\ 寸=祖冲之升径)$$

次论合与龠之径:

$$得数(1) \quad 龠径=32.31\ 公厘$$
$$得数(3) \quad 合径=32.90\ 公厘$$

$$平均\ 32.605\ 公厘\cdots\cdots 得数 \qquad (19)$$

$$\frac{得数(19)}{刘歆合龠之径\ 1.433214\ 寸}=22.74957\ 公厘$$

$$=寸之值\cdots\cdots 得数 \qquad (20)$$

(铭云"庣旁九毫"依斛斗升推算,当为九毫五秒。九毫,乃简约之辞,此二器之径即斛斗之径十分之一)。

$$\frac{得数(19)}{祖冲之合龠之径\ 1.43692}=22.70239\ 公厘$$

$$=寸之值\cdots\cdots 得数 \qquad (21)$$

(以上衍算,刘说祖说并重,所以然者,以祖氏就圆面积以求圆径,故知刘说庣旁有误。但刘氏制器之时,必以圆径为标准;圆径既误,则圆面积亦必随之而误。故祖氏圆径是理想的,刘氏圆径是实际的。今理想与实际并重,俾径与面积,均可顾到。)

就已得之尺与寸之值——即得数(15)(16)(17)(18)(20)(21)——求其平均数:

第一法:

尺之值	得数(15)	228.55100 公厘	10 寸
尺之值	得数(16)	228.07709 公厘	10 寸
寸之值	得数(17)	22.6555　公厘	1 寸
寸之值	得数(18)	22.6082　公厘	1 寸
寸之值	得数(20)	22.74957 公厘	1 寸
寸之值	得数(21)	22.70239 公厘	1 寸

总数 547.34375 公厘　　24 寸

$$\frac{547.34375}{24} = 22.80599 \text{ 公厘} = \text{寸之值……得数} \qquad (22)$$

第二法：

得数(15)	= 228.55100 公厘	1 尺
得数(16)	= 228.07709 公厘	1 尺
得数(17) × 10	= 226.555 公厘	1 尺
得数(18) × 10	= 226.082 公厘	1 尺
得数(20) × 10	= 227.49570 公厘	1 尺
得数(21) × 10	= 227.02390 公厘	1 尺

总数 1363.78469 公厘　　6 尺

$$\frac{1363.78469}{6} = 227.29745 \text{ 公厘} = \text{尺之值……得数} \qquad (23)$$

求两法所得之平均数：

$$\frac{\text{得数}(22) \times 10 + \text{得数}(23)}{2} = 227.678675 \text{ 公厘}$$

$$= \text{尺之值 …… 得数} \qquad (24)$$

此就五器之径求得之尺之值。

以此数与就各器之深求得之尺之值——即得数(13)——相平均：

$$\frac{得数(24)+得数(21)}{2}=230.8709875 \text{ 公厘}$$

以所得结果与旧"营造尺"及现"标准公尺"与现"市尺"互相推算,则比较相差之数如次：

刘歆铜斛尺＝营造尺		0.72152
营　造　尺＝刘歆铜斛尺		1.38596
刘歆铜斛尺＝标准公尺		0.2308864
标　准　公　尺＝刘歆铜斛尺		4.33134
刘歆铜斛尺＝市尺		0.6926592
市　　　尺＝刘歆铜斛尺		1.443711

按刘氏如是分点校量推算,自较精审,然犹不能无疑,此量五器径深不均等,刘氏断为"原器制造得并不精密"。原器制作固不精,岁远年久,难保不失原形①。此量不知其所自来,及《西清古鉴》《两汉金石记》始著录之,王国维著《莽量考》,断为近代出土,在水土中积压既久,或不免有所损也。观乎刘氏之校量,就各器深度求得之尺值为0.23406633公尺,而就各器径长求得之尺值则为0.227678675公尺,两者相去至6.987655公厘,如原器制作若是不精,则据此平均而得之值,是否可靠,亦为疑问。是则刘氏之推算,吾人仍但能谓其大体如

---

① 《筠清馆金文》著录之光和斛,徐君青云："其器圆而微椭,以建初尺准之,大径尺有五寸,小径尺有四寸六分,深九寸一分。"陈颂南云："知此器出自嘉庆二十年,岁在乙亥,杨世马(世福)于睢州挑浚引河得之。阅二千年,安知不为水所沦泊而少椭乎。"

是而已。吴承洛氏著《中国度量衡史》，乃信《西清古鉴》，当营造尺七寸二分之说，以为清朝定制，营造尺七寸二分，实合新莽尺一尺，而清营造尺为 320 公厘，

$$0.72 \times 320 = 230.4 \text{ 公厘}$$

因定新莽尺为 230.4 公厘。此不据实物，据清代之记载以相折合，吾人殊亦未敢赞同。

（二）商鞅量尺

合肥龚心铭氏景张藏有商鞅量，马衡氏以其铭及拓本考之，疑其所用尺与刘歆铜斛尺同。1935 年春唐兰氏尝实测其量，其结果适同马氏所推断。唐氏尝有《商鞅量与商鞅量尺》一文，刊《国学季刊》五卷四号。

商鞅量著录于《秦金石刻辞秦金文录小校经阁金文》及龚心铭著《汤山温泉小志》。器铜制，长方形，有柄，三周及底并刻铭。与柄相对为"重泉"二字，柄右前为"临"字，柄左前云：

> 十八年，齐𨑭卿大夫众来聘，冬十二月乙酉，大良造鞅爰积十六尊五分尊之一为升。

底刻始皇二十六年诏，与见于他权量者同。

铭云："爰积十六尊五分尊之一为升"，明此量为升也。马氏谓"尊"字通"寸"，新莽嘉量升铭云："积万六千二百分"，即十六寸五分寸之一也。甚是[①]。据实测，商鞅量之内容，长刘歆铜斛尺五寸四分

---

① 唐兰证"尊"名得假为寸，曰："《说文》西部：𧼒或作尊，而壎、𪓔、噂、遵、蹲、𠛱、僔、鳟、繜、镈等字均从𧼒，无作尊者，然则𧼒、尊本非同字，以尊为𧼒，盖汉以后混之。'尊'字当从酋寸声，故得假借为寸，犹《汉书·元帝记赞》云：'分刌节度'之借'刌'为'寸'也。"

（0.12474 公尺），广三寸（0.0693 公尺），深一寸（0.0231 公尺），以从广相乘，得幂十六寸又五分寸之一，又以深一寸乘之，得积十六寸又五分寸之一，或万六千二百分，与新莽嘉量同。从此亦可见莽歆之复古，非绝无根据，《隋志》以周尺、刘歆铜斛尺同为第一等尺，亦确有所据也。

（三）洛阳金村出土周铜尺

此尺原被美国人福开森（John C. Ferguson）所得，后转赠与金陵大学保存。据说是 1932 年冬福开森由加拿大人怀履光（William C. White）之介而购得。尺系铜质，乃 1931 年洛阳金村韩君墓所出土，韩君墓所出古物甚多，其最著者为骉羌编钟，经刘节、吴其昌、唐兰、徐中舒、郭沫若、温廷敬诸先生考释①，当是战国初期，韩国之物，骉乃周畿附近之邑名。同墓出土物如上海博物馆所藏之银杯，日本人细川护立所有之银杯，美国人费司陆所有之银俑，皆有铭文作"甘游"，甘亦周畿内邑名②，其铜器银器之纹样，亦近战国式，则此尺之为晚周物，可无疑义。福开森著有《得周尺记》（刊《大公报·艺术周刊》第四十期，别有中英文对照本），其形如西域出土之木简，一端有孔，可以系组，分寸刻于其侧，惟第一寸有分，其余九寸无之，当五寸之处并刻交午线，与"刘歆铜斛尺"不差豪黍。两端之寸甚正，而中间

---

① 刘节《骉氏编钟考》、吴其昌《骉羌钟补考》见《北平图书馆馆刊》五卷六号。唐兰《骉羌钟考釋》见《北平图书馆馆刊》六卷一号。徐中舒有《骉氏编钟图释》。郭沫若氏《骉羌钟铭考释》见其《金文丛考》。温廷敬《骉羌钟铭释》见《中山大学研究院史学专刊》一卷一期。

② 关于金村之古物，怀履光有《洛阳古城古墓考》（Tombs of old Logyang）一书，细川护立之银杯，吾国容庚氏《海外吉金图录》有著录，费司陆氏银胡俑，在日本梅原末治著《洛阳金村古墓发见之雕像》，有所论列（见《东洋美术》二十三号）。

八寸则长短不齐,刻分之寸且作十一分,盖作尺时,于全尺长度两端起首之寸正确为之,其余则草率刻成也。得此可证荀勖所校,固信而有征。马衡氏有仿制铜尺行世。

(四) 寿县出土铜尺

此尺亦为福开森所得,闻亦得之贾人手,传为寿县出土,一端亦有孔,表面皆菱形几何图案,长 0.225 公尺。

(五) 汉镂牙尺

此尺今藏叶遐庵先生。在 1934 年 3 月得于沪市,传洛阳晋公主墓出土。尺系牙质,经土蚀不甚光泽,其横剖如⌂形,全身完好,染作绿色,以十寸为一尺,有寸而无分,其正面一边雕镂作行龙形,并涂红、黑、紫三色,首有一孔,备系组之用,每寸之中心,均绿松石为钿,圆形如米大小,第五寸之交午处,则以绿松作海棠花形✛,又每寸所刻之线上,均刻有两圈如⊙⊙形,侧面之一方,每寸作⊙,为寸之符号,余一面无之,长 230 公厘与"周虘钟铜尺"、"刘歆铜斛尺"皆相合,宽 21 公厘,中厚 8 公厘弱,边厚 4 公厘弱。此尺长度既与周汉尺同,自当为汉以前物。叶遐庵先生云:

> 此尺与"虘钟"有相同之点,即尺首皆有一孔,为系组之用是也。有一特色,为自来各尺所无者,即横剖面为⌂形,与现在画图所用尺同是也。器嵌绿松,商周即有之,非止汉晋,其雕刻古劲(画龙之线略同《五端图》),中略带纤丽,又似不逮汉以前,故不妨定为汉器也。

此叶先生审慎言之也。或不妨定为晚周之尺,洛阳金村韩君墓出土牙玉诸器，其纤丽固不下汉代。

（六）新莽始建国尺

此尺吴氏《权量度衡实验考》著录，称近年山左出土，藏潍县故家，其制可伸缩，正面上下皆六寸，中四寸有分刻，旁附一尺作丁字形，可上可下，五寸，无分刻，上有一环，可以系绳，敛之为六寸，舒之为十一寸，背面篆文年月一行作"始建国元年正月癸酉朔日制"，与正面所刻分寸，皆镂银成文，制作甚工。

罗振玉《俑庐日札》亦云：

> 旧在刘氏食旧堂见莽尺，文曰"始建国元年正月癸酉朔日制"，其端之侧有环，能伸缩，敛之则为五寸，引其环而伸之，则为一尺。

据其摹本一寸当二四公厘许，则较刘歆铜斛尺较大矣。吴氏以此校大泉五十、小泉百一正合，但吴氏所摹大泉五十、小泉直一皆较大，吴氏又云："今以莽尺校之大布货布皆短一分"，实则大布货布固微短，不及一分也，其所据之莽尺过大耳。

考《汉书·王莽传》，莽以十二月朔癸酉为建国元年正月之朔，今尚有始建国元年之新量斗、新量升传世。新量斗，《艺术类征》《汉金文录》著录。新量升，《海外吉金图录》著录，今藏日本兵库嘉纳治兵卫氏。新量斗铭曰：

> 律量斗，方六寸，深四寸五分，积百六十二寸，容十升。始建国元年正月癸酉朔日制。

新量升铭云：

> 律量升方二寸二分而圜其外，庣旁四厘八毫，冥八寸一分，

深二寸,积万六千二百分,容十合,始建国元年正月癸酉朔日制。今实测其影印本,新量升深四八公厘,是当营造尺七寸四分强。未知影印本正确否?

吴大澂氏尚藏有一始建国元年无射铜律管,一面刻篆书作"无射始建国元年","年"字下半已断,缺"正月"二字,一面刻"朔日制"三字。吴氏云:

> 今所存者合莽尺三寸二分强,约计断处不过一寸五六分,孔内径三分弱,围八分强,《周礼》郑《注》:"无射长四寸六千五百六十一分寸之六千五百二十四",与余所藏无射铜管约略相等。

又《筠清馆金》文载"始建国铁尺",不云器藏何处,又未摹其尺度,未由考订也。又薛尚功《钟鼎彝器款识》有新莽铜律,文亦曰:"大吕始建国元年正月癸酉朔日制",藏晁无咎家,薛氏不详其度数,今不知存否?

(七) 汉建初虑俿铜尺

此尺康熙间孔尚任于使淮阳时得之新安闵义行,藏之曲阜衍圣公府,今不知存否? 尺方平,广一寸,厚五分,重抵广法十八两,古色粲然。背铸小篆十四字作"虑俿铜尺建初六年八月十五日造"。面刻分寸。世传摹本拓本及仿制品甚多,吴氏《权衡度量实验考》所载长235.4公厘,当营造尺七寸三分五厘,《金石索》所载则又较短,则当营造尺七寸三分。王国维氏称癸亥年马衡氏见一仿制尺,汉阳叶东卿所仿以赠翁方纲者[1],又罗振玉氏藏一未装裱旧拓本俱长七寸三分

---

[1] 叶东卿仿建初尺在嘉庆十七年,邓之诚《骨董琐记》"仿建初铜尺"条云:"叶东卿志铣于嘉庆壬申,仿作汉建初铜尺,平安馆、苏斋、文选楼各藏其一。苏斋题其尺椟云:郑君礼注费人猜,未得周遗矩样来,今日手量铜式出,班刘竹引为谁开,宝匣熊熊气跃龙,河豚米老膺何从,从今不仗朋枚释,箧箧长收古鼎钟。"

七厘，当较逼真。

此尺孔尚任谓"其短长合乎周尺，及予制乐器皆准"。（见《享金簿》）孔氏又为作《铜尺考》《周尺考》《周尺辨》三篇，以虑偊为太原邑，读若虑夷，即今五台县。以建初为章帝年号，章帝时冷道舜祠下得玉尺，以为尺与周尺同，因铸为铜尺，颁郡国谓之汉官尺，或即此尺。孔氏又谓以中指中节量之，适当一寸，累黍试之，正足一百，与《律历志》一黍之广为分，十分为寸，十寸为尺，及何休"侧手为肤，按指知寸，布手知尺"之说正同。孔氏定其与诸尺之比率如下：

> 与周尺同，当古尺一尺三寸六分，当汉末尺八寸，与唐开元尺同，当宋省尺七寸五分弱，当宋浙尺八寸四分，当明部定官尺七寸五分弱，当今工匠尺七寸四分，当今裁尺六寸七分，当今量地官尺六寸六分，当今河北太市尺四寸七分。

工匠尺即营造尺，是建初尺当营造尺七寸四分，合 236.8 公厘。

（八）汉官尺　始平铜尺

《隋书·律历志》云：

> 萧吉《乐谱》云：汉章帝时零陵文学史奚景于冷道县舜庙下得玉律度为此尺。傅畅晋诸公赞云：荀勖造钟律，时人并称其精密，唯东留阮咸讥其声高，后始平掘地得古铜尺，岁久欲腐，以校荀勖今尺短校四分，时人咸以为解。此两尺长短近同。[1]

---

[1]　《晋书》《隋书》所记盖皆本《萧吉乐谱》，《隋书》明引之，《晋书》未明引耳。《汉书注》引孟康曰："汉章帝时零陵文学奚景于冷道舜祠下得白玉琯"，《大载礼》卢注又误作明帝。吴大澂氏见《积古斋款识》建初铜尺下引渔洋山人《居易录》记汉章帝时得玉律铸铜尺事，遂谓："其说有无确据，亦未可知，姑存之，以俟考。"（见《黄钟律琯考》下篇）殆偶有未照耳。

《晋书·律历志》所记相同，称"汉官尺以校荀勖尺，勖尺短四分，汉官始平两尺长短度同"。《隋志》谓："汉官尺实比晋前尺一尺三分七厘。"始平铜尺，《晋书》谓同，《隋书》谓近同，疑近同是也。孔尚任谓建初铜尺即汉官尺，疑是。

据刘复氏之推算：

$$汉官尺＝公尺\qquad 0.2379744$$
$$＝营造尺\qquad 0.74367$$
$$＝市尺\qquad 0.7139232$$

（九）曲阜颜氏古尺

此尺钱塘，《律吕古谊》称藏曲阜颜氏，今亦不知存亡，亦未见有拓本、摹本传世。《律吕古谊》云：

> 周尺藏曲阜颜氏，别有铜戈铭曰"羊子之寝戈"者，以此尺勘之，内长四寸，胡长六寸，援长八寸，皆与《考工记》合，戈必周时物，则尺亦真周尺矣。

又云：

> ……然则必其可四分加一者，殆为周尺，是惟颜氏之尺能然也。四分加一得今匠尺八寸一分，汉尺一尺九分三厘五毫，是为古十寸尺也。

钱氏据汉儒之说以为周尺有八寸、十寸之分，周尺当营造尺六寸四分八厘，而十寸之尺当营造尺八寸一分。

（十）据古今里数推得之周尺

清儒之推测周尺，盖自顾炎武始。顾氏谓今尺大于古尺四分之

一,今之六十二里当古之百里。其《日知录》"里"条曰:

> 《穀梁传》鞍去国五百里,今自临城至临淄仅三百三十里;
> 《左传》黄人谓自郢及我九百里,今自江陵至光州仅七百里;邾子
> 谓吴二千里,今苏州至邹县,仅一千五百;孟子不远千里而
> 来,……今自邹至齐至梁,亦不过五六百里;又谓舜卒鸣条,文王
> 生岐周,相去千有余里,今自安邑至岐山,亦不过八百里;《史记》
> 张仪说魏王言从郑至梁二百余里,今自郑州至开封仅一百四十
> 里;《戚夫人歌》"相离三千里,当谁使告汝"。贡禹上言自痛至冢
> 三千里,今琅玡至长安亦不过二千里,赵则二千里而近,是则《荀
> 子》所谓日中而趋百里,不过六十余里,而千里之马亦日驰五六
> 百里耳。

据此周之十里约当今约六七里,古今里法相同,古者一里三百步而一
步六尺,今一里三百六十步而一步五尺,则周之一尺当营造尺六七
寸耳。

(十一) 据古今身长推得之周尺

江永《律吕新论》以古今身长推度周尺,以周尺当营造尺六寸二
分五厘①。《律吕新论》云:

> 今人仲大指与食指为五寸当古之八寸,……而古之一尺当
> 工人尺六寸二分五厘也。以中指第二节内纹为寸者度之(即今
> 医家同身寸),自中指端至掌后第二节横纹而九寸,……然古之
> 黄钟九寸,即中指端至掌后第二节横纹之度也。虽人有高下,手

---

① 邱琼山亦谓周尺比今秒尺六寸四分,周祈又谓周尺得今六寸六分。

有长短,以中人量之,相去盖不甚远。

惟金鹗非之,以为周尺当营造尺八寸一分,云:

> 考之于经悉不合,《考工记》言人长八尺,以中人言之,今折
> 为五尺,不得为中人也。郑康成注深衣谓臂骨上下各一尺二寸,
> 通有二尺四寸,今折为一尺五寸强,中人之手亦不若是之短也。
> 医书谓尺泽至鱼际(尺泽当肘,鱼际当腕)有一尺,今折为六寸有
> 奇,只能至列缺,不能至鱼际矣。车广六尺六寸,容三人犹必有
> 空余之地,可以旋转,今折为四尺一寸强,不能容三人矣。度长
> 八尺坐四人(见《曲礼注》),亦必有空余之地,……今为五尺,不
> 得坐四人矣。衡长六尺六寸,下容两服马,今折为四尺一寸强,
> 不得容两马矣。……古之一升,当今二合有奇,若龥方尺,只今
> 六寸二分半,安得容一斗六升强乎?……诸如此类,皆不合也。
> 按度量衡皆出于黄钟,《前汉志》云:"黄钟以黍中者一黍之广,度
> 之九十分,……"容秬黍一千二百粒,以今尺度之,得长七寸二分
> 九厘,乃用四率比例法推算,可知古之一尺当今八寸一分,又以
> 同身寸度之,适得八分一厘,是八寸一分为古尺真度也。(《求古
> 录礼说》)

黄以周《礼书通考》亦谓周尺当营造尺八寸一分,不如是车不足容
三人。

近人孟心史著《俗用冥仪盘缎考》(见《东方杂志》二十四卷三号)
亦主八寸一分说,认为:"江慎修定为古尺当今六寸二分半。若从之,
则帛幅二尺二寸,不过今尺一尺三寸七分半。一制除昏礼纳征所用
之币外,为丈八尺。但通例以四丈为匹,则自以二丈一制为常制。二
丈不过今尺一丈二尺五寸,既狭且短,太不成材。黄元同定从今尺八

寸一分说。《曲礼》注:'车广六尺六寸,容三人,席长八尺,容四人。'若古尺如江说势不相容。又鬴深尺,内方尺,容米八斗,臀寸,容米四升,皆非过小之尺度所能及。又两家辨麻冕之升缕,因证尺度,说亦以黄氏为长。"全文晟《周代商业及交通》(见《史地学报》二卷五号)亦以金氏之说为较确,实皆非是。

近吴承洛氏著《中国度量衡史》,仍一本律吕家之说,亦以古籍"布手知尺,一尺二寸为武,六尺为步,人长一丈,马高八尺"等记载,以推考周尺,定周尺之长合 19.91 公分。实亦臆说。

(十二) 据古今天度推得之周尺

《数理精蕴·九数通考》云:

> 古称在天一度,在地二百五十里,今尺验之,在天一度,在地二百里,盖古尺得十分之八,缘纵黍横黍之分也。

(十三) 据古玉推得之周尺

吴大澂氏生平藏古玉甚多,既考证而品第之,成《古玉图考》一书,后又以《考工记》等所记古玉尺度,相为比勘,成《权衡度量实验考》,其所定玉尺有二,一称"周镇圭尺",一称"周黄钟律琯尺",又称"周揩圭尺"。

1. 周镇圭尺

吴大澂氏所定"周镇圭尺",长 195 公厘,当营造尺六寸零九厘,所校古玉凡二十有四器:

(1) 镇圭 吴氏得是圭于大梁,审为天子圭中必之圭,当合周尺十有二寸,因此考定周尺,又以大琬、大琮、九寸璧较之,无不合者。

（2）琬圭　合镇圭尺十有二寸。《书·顾命》郑《注》："大璧、大琬、大琰皆度尺二寸者。"

（3）揢圭　合镇圭尺一尺。

（4）桓圭　合镇圭尺九寸。

（5）琢圭　合镇圭尺十有一寸。

（6）珇　合镇圭尺五寸。吴氏云："《说文》：'珇，诸侯执圭朝天子，天子执玉以冒之，似犁冠。'段《注》云：'《尔雅·注》作犁辐，谓耜也。'《周礼》匠人耜广五寸，二耜之伐广尺，是玉五寸与犁冠之说合。"

（7）珽　合镇圭尺六寸，《周礼》郑《注》引《相玉书》曰："珽玉六寸。"

（8）四圭　璧径合镇圭尺九寸。

（9）宏璧　合镇圭尺十有二寸。《顾命》"宏璧"郑《注》："大璧度尺有二寸。"

（10）璧　合镇圭尺九寸。吴氏云："《周礼·考工记》'璧羡度尺好三寸以为度'，是璧好三寸，两肉各三寸，适合九寸，加一寸为一尺，故曰璧羡度尺。"

（11）璧　合镇圭尺七寸。

（12）璧　合镇圭尺六寸。

（13）谷璧　合镇圭尺五寸。《说文》："子执谷璧，男执蒲璧，皆五寸。"

（14）璧　合镇圭尺五寸。

（15）璧　合镇圭尺五寸。

（16）璧　合镇圭尺五寸。

（17）璧　合镇圭尺五寸。

(18) 瑗　合镇圭尺五寸。

(19) 瑗　合镇圭尺五寸一分半。

(20) 瑗　合镇圭尺五寸二分。

(21) 大琮　合镇圭尺十有二寸。《考工记·玉人》:"大琮十有二寸。"

(22) 黄琮　合镇圭尺九寸。

(23) 黄琮　合镇圭尺四寸。

(24) 古玉瞿　合镇圭尺十有二寸。

按据吴承洛氏以此中镇圭、桓圭、大琮、大琬、瑁、珽六者求得尺之平均数为 198.5575 公厘,又实测九寸璧径之长为 17.73 公分。

$$一尺之长 = \frac{100}{90} \times 177.3 = 197 \ 公厘$$

吴承洛氏又以圭之平均数再与璧平均则得:

$$\frac{197 + 198.5575}{2} = 197.77875 \ 公厘$$

2. 周黄钟律琯尺

吴大澂氏所定"周黄钟律琯尺",是尺九寸,合镇圭尺一尺,当营造尺六寸八分八厘。吴氏云:

> 曲阜孔氏所藏"虑傂建初尺",较刘歆尺(按指王复斋《钟鼎彝器款识》"晋前尺"拓本)长二分强,余所定"周揩圭尺"较"刘歆尺"弱三分半。(《见黄钟律琯考上篇》)

其所校古玉凡二十有九器:

(1) 周黄钟玉律琯　与十有二寸之宏璧、揩圭、驵琮分寸悉合。

（2）揾圭　合黄钟律琯尺十有二寸。

（3）青圭　合黄钟律琯尺十有二寸。

（4）揾圭　合黄钟律琯尺一尺。

（5）瑑圭　合黄钟律琯尺一尺，强一分。

（6）牙璋　中长黄钟律琯尺十有二寸，强一分。

（7）瑑璋　合黄钟律琯尺九寸六分，瑑文第一线下适合九寸。

（8）宏璧　合黄钟律琯尺十有二寸。

（9）苍璧　合黄钟律琯尺九寸，弱一分。

（10）苍璧　合黄钟律琯尺八寸，弱半分。

（11）璧　合黄钟律琯尺八寸。

（12）苍璧　合黄钟律琯尺七寸。

（13）璧　合黄钟律琯尺七寸，弱一分。

（14）苍璧　合黄钟律琯尺六寸。

（15）璧　合黄钟律琯尺六寸。

（16）谷璧　中璧合黄钟律琯尺五寸。

（17）谷璧　合黄钟律琯尺五寸。

（18）谷璧　合黄钟律琯尺五寸。

（19）璧　合黄钟律琯尺五寸。

（20）蒲璧　合黄钟律琯尺四寸八分半。吴氏云："当即五寸之蒲璧也。"

（21）环　合黄钟律琯尺五寸，好合二寸六分，两肉合二寸四分。

（22）瑗　合黄钟律琯尺五寸。

（23）珑　合黄钟律琯尺五寸。

（24）大琮　合黄钟律琯尺十有二寸。

（25）琮　合黄钟律琯尺七寸，口径三寸五分。

（26）琮　合黄钟律琯尺五寸，口径三寸。

（27）琮　合黄钟律琯尺五寸，强半分，口径二寸五分。

（28）琮　合黄钟律琯尺五寸，径二寸五分。

（29）驵琮　合黄钟律琯尺三寸，口径二寸六分。

吴氏所据黄钟律琯，乃光绪十五年十一月西安杨实斋所寄，以吴氏所定周揩圭尺度之，长十有二寸围三寸五分，口径一寸，一口内径七分半，以黑黍谷子大小中者实之，适容千有二百，吴氏因定黄钟为十二寸，谓依刘歆之尺九寸为管，恐不能容千二百黍，《汉志》所述黄钟九寸，乃刘歆之说新莽之制。然龠实千二百黍之说，亦初见《汉志》，何吴氏独疑彼而信此耶？

（十四）据古兵推得之周尺

吴大澂氏所定周剑尺，是尺一尺，合镇圭尺九寸六分强，合黄钟律琯尺八寸六分，当营造尺五寸六分二厘。其所古剑三，一有阳文"五"字，两剑无字。吴氏云：

> 以制度考之，皆周尺也，茎长五寸，身长四寸，其茎合之为二尺五寸，与《周礼·考工记·桃氏》中制合，因定为"周剑尺"，较镇圭尺短四分，想当时玉人与桃人所用之尺不同也。

（十五）据莽钱推得之莽尺

据莽钱以推度莽尺，由来已久。《宋史·律历志》引丁度议云：

> 今以大泉、错刀、货布、货泉四物相参校，分寸正同，或有大小轻重，与本志微差者，盖当时盗铸既多，不必皆中法度，但当较

其首足肉好长广分寸皆合正史者用之,则铜斛之尺,从可知矣。

后高若讷卒用汉货泉度尺寸以定晋前尺,即今王复斋《钟鼎款识》之"晋前尺"拓本,阮元跋云:"建初六年尺较此晋前尺长二分强",王国维氏云:

> ……则其拓本甚近此尺(按指铜斛尺),但微弱耳。考高若讷造《隋志》十五种尺,本用汉泉尺寸,今用莽货布四积为一尺,亦与此尺甚近而微弱。

自来以莽泉参校尺度者甚多,《钱录》云:

> 货泉按志云径一寸者,为今七分余。

又云:

> 莽时大钱径得今尺九分有羡①,

所测仅大数。《律吕古谊》云:

> 孔尚任《周尺辨》云:"建初铜尺当今工匠尺七寸四分,……"又以建武二年货泉范子、五铢钱范子勘之,皆径一寸。又王莽错刀长此尺二寸,刀环一寸二分,货泉一寸,小钱六分,货布长二寸五分,大布长二寸四分,二者皆阔一寸,悉与《汉食货志》文合。

其所测疑未确。吴大澂氏《黄钟律·琯考中篇》云:

> 今以小泉直一十六枚并列,应得九寸六分,度以刘歆所定之尺则为一尺,是莽尺长于歆尺四分,长于"建初尺"不及二分。

按吴说甚非。歆尺实即莽尺,决无差别,吴氏盖误从晋前尺失真之拓

---

①　《汉志明》云:"大钱径寸二分"。阮氏《积古斋钟鼎款识》"晋铜尺"下引江永说,以大泉十枚校"晋前尺",误以大泉为径寸,殊非。吴大澂氏已辩之。

本耳。

日本猪饲敬所《读礼肆考》云:

> 周尺之度,古今诸说纷纷,长短不一,莫若征于古物。《汉
> 志》曰:王莽货布长二寸五分,唐李台《钱志》曰:"一寸九分",今
> 本邦好古家有藏货布者,长铁尺一寸九分,本邦铁尺即唐尺,一
> 寸九分为周汉二寸五分,以四乘之,则知周汉一尺当今七寸
> 六分。

是莽尺当日本曲尺七寸六分,合营造尺七寸二分,与刘歆铜斛尺同。

晚近日本足立喜六氏著《长安史迹考》,亦据莽泉以求汉尺。据
足立氏实测之结果如下:

大泉五十　径长日本曲尺九分二厘

契刀五百　刀长日本曲尺一寸五分二厘

一刀平五千(即错刀)　刀长日本曲尺一寸五分二厘

小泉直一　径长日本曲尺四分五厘

货布　长日本曲尺一寸九分一厘

　　　广日本曲尺七分六厘

　　　首长日本曲尺六分四厘

　　　首广日本曲尺六分一厘

　　　圜好径日本曲尺一分九厘

　　　足枝长日本曲尺六分一厘

　　　间广长日本曲尺一分五厘

货泉　径长日本曲尺七分六厘

按《汉志》载大钱径寸二分,契刀错刀刀长二寸,小钱径六分,货布长
二寸五分,广一寸,首长八分有奇,广八分,其圜好径二分半,足枝长

八分,间广二分,又货泉径一寸。据足立推算之结果,亦汉尺一尺当日本曲尺七寸六分,合营造尺七寸二分,即 0.230 公尺也。

近吴承洛氏著《中国度量衡史》,尝据吴大澂氏莽泉摹本,以实测其尺度,余亦尝据丁福保氏所印拓本以测六泉十布,又据三上香哉氏《泉货》所录者以测契刀货布货泉,今列为一表如次:

品　　名	汉志所载尺寸	吴承洛氏所测	作者所测
大泉五十	径寸二分	二七·二公厘	二五·五公厘
契刀五百	径寸二分	——	二七公厘
(错刀同)	刀长二寸	——	四六公厘
小泉直一	径六分	一四·六公厘	一四公厘
幺泉一十	径七分	一六·七公厘	一六公厘
幼泉二十	径八分	一八·七公厘	一七·八公厘
中泉三十	径九分	二一公厘	二〇公厘
壮泉四十	径一寸	二三公厘	二二公厘
小布一百	长寸五分	三四·四公厘	三一·三公厘
幺布二百	长寸六分	——	三三·二公厘
幼布三百	长寸七分	三五·二公厘	三四·八公厘
序布四百	长寸八分	三九·二公厘	三九·二公厘
差布五百	长寸九分	四〇·八公厘	四一·三公厘
中布六百	长二寸	四六·六公厘	四五公厘
壮布七百	长二寸一分	——	四七公厘
第布八百	长二寸二分	——	五二·四公厘
次布九百	长二寸三分	五二公厘	五一·三公厘
大布黄千	长二寸四分	五五公厘	五五·二公厘

续表

品　　名	汉志所载尺寸	吴承洛氏所测	作者所测
货　　布	长二寸五分	——	五六公厘强
	广一寸	——	二一公厘
	首长八寸有奇	——	一九公厘
	首广八分	——	一八公厘
	闟好径二分半	——	六公厘
	足枝长八分	——	一八公厘强
	间广二分	——	四公厘
货　　泉	径一寸	二三公厘	二三公厘

吴承洛氏尝据其实测所得,平均得一中数,为一尺等于228.1343公厘。按莽泉大小颇不一致,相差甚多,即如大泉五十,其大小厚薄颇不一,大抵可分为三期:一、刀货并行时期,二、六钱并行时期,三、货泉并行时期。刀货并行时期其大小与刀环相同,今所据者即此期之钱。与六钱并行时期之大泉五十,小三公厘许,与货泉并行时则更短至六公厘,皆不足一寸二分。今据契刀实测之,则莽尺正当营造尺七寸二分。其余钱货六品布货十品皆微弱。幺泉中泉壮泉相差尤巨。货泉亦有数种,重郭者最大,径二十三公厘,货决文者二十一公厘,泉傍星者二十二公厘强,下半星者二十一公厘强。今以重郭者为据,亦微弱,莽泉本或出入,丁度已觉其与本志有微差,以为出于"当时盗铸",实不必出于盗铸,盖新莽政制之渐次败坏耳。高若讷摹制晋前尺,所据者为货泉,宜乎其尺之微弱也。

(十六) 据古今里数推得之汉尺

合赖(Grenard)、侯门(Herrman)二人前尝据《汉书》所记西域诸

国相距里数,证以现今诸城之遗址,用归纳法测得汉里约合四百公尺,十汉里等于二英里半。据此则:

一汉里三百步合 400 公尺,

一汉步六尺合 1.33 公尺强,

一汉尺合 0.222 公尺强,合营造尺七寸。

其说近是①。据足立喜六氏精密之推算,亦作:

一汉尺合 0.230 公尺,

一步六尺合 1.048 公尺,

一里三百步合 414 公尺。

(十七) 结论

周、汉古尺除上述外,其他传世者尚多,皆无款识,无由考证,如王国维氏称罗振玉尚收藏有铜尺骨尺各一,长度与建初尺略等(见王复斋《钟鼎款识中晋前尺跋》),罗氏《雪堂所藏古器物图》著录有二铜尺,其一当刘歆铜斛尺七寸六分强,又一仅六寸,当刘歆铜斛尺六寸六分强,则全尺当长铜斛尺一尺一寸许。又西充白氏藏有金错牙尺,分寸用金错,长营造尺七寸二分六厘,王国维氏断为汉尺。又乌程蒋谷孙氏藏一铜尺,长营造尺七寸三分五厘,王国维氏云:"比建初尺稍长,晋以前物也。"(见《中国历代之尺度》)北平黄氏藏有二寸五分玉尺,见《衡斋金石识小录》,一尺亦长 0.231 公尺,黄氏又藏一铜尺,见

---

①　朱执信氏辨中国井田制之有无,尝疑《汉志》西域距离,不免为鸟道,如自乌孙至汉玉门,西至葱岭,东西六千余里,如此数以空中距离计,今仅约三千六百里,正是六折,又如莎车、疏敕至长安均九千余里,今仅约五千三四百里,尚不足六成。按古今记相距里数,鸟道居多,《汉志》所载距离,自是鸟道。

《尊古斋所见吉金图长》0.23公尺，又孙壮氏藏有一牙尺拓本，比公尺0.23，与刘歆铜斛尺皆相去不远也。《奇觚室吉金文述》载西汉元延铜尺，亦称长安尺，较建初尺弱二分许，其铭识即仿元延铜及建初尺为之，纯出伪作，不足据信，今不取。

周代尺度，清儒聚讼不一，《隋志》以周尺、刘歆铜斛尺、晋前尺同列为第一等尺，世传晋前尺之拓本，见于王复斋《钟鼎款识》者，为高若讷仿制之品，王国维氏已有定论。据新莽嘉量而求得之刘歆铜斛尺，是否如《隋志》所云，即为周尺，吾人不能无疑，及洛阳金村出土铜尺，其长适与刘歆铜斛尺同，似周尺之即刘歆铜斛尺，可以论定。顾金村古墓，乃出于盗掘，非依科学律令，且福开森取得此一铜尺，又展转得之贾人之手，是否与𫘤羌钟同时同墓出土，吾人又无法明证之。今据马衡、唐兰二氏以商鞅量推证之，又复相合，则周尺之即刘歆铜斛尺，又得一实证矣。以古今里数推之，亦相近。惟西周之尺度如何，至今未发现，吾人于未发现西周之古尺时，仅能定此为晚周之尺度也。历代尺度，由短而长，几成定例，且尺度之起源由于手把，今手之一把，不过营造尺五寸，疑最初之尺度尚不及七寸二分，渐增至晚周乃为七寸二分耳。吴大澂氏据古玉以推度周尺，精意参校，于推度古尺另辟蹊径，其所定周镇圭尺长营造尺六寸零九厘，周搢圭尺长营造尺六寸八分八厘，然《考工记》等所记古玉尺度，是否当时之制，未易断言，又同为玉人所用之尺何以有二？玉人所用本有差异乎？抑时代有不同耶？吴氏所定周剑尺，较镇圭尺又短，长营造尺五寸六分二厘，吴氏谓乃玉人、桃人所用之尺不同，然何解于玉人所用之尺又有二种？余意与其谓所用不同，不若判为时代有异也。铜器中兵器承石器而来，迟早不一，此等铜剑仅有一阳文"五"字，难定其制作时期。玉器亦承石器而来，其制作之时代亦不一致。吴氏所校诸玉，虽多相合，犹不无出入，尚须据可靠材料再作精密之测定，然后能坚人之信也。至江永、金鹗所测周尺，根据薄弱，未为允审，《数理精蕴》所云，亦未足信据。

汉尺自以刘歆铜斛尺最可作则，汉镂牙尺亦同，当营造尺七寸二分许，西充白氏所藏金错牙尺，亦长营造尺七寸二分六厘，以莽泉参验又相当。惟此疑为元始以后刘歆所定[①]。刘歆复古，必有所本，今以商鞅量尺校刘歆铜斛尺，至为相合，可证也。吴承洛氏以为两尺长度相近，或为偶然之事，殊无当矣。《晋书》、《隋书》称有田父得周时玉尺，荀勖以所造晋前尺短校一米，田父玉尺实比晋前尺一尺七厘，比较歆尺微长，疑亦前汉尺也。

后汉尺当营造尺七寸二分，尚有可证。王充《论衡·效力篇》云："智能满胸之人，宜在王阙，须三寸之舌，一尺之笔，然后自动。"在1931年，"西北科学考察团"进行所谓"考察"，于当时宁夏额济纳旧土尔扈特旗之穆兜倍而近地方（其地在索果绰尔之南，额济约河西岸，当东经一百至一百一度，北纬四十一至四十二度之间）掘得汉代木简，其中杂有一笔，完好如故，笔管木制，折而为四，纳笔头于其本，而缠之以枲，涂之以漆，以固其笔头，其首则以锐顶之木冒之，如此则四分之木上下相束而成一圆管。笔管长公尺 0.209，冒首长 0.009，笔头（露于管外者）长 0.014，通长 0.232。马衡《记汉居延笔》（北京大学《国学季刊》第三卷第一号）论之曰：

---

①　《汉志》谓：元始中召天下通知钟律者百余人，使刘歆典领之。《宋史·律历志》谓：是时周灭二百余年，古之律度，当有考者，以歆之博贯艺文，晓达历算，有所制作，宜不凡近。

按索梁绰尔即古之居延海,汉属张掖郡,后汉张掖居延属国。额济纳河即古之羌谷水,亦即弱水。穆兜倍而近之地,据木简所记,在当时为申渠侯,为居延都尉所属侯官之一。复就所存木简之时代考之,大抵自宣帝以讫光武帝,若以最后之时代定之,此笔亦当为东汉初年之物。

古人于简策及文具,均极重视,疑本皆有定制。此笔长公尺 0.232,正后汉之一尺也。

秦代尺度,据商鞅量,与晚周前汉相当。郎瑛《七修类稿》云:"秦比周七寸四分",臆说无据,不足信也。吴承洛氏据《吕览》"凡民自七尺以上"云云,而云:"人长七尺,计约为 193.5 公分,与周制人长一丈之数约相符合,此可证秦汉之尺度。"此亦臆说耳。朝鲜乐浪出土有一秦戈,旧藏平壤高等普通学校,此戈表面长方孔右上有阳刻"洛阳戈止"四字,又长方孔之上下有"郡库"二字阴刻,其内左背有刻铭作:

廿五年上郡守

□造,高奴工师窖

丞申工鬼薪戠

汉代各朝无二十五年,其篆书大类秦刻石与秦量、秦权,其为秦始皇二十五年所制无疑。按《考工记》云:"戈秘六尺六寸",又云:"冶氏为戈广二寸,内倍之,胡三之,援四之",是戈广二寸,内四寸,胡六寸,援八寸。此秦戈援长日本曲尺五寸一分,胡长日本曲尺四寸三分五厘,与秦尺亦大致相当①。

---

① 读《辽文萃》卷首《王仁俊传》,知王仁俊遗著中尚有《秦权衡度量考》一书,未整理,吾人甚望其能早日问世。

六 三国两晋南北朝之尺度

(一) 蜀汉尺

三国时尺度,《七修类稿》云:"后汉建武铜尺与周同,三国吴、蜀同周."想系推测之辞,疑近当也。罗振玉氏藏有一蜀汉章武弩机,望山有金错尺度,其尺度与建初尺甚近。此弩机后为端方索去,摹于《陶斋吉金录》中而失摹其尺度。罗振玉《俑庐日札》云:

> 予去春得蜀弩机一,款错金为之,极精,牙上画尺度,以建初尺絜之,长短悉同,知蜀之尺度,一遵汉代之旧也。史不志蜀之度量衡制度,据此知之。

惟吴大澂氏藏有蜀汉建兴弩机,上端有铭作"建兴八年七月卅日晋卓颢业吏",下端铭作"陈至魁郭道像陕张建工钩莫所作十三石重四斤一两"。望山亦有尺度,《恒轩所见所藏吉金录》《权衡度量宝验考》俱著录。吴氏云:

> "是尺较余所定镇圭尺值短半分,当时必有所本。"按是尺仅

191.6公厘,合营造尺六寸,而其望山上之尺寸,以三分为一小格,六分为一大格,共积三十六分,疑非当时寻常之尺也。容庚氏《颂斋吉金图录》亦著录尺度钪,第一寸长五分,第二寸又四分之一亦长五分,容氏云:"疑专为发弩之用,非寻常尺度也。"甚是。

(二) 魏尺

《晋书·律历志》云:

　　杜夔所调律尺比勘新尺得一尺四分七厘。

《隋书·律历志》亦云:

　　魏尺,杜夔所用调律,比晋前尺一尺四分七厘。

刘徽《九章算术·商功篇注》亦云:

　　王莽铜斛于今尺为深九寸五分五厘,径一尺三寸六分八厘七毫。

又云:

　　刘歆斛尺弱于今尺四分五厘。

刘徽注《九章算术》在景元四年,所谓"今尺"即指魏尺。荀勖晋前尺铭曰:"晋泰始十年中书考古器揆校今尺长四分半",《晋书》、《隋书·律历志》皆云:"今尺者杜夔尺也。"是晋初仍相承用魏尺。罗振玉氏又藏有一魏正始弩机,其望山尺度较建初尺略长,王国维氏云:"殆即《隋书·律历志》所论杜夔尺也。"疑是。

　　据刘复氏之推算:

$$魏尺=公尺　　0.2417381$$
$$=营造尺　　0.755431$$
$$=市尺　　0.725214$$

（三）晋前尺

晋前尺，晋泰始十年荀勖参校古器以造，与晚周尺莽尺同，前已论之。《晋书·律历志》云："荀勖新尺惟以调音律，至于人间未甚流布，故江左及刘曜仪表并与魏尺略相依准。"是晋前尺未甚流布于人间，仅朝廷用之耳。郑玄《论语序逸文》云："《钩命决》云：'《春秋》二尺四寸书之'，……故六经之策皆长二尺四寸。"《后汉书·周磐传》正云：编二尺四寸简，写《尧典》一篇。考《晋书·束皙传》称：

> 太康二年，汲郡人盗发魏襄王冢，得竹书数十车。

荀勖尝校《穆天子传》，序曰："古文《穆天子传》者，太康二年汲县民不准盗发古冢所得书也，皆简素丝编，以臣勖前所考定古尺度其简，长二尺四寸。"[1]据此亦足见晋尺与周，固相去不远也。

（四）晋田父玉尺　梁法尺

《隋书·律历志》云：

> 晋田父玉尺。
>
> 梁法尺实比晋前尺一尺七厘。
>
> 世说称有田父得周时玉尺，便是天下正尺，荀勖试以校尺所造金石丝竹，皆短校一米，梁武《钟律纬》称：主衣从上相承有周时铜尺一枚，古玉律八枚，检主衣周尺东昏用章信，尺不复存，玉律一口，萧余定七枚，夹钟有昔题刻，乃制为尺，以相参验，取细

---

[1]　沙畹（Edouard Chavannes）著《纸未发明前之中国书》(Les Livres Chinois Avant L'invention du papier, Journal Asiatique 1905)云："荀勖考定之古尺，是否正确，不无可疑耳，或者彼已有经书竹简皆长二尺四寸之成见，姑认为二尺四寸，亦未可知也。"疑非。

毫中黍积次训定,今之最为详密,长祖冲之尺校半分,以新尺制为四器名为通,又依新尺为笛,以命古钟按刻夷则以笛命饮和韵,夷则定合,案此两尺长短相同。

据刘复之推算:

晋田父玉尺、梁法尺＝公尺　　0.2325027

　　　　　　　　＝营造尺　　0.72657

　　　　　　　　＝市尺　　　0.697508

(五) 晋后尺

《晋书·律历志》云:"元帝江东所用尺,比荀勖尺一尺六分二厘。"《隋书·律历志》云:"晋后尺实比晋前尺一尺六分二厘,萧吉云:晋时江东所用。"又《七修类稿》云:"陈尺同后晋。"

据刘复氏之推算:

晋后尺＝公尺　　0.2452015

　　　　＝营造尺　0.76625

　　　　＝市尺　　0.7356

(六) 前赵刘曜尺

《晋书·律历志》云:

赵刘曜光初四年铸浑天仪,八年铸土圭,其尺比荀勖尺一尺五分。

《隋书·律历志》云:

赵刘曜浑天仪土圭尺长于梁法尺四分三厘,比晋前尺一尺五分。

又引梁武《钟律纬》云：

> 宋武平中原，送浑天仪土圭，……是刘曜所制，……制以为尺，长今新尺四分三厘，短俗间尺二分。

据刘复氏之推算：

> 赵刘曜浑天仪土圭尺＝公尺　　0.2424308
> ＝营造尺　0.7576
> ＝市尺　　0.72729

（七）后赵尺度

《晋书·石勒纪》云："石勒铸丰货钱。"《通典》云：

> 丰货钱径一寸，重四铢，代人谓之富钱。

今实测丰货钱径二四公厘，当营造尺七寸五分，与前赵刘曜尺甚近，后赵盖仍前赵之旧也。

（八）宋氏尺　钱乐之浑天仪尺　后周铁尺

《隋书·律历志》云：

> 宋氏尺实比晋前尺一尺六分四厘。
>
> 钱乐之浑天仪尺。
>
> 后周铁尺。
>
> 开皇初调钟律尺，及平陈后调律水尺。此宋代人间所用尺，传入齐、梁、陈，以制乐律，与晋后尺及梁时俗尺、刘曜浑天仪尺略相依近，当由人间恒用，增损讹替之所致也。周建德六年平齐后，即以此同律度量，颁于天下。其后宣帝时，达奚震及牛弘等议曰："窃惟权衡度量，经邦懋轨，诚须详求故实，考校得衷，谨寻

今之铁尺,是太祖遣尚书故苏绰所造,当时检勘,用为前周之尺,验其长度,与宋尺符同,即以调钟律,并用均田度地。今以上党羊头山黍,依《汉书·律历志》度之,若以大者稠累,依数满尺,实于黄钟之律,须撼乃容,若以中者累尺,虽复小稀,实于黄钟之律,不动而满。计此二事之殊,良由消息未善,其于铁尺,终有一会。且上党之黍,有异他乡,其色至乌,其形圆重,用之为量,定不徒然。正以时有水旱之差,地有肥瘠之异,取黍大小,未必得中。案许慎解,秬黍体大,本异于常。疑今之大者,正是其中,累百满尺,即是会古。实龠之外,才剩十余,此恐围径或差,造律未妙,就如撼动取满,论理亦通。今勘周、汉古钱,大小有合宋氏浑仪尺度无舛,又依《淮南》累粟十二成寸,明先王制法,索隐钩深,以律计分,义无差异。《汉书·食货志》云:'黄金方寸,其重一斤',今铸金校验,铁尺为近。依文据理,符会处多。且平齐之始,已用宣布,今因而为定,弥合时宜。至于玉尺,累黍以广为长,累既有剩,实复不满,寻访古今,恐不可用。其晋、梁尺量,过为短小,以黍实管,弥复不容,据律调声,必致高急。且八音克谐,明王盛范,同律度量,哲后通规,臣等详校前经,斟量时事,谓用铁尺,于理于便。"未及详定,高祖受终,牛弘、辛彦之、郑译、何妥等,久议不决。既平陈上以江东乐为善,曰:此华夏旧声,虽随俗改变,大体犹是古法。祖孝孙云:平陈后废周玉尺律,便用此铁尺律,以一尺二寸即为市尺。

按是尺本宋代民间所用,传入齐、梁、陈以制乐律,周平齐、陈后,即废周玉尺而用此尺。

据刘复氏之推算:

宋氏尺、钱乐之浑天仪尺、后周铁尺、开皇初调钟律尺、平陈后调钟律水尺

$$＝公尺 \quad 0.2456632$$
$$＝营造尺 \quad 0.7677$$
$$＝市尺 \quad 0.73699$$

（九）梁表尺

《隋书·律历志》云：

梁表尺实比晋前尺一尺二分二厘一毫有奇。

萧吉云："出于司马法，梁朝刻其度于影表，以测影。"

按此即祖暅所算造铜圭影表也。经陈灭入朝，大业中议以合古，乃用调律，以制钟磬等八音乐器。

据刘复氏之推算：

$$梁表尺＝公尺 \quad 0.2359891$$
$$＝营造尺 \quad 0.73747$$
$$＝市尺 \quad 0.70797$$

（十）梁俗间尺

《隋书·律历志》云：

梁朝俗间尺，长于梁法尺六分三厘，短于刘曜浑仪尺二分，实比晋前尺一尺七分一厘。梁武《钟律纬》云："宋武平中原，送浑天仪土圭，云是张衡所作。"验浑仪铭题是光初四年铸，土圭是光初八年作。并是刘曜所制，非张衡也。制以为尺，长今新尺四

分三厘，短俗间尺二分，新尺谓梁法尺也。

据刘复氏之推算：

$$梁俗间尺＝公尺 \quad 0.2472794$$
$$＝营造尺 \quad 0.77275$$
$$＝市尺 \quad 0.74184$$

(十一) 后魏前尺

《隋书·律历志》云：

后魏前尺实比晋前尺一尺二寸七厘。

据刘复氏之推算：

$$后魏前尺＝公尺 \quad 0.27868$$
$$＝营造尺 \quad 0.87087$$
$$＝市尺 \quad 0.83604$$

(十二) 后魏中尺

《隋书·律历志》云：

中尺实比晋前尺一尺二寸一分一厘。

据刘复氏之推算：

$$后魏中尺＝公尺 \quad 0.2796036$$
$$＝营造尺 \quad 0.87376$$
$$＝市尺 \quad 0.83881$$

(十三) 后魏后尺　后周市尺

《隋书·律历志》云：

后尺实比晋前尺一尺二寸八分一厘（即开皇官尺及后周市尺）。

后周市尺比玉尺一尺九分三厘。

开皇官尺即铁尺一尺二寸。

此后魏初及东西分国，后周未用玉尺之前，杂用此等尺。甄鸾《算术》云："周朝市尺，得玉尺一尺九分三厘"，或传梁时有志公道人作此尺，寄入周朝，云与多须老翁，周太祖及隋高祖各自以为谓己。周朝人间行用。及开皇初，著令以为官尺，百司用之，终于仁寿。大业中，人间或私用之。

据刘复氏之推算：

后魏后尺、开皇官尺、后周市尺

=公尺　　0.2957656

=营造尺　0.92427

=市尺　　0.88729

（十四）东魏尺

《隋书·律历志》云：

东魏尺，实比晋前尺一尺五寸八毫。

此是魏中尉元延明，累黍用半周之广为尺，齐朝因而用之。魏收《魏史·律历志》云："公孙崇永平中，更造新尺，以一黍之长，累为寸法。寻太常卿刘芳受诏修乐，以秬黍中者一黍之广，即为一分，而中尉元匡以一黍之广，度黍二缝，以取一分。三家纷竞，久不能决。太和十九年高祖诏以一黍之广，用成分体九十黍黄钟之长，以定铜尺，有司奏从前诏，而芳尺同高祖所制，故遂典修金石。迄武定未有论律者。"

据马衡氏考证,"五寸"之"五"乃"三"之误,刘复氏之推算:

> 东魏尺＝公尺　　0.3003372
>
> 　　　＝营造尺　0.93855
>
> 　　　＝市尺　　0.90101

(十五) 后周玉尺

《隋书·律历志》云:

> 蔡邕铜籥尺
>
> 后周玉尺实比晋前尺一尺一寸五分八厘。
>
> 从上相承,有铜籥一,以银错,题其铭曰:"籥,黄钟之官,长九寸,空围九分,容秬黍一千二百粒,称重十二铢,两之为一合,三分损益,转生十二律。"祖孝孙云:"相承传是蔡邕铜籥。"后周武帝保定中,诏遣大宗伯卢景宣、上党公长孙绍远、岐国公斛斯征等,累黍造尺,从横不定,后因修仓掘地,得古玉斗,以为正器,据斗造律度量衡,因用此尺,大赦,改元天和,百司行用,终于大象之末。其律黄钟,与蔡邕古籥同。

据刘复氏之推算:

> 蔡邕铜籥尺、后周玉尺＝公尺　　0.2673666
>
> 　　　　　　　　＝营造尺　0.83552
>
> 　　　　　　　　＝市尺　　0.802099

(十六) 结论

三国尺度,承汉之旧,然蜀汉尺长营造尺七寸四分,魏尺长营造尺七寸五分强，已较莽尺加长二、三分，晋初仍用魏尺，东晋改用晋后尺长营造尺七寸六分强，又加长一分矣。五胡十六国时未闻有变动。南朝宋氏尺长营造尺七寸六分五厘，齐、梁、陈皆用以调律，梁俗尺长营造尺七寸七分强，所增尚微。北朝后魏前尺长营造尺八寸七分弱，较南朝长寸许，中尺长营造尺八寸七分强，后尺长营造尺九寸二分强，东魏尺长至营造尺一尺零八分强，遞增之速前此无有。王国维氏谓由于课税，官吏欲多取于民，其说甚是。北朝市尺官尺虽特增长，而调律尺犹未大变。后周保定中用玉尺，长营造尺八寸三分三厘，建德六年改以宋氏尺为铁尺调律，又以后魏后尺为市尺，大小并行，盖小尺专为调律之用，官吏既用大尺，而调律又不能用大尺，势有不得不然耳。此制隋唐及宋犹沿用之。

七　隋唐之尺度

（一）隋开皇官尺

《隋书·律历志》谓开皇官尺即后魏后尺、后周市尺，"开皇初著令以为官尺，百司用之，终于仁寿，大业中人间或私用之"。《隋志》谓开皇官尺即铁尺一尺二寸，盖隋时承后周之旧，仍大小尺并行。《隋志》称："开皇初调钟律尺，及平陈后调律水尺。"隋于开皇九年平陈，开皇十年万宝常乃造律吕水尺。

（二）隋开皇十年尺

《隋书·律历志》云：

> 开皇十年万宝常所造律吕水尺，实比晋前尺一尺一寸八分六厘。今太乐库及内出铜律一部，是万宝常所造，名水尺律，说称其黄钟律当铁尺，……故谓之水尺律。

据刘复氏之推算：

开皇十年尺＝公尺　　0.2738304

　　　　＝营造尺　　0.85572

　　　　＝市尺　　　0.82149

（三）唐牙尺

《唐六典·中尚署令》注云：

每年二月二日进镂牙尺、紫檀尺。

《玉海》又云：

白居易谢赐尺表，红牙为尺，白银为寸，吕颂谢赐金镂尺。

是唐时所进所赐尺，皆多牙制，今此类牙尺，日本颇多珍藏，我国间亦有藏之者，今列举如下：

(1) 唐镂牙尺(拓本)　当 0.3 公尺，合营造尺九寸四分弱。

　　此尺旧藏乌程蒋谷孙氏旋归南皮张氏，浮雕与拨相间，各制一寸，亭台鸟兽，精美绝伦。王国维氏云："中土素未闻有唐尺，余据日本奈良正仓院所藏红绿牙尺，定为唐开元以前物。"

(2) 唐红牙尺甲(影印本)　当 0.295 公尺，合营造尺九寸三分弱。

(3) 唐红牙尺乙(影印本)　当 0.304 公尺，合营造尺九寸五分。

(4) 唐绿牙尺甲(影印本)　当 0.304 公尺，合营造尺九寸五分。市尺一尺零一分强。

(5) 唐绿牙尺乙(影印本)　当 0.293 公尺，合营造尺九寸二分强。

(6) 唐白牙尺甲(影印本)　当 0.297 公尺,合营造尺九寸三分。

(7) 唐白牙尺乙(影印本)　当 0.297 公尺,合营造尺九寸三分。

右六尺日本奈良正仓院所藏(陈列于北仓北棚),曾影印于《东瀛珠光》第一册。乃日本天平胜宝八年(唐至德二年)其皇太后献于东大寺者,后手书愿文及献物帐真迹,亦藏院中。院中有红牙拨镂尺二,绿牙拨镂尺二,白牙尺二,今并完好。红绿牙尺,表里两侧,均有拨镂文样,不画分寸,以刻文自别。红牙尺甲,表镌凤凰鸳鸯,下半界方格五,花鸟图案相同,里无界,满镂花鸟文样。红牙尺乙,表界十格,图案花鸟相间,里亦如之。绿牙尺技法相同,甲尺文样为鹿獅花鸟之属,乙尺实非绿而为蓝,染色已磨损,文样如前。四尺均用红绿象牙刻镂,文留牙白,尚有于花瓣及鸟兽白纹中,饰以朱彩者。白牙尺分寸厘明,与今式同。王国维氏云:"其制作之工,亦非盛唐时不办","观其形制,必当唐时遣使所赍去也。"又正仓院中仓尚有红牙拨镂尺四,并斑犀尺、木尺及未造了牙尺,恐为日本模仿之品,兹从略。

(8) 唐红牙尺两　当 0.3 公尺,合营造尺九寸四分。

此尺日本法隆寺藏。

又日本白鹤美术馆嘉纳六兵卫氏亦藏有一唐尺,较短,表面亦无分度,寸界满雕凤凰。诸尺装饰美丽,刻度不甚精确,疑为当时之装

饰品而非实用品,故刻度不甚经意,而长度又相参差也。足立喜六氏《长安史迹考》云:

> 正仓院之镂牙尺与法隆寺之红牙尺,古今学者俱认为唐朝之尺度,惟正仓院尺之一尺当日本曲尺九寸八分,而法隆寺尺之一尺,则合曲尺九寸七分八厘,然则应以何者为标准尺度,此事甚难解决,是以学者依此而多异说也。盖此类尺度,装饰美丽,刻度极不精确。就此设想之,其果为实用尺度乎?似甚可疑。然则以此等尺度为研究之规准,其意义当甚薄弱。

足立氏谓此等尺度意义薄弱,殆又未必。此类尺虽为装饰品,其所据者必是当时尺度,虽有出入,终甚微也。

(四) 以唐钱推得之唐尺

朱载堉《律吕精义》云:

> 《唐会要》云:"钱径八分",《唐六典》:"唐代之尺,盖有二种,黍尺与大尺兼用焉。"所谓钱径八寸,指大尺言也,大尺去二寸,即黍尺一尺也。

按《唐六典·金部郎中》条云:

> 凡度以北方秬黍中者,一黍之广为一分,十分为寸,十寸为尺,十二寸为大尺,十尺为丈。

又云:

> 凡积秬黍为度量权衡者,调钟律,测晷景,合汤药及冠冕之制则用之,内外官司,悉用大者。

唐制有大小两种尺度,内外官司悉用大者,此制本出后周而唐宋沿用之。

唐开元尺,据吴大澂氏之实测,谓"长于晋前尺(指按王德斋拓本)九分半"。吴氏云:"以大澂所藏唐开元钱,制作最精,轮廓完好者平列十枚,适合开元尺一尺。"开通元宝径八寸,书有明文,吴氏所测得乃矩尺,当营造尺七寸七分,则唐初大尺一尺当营造尺九寸六分。

据王国维氏之实测云:

> 今累开元通宝十二有半。即唐之一尺,较此六尺中最长者(按指正仓院牙尺),仅长二分许,而寸寸而累之,又不能无稍赢余,其相去实属无几。

是王氏所测唐初大尺当营造尺九寸七分许。而据丁福保氏之实测又不然,丁氏《古钱有神实用谭》云:

> 考《新唐书食货志》,武德四年七月铸开元通宝,径八分,……今初唐开元钱具在,以汉尺度之,其径一寸,今作八分者,盖唐以汉尺尺有二寸为一尺也。

盖开元钱先后所铸者甚多,径颇不一,王氏测其大者而丁氏测其小者也。日本自来学者如平田笃胤、屋代弘贤、猪饲敬所、藤井贞干、荻生徂徕等,无不以为唐尺即日本曲尺,当营造尺九寸五分强,则与吴氏实测者甚近。开通元宝,日本成岛柳北《明治新撰泉谱》正作日本曲尺八分。《新唐书·食货志》云:

> 乾元元年,经费不给,铸钱使第五琦铸乾元重宝钱,径一寸,……亦号乾元当十钱。

据足立氏之实测,乾元当十钱径亦正合日本曲尺一寸。然《新唐书·食货志》又载:

> 第五琦为相,复命绛州诸炉铸重轮乾元钱,径一寸二分,其文亦曰乾元重宝。

据足立氏之实测,乾元重宝径长日本曲尺一寸一分三厘,相差又七厘。则唐尺仅合营造尺九寸强。足立氏为之解释曰:

> 盖当时鉴于乾封泉宝钱之失败,乃用稍紧之大尺铸钱耶?

疑其由于所用唐大尺本微有出入,而所铸又不精确之故。

又《新唐书·食货志》云:

> 乾封元年,改铸干封泉宝,径寸。

据足立氏之实测,乾封泉宝径长日本曲尺八分五厘,合 0.002 5 公尺,与开元通宝正十二与十之比,盖其径实采用小尺也。是唐小尺当营造尺八寸许。而《新唐书·食货志》又载:

> 史思明据东都亦铸得一元宝钱,径一寸四分,以一当开元通宝之百,既而恶得一非长祚之兆,改其文曰:顺天元宝。

据足立氏之实测,得一元宝径长日本曲尺一寸二分,顺天元宝长日本曲尺一寸二分三厘,则此当用小尺,据前以推,用小尺亦当得曲尺一寸二分六厘,是又微弱也。

至开元通宝,不特多后此之私铸改铸,即唐初所铸,足立氏谓其标准亦互异,《唐书》仅示其略数为径八分耳。其言曰:

> 兹暂撰择此等种类中品质字体制作古色等之优良者而精测其直径,则大者即所谓爪形开元钱,其直径为日本曲尺之八寸三厘,合 0.025 公尺,此钱今日遗存最多。其小者,为右拨开元钱(开字上部连结,且元字第二划右方上扬)。测其直径计日本曲尺七寸六厘即合 0.023 公尺,至于他种开元钱,俱介乎两者之间,前揭之直径合日本曲尺八分者(背面无点划),亦常见及。然则《唐书》所载开元通宝之径八分,究为何者?按日本曲尺之八分三厘,即唐小尺一寸,而曲尺七寸六分即汉尺之一尺也。盖武德

四年制定开元通宝钱直径为大尺八分,惟爪形开元钱乃定直径
为小尺一寸,至右拨开元钱,则定直径为汉尺一寸而行铸造者,
因当时铸钱炉有二十余,开元时闻全国共有八十四炉,故其铸造
开元通宝钱,标准互异。然《唐书》所载或系总括此等大尺八寸
与小尺一寸及汉尺一寸等,而记示其略数为径八分者,亦未
可知。

余疑唐初铸钱或有不依标准者,若谓标准互异,且用汉尺,殆所未必。

(五) 以汉唐里数推得之唐尺

以古今里数推测隋唐以后之尺度至难,志书所载里数,相互承
袭,非由实测。今以《吴越春秋》、《越绝书》、《吴地记》所载苏州城之
里数略推之,或得其实。

考《吴越春秋》云:

> 子胥乃使相土尝水,……造作大城,周回四十七里。(《阖闾
> 内传》)

《越绝书》作四十七里二百一十步,所测至为精密。而唐陆广微《吴地
记》则云:

> 阖闾城,周敬王六年伍子胥筑,城回四十二里三十步。

此疑亦当时实测。唐制尺有大小,里程亦有大小之别,里数以小程小
尺计者居多。以此推之,吴城长汉尺 85 860 尺,长唐尺 75 780 尺,是
唐小尺合汉尺一尺一寸许,约当营造尺八寸,与唐钱测得者相合。

(六) 结论

隋尺仍后魏、后周之旧,《隋志》谓开皇官尺即铁尺一尺二寸,是

隋制亦大小并用。隋代于开皇官尺外,在开皇十年又别造律吕水尺,但民间所通用者,犹是开皇官尺,故《隋志》谓:"大业中人间或私用之。"

　　唐尺较隋尺稍长,实仍沿隋尺而来。《金史·乐志》云:

　　　　李照所用太府尺,即周、隋所用铁尺,以唐开元钱校其分寸亦同。

是唐、宋尺度仍周、隋之旧也。王国维氏亦以唐代度量衡制,仍周隋之旧,尝列五证以证之:

　　　　《大唐六典》"……凡积秬黍为度量权衡者,调钟律,测晷景,合汤药及冠冕之制则用之,内外官司悉用大者",而《隋志》谓开皇官尺即后周市尺,当周铁尺一尺二寸,周、隋时以铁尺调律,以市尺官尺供官私用,唐之尺度全出于此,此一证也。开皇时以古斗三升为一升,秤三斤为一斤,唐亦以古三两为一大两,……此二证也。后周铁尺,据达奚震、牛弘校上党羊头山大黍,累百满尺,谓为合古,则《六典》所云累黍之尺虽语出《汉志》,而事本宇文,……且达奚震奏谓许慎解秬黍体大异于常,疑今之大者正是其中,则周、隋所据大黍与唐所云中黍,本非有异,此三证也。《宋史·律历志》载……丁度议今司天监表尺,和岘所谓西京铜臬者,盖为洛阳故物,今以货泉错刀货布大泉校之,则景表尺长六分有奇,略合宋周隋尺……云云,如是丁度以宋司天监尺所用景表尺为唐尺,……此四证也。《隋书》开皇官尺当建初尺之一尺二寸八分一厘,今六尺中之红牙尺乙,正当建初尺之一尺二寸八分,二者比例相同,又《唐书·食货志》言开元通宝径八分,此钱铸于高祖武德四年,必用隋尺,今累开元通宝钱十二有半,即唐之一尺,较此六尺最长者仅长二分许,而寸寸而累之,又不能

无稍赢余，其相去实属无几，此五证也。（见《日本奈良正仓院藏六唐尺摹本跋》）

其说甚是。所谓累黍造尺者，非另由秬黍之大小而测得，盖就其当时之尺比勘之而已。观于《隋志》所引达奚震及牛弘议可知也。足立氏云：

> 按颜师古之《注》"以子谷秬黍为留原皮之黑黍即谷子"，惟《六典》则解子字为方位，即北方之秬黍，颇属滑稽，然则唐之小尺，不过袭用古尺，并未另由秬黍之大小而算出者。

其说近是。

唐贞观十年，张文收尝造律度量衡器，杜佑《通典》载其斛铭，自谓"与古玉斗相符"。

宋蔡元定《律吕新书》因此谓张文收所用调律尺，与后周"得古玉斗"而造之后周玉尺等同。但据《宋史·律历志》载范镇云："至唐祖孝孙、张文收号称知音，亦不能更造尺律，止沿用隋之古乐。"可知张文收所用者依然是隋代用以调律之铁尺，与唐小尺等同。杜佑《通典》与《新唐书·礼乐志》称开元十七年"以今常用度量校之，尺当六之五，量衡当三之一"。所谓常用之度即唐大尺，所谓"当六之五"，即是唐大、小尺十二与十之比。是唐代大、小尺之仍周、隋之旧，于此益明。

又乌程蒋氏藏有一鎏金雕花铜尺，王国维断为宋以前物，合今公尺 0.302。

五代尺度当与唐相去不远。王莽货布，《汉志》云长二寸五分，洪遵《泉志》引张台曰：

> 此布如今最多而易得，今尺量之，得寸九分。

张端木《钱录》云：

> 台所录已及湖南马氏,则五季人而宋初或在也。

据此五代尺度当莽尺一尺三寸一分强。是五代尺度当 0.3 公尺营造尺九寸五分。与唐尺相当。

后周尚有王朴尺,《宋史·律历志》引丁度议云：

> 王朴律准尺比汉钱尺寸长二分有奇,比景表尺短四分,既前代未尝施用,复经太祖朝更易。

又云：

> 太常所掌,又有后周王朴律准尺,比晋前尺长二分一厘,比梁表尺短一厘。

《玉海》亦谓"比晋前尺长二分一厘,比梁表尺短一厘"。是当 0.235 公尺,合营造尺七寸三分五厘。

八　宋元明清之尺度

（一）宋三司布帛尺　省尺　官尺

宋三司布帛尺即太府寺尺、李照尺，亦称省尺、官尺，赵与时《宾退录》云："省尺者，三司布帛尺也。"宋三司布帛尺，钱塘《律吕古谊》谓即匠尺，冯桂芬《请定步弓尺·寸公牒》亦云："匠尺即宋三司尺"，其说虽未审，然后世营造尺确本于此。《金史·乐志》谓即周、隋所用铁尺，以开元钱校其分寸亦同。是则三司尺又本于后周、隋、唐也。此尺用于宋初。王国维氏《宋三司布帛尺摹本跋云》：

> 案《玉海》列三司布帛尺于皇祐古尺、元祐乐尺之前，又元丰改官制后，更无三司使之名，则此尺乃宋初尺也。

其说甚是。诸书所言三司布帛尺之长短小有异同。

沈括《梦溪笔谈》云：

> 予考乐律，及受诏改铸浑仪，求秦汉以前度量，……古尺二寸五分十分分之三，今尺一寸八分百分分之四十五强。

又云：

周尺一尺，当今七寸三分少强。

赵与时《宾退录》云：

周尺当布帛尺七寸五分弱，于今浙尺为八寸四分。

蔡元定《律吕新书》云：

太府布帛尺比晋前尺一尺三寸五分。见《温公尺图》。

《玉海》云：

比周尺一尺三寸半，比律准尺长三寸二分强，景表尺长四

分，保信尺一尺九分强，逸等尺长七分。

《稗史》亦谓宋司马有修布尺比周尺一尺三寸五分。《七修类稿》谓司马光布帛尺比周一尺三寸四分。宋时所谓周尺、汉泉尺，即指高若讷仿制尺，是宋三司布帛尺当 0.311 公尺，合营造尺九寸七分。朱载堉《律吕精义》谓："宋之八寸一分为今尺八寸。"是宋尺当明九寸八分强，其说疑亦有所据也。

曲阜孔尚任尚藏有一铜尺，自来皆认为三司布帛尺，未见拓本传世，世所传仿制品，大率当营造尺八寸七分许[①]，王国维氏云："其正确与否，所不敢知。"又云："今传摹之布帛尺长于唐秬尺至今尺一寸许。"其实传摹之布帛尺，失真殊甚，殊不足据。孔尚任《享金簿》云：

宋铜尺一，游江宁时华阴王山史所贻，以前尺（按指建初尺）较

此止当七寸五分弱，盖三司布帛尺也。古色亦佳，但质颇轻耳。

孔氏《周尺辨》亦称建初尺当宋省尺七寸五分弱。按建初尺当营造尺

---

① 如吴大澂《权衡度量实验考》云："本朝工部营造尺长于宋三司布帛尺一寸二分强。"

七寸四分,是孔氏所藏宋铜尺长营造尺九寸八分,合0.314公尺,其为三司布帛尺无疑。

一九二〇年间,钜鹿邑民挖掘宋故城,出土磁器甚多,有元祐、崇宁、大观等纪年款,其最晚之纪年为大观二年,据史志称大观二年河决陷钜鹿[①],则此故城必为大观二年所湮无疑。一九二一年,又尝出土木尺三具,俱藏罗振玉氏,其长度如下:

> 宋木尺甲　长0.329公尺,当营造尺一尺零二分。
>
> 宋木尺乙　长0.329公尺,当营造尺一尺零二分。
>
> 宋木尺丙　长0.309公尺,当营造尺九寸七分。

此民间所通用者,疑亦三司布帛尺,王国维氏《宋钜鹿故城所出三木尺拓本跋》云:

> 度以今工部营造尺其长九寸七分,与唐开元钱尺正同,其二又较长五分,盖由制作粗觕,非制度异也。

据赵与时《宾退录》浙尺当省尺八寸九分四厘有奇,而浙尺比淮尺十八,若以此当浙尺太大,当淮尺太小,当布帛尺正相若。程大昌《演繁露》云:

> 官尺与浙尺同,仅比淮尺十八,而京尺又多淮尺十二,公私随事致用。予尝怪之,盖见唐制而知其来久矣。金部定度以北方秬黍中者为则,凡横度及百黍,即为一尺,此尺既定,而尺加二寸,别名大尺,唐帛每四丈为一匹,用大尺准之,盖秬尺四十八尺也。今官帛亦以四丈为匹,而官帛乃今官尺四十八尺,准以淮尺,正其四丈也。国朝事多本唐,岂今之官尺,即用唐秬尺而定

---

① 《见钜鹿县三明寺妙严殿记》及《钜鹿县志》等。

耶？不然，何为官府通用省尺而缯帛特用淮尺也。

此说非是。官尺与浙尺不同，官尺省尺亦非据唐秬尺而定，据之文献实物，布帛尺省尺当在营造尺九寸六分至八分之间，与唐大尺等同也。此钜鹿三木尺，王国维谓其长九寸七分者与唐开元钱尺正同，可证其必为三司布帛尺，王氏谓即淮尺，非是。王氏云：

> 此三尺盖即所谓淮尺，虽略长于唐大尺而岁久差讹，与制法疏拙，略有异同，亦固其所。

王国维误据三司布帛尺摹本，以证浙尺略同唐秬尺，淮尺略同唐大尺，以为宋时民间所用浙尺淮尺，尚仍唐旧。其《宋三司布帛尺摹本跋》曰：

> 赵与时《宾退录》谓省尺者三司布帛尺也，周尺当布帛尺七寸五分弱，于今浙尺为八寸四分，案省尺七寸五分当浙尺之八寸四分，以比例求之，则省尺当浙尺之一尺一寸二分，浙尺当省尺之八寸九分四厘有奇，……征之布帛尺摹本则其八寸九分四厘，略同唐秬尺，浙尺比淮尺十八，淮尺自略同唐大尺。

其实非是，宋三司布帛尺略同唐大尺，与开元钱尺正同，淮尺、浙尺并较唐大尺、唐秬尺为大也，疑宋三司布帛尺实据唐大尺而定耳。王氏既误以布帛尺本于唐秬尺，并推其所以略长之故曰：

> 尝考尺度之制，由短而长，殆为定例，其增率之速，莫剧于西晋后魏之间，三百年间，几增十分之三，求其原因，实由魏晋以后，以绢布为调，官吏惧其短耗，又欲多取于民，故代有增益，此三司布帛尺之大于唐秬尺，亦不外此例。唐以大尺四丈为匹，宋以布帛尺四十八为匹，增于唐者已逾十分之一，而民间所用浙尺、淮尺，则尚仍唐旧。

其说亦非。

(二) 宋浙尺　宋淮尺

宋代尺度,除三司布帛尺外,通行者尚有浙尺、淮尺。赵与时《宾退录》云:"周尺当布帛尺七寸五分弱,于今浙尺为八寸四分。"是浙尺之八寸四分当布帛尺七寸五分弱。以此比例,布帛尺当浙尺一尺一寸三分。宋人所著《家礼》正云:布帛尺当浙尺一尺一寸三分。据此折算,宋浙尺长 0.2743 公尺,合营造尺八寸五分七厘强。浙尺为地方特殊之尺,程大昌《演繁露》以为即是官尺省尺,非是。据程大昌《演繁露》谓:官尺与淮尺为十与十二之比,是淮尺当 0.37 公尺,合营造尺一尺一寸六分。

(三) 宋京尺

程大昌《演繁露》云:

> 官尺者与浙尺同,仅比淮尺十八,而京尺又多淮尺十二。

是则京尺约当营造尺一尺四寸。此地方特殊之尺,非全国通行者。

(四) 和岘景表尺

丁度云:"和岘用景表石尺比汉泉尺一尺六分。"《玉海》云:"比晋前尺长六分三厘,与晋后尺同,与宋氏铁尺钱乐之浑仪尺后周铁尺并同。"是景表尺长 0.245 公尺,合营造尺七寸六分五厘。

(五) 阮逸胡瑗尺

《宋史·律历志》引丁度议云:"逸瑗所制,亦上党秬黍尺者,累广成尺。"又引房庶《乐书》云:"瑗以横黍累尺,管容黍一千二百而空径三分四厘六毫,是皆以尺生律,不合古法。"丁度云:"比王朴尺七分强,比汉泉尺一尺七分三厘半。"阮逸、胡瑗《皇祐新乐图记》云:"比于太府寺见行布帛尺七寸八分六厘,与圣朝铜望臬影表尺符同。"是阮逸胡瑗尺当 0.247 公尺,合营造尺七寸六分强。

(六) 邓保信尺

《宋史·律历志》云:"度等议曰保信所制尺用上党秬黍圆者一黍之广累而成尺。"《乐志》又云:"度等言据邓保信黍尺,其一称用上党秬黍圆者,一黍之长,累百成尺,与蔡邕合。"《玉海》云:"六月丙寅邓保信上所制乐尺。"又云:"保信新尺,长广未合,……量存而未行。"引《邓保信奏议》云:"短于大府尺九分,长于胡尺九分五厘。"丁度亦云:"以王朴律准尺为率,保信尺长一寸九分强,比汉泉尺一尺二寸一分五厘。"是邓保信尺当 0.28 公尺,合营造尺八寸七分,钱塘《律吕古谊》谓当今九寸,盖据建初尺以当汉泉尺也。

(七) 韩琦丁度尺

《玉海》云:"累黍尺二,其一比周尺一尺三分五厘",是当 0.238 公尺,合营造尺七寸四分。钱塘《律吕古谊》谓当今七寸六分三之一,盖据建初尺以当周尺也。

(八) 大晟乐尺

《玉海》云:

崇宁三年正月二十九日,魏汉津言:……禹效黄帝之法,……以身为度,用左手中指三指为三寸,谓之君指,裁为宫声之管,用第四指三节三寸,谓之臣指,裁为商音之管,用第五指三节三寸,谓之物指,裁为羽声之管。……政和元年五月六日颁大晟乐尺。

引《大晟乐典》云:

> 徽宗指三节为三寸,长王朴尺二寸一分,和岘尺一寸八分弱,阮逸胡瑗尺一寸七分,短于邓保信尺三分,太府布帛尺四分。

《文献通考》云:

> 政和元年,诏诸转运司以所颁乐尺制给诸州,州制给属县,自今年七月始,毁弃旧尺。

又云:

> 谓如帛长四十二尺,阔二尺五分为之匹,以新尺计之四十三尺七寸五分,阔二尺一寸三分五厘之五为匹。

是大晟乐尺当三司尺九寸六分。当0.3公尺弱,合营造尺九寸三分。

(九) 黄钟玉尺

此尺闻旧藏黄伯川氏,后售于美国福开森,传河南出土,质为润泽之绿玉,表面作金错,仅九寸,每寸十分,在半寸处其分线略长,分寸刻划极整齐,其背面作平面,表面之一部分已为石炭所侵入。尺长0.28公尺,阔 2.5 公厘,厚 0.06 公厘。九寸之长 0.28,则十寸当长0.3111公尺。福开森氏著《得玉尺记》一文,刊《天下》四卷四期,福氏推为宋代之尺,以为此乃就通行宋尺去其一寸,存九寸,作黄钟定律之用者。尺作九寸,当非通行之尺,《史记·乐书》称黄钟九寸,后世固据此以为典要,福氏之说或然也。

（十）元代尺度

元代尺度大抵承宋三司布帛尺之旧。惟《七修类稿》云："元尺传闻至大,志无考焉。"

（十一）元钦天监表尺

《续文献通考》引唐顺之曰：

> 今钦天监表尺,乃元郭守敬所造,比市尺止得八寸强。

（十二）明工部营造尺　明钞尺

朱载堉《律吕精义》云：

> 今营造尺即唐大尺。

郎瑛《七修类稿》又云：

> 明官尺依布帛尺。

明尺固依唐宋之旧。武进袁氏藏有一嘉靖牙尺,有款曰："大明嘉靖年制",长 0.317 公尺,合营造尺一尺微弱。

《稗史类编》云：

> 明钞之制,……竖长一官尺,横八寸。

《律吕精义》亦云：

> 宝钞尺墨边外齐作一尺,名曰今尺,……即今工部营造尺也。

王棠谓明钞尺与今裁尺相近。按《大清会典》云："俗用裁尺一尺,营造尺一尺一寸一分一厘一毫,……营造尺一尺,裁尺九寸。"但据明宝钞校量,钞尺正与嘉靖牙尺同。又《日知录》云：

> 顷富平氏掊地得货布一罂,所谓二寸五分者,今抄尺之一寸

六分有奇,广一寸者今之六分有半,八分者今之五分。

据此明钞尺当莽尺一尺五寸六分,但莽钱大小殊不一致,此说恐不足信。邱琼山谓周尺比今钞尺六寸四分,周尺亦指莽泉尺,与顾说同。

嘉兴瞿氏藏有一万历尺,洪武钞之高正当此尺一尺。

(十三) 清代尺度

清代工部营造尺即是近代通用之营造尺。缪阗《度量衡一贯说》云:

> 乾隆六年较准营造铁尺,实千古极则,盖子谷秬黍中者纵度之一当其分,十当其寸,百当其尺。

《湖海集》亦云:

> 工部尺合一百三十五黍,户部尺合一百四十八黍。

《大清会典》云:

> 横黍尺当纵黍尺八寸一分,纵黍尺当横黍尺一尺二寸三分四厘五毫七丝一忽三微。

是清代仍信累黍之说。《大清会典》又云:

> 纵黍为营造尺,横黍为律尺,俗用裁尺一尺,营造尺一寸一分一厘一毫,律尺一尺三寸七分一厘七毫,营造尺一尺,裁尺九寸,律尺一尺二寸三分四厘六毫,律尺一尺,裁尺七寸二分九厘,营造尺八寸一分。

冯桂芬《请定步弓·尺寸公牒》云:

> 匠尺即宋三司布帛尺,以通行苏尺核实计之,部尺一尺当苏尺九寸,匠尺一尺当苏尺八寸。

冯氏所谓苏尺当即裁尺,当营造尺一尺一寸一分一厘二毫。

重版后记

这本小册子是作者 18 年前所作。那时作者刚开始读王国维的《观堂集林》,对《观堂集林》中的历史考证很是佩服,在读完了《观堂集林》卷十九中考证尺度的文章之后,觉得历代尺度的考定,对于历史的研究还有用处,就开始搜集这方面的资料,写成了这本小册子。在这 18 年中,很惭愧的,对这方面的研究并无多大进步。这里,只是想就周汉尺度和唐宋尺度方面,作一些补充的论证。

(一) 论周汉尺度

原来在春秋以前,度量衡制是非常复杂的。不仅诸侯的"国"有着不同的度量衡制,各国卿大夫的"家"也有着不同的度量衡制。就量来说,当时就有所谓"公量"和"家量"。"公量"是各国公室所颁布的量,"家量"是卿大夫家所颁布的量(见《左传》昭公三年晏婴语)。这完全是经济组织的割裂性所形成的。到春秋战国间,由于社会经济制度的变动,各国先后进行了政治改革,逐渐建立集权的政权,同时也就开始统一度量衡制，例如卫鞅在秦变法，就曾"平斗、桶、权、衡、丈、尺"（《史记·商君列传》）。到秦始皇统一全中国，便进一步在全中国范围内，"一法、度、衡、石、丈、尺"（《史记·秦始皇本纪》）。这对于加强全中国的经济联系，是有其积极意义的。

根据"商鞅量"来校量，可知卫鞅用来统一秦国度量衡制的标准尺，合 0.2308864 公尺。根据"商鞅量"所刻卫鞅的铭文和秦始皇的诏书，又可知秦始皇用来统一全中国度量衡制的标准，也就是卫鞅所用的标准尺。

汉代的一切经济制度和政治制度都是沿袭秦代的，汉代的度量衡制也是沿袭秦代的，因而其所用的标准尺基本上是和秦代相同的。已发现而有记录的汉尺，计有下列十四种：

（1）建武铜尺　《晋书·律历志》载：晋泰始十年荀勖根据七种古物来造"晋前尺"，其中一种古物即为"建武铜尺"。其长度当和"晋前尺"相同，即长 0.2308864 公尺。

（2）始平铜尺　《晋书·律历志》称：在荀勖造"晋前尺"后，始平"掘地得古铜尺，岁久欲腐"，长 0.2379744 公尺。

（3）汉建初虑俿铜尺　长 0.2368 公尺。

（4）汉镂牙尺　长 0.23 公尺。

（5）新莽始建国尺　长 0.24 公尺。

（6）敦煌出土汉木尺（两件）　这两尺是斯坦因（A.Stein）盗掘敦煌汉长城边的屯戍堡遗址时掘得的。一尺上分十寸，每寸长 22.9 公厘，另一尺为一木杖，上刻寸度，其长和前尺相同。和这两尺同时被盗掘到的还有许多汉简，从这些汉简看来，可知这堡从东汉明帝建武十年到顺帝永和二年（即公元 67 年到 137 年）曾驻戍部队，那么，这两尺是东汉之物是可以无疑的。见斯坦因所著《中亚所出汉缣残片》及《汉代尺度》(陈国良有译文刊于《语言与文学》)。

(7) 长沙出土汉铜尺(五件)　长沙汉墓所出土铜尺,表面每寸刻线作几何花纹,大多八寸有几何花纹,两端或刻龙凤及多层斜角纹。一尺,长 0.23 公尺,在末寸有小穿孔。一尺,每寸间刻人物鸟兽图像,长 0.244 公尺,在角上有小穿孔。一尺,八寸都刻"五"字花纹,两端刻垂尖花纹,长度和前尺同。一尺,残存六寸,残长 0.155 公尺。一尺,残存四寸,残长 0.11 公尺。见商承祚所著《长沙古物闻见记》。

(8) 金错牙尺　旧为西充白氏所藏,长 0.231925 公尺,见王国维《记现存历代尺度》。

(9) 汉铜尺　长 0.23 公尺,《尊古斋所见吉金图录》初集卷三和《双剑誃古器物图录》卷下著录。

(10) 汉鎏金尺　长 0.2285 公尺,《双剑誃古器物图录》卷下著录。

(11) 汉牙尺　长 0.23 公尺,旧为北京孙壮所藏,两侧每寸线上都有圆圈。见唐兰所著《商鞅量与商鞅量尺》(《国学季刊》五卷四期)。

(12) 汉骨尺　长 0.233 公尺,旧为罗振玉所藏,前端有穿孔,形制和前尺相同,传为河南浚县出土。罗福颐《古尺图录》著录。

(13) 汉铜尺　长 0.2495 公尺,旧为罗振玉所藏,前端有穿孔,正面五寸界线刻圈线,余半尺没有刻线。罗福颐《古尺图录》著录。

(14) 汉画彩牙尺(两件)　一尺,长 0.231 公尺,首端有穿孔,表面画彩色流云纹,分寸已一半模糊。一尺,长 0.233 公尺,画彩已大半脱去。两尺都为日本嘉纳氏所有。《白鹤帖》著录。

从上述十四种汉尺看来，可知汉代尺度不外乎公尺 0.228 到 0.244 之间。在上述这些汉尺中，多数长度在公尺 0.23 左右，所以我们认为汉代尺度虽然有些参差，而公尺 0.23 的长度是比较标准的。

足以校量汉尺的实物，除了本书已经叙述的以外，还有敦煌出土的汉缣。斯坦因在盗掘敦煌汉长城遗址时，又曾掘得二片汉缣（见沙畹《流沙坠简》第 118 页，考释第 539 条，图版第 15）。一片上印戳记，横幅两边完好，知道这断片原出自一广 50 公分（19.7 吋）的缣匹。另一片上印有文字：“任城国亢父缣一匹，广二尺二寸，长四丈，重二十五两，直钱六百一十八。”任城建立于东汉章帝元和元年（即公元 48 年），亢父本是它的属县，在今山东济宁，汉时以产丝织品著名。“广二尺二寸，长四丈”，原是汉代丝织品的标准幅度。我们以汉代标准尺长公尺 0.23 来计算，“广二尺二寸”应为 50.6 公分，和上面一片汉缣广 50 公分的幅度正相当。斯坦因在另外一个遗物堆中，还盗掘得二片未染色的汉缣，一片宽度还完整，计宽 19.5 英吋，也和上述的一片汉缣宽度相近（见斯坦因《中亚出土汉缣残片及汉代尺度》）。我们用这些出土的汉缣残片来校量，也可以证明汉代的标准尺确长公尺 0.23 左右。

最足为校量汉尺的标准的，便是王国维称为“旷世瑰宝”的“新莽嘉量”。“新莽嘉量”也称为“刘歆铜斛”，当晋代荀勖造“晋前尺”时，已经把它作为校量的重要古物之一。我们用“新莽嘉量”铭文所记的尺寸来作细密的校量，可知汉代的标准尺确长公尺 0.23，关于这一点，本书已经作详细叙述。

根据上面的论述，可知自从公元前 344 年（秦孝公十八年）卫鞅用公尺 0.23 的长度作为标准尺来“平斗、桶、权、衡、丈、尺”以后，一直到秦汉时代,经过五百多年,标准尺的长度基本未变。公元前221年秦始皇统一全中国后,用来"一法、度、衡、石、丈、尺"的还是这个标准。公元9年王莽在取得政权后,用来"同律、度、量、衡"的,也还是这个标准。到东汉时代运销国外的缣匹的幅度,也还是用这标准尺来丈量的。

当战国秦汉间,虽然由于中央集权政权的建立,所颁布的标准尺未有变动,始终尺度在公尺0.23左右。但是由于地主阶级的进行封建剥削,"欲多取于民",也就把他们所操纵的度量衡器作为扩大榨取的工具,尺度便逐渐在加大,在已发现的汉尺中就有超过公尺0.24的长度的。随着地主阶级所用的尺度加大,地主政权所颁布的标准尺也跟着逐渐加大,所以三国时代的魏尺已长到公尺0.2417381。

(二) 论唐代尺度

在汉代以前,调音律用的尺和一般实用的尺是合一的,所谓"同律、度、量、衡"。但是,由于地主阶级不断的把尺加大,使得律吕家调不准从古相传的音律,使得天文学家也测不准晷影。为此,律吕家和天文学家们便纷纷起来考究古尺度,另外定出调音律和测晷影用的尺了。晋泰始十年荀勖所造的"晋前尺",便是根据古物考出来的古尺,专门用来调音律用的,所谓"惟以调音律,至于人间未甚流布"(《隋书·律历志》)。

晋代实用的尺度较三国时更增大,东晋时所用的"晋后尺",便长公尺0.2452015。到南北朝时代,南朝的尺度所增较小。宋实用的"宋氏尺",长公尺0.2456632,梁实用的"梁俗间尺",长公尺0.2472794。但是北朝的尺却加大了很多,成为中国历史上尺度加增最速的一个时期,"后魏前尺"长到公尺 0.27868,"后魏中尺"长到公尺 0.2796036,"后魏后尺"和"后周市尺",长到公尺 0.2957656,东魏和北齐所用的"东魏尺",更长到 0.3003372。至于当时调音律和测晷影的尺,便有所谓"梁法尺"、"梁表尺"、"后周玉尺"、"后周铁尺"等。到隋代,统一全国,依然沿袭了北周的制度,一方面采用"后周市尺"作为"官尺",即所谓"开皇官尺",一方面又采用"后周铁尺"来调音律,并且确定了这大小两尺之间比例,即"开皇官尺"是调律"铁尺"的一尺二寸。隋代大小两尺有一定比例的制度,便是唐代大小尺制度的由来。

王国维《日本奈良正仓院藏六唐尺摹本跋》认为唐代尺度是根据北周和隋代的,这个推断非常正确。唐代度量衡有大小两制,"小"的只限于"调钟律测晷影、合汤药及冠冕之制"(《唐六典》"金部郎中"条,《唐会要》"大府寺"条),一般应用都用"大"的,所谓"公私悉用大者"。因为"调钟律"需要合古乐律,"测晷影"需要"精验凭古"(《隋书·天文志》),"合汤药"需要合古方,所谓"医方人命之急,而称两不与古同,为害特重"(《晋书·律历志》)。"冠冕之制"也需要合古礼。当时度量衡制的大小的不同,实质上就是今古的不同。所以杜佑《通典·乐四》说:"隋制,前代三升当今一升,三两当今一两,一尺二寸当今一尺。"

唐代以"一尺二寸为大尺"(《唐六典》"金部郎中"条、《唐律疏议》"杂律门"),是沿袭隋代的制度的。唐小尺是沿袭北周和隋的"铁尺"的,唐大尺是沿袭"后周市尺"和"开皇官尺"的。关于这点,我们可以从下列两点得到证明:

(一)《宋史·律历志》载丁度说:"今司天监影表尺,和岘所谓西京铜臬者,盖以其洛都旧物也,今以货布、错刀、货泉、大泉等校之,则景表尺长六分有奇,略合宋周隋之尺。……有唐亨国三百年,其间制作法度,虽未逮周汉,然亦可谓治安之世矣。"按和岘所据的"西京铜臬",确为唐代旧物,《宋史·律历志》注说:"和岘谓洛阳为西京,乃唐东都尔。"唐代用小尺"测晷影",这"西京铜臬"所用的尺自是唐小尺。丁度说和岘所用的景表尺比汉泉尺"长六分有奇"。《玉海》说:"和岘景表尺比晋前尺长六分三厘,与晋后尺同,与宋氏尺、钱乐之浑仪尺、后周铁尺并同。"蔡元定《律吕新书》在"宋氏尺""后周铁尺"下也说:"此即本朝和岘所用景表尺也。"和岘的景表尺既是据唐小尺制作的,又和"后周铁尺"相同,很明显的,唐小尺便是沿制北周和隋的铁尺的。

(二)唐贞观十年张文收曾制作铜律、铜斛、铜秤、铜瓯、铜尺,《斛铭》说:"依新令累黍尺定律,校龠成兹嘉量,与古玉斗相符,同律度量衡。"到开元十七年,曾"以常用度量校之尺当六之五,量衡皆三之一"(杜佑《通典·乐四》、《新唐书·礼乐志》。)蔡元定《律吕新书》因"后周玉尺"是"因修仓掘地得古玉斗"而作,又见张文收所用累黍尺"与古玉斗相符",便在"后周玉尺"下说:"唐之度量衡与玉斗相符,即此尺尔。"按张文收所用来校量的古玉斗不必即是"后周玉尺"所用校量的古玉斗,《宋史·律历志》载范镇说:"至唐祖孝孙张文收号称知音,亦不能更造尺律,止沿用隋之古乐,制定乐声。"《金史·乐志》也说:"唐兴,因隋乐不改。"那么张文收所据的还是"隋之古乐",所用的调律尺必是北周和隋所用的"铁尺",也就是唐小尺,所以用当时"常用"的大尺来校量,"当六之五",也就是唐大尺和小尺十二和十之比。

传世和出土的唐尺,所知的有下列七种:

(1)唐镂牙尺　长 0.3 公尺,旧藏乌程蒋氏和南皮张氏,现藏上海博物馆,正反两面每寸间雕刻亭台鸟兽,为国内所有唐尺中最富有艺术价值的。

(2)日本正仓院所藏牙拨镂尺(六件)　长度在公尺 0.293 到 0.304 之间。

(3)日本法隆寺所藏红牙尺(两件)　长 0.3 公尺。

(4)唐牙拨镂尺　长 0.312 公尺。正面每寸间刻镂亭台花鸟,反面每间也刻镂叶瓣图案。这尺为日本嘉纳氏所有,《白鹤帖》著录。

(5)唐鎏金雕花铜尺　长 0.302 公尺。正面中间八尺雕有叶瓣图案,两端两寸刻有交叉几何形图案,反面刻有三个梅花纹,旧藏乌程蒋谷孙。罗福颐《古尺图录》著录。

(6)唐鎏金雕花铜尺　长 0.3148 公尺。每寸间有花叶瓣图案。这尺为日本嘉纳氏所有。《白鹤帖》著录。

(7)嵩县唐墓出土铜尺　长 0.315 公尺。正面每寸间雕有花叶形和水云状图案,反面无寸界,只刻花叶图案。这尺河南嵩县城西三里刘家岭唐墓出土,同出土物有唐贞元十二年"唐故洪州武宁县令房府君墓志"及铜镜、钱剪、开元钱和玉璧、箱笼、衣柜等。这铜尺和铜镜、剪刀出土时原在衣柜中,可知原是妇女应用之物。现藏刘叔遂。见孙次舟所著《嵩县唐墓所出铁剪铜尺及墓志之考释》(齐鲁、华西、金陵《中国文化研究汇刊》第一卷)。

在上述七种唐尺中,正仓院所藏四尺在公尺 0.293 至 0.297 间,和"后周市尺"和"开皇官尺"长度正相当。正仓院所藏二尺以及其他各尺都已达公尺 0.3 或 0.3 以上,最长的达 0.315 公尺。我们认为这是由于制作不准和逐渐加大的结果。嵩县出土的唐尺既为妇女应用之物，当是一般应用之尺，必为唐大尺无疑。唐小尺固然用于"冠冕之制"，但是所谓"冠冕之制"指的礼服，并非指民间裁缝的衣服。所有传世和出土的唐尺，所以都是唐大尺，正因为唐大尺是一般应用之尺，而唐小尺只限于一些特殊用途的缘故。

根据上面的论述，可知唐代调音律、测晷影和制冠冕用的"小尺"，即是北周和隋所用的"铁尺"，长 0.2456632 公尺。一般应用的"大尺"是"小尺"的一尺二寸，和"后周市尺""开皇官尺"相同，长 0.2957656 公尺。由于地主阶级的剥削榨取，"大尺"还是不断在加大，有长到公尺 0.315 的。

（三）论宋代尺度

宋代沿袭唐制，官尺由太府寺掌造。因为宋代政府所颁布的标准尺主要还是为征收布帛之用，所以有"太府寺布帛尺"之称也，或简称为"大府寺尺"或"布帛尺"。又因为宋初贡赋由三司使征收，因而这尺也或称为"三司布帛尺"或"三司尺"。又因为三司使"号曰计省"，"三司布帛尺"又或称为"省尺"。又因为景祐初年李照曾用"太府寺布帛尺"调音律，后人又或称为"李照尺"。这尺不仅宋初应用，而且是整个宋代所颁的标准尺度，《宋史·律历志》曾说："度量权衡皆太府掌造，以给内外官吏及民间之用。"据蔡元定《律吕新书》引《大晟乐典》，"大晟乐尺"短于"太府布帛尺"四分，即是"布帛尺"的九寸六分。《文献通考·乐考六》曾说：

> 谓如帛长四十二尺阔二尺五分为匹，以新尺（按指"大晟乐尺"计），四十三尺七寸五分，阔二尺一寸三分五厘之五为匹（按

"之五"上当脱"十二分厘"四字）。即是一寸（按"寸"乃"尺"字之误）四分一厘三分厘之二为一尺。如天武等杖五尺八寸，以新尺计，六尺四分一厘三分之二之类。

这里所说旧尺和新尺的比例，正是"布帛尺"和"大晟乐尺"的比例，足证北宋末年一般所应用还是"布帛尺"。到南宋"布帛尺"也还是称为"官尺""京尺"的。

宋代"布帛尺"的长度，在文献上是有记载可据的。蔡元定《律吕新书》说："太府布帛尺（李照尺）比晋前尺一尺三寸五分，见《温公尺图》。"司马光《书仪》"深衣制度"下注说："凡尺寸皆用周尺度之，周尺一尺当省尺五寸五分。""周尺"即"晋前尺"，"省尺"即"太府布帛尺"，"五寸"乃"七寸"之误。宋人《家礼》的"木主全式"图上附有"周尺"和"三司布帛尺"的比较图，图上有记载说："周尺当三司布帛尺七寸五分弱，当浙尺八寸四分。""三司布帛尺即是省尺，又名京尺，当周尺一尺三寸四分，当浙尺一尺一寸三分。"这张尺度图据后面所附的潘时举题识，是潘时举根据《温公尺图》加上去的。潘时举说：

> 盖周尺当今省尺七寸五分弱，而程氏《文集》与温公《书仪》多误注为"五寸五分弱"，而所谓省尺者亦莫知其为何尺。时举旧尝质之晦翁先生，答云：省尺乃是京尺，温公有图，子（"子"字当为"乃"字之误）所谓三司布帛尺者也。继从会稽司马侍郎家求得此图，其间有古尺数等，周尺居其右，三司布帛尺居其左。以周尺校之，布帛尺正是七寸五分弱。……嘉定癸酉季秋乙卯临海潘时举仲善识。（据清同治四年望三益斋刻本）

宋赵与时《宾退录》卷八也说：

> 近世《伊川文集》中载"作主之制"，谓（周尺）当今省尺五寸

五分弱。潘仲善时举闻之,晦翁谓五寸字误,当作七寸五分弱,又谓省尺者三司布帛尺也。潘后从会稽司马侍郎家求得温公尺图本,周尺果当布帛尺七寸五分弱,于今浙尺为八寸四分。《温公图本》必有考按,恨不知其源流之详也。

《续文献通考》引柳贯《答宋景濂书》论"尺法",也有相类的论述,结论说:"不若且从文公(按即指朱熹)之说,周尺七寸五分弱者,应有依据。"从上述的文献,可知在《温公尺图》上,宋代"布帛尺"当"周尺""晋前尺"一尺三寸五分弱。宋代所谓"周尺""晋前尺",是由丁度高若讷根据古物考订出来的,《律吕新书》在"周尺""晋前尺"下说:"今司马公所传此尺(按即指《温公尺图》),出于王莽之法钱,盖丁度高若讷所定也。"高若讷所定的"周尺""晋前尺",即是王复斋《钟鼎颖识》所摹"晋前尺",较原来的"周尺""晋前尺"微小。宋代"布帛尺"既是"周尺""晋前尺"的一尺三寸五分弱,那么"布帛尺"当合 0.31 公尺。据《律吕新书》和《玉海》所载"阮逸胡瑗尺"、"邓保信尺"、"大晟乐尺"和"布帛尺"比例来推算,也相符合(推算结果,文繁从略)。

宋沈括《梦溪笔谈》说"周尺"和"今尺"的比例是 18.45 和 25.3 之比,所谓"今尺"也即当时通用的"布帛尺"。据此,"布帛尺"当"周尺"一尺三寸七分一厘二毫,合 0.3165 公尺,较前面所推算的略长。

已发现的宋尺,有下列三种:

(1) 钜鹿出土宋木尺(三件)　一尺原为矩尺,横矩已失去,有寸无分,长 0.309 公尺。一尺也是矩尺,横矩也已失去,面刻分寸,长 0.329 公尺。另一尺非矩尺,长度与上尺同。罗福颐《古尺图录》著录。

(2) 宋铜尺　这尺长 0.314 公尺。

（3）黄钟玉尺　这尺只有九寸，九寸长 0.28 公尺，那么十寸当长0.311 公尺。

上述三种宋尺，长度在公尺 0.309 到 0.329 之间，其中"宋铜尺"和"黄钟玉尺"长度为 0.311 到 0.314 公尺，和文献上所记载的宋布帛尺相当。当然是宋布帛尺了。

上述的"宋铜尺"，原为清代曲阜孔尚任所藏，孔尚任《享金薄》说：这尺"以前尺（指建初尺）较此，止当七寸五分弱，盖三司布帛尺也。"这是正确的。其长度应为 0.314 公尺。这尺原物已不知在何处，世传的摹本和仿制品已多失真。吴大澂《权衡度量实验考》曾著录一摹本，说："本朝工部营造尺长于宋三司布帛尺一寸二分强。"吴氏的摹本只长清代营造尺八寸七分多，约当 0.28 公尺。王国维《宋三司布帛尺摹本跋》也说："宋三司布帛尺藏曲阜孔氏，原尺世未得见，所传摹本长工部营造尺八寸七分强。"前罗振玉还藏有一"金殿扬仿制宋三司布帛尺"，为绿色石制，侧有隶书一行："仿宋三司布帛尺金殿扬制。"仅长 0.269 5 公尺，罗福颐《古尺图录》曾著录。我们认为无论是吴大澂著录的摹本、王国维所见的摹本，和这件所谓"金殿扬仿制宋三司布帛尺"，都是不足信的。因为它们都和原收藏人孔尚任的记载不合，而且和"宋三司布帛尺"的长度也相差太远。

王国维在考证宋代尺度时，一方面误信了程大昌《演繁露》的推断，一方面又误信了"三司布帛尺"摹本，因而得出了下列错误的结论：（1）钜鹿出土宋尺为淮尺。（2）宋三司布帛尺长营造尺八寸七分强。（3）合布帛尺八寸九厘有奇的浙尺，略同于唐秬尺（即唐小尺），淮尺略同于唐玉尺，淮尺、浙尺即出于唐的大尺、小尺。（4）三司布帛尺的所以大于唐秬尺，是于"代有增益"。这些结论的错误，在本书中

已分别加以指出,现在再作下列三点的补充:

(一) 钜鹿出土的宋尺既出土于大观二年所淹没的钜鹿故城,必是当时一般通行之尺,当即《皇祐新乐图记》所说"太府寺见行布帛尺",亦即沈括《梦溪笔谈》所谓"今尺"。浙尺和淮尺是南方特殊之尺,北宋时钜鹿未必应用。罗福颐《古尺图录》在"宋木矩尺甲"下说:"今以此尺度家藏宋'教阅忠节第二十三指挥第三都朱记'铜印(背有元祐三年款),长、广正与《宋史·舆服志》言印尺度合。"罗氏也定为"三司布帛尺"。

(二)《金史·乐志》说:"其后范镇等论乐,复用太府尺,即周隋所用铁尺,牛弘等以为近古合宜者也。今取见有乐以唐初开元钱校其分寸亦同。则(魏)汉津所用指尺,殆与周、隋、唐所用之尺同矣。"宋太府"布帛尺"和"大晟乐尺"既和唐初开元钱分寸相同,可知"布帛尺"实和"唐大尺"相同,现在考证出来的"布帛尺"长度也正和"唐大尺"相合,可知宋"布帛尺"就是沿袭"唐大尺"的,并不是宋淮尺沿袭"唐大尺"。至于范镇认为"布帛尺"即周隋"铁尺",是错误的,所以蔡元定《律吕新书》在"后周铁尺"下说:"范蜀公以为即今太府布帛尺,误矣。"

(三) 明代的营造尺是沿袭宋"布帛尺"的,《七修类稿》说:"明官尺依布帛尺。"前武进袁氏藏有一嘉靖牙尺,有款作"大明嘉靖年制",长 0.317 公尺,即是明代营造尺。其长度正和宋"布帛尺"相合,也和唐大尺相当,所以朱载堉《律吕精义》说:"今营造尺即唐大尺。"

根据上面的论述,可知宋代一般应用的"布帛尺"长 0.31 公尺,是沿袭唐大尺的。由于地主阶级的剥削榨取,宋"布帛尺"还是不断在加大,有长到公尺 0.329 的。

(四) 结束语

上面我们把周、汉尺度和唐、宋尺度作了补充的论证,同时也还补充了一些资料。但是,这个补充还是很不够的。

过去,我们做这项度量衡史的研究工作,最感困难的,便是古代度量衡器的资料不易搜罗完备。所以不易搜罗完备的主要原因有二:

第一,在解放以前,出土的古物大多出于盗掘,大多经古董商之手卖给私人收藏,想从事研究的既难看到实物,更弄不清楚来源。近几十年来出土的古尺是不少的,我们只能从一些图录和记录中得到一些资料,当然是不够完备的。

第二,近百年来,帝国主义者不断对我国进行军事的、政治的、经济的和文化的侵略,在侵略中曾不断的掠夺去我国许多珍贵的历史文物,其中就有一部分是出土的古度量衡器。

写到这里,就想到了我国古度量衡器中最重要的"新莽嘉量"。"新莽嘉量"共有两器,一器有残缺,现归上海博物馆保藏。一器原藏故宫博物院,被蒋介石卖国集团盗窃到了台湾去,最近报载蒋贼把许多珍贵的历史文物从台湾劫运到了美国,并进行盗卖。这是我们坚决要追回来的。我们决不允许美帝国主义霸占我国神圣领土台湾,一定要解放台湾。我们也决不允许蒋贼盗卖祖国文化遗产,不论他盗运到何处,是非追回不可的。

1955 年春节写成

新版补记

《重版后记》作于 1955 年,距今已有 40 多年了。20 世纪 50 年代以来,考古工作有着重大发展,此中新发现的古代度量衡器不少,骨尺、牙尺、玉尺、铜尺发现较多,因此有必要加以补充,从而作出正确的论断。

一　商代尺度

传为河南安阳殷墟出土之尺,除一件骨尺长 16.79 厘米,藏于故宫博物院,另有骨尺长 15.78 厘米,藏于中国历史博物馆;另有牙尺长 15.8 厘米,藏于上海博物馆。如果这些尺确是商代的,可知商尺当长 15 厘米或 16 厘米。

二　战国时代和秦代尺度

传为河南洛阳出土的战国铜尺,据说是 1931 年同著名的骉羌钟同墓出土,曾经美国福开森收藏,后来留存在南京金陵大学,现藏南京大学,尺长23.01 厘米。福开森著有《得周尺记》,发表于《大公报》的《艺术周刊》第四十期,并有中英文对照的单行本。据商鞅方升(或称商鞅量,现藏于上海博物馆)所载尺寸推算,商鞅所用尺度长 23.19 厘米(见《上海博物馆馆刊》第一期),可知战国和秦代尺度当长 23 厘米。

三 汉代尺度

1954 年安徽合肥东汉晚期墓出土铜尺长 23.75 厘米,1956 年湖南长沙雷家咀东汉墓出土铜尺长 23.39 厘米,1956 年山东掖县东汉晚期墓出土铜尺长 23.6 厘米,1957 年甘肃酒泉汉墓出土铜尺长 23.1 厘米,1959 年长沙小林子东汉墓出土铜尺亦长 23.6 厘米,1959 年长沙刘家冲汉墓出土铜尺亦长 23.39 厘米。早年长沙出土汉铜尺五件,一件长 23 厘米,一件长 24.4 厘米,见于商承祚《长沙古物闻见记》。早年斯坦因在甘肃敦煌古长城掘得东汉两木尺,是第一、二世纪所驻戍卒所用,长 22.9 厘米。新莽嘉量是清代乾隆年间出土的,初藏坤宁宫,现藏故宫博物院,《西清古鉴》著录,据刘复依据铭文所载尺度与实物校量,刘歆铜斛尺长 23.088 65 厘米,见所著《故宫新嘉量之较量及推算》,刊于《考古学论丛》。据此可知汉代沿用战国和秦代尺度,尺长 23 厘米左右。

四 三国时代魏的尺度

1972 年甘肃嘉峪关三国魏墓出土骨尺两件,都长 23.8 厘米。魏正始五年东莞官弩机望山之尺二寸,所用尺长 24.6 厘米。《隋书·律历志》载:"魏尺,杜夔所用调律,比晋前尺一尺四分七厘。"魏景元四年刘徽注《九章·商功》:"王莽铜斛于今尺为深九寸五分五厘",见于《晋书·律历志》。可知当时魏尺长 24.18 厘米,由此可见三国时代魏国沿用汉代尺度而稍有增长。

五　西晋尺度

1956 年河南洛阳阳唐屯村西晋墓出土骨尺长 24.3 厘米,1959 年洛阳永宁二年晋墓出土残骨尺,长 24.47 厘米。1965 年北京八宝山西晋墓出土骨尺,长 24.2 厘米,可知西晋尺度沿用三国魏制,这和文献记载相同。《晋书·律历志》称:"晋前尺同魏杜夔尺。"

六　南北朝尺度

在晋以前,调律用尺和实用尺度是合一的,到晋秦始十年荀勖参校古器,制作"晋前尺",惟以调音律,从此调律用尺与实用尺度就开始分家。晋前尺长 23.25 厘米。南北朝时期南朝尺度略有增长,宋民间所用"宋氏尺"长 24.56 厘米,江东所用"晋后尺"长 24.52 厘米。至于北朝,是历史上尺度增长最快的时期。北魏时代的"后魏前尺"长 27.88 厘米,"后魏中尺"长 27.98 厘米,而"后魏后尺"就长 29.59 厘米,东魏、北齐时代的"东魏尺"就长 30.21 厘米。这是由于当时政府收税用布帛,官府腐败,官吏贪污,因而尺度大为增长。王国维《记现存历代尺度》一文已经指出这点。

北朝民间实用之尺既然增长,便是调音律用的尺度不可增长,增长就要使音律不正确。因而使得隋唐时代的度量衡成为大小两制。官私经常实用的只是大尺,"调音律"和"测晷影"的是小尺。

七　隋唐尺度

唐承隋制,尺有大小两种,民间实用的是大尺,小尺只用于调音律、测日晷影和制作冠冕。日本奈良正仓院藏有唐牙尺 26 支,长度从 29.4 厘米到 31.7 厘米,平均长 29.75 厘米,详见日本藤田元春《尺度综考》第一篇《尺度考》第五"唐大尺"。王国维《日本奈良正仓院藏六唐尺摹本跋》,列举五证,认为唐代尺度是沿用后国和隋代的。

《隋书·律历志》引祖孝孙云:"隋平陈后,废周玉尺律,便用此'后周铁尺'调律,以一尺二寸为市尺。"《通典·乐四》又说:"隋制一尺二寸当今一尺。"《新唐书·礼乐志》又说唐贞观中张文牧铸铜斛秤尺升合,"以今常用度量校之","尺当六之五",即十二与十之比。唐大、小尺度就以此为比例,早年嵩县刘家岭唐墓出土铜尺长 31 厘米,1955 年长沙丝茅冲朱家花园唐墓出土铁尺长 29.5 厘米,1976 年西安郭家滩唐墓出土铜尺长 30.09 厘米。可见唐尺长 30 厘米左右。

八　宋代尺度

宋代通用尺度是"三司布帛尺",又称"太府布帛尺",因为宋代沿用唐制,官尺由太府寺掌造,作为三司使征收"布帛"为税的标准尺度。亦称"省尺",因三司使有"计省"之称。

三司布帛尺的长度,文献有记载可以查考。蔡元定《律吕新书》云:"太府布帛尺比晋前尺一尺三寸五分,见温公尺图。"温公即司马光,司马光死后追封温国公。宋代赵与时《退宾录》说:"周尺当布帛尺七寸五分弱";《玉海》也说:"三司布帛尺比周尺一尺三寸半"。宋人所著《家礼》(传为朱熹所作,非是)也说:"三司布帛尺即省尺,当周尺一尺三寸四分。"至于司马光《书仪》所载深衣制度说:"凡尺寸皆当用周尺度之,周尺一尺当省尺五寸五分","五寸"当为"七寸"之误;《续文献通考》引柳贯答宋景濂书已经指出这点。依据上述文献,可知宋三司布帛尺当宋人所考定的"周尺"和"晋前尺"一尺三寸五分。《律吕新书》在"周尺"和"晋前尺"下说:"今司马公所传此尺,出于王莽之法钱,盖丁度高若讷所造十五等尺之一",也就是王复斋《钟鼎款识》所摹的"晋前尺"。王国维《王复斋款识中晋前尺跋》已指出这点。阮元《积古斋钟鼎彝器款识》说:"建初尺较此晋前尺长二分强。"按建初尺长营造尺七寸四分,可知高若讷所造"周尺"、"晋前尺"当长营造尺七寸二分弱,而宋三司布帛尺长周尺一尺三寸五分,可知宋三司布帛尺当长营造尺九寸七分。宋沈括著《梦溪笔谈》称:"予考乐律,及受诏改铸浑仪,求秦汉以来度量,⋯⋯认为升力古尺二寸五分十分分之三,今尺一寸八分百分分之四十五强。"沈氏认为周尺与宋尺之比例是 18.45 与 25.3 之比。据此可知宋代通用的官尺即三司布帛尺当长营造尺九寸八分。清代孔尚任《享金簿》讲到所藏汉建初六年铜尺当营造尺七寸四分,又说所藏宋铜尺以前尺较此,"止当七寸五分弱,盖三司布帛尺也"。这是正确的。长度当在 30 厘米到 31 厘米。

1921 年钜鹿故城出土北宋木短尺长 30.91 厘米,同年出土北宋木尺二件长 32.84 厘米,1964 年南京孝陵卫宋墓出土木尺长 31.4 厘米,1965 年武汉十里铺北宋墓出土木尺长 31.2 厘米,1975 年江陵凤凰山宋墓出土木尺长 30.8 厘米,可知宋代尺度当在 30 厘米到 31 厘米左右。

九 元代尺度

元代尺度,既无文献记载其长度,亦无实物可以考核。明代郎瑛《七修类稿》说:"元尺传闻至大。"盖明代已只有传闻之辞。近人有依据元代正方官印四边长度来推测的。袁明森依据四川苍溪出土两方"万州诸军奥鲁之印",认为按元制,知州为从五品,官印方二寸,这两方官印都是每边长 6.8 厘米,可以推定元尺长 34 厘米,见袁氏《四川苍溪出土两方万州诸军奥鲁之印》,刊于《文物》1975 年第 11 期,杨平又依据北京中国历史博物馆所藏元代官印八方、西藏文物管理委员会所藏元代官印两方和郑绍宗所介绍元代官印三方,对元尺长度作推测。西藏所藏"亦思麻儿甘军民万户府印",万户是正三品,官印一边当长二寸四分,现测量长 8.5 厘米,可知元尺每寸合 3.54 厘米。西藏所藏"白兰王印",诸王之印一边当长二寸二分,现测量长 11.3 厘米,可知元尺每寸 3.53 厘米。郑绍宗所介绍"侍卫军副指挥使印",从三品,印一边当长二寸三分,现测量长 8 厘米,折合每寸合 3.48 厘米。据此可以推知元尺大约在 34.8 厘米左右。见杨氏《从元代官印看元代尺度》,刊于《考古》1997 年第 8 期。

十　明代和清代尺度

明清两代所用尺度比较复杂,常因用途不同而有差别。如明代朱载堉著《律学新说》,所绘木工曲尺长 31.8 厘米,所绘宝源局量地铜尺长 32.46 厘米,所绘宝钞尺即裁衣尺长 34 厘米。1965 年上海上塘湾明墓出土木尺长 34.5 厘米,亦当为裁衣尺。各种不同用途之尺中,最长的是裁衣尺,光绪年间所编《大清会典》说俗用裁衣尺当营造尺一尺一分一厘一毫,营造尺一尺当裁衣尺九寸。故宫博物院所藏清工部牙制营造尺长 32 厘米,清裁衣尺当长35.55 厘米。

杨宽作

约于公元 2000 年

商鞅变法

商鞅变法时期之中原形势图

（公元前 350 年）

王都　　　　　◉
大国诸侯都城　◎
小国诸侯都城　●
城邑或城　　　○
诸侯疆界　　　—·—
关隘　　　　　×

第一章　商鞅诞生的时代

一　一个新旧社会大变革的时期

商鞅，卫国人，出生在公元前 390 年左右，正当战国（公元前 467 年到前 221 年）初年。他在公元前 361 年（秦孝公元年）到秦国，经过六年的努力，得到了秦国国君秦孝公的重用，出任"左庶长"，相当于当时中原各国的卿，开始实行变法。到公元前 352 年（秦孝公十年），由于初步变法成功，再加军事上的胜利，他被升为"大良造"，相当于别国的相国（宰相）和将军的地位。两年后又进一步实行变法。到公元前 340 年（秦孝公二十二年）被封为商君。再过两年，秦孝公去世，他就被那些反对变法的旧贵族阴谋杀害。从他出任"左庶长"，到被杀害，前后共 18 年。在秦国的历史中，商鞅的政治活动只是短暂的一瞬，但在这短短时间中，由于商鞅变法，秦国由一个比较落后的国家一跃而成为先进强国，奠定了后来秦始皇兼并六国诸侯、创建多民族的统一国家的基础。

出生于卫国的商鞅,为什么能够到秦国实行变法,在短时间取得这样大的成功呢? 主要是因为他处在封建制代替奴隶制的社会大变革时期,作为新兴地主阶级的改革家,推行和发展了代表地主阶级利益的法家政策,采取了一系列破坏奴隶制经济和发展地主经济的措施,有力地打击了没落奴隶主贵族势力,并在秦国建成集权的、统一的地主政权,商鞅所采取的措施和政策是符合历史发展的要求的,因而在这个变革过程中起着一定的进步作用。

当春秋(公元前 770 到前 477 年)末年和战国初年,新的生产力已有很大的发展。旧的腐朽的奴隶制生产关系,已经成为新的生产力发展的障碍。

冶铸生铁技术的发明,是当时劳动人民的一个重大创造。公元前 513 年,晋国征收铁作为军赋,把刑法铸在铁鼎上公布,说明当时已经发明了冶铸生铁的技术。近年来考古发掘中发现大量战国时代铸铁制造的工具,也证明了这点。这种冶铸技术的发明和普遍应用,要比欧洲早 1 600 多年。铁制工具的推广,大大提高了当时生产力的水平。

这时农业生产的发展特别显著。不仅逐渐普遍使用铁农具,牛耕也逐渐推广,从而代替两人协力耕作的"耦耕"法,提高了耕作效率。

水利灌溉事业的发展,也帮助了农业生产的提高。大河两岸普遍建筑了堤防,运河也在陆续开凿。最著名的运河,有沟通长江和淮河的邗沟、沟通黄河和淮河的鸿沟。更有灌溉工程的兴修,最著名的,有楚国的芍陂(在今安徽寿县南)、魏国的引漳水灌邺(音夜 yè 今河北磁县东南邺镇)的水利工程。堤防的建筑,可以防止水灾,还可以与水争地,增加耕地面积。运河的开凿,可以便利水上交通,也有利于农田灌溉。灌溉工程的兴建,更是直接为了发展农业生产。

冬小麦的普遍种植①,也是这时农业生产的一个重大进步。因为种冬小麦的地区,夏收之后又可播种其他谷类作物,一年两熟制就可以普遍推行了。

牛耕的逐渐推广,水利灌溉事业的发展,农业技术的改进,使得耕地面积扩大,单位面积产量提高。当时一亩田(合今三分之一亩),普通可产粟(小米)一石半(合今三斗),遇到好年成,就可产粟六石(合今一石二斗)②。

农业生产的发展,使一家一户为单位的小生产和个体经营的小农,开始成为社会的基础。这就破坏了原来的奴隶制生产关系。随着广大奴隶和平民斗争的开展,如郑国的萑苻泽、楚国的云梦泽等,都已成为人民进行反抗活动的地方。这使许多群众纷纷进入荒野或山泽,摆脱了奴隶制社会的井田制的束缚。封建的生产关系也在新开垦的荒地上逐渐成长。"井田"以外开垦的荒地增多,商品交换发展,田地开始买卖,这就更加加速了井田制的崩溃。这时有些贵族在内讧中为了争取下级贵族和"国人"(国都中的自由民)的支持,采用了赏赐田地的办法。代表地主阶级的新兴势力,在和旧贵族的斗争中,也常用赏赐田地的办法来奖励军功,更加加速井田制的破坏,帮助了地主经济的成长。

随着井田制的破坏和封建生产关系的建立,封建剥削方法就逐渐代替奴隶制的剥削方法。原来奴隶制的剥削办法,就是迫使成千

---

① 春秋时代初期在今山东东南部的鲁国还普遍种春小麦。在中原地区,冬小麦的普遍播种,大约在春秋后期。

② 见《汉书·食货志》所记李悝作"尽地力之教"的话。

上万的劳动人民在指定的井田上进行无偿劳动,叫做"籍"或"助"。这时由于地主经济的发展,地主土地所有制的确立,各国先后废除"籍"的剥削办法,改用收取田地租税的办法。国家就开始向地主征收田税了。公元前594年鲁国实行"初税亩",就是开始向地主征收田税。这样由国家向地主征收田税,是为了增加财政收入,同时也是对地主土地所有制的合法承认,标志着地主阶级已经登上历史舞台。

阶级斗争是推动当时社会变革的动力。广大奴隶和平民的反抗斗争,摧毁了奴隶制的经济基础,使得封建生产关系逐步代替奴隶制生产关系。

春秋、战国间,中原各国人民普遍展开了反抗斗争。齐国因为人民起来反抗遭到残酷镇压,被杀害判刑的越来越多,被处刖刑(断足的刑罚)的也不少,以致市上草鞋跌价而假腿涨价。晋国的阶级斗争也很尖锐,甚至国都里面也是所谓"寇盗充斥","盗贼公行"。秦国的阶级斗争也很激烈,《史记·商君列传》说,商鞅变法后"山无盗贼",这至少说明在此以前一个时期是山有"盗贼"的。这时流亡的奴隶纷纷冲入奴隶主贵族的专利禁地,相聚于山林水泽之中,依据险要,展开反抗斗争。墨子曾说:当时人民因为无衣无食,做"盗贼"的很多,他们用"兵刃、毒药、水火"做武器,袭击交通要道,到处夺取贵族豪富的车马财物。最著名的反抗斗争,就是跖所领导的起义军,"从卒九千人,横行天下,侵暴诸侯"①。他在人民中间享有很高威望,荀子就说他"名声若日月,与舜禹俱传而不息"②。可见跖在人民心目中的

---

① 见《庄子·盗跖篇》。《史记·伯夷列传》也说:跖"聚党数千人,横行天下"。
② 见《荀子·不苟篇》。

地位,是非常高的。

在广大奴隶和平民打击奴隶主的过程中,代表地主阶级的新兴势力乘着这个有利形势,夺取了奴隶主贵族的统治权力。晋国韩、赵、魏三家卿大夫的瓜分晋国(即所谓"三家分晋"),齐国卿大夫田氏(即陈氏)的夺取原来吕氏的国君权力(即所谓"田氏代齐"),都标志着地主阶级夺权斗争的胜利,新的封建政权的建立。当封建制代替奴隶制的初期,刚建立的地主政权为了发展封建经济,巩固地主阶级专政,一方面固然要镇压劳动人民的反抗斗争,另一方面更要和旧的奴隶主贵族势力作斗争。所谓法家,实质上就是新兴地主阶级在政治思想上的代表。他们主张变法,无非是要按照这种地主阶级意志,改变旧法制,制定新法制。目的就在于从经济上和政治上削弱、废除奴隶主贵族的特权,打击他们的势力,从而建立一种保障和发展封建经济的经济制度和政治制度。韩、赵、魏三家和田氏在夺权斗争胜利、建立地主政权之后,都曾进行过不同程度的变法。特别是魏国,由于任用法家李悝(音亏 kuī 即李克)、吴起等人实行变法,成了战国初期富强的国家。

毛主席教导我们:**"社会的变化,主要的是由于社会内部矛盾的发展,即生产力和生产关系的矛盾,阶级之间的矛盾,新旧之间的矛盾,由于这些矛盾的发展,推动了社会的前进,推动了新旧社会的代谢。"**(《毛泽东选集》第二七七页)奴隶制与封建制的交替,是一次新旧社会代谢的社会革命。这时旧的奴隶制生产关系已成为新的生产力发展的桎梏,旧的奴隶制正在瓦解,而新的封建制生产关系逐步建立。由于广大奴隶起义,摧毁了奴隶制经济基础,使得封建制生产关系逐渐代替了奴隶制生产关系。在这个基础上,新兴地主阶级在对奴隶主阶级夺权斗争中取得了胜利。

但是，没落奴隶主贵族和新兴地主阶级之间的斗争，并没有因为地主政权的建立而结束。新兴地主阶级还要发展新的封建制的经济基础，巩固地主阶级专政，进一步消灭奴隶制残余，打击奴隶主的复辟活动，这就是法家实行变法的主要目的。而没落奴隶主贵族正好与此相反，反对革新，主张复旧，不仅要保存奴隶制的残余，保存奴隶主的特权，还妄图通过保存旧的上层建筑，复辟奴隶制。这样，新兴地主阶级和没落奴隶主阶级之间，必然展开新旧两个阶级、两条路线之间的尖锐斗争。作为新兴地主阶级代表的法家，在对没落奴隶主贵族的斗争中，起着重要的作用。商鞅是这场斗争中一个杰出的法家代表人物。

二　秦国正处于新旧社会变革的关键时刻

秦在西周时代（公元前十一世纪到前七七一年），还是一个低于诸侯的附庸（附属小国），地处今甘肃天水一带。西周灭亡时，因为秦襄公派兵护送周平王东迁有功，被封为诸侯。他的儿子秦文公赶走戎族，占有今陕西岐山一带。文公传了三代到德公，迁都于雍（今陕西凤翔东），占有今陕西中部和甘肃东南一角。德公传了三代到穆公，成为春秋"五霸"之一。实际上，秦穆公在中原争霸没有成功，只是向西得到了扩展，所谓"益国十二，开地千里，遂霸西戎"①。

从春秋时代一直到战国初年，秦国和中原诸侯比较起来，无论在经济上和政治上都是比较落后的。

---

①　见《史记·秦本纪》。

秦国在公元前 408 年(秦简公七年),才"初租禾"①。"租"就是"税","禾"就是"粟"。"初租禾"就是按照地主所有田地面积来收取一定数量的谷子作为田税。这标志着新的封建制生产关系已经确立起来,地主土地所有制已被合法承认,地主阶级已登上历史舞台。这和鲁国"初税亩"性质是一样的。但是,鲁国"初税亩"是在公元前 594年,相比起来,秦国要迟 186 年。秦国在公元前 378 年(秦献公七年),才"初行为市"②,开始在国都中按照市区的规模进行建设,这比中原各国也要迟得多。从这两个事例可以看出,秦国的社会经济是比较落后的。

秦国的政治组织也是比较落后的。秦国在商鞅变法前,大权都落在奴隶主贵族手里,国君的废立全是由"庶长"作主的。当时庶长们时常把出亡在外的秦公子迎接回来作国君,不称心时又任意撤换或者逼死。秦怀公(公元前 428 年到前 425 年在位)就是被从晋国迎入的,又是被庶长鼌围逼自杀的。秦简公(公元前 414 年到前 400 年在位)也是被从晋国迎入的。公元前 385 年,秦国的国君是秦出子(公元前 386 年到前 385 年在位),年才二三岁,秦出子的母亲利用宦官掌握政权,引起"群贤不说(悦)自匿,百姓郁怨非上"。那时秦公子连正出奔在魏国,听到这个消息,就从魏国动身,企图从郑所之塞(今陕西华县东)进入秦国,"因(依靠)群臣与民"来夺取政权,但被秦国守塞官吏右主然拒绝了。后来公子连又跑到戎、翟去,企图改从焉氏塞(今宁夏固原东南)进入秦国,结果被庶长菌改迎入。秦出子母亲

---

① 见《史记·六国表》。
② 见《史记·秦始皇本纪》末段。

听到这个消息，就"令吏兴卒"前去讨伐。因为秦人反对秦出子母子，所以当"吏兴卒"出发时，说是去讨伐边疆上侵入的"寇"，但走到半路上却改变了主意，要去迎接新的君主。公子连因而带了倒戈的军队回到雍，把秦出子母亲包围起来，逼得她自杀了。接着又把秦出子也杀了。公子连即位，便是在秦国较早实行政治改革的秦献公。这件事，《吕氏春秋·当赏篇》有记载①。

秦国从奴隶制转变为封建制，虽比关东六国为迟，但是所经历的过程基本上是一样的。秦国的"初租禾"，虽然比鲁国"初税亩"迟 186 年，但是无可否认，这标志着秦国地主阶级登上了历史舞台。这样，地主阶级就必然要和奴隶主贵族反复较量，夺取政权。秦公子连所以能够取得夺权斗争的胜利，不单是由于军队倒戈，更重要的是由于人民群众反对腐朽没落旧贵族的统治。所谓"群贤不说（悦）自匿"，就是指当时旧贵族中分化出来的地主阶级势力，因为反对旧贵族的统治而暂时隐退。所谓"百姓郁怨非上"，当然是广大人民因为受到沉重的压迫而起来反对旧贵族的黑暗统治。这是公子连得胜的决定因素。公子连所利用的力量，正是"群臣与民"，即所谓"群贤"与"百姓"。奉秦出子母亲命令讨伐公子连的，是"吏兴卒"，改变主意欢迎公子连的，则是"卒与吏"，"卒"占主要地位。这说明军队的倒戈，是由下层兵卒发起的。下层兵卒的倒戈，就是由于"百姓郁怨非上"。因此这次秦献公夺权的胜利，不同于过去秦国贵族之间的内讧，表面上是贵族内部的宫廷政变，实际上是一次代表进步势力的夺权斗争。

_____

① 《史记·秦本纪》记载这事简略而不确实，误把这事说成出于庶长改（即菌改）所发动。

秦献公以后秦国国内的形势和对外的形势,都发生了根本的变化。以前,政权为庶长所掌握,内乱时起,国力衰弱,对外战争不断失败。此后,政权掌握到国君手中,国势转强,对外战争开始转败为胜。

秦国在战国初期,疆域有今甘肃省的东南角,沿渭河两岸有今陕西省的腹部,有部分领土直达黄河边,即所谓河西(在黄河以西、洛水以东地区),从今陕西省东南角还有部分领土伸入到今河南省灵宝县一带。全境东和韩、魏交界,南和楚、蜀交界,西和戎、翟部族接界。

战国初期,河西还属秦占有。魏国在黄河以西、渭河以北只有少梁(今陕西韩城西南西少梁村)一城。魏国由于李悝等法家实行变法,国力开始强盛。到公元前413年(秦简公二年),魏国便大举攻秦。这年魏军大败秦军,一直打到郑(今陕西华县)。次年,魏文侯又派太子击包围秦的繁庞(今陕西韩城东南),并占有其地。到公元前409年(秦简公六年),魏又大举攻秦。魏将吴起曾经在两年内相继攻取秦的临晋(今陕西大荔东)、元里(在今陕西澄城南)、洛阴(今大荔西)、郃阳(在今陕西合阳东南)等城,从此秦的河西便全为魏所占有了。这年秦就退守洛水(即今陕西省北部的洛水),沿洛水建筑了防御工程,修筑了重泉(在今陕西蒲城东南重泉村)城来固守。而魏国就在河西建立郡来防守,并派吴起做西河郡守。到秦献公晚年,秦的国力转弱为强,这种形势开始扭转。公元前366年(秦献公十九年),秦在洛阴打败韩、魏两国联军。公元前364年(秦献公二十一年),秦国出兵越过黄河,深入魏国的河东地区,和魏在石门(今山西运城西南)①大

---

① 石门,一作石阿。石门所在,旧有两说,一说在今陕西三原西北。查这年赵出兵到石门救魏,当以在今山西运城西南之说为是。

战,取得大胜,斩得首级六万。等到赵出兵救魏,秦才退兵。这是秦国在战国时代的第一次大胜仗,挂名的天子周显王为此向秦祝贺,秦献公用了"伯"的称号①。后二年,韩、赵和魏之间发生大战,秦乘机进攻魏的少梁,大败魏军,俘虏了魏将公孙痤,攻取庞城(即繁庞)。

秦献公时,所以能够扭转大局,转弱为强,主要由于他进行了下列三点改革:

第一,废止杀人殉葬的制度。秦国从公元前 678 年才"初以人从死",这种残酷的杀人殉葬制度,实行长达三个世纪。杀人殉葬,原是奴隶主贵族的一种极其残酷的行为,到公元前 384 年(秦献公元年),宣布"止从死",就是禁止杀人殉葬,这是对奴隶主特权的一种限制,具有进步意义。

第二,制定户籍制度,采用五家为一"伍"的户籍编制法。公元前 375 年,秦献公把全国人口编入国家户籍,把个体小农编成了五家为一伍的组织,这就是所谓"为户籍相伍"②。"伍"的编制原来是军队的编制,现在采用这个办法就把军队编制和户口编制结合了起来。当春秋时代,"国人"(国都中自由民)有负担兵役的责任,"国人"的军队编制就和他们的乡里编制相结合,例如齐国在国都附近的"士乡"中,把"国人"每五家编为一"轨",设有轨长,到战时,"五家为轨,故五人为伍","伍"就是军队的一"伍"③。这时秦献公"为户籍相伍",就是把原来"国人"那种军队编制和乡里编制相结合的办法推行到全国农村去。过去秦国的军队,掌握在奴隶主贵族头目"庶长"的手中,

---

① 见《史记·周本纪》和《秦本纪》《楚世家》等。
② 见《史记·秦始皇本纪》末段。
③ 见《国语·齐语》。

"庶长"是由于统率"庶人"而得名①。因而如同当时其他国家一样，秦国军队成为庶长私属的部队，大权旁落，以至国君的废立也由几个"庶长"作主，内乱时起，国力衰弱。自从"为户籍相伍"之后，全国军队的征发由国家管理，兵权集中到国君手中，从此国君就不再为"庶长"所控制，消除了内讧的一个根源，而国家实力也就强大起来。秦献公所以能够稳固地保持他的君位，到晚年能够连胜韩、魏两国，这是个重要关键。这一重要改革，削除了奴隶主贵族统率私属部队的特权，新兴地主阶级从贵族手里夺取了劳动人手，增加了国家的财政收入。这在当时奴隶制转变为封建制的过程中，一方面起着打击奴隶主贵族势力的作用，另一方面为建立集权的地主政权创造了条件。后来商鞅变法，"令民为什伍而相收司(纠伺)连坐"，就是在这个"为户籍相伍"的基础上实行的。

第三，推广县制。公元前 383 年，秦献公在栎阳(今陕西临潼北栎阳镇)筑城，并把国都临时迁了去。公元前 379 年(秦献公六年)把蒲、蓝田(今陕西蓝田西)、善明氏改建为县。后五年又把栎阳改建为县②。县作为地方行政单位，是秦国最早建立的。公元前 688 年(秦武公十年)攻灭了冀戎(今甘肃甘谷东)和邽戎(今甘肃天水)，建立为县。后二年又灭亡杜(今陕西西安东南)、郑(今陕西华县)两小国，建立为县。所谓"县"就是悬在边地直属于国君的小"国"，它和国一样，也有一套直属于国君的集中的政治组织和军事组织。这些组织就是在灭亡了小国以后建立起来的。县和一般奴隶主贵族的封邑不同的

---

① 见《后汉书·百官志》注引刘劭《爵制》的解说。

② 见《史记·六国表》。

地方是，它除了有直属于国君的政治组织以外，还有一套征赋的制度。赋是包括军备和军役在内的，因此县的建立，是带有国防性质的。秦国在战国初期，曾在东部设县。公元前 456 年，在频阳（今陕西富平东北）设县；公元前 398 年在陕（今河南三门峡西）设县；到这时，秦献公在蒲、蓝田、善明氏设县。又在栎阳设县。在奴隶制转变为封建制的过程中，县制的推广具有重要的意义。因为县成为直属于国君的地方行政组织，就打击了奴隶主贵族的割据势力，便利了地主经济的发展，为建立集权的地主政权创造了有利条件。秦献公一下子建立四个县，是商鞅在秦国普遍推行县制的先声。

根据秦献公的改革措施来看，它初步打击了奴隶主贵族势力，削弱了他们的特权，努力于创立一下集权的地主政权，为后来商鞅变法作了准备。

当商鞅入秦的时候，秦国正处于新旧社会变革的关键时刻。商鞅在秦献公改革的基础上，采用了法家政策，实行变法，顺着秦国社会变革的发展趋势，加速了它的进程。

第二章 商鞅入秦和对旧贵族的斗争

一 带着《法经》由魏入秦

商鞅出生于卫国的没落贵族。他的家世已不可考,只知道他原是卫国国君的后裔,所以曾经以"卫"作为姓氏,称为卫鞅。按照当时贵族的习惯,国君的小儿子往往称为公子,公子的后裔每多称作公孙,而其子孙常有以"公孙"为氏的,所以他又称为公孙鞅①。商鞅这个名字是他到秦国被封为商君以后才有的。

卫国是当时一个小国,建都濮阳(今河南濮阳西南),疆域只有今河南省东北边和山东省西北边一些地方。但是人口众多,农业手工业生产比较发达,交通便利,是当时各大国间商品交易的中心地区之一。文化艺术也比较发展,据说郑、卫两国所创造的乐曲,即所谓"新

---

① 《史记·商君列传》说商鞅是卫国的"诸庶孽公子"。高诱认为是卫国国君后裔,因而以卫为氏,又以公孙为氏。见《吕氏春秋·长见篇》高注和《战国策·秦策一》高注。这里采用高诱的说法。

声",是非常动听的。同时,卫国也是许多官僚、学者经常活动的地方。孔子的弟子子夏在孔子死后,就回到卫国的西河地方教授学生。商鞅的前辈,早期法家的杰出人物吴起也是卫国左氏地方人。吴起年轻时带了资金出外游说,后来帮助魏、楚两国变法。当吴起在楚国被杀害的时候,商鞅年纪还小,可能与他没有什么直接接触,但是,他间接受到吴起的影响,是很可能的。

商鞅出生的时候,他家早已丧失了贵族的世袭特权。他只能如同当时一般的士一样,从师游说,做大官的家臣,来作为自己取得政治地位的阶梯。

司马迁说:商鞅"少好刑名之学"①。"刑"同"形",也就是"实"。"刑名"就是指"名"和"实"的关系。当时法家主张根据国家法令来确定名分(即所谓"名"),再按照法令的名分来辨别人们行动(即谓"形"或"实")的是非而进行赏罚,叫做"循名责实"。"刑名之学"实质上就是当时法家的政治主张,是讲究法令的学问。据说,他曾跟从鲁国人尸佼学习。后来商鞅到秦国掌握政权,计谋划策,订立法令,都曾和尸佼商量规划。但是尸佼的学说,已无法查考②。

这时对商鞅的思想影响最大的,是法家的杰出人物李悝。李悝在魏国实行变法最早,影响也很大。

在战国初期的各大国中,魏国的社会经济比较发展,政治也比较进步。当时魏国的国君魏文侯(名斯,公元前445年到前396年在位)又

① 见《史记·商君列传》。
② 班固说商君从尸佼为师,见《汉书·艺文志》。而刘向认为尸佼是商鞅的门下客,见《史记·孟子荀卿列传》集解引刘向《别录》。尸佼所著《尸子》,宋代已散失,但从清代辑本来看,所说和法家学说不合。

励精图治,锐意进行改革,所以李悝、吴起等法家都跑到魏国去。

魏文侯最初任用其弟季成(即魏成子)为相(宰相),不久又任用翟璜为相,翟璜曾先后推荐李悝、吴起等人出任要职。魏国由于起用李悝、吴起等法家,进行改革,国力便强盛起来,不但越过赵国,攻灭了中山(赵、燕间的小国,其疆域约有今河北宁晋、束鹿、安国、徐水、定、唐等县地方),联合了韩、赵两国,打败了齐国和楚国,还攻取了秦国的河西地。后来李悝做到了魏国的相,吴起也做了西河郡守。

李悝是战国初期法家中的杰出人物。他曾经把当时各国的法律作了一次整理,编著成了一部《法经》。这部《法经》共分六篇,即《盗法》《贼法》《囚法》《捕法》《杂法》《具法》。前四篇是这部《法经》的主要部分,都是"囚""捕"惩办"盗""贼"的法律,它包括为了维护地主阶级利益而采取的各种法律措施。在当时,这部法律,也具有防止和惩办奴隶主贵族的损害地主阶级利益的各种活动的作用。如《杂法》中禁止"轻狡(狡猾行为)、越城(偷越城墙)、博戏(赌博)、假借不廉(仗势借债不还)、淫侈逾制(生活器用奢侈,超越规定的等级制度)"等等①规定,都着重于限制旧贵族的非法活动。

这部《法经》是中国历史上第一部地主阶级的法典。它不仅集前此各国法律的大成,而且是秦、汉以后历代封建王朝法律的基本。

李悝除了编著《法经》以外,还在魏国进行了政治改革。即剥夺奴隶主贵族的世袭特权,挑选和任用有才能的人做官,奖励有功劳的人;奖励农民增加生产,即所谓"尽地力之教";实行平籴,熟年由政府出钱收进余粟,荒年由政府把余粟平价粜出,用"收有余以补不足"的

---

① 见《晋书·刑法志》。

办法来平衡熟年和荒年的粟价①。

　　李悝所进行的改革，所实施的政策，是有显著成就的。这时，吴起在做魏国西河郡守，政绩也是很显著的。魏文侯去世，魏武侯（名击，公元前 395 年到前 370 年在位）即位，大概不久李悝也去世了，吴起仍做西河郡守。后来，吴起由于魏武侯所宠幸的大臣王错的诽谤，出走到了楚国。魏国自从李悝去世，吴起出走，政治就没有像以前那样办得有条理，但是李悝、吴起的"余教"还是存在的，法家的政策还在继续推行。

　　魏武侯去世后，魏国一度发生争夺君位的内乱，但不久即被平定，由魏惠王（名䓨，公元前 369 年到前 319 年在位）即位。魏惠王初年，国势还很强盛，公叔痤为相，也还看重李悝、吴起这一派法家。公元前 362 年，公叔痤带了魏国军队和韩、赵两国联军在浍水（今山西浍河）以北作战，取得了大胜，擒获了赵将乐祚。魏惠王很高兴，赏给了公叔痤"田百万"，公叔痤辞谢说，这是由于吴起的"余教"，由于巴宁、爨襄两人的力量。于是魏惠王把吴起的后裔招来，赏给了"田二十万"，又分别赏给巴宁、爨襄"田各十万"②。

　　这时，商鞅已到壮年。他在年轻时是学习法家之学的，对于李悝、吴起在魏国所获得的成就，十分向往。因此在公元前 365 年左右，他就跟着李悝、吴起的足迹，跑到魏国国都安邑（今山西夏县西北禹王城）来，投奔到那位爱重法家的相国公叔痤的门下，做了他的御庶子③。御

---

①　见《汉书·食货志》

②　见《战国策·魏策一》。

③　见《战国策·魏策一》和《吕氏春秋·长见篇》。《史记·商君列传》作"中庶子"。御庶子、中庶子都是家臣性质。

庶子是一种家臣的名称。

公元前 362 年，秦献公去世，他的儿子秦孝公继续他的办法，下令国中，征求能使秦国强盛的人。

这时商鞅仍做相国公叔痤的御庶子。公叔痤很重视商鞅。但是商鞅还没有来得及被提拔起来，公叔痤就生了重病。据说这时魏惠王到公叔痤那里去探病，曾问道："你的病已经重了，如果一旦治不好，你看，我们的国家怎么办呢？"公叔痤答道："臣有个御庶子，名鞅，虽然年纪很轻，却有奇才，希望你能够任用，国家大事可以听从于他。如果你不准备用他，那就把他杀了，不要让他出境。"魏惠王答应后就走了。公叔痤就把商鞅召来，对他说："今天王问我谁可以继任相国，我推荐了你。但从王的脸色看，他没有答应我。我为了讲究'先君后臣'的道理，就对王说，如果不能起用鞅，应当杀死他，王答应了。你就赶快逃走吧，快要被擒住了。"商鞅从容不迫地对答说："王既不能听从你的话来起用我，怎么会听从你的话来杀死我呢？"他没有马上就走。而魏惠王对左右大臣说："像公叔痤这样的贤臣，今天要我把国家大事听从于鞅，岂不荒唐！"[①]他也没有杀商鞅。

公叔痤去世后，魏惠王并没有重用商鞅，他也没有跟随魏惠王迁都到大梁（今河南开封）去。他看到秦国逐渐强大，两次把魏国打得大败；这时，又听得秦孝公下令求能使秦国强盛的人，就带了李悝所编著的《法经》，到秦国去了。

二　对旧贵族进行斗争

公元前 361 年（秦孝公元年），商鞅到了秦国，通过宠臣景监见到

---

① 见《吕氏春秋·长见篇》《战国策·魏策一》和《史记·商君列传》。

了秦孝公。

商鞅初次见秦孝公，谈了好久，但得不到赏识。尽管他侃侃而谈，秦孝公却昏昏欲睡①。后来商鞅不断地求见，不断地进说，才逐渐使秦孝公相信商鞅的学说。他所提出的法家政策是：变更法制，修治刑法，运用赏罚的办法来奖励农民努力生产和在对外战争中出死力。

到公元前359年(秦孝公三年)，秦孝公完全相信商鞅学说了，就想要变法，但是怕人们反对。在当时秦国的大臣中就有不少人反对变法，商鞅曾经和他们作了很激烈的论争。

有一天，秦孝公会同商鞅和另外两个大夫甘龙、杜挚在朝廷上讨论国家大事。秦孝公说："我现在要实行变法，就是怕天下人议论我。"

接着，商鞅就提出他的看法，说："我曾经听说：'怀疑自己行动的人，是不可能有成就的；怀疑自己事业的人，也就不可能成功。'希望国君立刻下定变法的决心，要不怕天下人议论。而且有出众的行为的人，一定要被人议论；有独特见解的人，必然要受到别人的反对和抨击。法制的编订是为了爱民，礼制的推行是便于行事，所以圣人遇

---

①　《史记·商君列传》记商鞅初次见秦孝公说的是"帝道"，孝公根本不要听；第二次见秦孝公，说的是"王道"，也不为孝公所接受；第三次见秦孝公说的是"霸道"，虽然为孝公所称赞，但仍不能采用。到第四次见秦孝公，说的是"强国之术"，和孝公一连谈论了几天，孝公也不厌倦。后来商鞅对景监说："我说君以帝王之道，比于三代，而君说久远不能等待，贤君都想在他活着的时候显名天下，怎能等待数十百年以成帝王之业？所以我用强国之术来讲说，君便大悦，然而这样也就难以比得上殷、周的德了。"这一段话，显然是根据后来儒家和道家的观点记述的。在商鞅以前，还没有人说"帝道"的，把"帝道""王道""霸道"看成三等不同的统治方法是较为后起的，而且和法家的学说根本抵触。因此我们认为这段记述是不足信的。

到可以使国家强盛的事,就不必遵照老规矩办事;遇到对人民有利的事,就不必遵循过去的礼制来办理。"

这里,商鞅提出了一个行动的原则,就是对于正确的行动路线要有信心和决心,要不怕天下人议论,敢于对错误的东西进行斗争。秦孝公听了商鞅这一席话,认为很好。但甘龙、杜挚却不赞成。

甘龙说:"不对! 我曾经听说:'圣人不改变习俗以教导人民,聪明人不改变法制来进行治理。'依照原来的习俗来教导人民,可以不劳而成;根据旧有的法制来治理,官吏既熟练,人民也安定。现在如果变更礼制,不遵循秦国旧有的制度,恐怕天下人都要议论国君了,还是希望君上郑重考虑。"

商鞅马上反驳说:"你所说的,只是世俗的见解。夏商周三代,可以用不同的礼制而称王;春秋时代五霸,可以用不同的法制而称霸。我们不能被过去的礼制和法制所拘束。凡是被过去的礼制和法制拘束的人,是不能和他们讨论变法的。请君上不要怀疑。"

这里,商鞅提出了历史不断变化的进步历史观,驳斥了甘龙的形而上学观点。

接着杜挚也表示反对。他说:"我曾经听说:'利益不到百倍,不能变法;功效不超过十倍,不改换器用。'我又听说:'效法古代是不会有过失的,遵循旧礼是不至于出错的。'请君上考虑。"

于是商鞅又驳斥说:"历代所有的礼教是不相同的,究竟效法谁好? 各个帝王所用的礼制是不相袭的,究竟遵循谁好? 伏羲、神农统治人民是教而不诛的,黄帝、尧、舜统治人民是诛而不怒的,后来周文王、周武王又各就当时的情势来立法,各按当时的客观环境来制礼,礼法因时而定,法令各顺其宜。治世从来没有一个划一的办法,只要求其便利于国家，不一定要效法古代。商汤、周武王是没有效法古代而称王的；夏桀、殷纣是没有更改礼制而亡国的。从此可知，反古的未必错，循礼的未必对。请君上不要怀疑。"

最后，秦孝公结束了这场辩论，表示完全同意商鞅的意见①。

这场论争，实质上就是当时两个阶级、两条路线的斗争。商鞅代表新兴地主阶级，主张顺着历史发展的要求，实行变法，进一步破坏奴隶制，发展封建制；而甘龙、杜挚代表没落的、反动的奴隶主贵族，主张守旧，反对变法，妄图保存奴隶制。

这场论争，在意识形态领域里表现为法家和儒家两个学派之间的斗争。商鞅根据法家的理论，主张法治，而甘龙、杜挚根据儒家的理论，主张礼治。他们两人的主要观点，就是两句话："法古无过，循礼无邪"，这就是儒家的根本主张。"礼"就是奴隶主制定的各式各样规矩，包括经济活动和政治活动中的各种规章制度，这是奴隶制的主要上层建筑。奴隶主制定"礼"的目的有两个，一是迫使奴隶们按照他们的规矩行事，服服帖帖地接受剥削和压迫，以维护奴隶主阶级的专政；二是使得大小各级奴隶主按照规矩来进行经济活动和政治活动，用来维护奴隶主贵族的等级秩序，把奴隶主阶级团结起来，以便加强对奴隶的统治。儒家的鼓吹礼治，实质上就是要恢复这个奴隶制的主要上层建筑，从而全面复辟奴隶制。法家的主张变法，实质上就是要通过创立新的地主阶级的上层建筑，进一步破除奴隶制而发展封建制。这是两个阶级、两条路线的斗争。商鞅对旧贵族进行了针锋相对的斗争，用"变法"的主张驳斥了旧贵族"循礼"的谬论，用

---

①　见《商君书·更法篇》和《史记·商君列传》。

"反古"的口号驳斥了旧贵族"法古"的邪说。

商鞅在这里提出了"反古"的主张,认为礼法因时而定,不一定要效法古代,反古的未必错。这是法家的进步的历史观,是用来作为他们主张变法的理论根据的。在商鞅一派法家所编的《商君书》中,对这种进步历史观有更具体的发挥。他们说:在太古的"昊英之世",人民少而树木野兽多,所以人民只要伐木杀兽,就可维持生活。这里说的是原始社会早期依靠狩猎生活的情况。到了"神农之世",男的靠耕田吃饭,女的靠织布穿衣,不用刑法就可以治理,不用战争就能产生出"王"来。这里说的是原始社会晚期农业生产发明以后氏族公社制的情况。他们还说,在这个时代以后,就出现"以强凌弱,以众暴寡"的局面。这就是进入了阶级社会,由于阶级对立而发生斗争。"以强凌弱"是指一个部落内部的阶级斗争,"以众暴寡"是指部落之间的斗争。在这种情况下,就由黄帝出来"作为君臣上下之义,父子兄弟之礼,夫妇妃(通"配")匹之合,内行刀锯,外用甲兵"[1]。这就是说,需要建立国家机器,使用暴力和礼义来进行统治。对内使用刑罚(刀锯),对外使用战争(甲兵)。这种不断进步的历史观,具有朴素的唯物论因素,这就为新兴地主阶级实行变法提供了理论依据。

商鞅一派法家还把历史分为上、中、下三世,其特点是:"上世亲亲而爱私,中世尚贤而悦仁,下世贵贵而尊官"[2]。"亲亲而爱私",是指原始社会的母系氏族制阶段。这阶段"民知其母而不知其父",氏族成员根据母系血统来组成,整个氏族内过着友爱的生活。"尚贤而

---

① 见《商君书·画策篇》。
② 见《商君书·开塞篇》。

悦仁",是指原始社会末期父系家长制阶段。这阶段由于私有制的产生,部落内部以及部落之间发生了纠纷和争端,这就需要"贤者立中正",才能使人民为"仁"所感化。"贵贵而尊官",是指国家机构建立以后的阶段。在这里,商鞅一派法家接触到了国家起源问题。他们认为国家是为了防"乱"而产生的。"圣人"为了防"乱",就"作为土地、货财、男女之分",因而"立禁";为了有人掌管这种"禁",就"立官";为了统一设官,就"立君"。这样的国家起源学说,就为新兴地主阶级的"法治"政策提供了理论依据。他们认为"世事"是不断变动的,因而人的"行道"必须跟着改变。概括地说,就是"世事变而行道异"。"世事"是不以人的愿望而改变的社会客观情况,"行道"是人所制定的行动路线,而后者必须依据前者而制定。这种历史观虽还未超越旧史观的范畴,但具有进步的、进化论的因素,是在对旧贵族和儒家进行斗争中发展起来的。

当时儒家鼓吹的是倒退的历史观。孔子把西周时代"礼乐征伐自天子出"看作"天下有道"的表现,把春秋以后"礼乐征伐自诸侯出"、"自大夫出"看作"天下无道"的表现。他把历史看成一代不如一代,是从"天下有道"越来越变为"天下无道"。孟子认为春秋的"五霸"是夏、商、周"三王"的罪人,当时的诸侯又是"五霸"的罪人,也把历史看成一代不如一代。这种倒退的历史观,是他们为没落奴隶主复辟制造的理论依据。商鞅一派法家的进步历史观,正是对孔孟一派儒家这种倒退历史观的有力批判。这就是法家"厚今薄古"思想和儒家"以古非今"思想的尖锐斗争。

商鞅一派法家在对旧贵族以及代表旧贵族的儒家斗争中发展了他们具有唯物论因素的理论。商鞅入秦后,首先从理论上对代表旧贵族利益、站在儒家立场的大臣作斗争,是十分必要的。通过这场斗争,从理论上驳斥了儒家的反动思想,使秦孝公决定变法。又经过三年时间,到公元前 356 年(秦孝公六年),秦孝公就任命商鞅为左庶长,命令他负责实行变法。

第三章 初步实行变法

一 发展了法家政策

公元前 356 年（秦孝公六年），商鞅任左庶长。庶长原是秦国的卿，是掌握军权和政权的。商鞅既然为秦孝公所重用，又掌握了实权，就可以把他过去所学的法家学说搬到秦国来实践了。

首先商鞅把李悝所编著的《法经》，就是李悝过去在魏国所颁布的法律，搬到秦国来施行。商鞅没有对《法经》作大的修改，只是加上了一条"连坐法"。所谓连坐法就是：

一、人民在五家为一伍、十家为一什的户籍编制中，彼此有相互纠察告发"奸人"的责任，如果隐瞒不告发就要同罪连坐。

二、不纠察告发"奸人"的要处腰斩的刑罚，纠察告发"奸人"的，可以和在前线斩得敌人首级同样受赏，藏匿"奸人"的要和在前线投降敌人同样处罚。

三、为了防止"奸人"隐藏在客舍（旅馆）里，旅客一定要有验（凭证)才准留宿客舍。招留没有验的旅客,客舍主人要同罪连坐。

商鞅的连坐法,是建立在过去秦献公"为户籍相伍"的基础上的。这在军队中也是实行的①。

商鞅除了增加连坐法以外,还采用了很多刑罚。这些刑罚,有的中原各国已经应用。

商鞅又主张对轻罪采用重刑。他认为这样就能使人连轻罪也不敢犯;轻罪不犯,重罪更不会犯,这个办法叫做"以刑去刑"②。这是商鞅主张采用重刑的理论。

商鞅所订定的连坐法和对轻罪采用重刑的办法,很明显,是新兴地主阶级所采用的一种专政手段,它的一个重要目的,在于打击没落奴隶主贵族的反抗,以维护新兴地主阶级的利益,从而巩固其政权。这种专政手段,在摧毁奴隶主贵族的反抗势力方面,在贯彻执行新的法制方面,都是起着巨大的作用的。但是,法家是新兴地主阶级的改革家,代表的是新兴地主阶级的利益,他们在摧毁奴隶主贵族反抗势力的同时,对人民群众所进行的革命斗争也同样镇压,因而这个连坐法后来就成为反动的保甲制度的起源。

商鞅在颁布连坐法的同时,又颁布了奖励军功和禁止私斗的法律。其具体内容是这样的:

---

① 《史记·商君列传》说商鞅"令民为什伍而相收司连坐",就是《韩非子·和氏篇》所说"以连什伍,设告坐之过(责,责任)";也就是《韩非子·定法篇》所说"设告相坐而责其实,连什伍而同其罪"。所谓"连什伍",是要按户籍的什伍编制而实行连坐法,并不是说商鞅在这时开创了户籍的什伍编制。《商君书·境内篇》说:"其战也,五人束簿为伍,一人死而刭其四人。"《画策篇》又说:"行间之治,连以五。"可见这种连坐法在军队中也是实行的。

② 见《韩非子·内储说上篇》。

一、奖励人民在战争中立军功。军功以在前线斩得敌人首级的多少来计算。有军功的按照其军功的大小来接受君上所赏的官爵。

二、定出具体的奖励军功办法。凡战争中斩得敌人一个统兵官"甲士"的首级的可以赏给爵位一级,要做官的可以委任五十石俸禄的官。斩得敌人两个"甲士"的首级的可以赏给两个爵位两级,要做官的可以委任一百石俸禄的官。官爵的提升是和斩得敌人首级的军功相称的①。

三、战争中投降敌人的要严厉处罚。

四、禁止私斗。凡是进行私斗的,按照其犯罪的轻重来判处刑罚。

五、废除宗室的世袭特权,规定宗室非有军功不能列入公族的簿籍。就是说,没有军功的宗室不能得到宗族的特殊待遇。

很明显,商鞅这套奖励军功和禁止私斗的办法,起着三个重要作用:一是取消了奴隶主贵族的世袭特权,削弱了他们的势力,有利于地主政权的巩固。二是奖励人民为地主政权出死力,用来保证今后秦国能够在兼并战争中不断取得胜利。三是通过奖励军功,陆续选拔能够为封建政权出死力的官吏,造成一个能够效忠于国君的地主阶级的特权阶层。

商鞅在颁布奖励军功法律的同时,又对秦国过去的官爵作了系统的整理。他把秦的爵位定为二十级。第一级公士,第二级上造,第三级簪袅,第四级不更,第五级大夫,第六级官大夫,第七级公大夫,第八级公乘,第九级五大夫,第十级左庶长,第十一级右庶长,第十二

---

① 见《韩非子·定法篇》。

级左更，第十三级中更，第十四级右更，第十五级少上造，第十六级大上造（即大良造），第十七级驷车庶长，第十八级大庶长，第十九级关内侯，第二十级彻侯。在上述二十级爵位中，从第一级到第四级是士，从第五级到第九级是大夫，从第十级到第十八级是庶长。庶长相当于卿。第十九级和第二十级相当于诸侯①。

原来秦国国君左右的官和爵是不分的，商鞅在这次整理中，对于这一点并没有加以改变，大概第十六级大良造以下，既作爵位名称，又兼作官名的。

商鞅制定的"二十等爵"，在政治上废除了旧贵族的世袭特权，重新制定了依据军功授予官职爵禄的等级制度。就是废除了奴隶主贵族的等级制，而代之以地主阶级的等级制。商鞅规定："明尊卑爵秩等级各以差次，名田宅、臣妾、衣服以家次"。就是所有"名田宅、臣妾（奴隶）、衣服（按礼规定的衣裳服饰）"，都必须按照二十等爵的等级规定。"名田宅"，是"以名占田"的意思，就是属于私人名下占的田宅，也就是汉代所谓"名田"的起源。据《商君书·境内篇》记载，斩得一个"甲士"首级的，赏爵一级，可以增加田一顷（一百亩），宅九亩，给"庶子"（农奴性质）一人。"庶子"每月要为主人服役六天，如果主人有徭役，"庶子"必须跟着服役。爵的等级越高，占有田宅和"庶子"越多。爵位到第九级五大夫，就可以享有"税邑三百家"，就是可以向三百家收税。

这些有爵位的地主，不仅经济上有特权，也还有政治上的特权。

---

① 见《后汉书·百官志》刘注和《资治通鉴》卷二胡注引刘劭《爵制》。于省吾《双剑誃吉金图录》著录有商鞅镦二件，一件作"大良造庶长鞅"，一件作"良造庶长鞅"，可知"大良造"是"大良造庶长"的简称，从第十级爵到第十八级爵都是属于庶长一类。

按规定,爵位一级,要做官的可以委任五十石俸禄的官,有着可以做官的特权,还有犯了罪也可以保持爵位的特权。爵位高的,有罪只是贬爵;只有一级爵位的,有罪才革除爵位①。爵位到第七级公大夫,就可得到和县令相等的礼节待遇②。如果死了,有爵位一级的可以在墓上种树一棵,级别越高可以种树越多③。这种有爵位的地主,实际已成为地主阶级中的一个特权阶层。

这种"二十等爵"制度和春秋以前奴隶主贵族分封制度的性质已根本不同,他们只是"衣食租税",不掌握食邑的政权和兵权。爵位和封君一般不是世袭的,即使有世袭,也传不长。这就是在封建制代替奴隶制的初期,地主阶级内部,财产和权力的再分配。这种再分配是不断进行的。这时地主阶级内部要按照对地主政权的功劳,把财产和权力不断进行再分配,还是有进步意义的。因为这样就取消了旧贵族的世袭特权,这就给旧贵族以致命的打击。

商鞅更重要的措施,就是奖励农民努力生产,抑制商人。他曾经规定:"僇力本业耕织致粟帛多者,复其身,事末利及怠而贫者,举以为收孥"。就是说:凡是努力于本业耕田和纺织而生产粟帛多的,可以"复其身"(免除本身徭役赋税)④;凡是经营商业、图谋末利以及因怠惰而贫穷的,要连同妻子儿女没入官府为奴婢。这里把农业称为

①　见《商君书·境内篇》和卫宏《汉旧仪》卷下。

②　《汉书·高帝纪》载五年诏说:"异日,秦民爵公大夫以上,令丞与亢礼。"《汉旧仪》卷下同。

③　见《商君书·境内篇》。

④　"复"是免除徭役赋税。《汉书·高帝纪》五年诏说:"非七大夫以下皆复其身及户",颜注:"复其身及一户之内,皆不徭赋也"。所有资料都足以证明这个解释是正确的。

"本业"，看作根本的事业，而把商业和手工业称为"末利"，看作末梢的图利的事业。这是商鞅有名的"困末作而利本事"的政策。他在法律上作了这样具体的规定，比李悝的"尽地力之教"更进了一步。"复其身"和"复"这个赏赐办法，原是战国初期的法家所开创的，魏国也曾用"复其户"的赏赐办法来考选武卒。这种赏赐办法，一直沿用到唐宋时代。汉代通例，只有帝王乡里的人民，大官吏和功臣的后代是可以"复"的，文官爵位要到第五级大夫才能"复"，武官爵位要到第七级千夫才能"复"。人民在封建政权的压迫剥削下，有着沉重的徭役和赋税的负担，用免除徭役和赋税来奖励农民生产，能起一些鼓励作用。春秋末年赵鞅赏军功，要"士"以上才能赏给田地，庶人、工商只能得到"遂"（上升为"士"）。现在可以由军功而得到爵位，由努力耕织而得到"复"。爵位固然是大赏，"复"也是不小的赏，这说明当时庶民的社会地位和政治地位有了显著提高。当时农业的直接生产者，多数已是封建统治下的农民，所以商鞅要用"复"来奖励和用"收孥"来处罚。由于生产力的发展、商品经济的发展，社会的阶级结构正在发生变动，农民中已有一部分脱离了生产，逐渐转化为商人。农民阶级的分化，会减少封建统治阶级可以剥削的劳动力。同时由于商业的发展，商人不断地用买卖和高利贷的方式对农民进行剥削，影响到地主阶级及其政权对农民的剥削利益。特别是大商人，要使用大量奴隶从事手工业劳动和商业活动，更直接和封建统治阶级争夺劳动人手，这对封建统治阶级都是不利的。所以商鞅会在这时提出抑制经商的办法。

　　商鞅又曾规定处罚弃灰在道路上的人①。这是因为灰可以肥

---

① 见《史记·李斯列传》和《史记·商君列传》索隐引《新序》。

田,所以要禁止弃灰,这和商鞅发展农业生产的政策是有密切关系的。

总的说来,商鞅在刚做左庶长时所进行的变法,就是实施前三年商鞅所提出而为秦孝公所同意的一些政策。也就是变更法制,修治刑法,运用赏罚的办法来奖励农民努力生产,并在对外战争中出死力。

商鞅所推行的这些政策,是得到成效的。战国末年的法家韩非子,在他的言论和著作中,曾一再提到商鞅。在《韩非子》这部书中,他这样指出"商君教秦孝公按照人民什伍的户籍编制,采用了连坐的处罚办法;采用烧掉《诗》《书》的办法来彰明法令;杜塞了私人的请托,重赏为公家立功的人;禁止人民出外游说求官,奖励从事耕战的人。秦孝公推行了这些政策,国家就富强起来。"①他还这样说:"商君说秦孝公变更法制,改变习俗,……赏赐告发奸人的人,抑制工商业,奖励农业生产。"②又说:"公孙鞅治理秦国,采取了相互连坐的办法,责成人民实行。他规定隐匿奸人的人,要按照连坐法和奸人同罪。他赏赐厚而有信用,刑罚重而坚决执行。人民都勤于生产,勇于作战,因此就国富兵强。"③

二　图谋东伐

秦国地处渭水、泾水流域,地势原来是很险要的。它的北边、西边都是戎、翟的部族,这些戎、翟部族力量比较弱小,是足以抵御的。

---

① 见《韩非子·和氏篇》。
② 见《韩非子·奸劫弑臣篇》。
③ 见《韩非子·定法篇》。

南边有部分地区和楚国接境，都是崇山峻岭，也便于防守。东边和魏、韩两国交界，因有黄河和函谷关的天险，既便于防守，又便于出击。在秦简公时，秦国被魏国夺去了河西地，退守到洛水，黄河和函谷关的天险便失去了。接着魏国又在河西设郡，驻守重兵，这对于秦国是个很严重的威胁。如果魏军一旦越过洛水向泾水、渭水流域进攻，秦就岌岌可危了。因此秦国在国力较强以后，就迫切的图谋东伐，要求收复过去所失掉的河西地。

秦国在秦献公时曾经东伐，结果仅收复庞城，没有达到收复全部河西地的愿望。秦孝公即位后，奋发图强，图谋继续完成秦献公的计划。因此，魏国就加强了对秦国的防御工作，并在公元前358年派将军龙贾率领军队，沿洛水建筑长城[①]。这条长城从郑起，越过渭水，沿洛水东岸北上，捍卫着魏的河西、上郡，以防止秦国进攻。

这时魏国还是很强盛的国家。自从公元前361年魏国迁都大梁以后，各大国就纷纷开展外交活动，一方面在大国之间争取与国，一方面对小国加施压力，企图迫使它们服从。由于魏国对鲁、宋、卫、韩等国加施压力，到公元前356年（秦孝公六年），鲁共侯（或作鲁恭侯）、宋桓侯、卫成侯、韩昭侯都入魏朝见魏惠王。同年，赵国也开展对外活动，赵成侯曾和齐威王、宋桓侯在平陆（今山东汶上北）相会，又和燕文公在安（今河北安新西南安州）相会。到公元前355年（秦孝公七年），魏惠王又和秦孝公在杜平（今陕西澄城东）相会。大国国君之间这样频繁的相会，就说明了这时形势的紧张。在这以前，秦国是不常参加中原诸侯之间的会盟的，司马迁曾说："秦国处于偏僻的

---

① 见《水经·济水注》引《竹书纪年》。

雍州地区,诸侯把它当做夷翟看待,不让它参加中原诸侯之间的会盟。"①从这年起,秦国也开始经常参加中原诸侯之间的会盟。这就说明秦国已逐渐强盛,在战国形势的发展中,其地位也已日渐重要。

到公元前354年(秦孝公八年),大国间的大战终于爆发了。赵国筑了刚平城(在今河南清丰西南),向卫国东部大举进攻,攻取了富丘和漆两地(都在今河南长垣)。卫国危急万分,卫君想对赵屈服,到赵都邯郸(今河北邯郸西南赵王城)去朝见赵成侯。原来卫君是入朝魏的,现在卫要入朝赵,当然不是魏国所能容忍的,因而魏就起兵伐赵,大军长驱直入,包围了赵都邯郸。

秦国这时正图谋东伐,就乘机进攻魏国,和魏军在元里交战,获得胜利,斩得首级七千,并攻取了魏的少梁。这是秦国在商鞅变法后第一次得到的大胜利。

次年,即公元前353年(秦孝公九年),中原各大国间的战争更激烈了。魏国围攻赵都邯郸很急,赵国向齐国求救,齐威五任命田忌为将,孙膑为师,并迫使宋、卫两小国出兵,会攻魏国的襄陵(今河南睢县),同时楚宣王也派景舍起兵救赵。在这年的十月间,魏攻克了赵都邯郸,但在桂陵(今河南长垣西北),魏军却被齐军打败,同时魏的睢水、濊水间地,也被楚军攻占。另外,秦国也图谋再向魏大举进攻。

到公元前352年(秦孝公十年),齐和宋、卫等国包围魏地襄陵的联军,被魏国用韩国军队打败了。齐威王不得已请求楚国景舍出来向魏求和,魏、齐两国间的大战到此才结束。

①　见《史记·秦本纪》。

这年,魏国为了防止秦国进攻,曾在固阳建筑长城①。

当时,商鞅已因变法获得成就,由左庶长升为大良造。大良造的官职很高,其地位相当于中原各国的相国,只是中原各国的相国是文职,不统率军队,军队另由将军统率,而秦国的大良造是相国兼将军的。

商鞅和战国初期的那些法家一样,不仅是政治改革家,而且是懂得兵法的军事家。《汉书·艺文志》曾把战国以来的军事家分为兵形势家、兵技巧家、兵阴阳家和兵权谋家四类。所谓兵形势家,就是战略家;所谓兵技巧家,就是战术家;所谓兵阴阳家,就是在战争中讲究阴阳五行的;所谓兵权谋家,就是兼讲战略和战术的军事家,是军事家中最出色的。在《汉书·艺文志》的"兵权谋家"中,有《李子》十篇、《吴起》四十八篇、《公孙鞅》二十七篇。《李子》该就是李悝论兵法的书,《吴起》《公孙鞅》就是吴起、商鞅论兵法的书。荀子曾经说:"齐之田单、楚之庄蹻、秦之卫鞅、燕之缪虮(即乐毅),是皆世俗之所谓善用兵者也。"②现存《商君书》中就有三篇讲军事的:《战法篇》讲的是战场上取胜的基本原则,《立本篇》讲的是战胜敌人的根本办法,《兵守篇》讲的是用兵守城的办法。

商鞅升为大良造后,趁中原各大国有激烈战争的机会,亲自统率大军,向魏国大举进攻。商鞅所统率的大军,从魏的河西郡一直攻到魏的河东郡,包围了魏的旧都安邑(今山西夏县北),并迫使安邑投降,这是秦国在商鞅变法后第二次得到的大胜利。

---

① 固阳旧说在今内蒙古自治区的固阳县,离秦、魏两国边境太远,当不足信。其地应在河西地区。

② 见《荀子·议兵篇》。

公元前 351 年(秦孝公十一年),赵国被迫和魏国在漳水之上结盟,魏把邯郸归还了赵国。

就在这年,秦又派商鞅围攻魏国曾经建筑长城的固阳,迫使固阳投降。

从公元前 354 年起,大国间连续不断地战争了四年,参战的大国有魏、赵、齐、秦、楚、韩六国,其中只有韩是魏比较友好的邻国,魏要四面和赵、齐、秦、楚四国交战。魏国由于国力强大,虽然在西方一再被秦战败,甚至失去了旧都安邑和筑有长城的固阳,但是在东方毕竟攻破了赵都邯郸,在襄陵战败齐和宋、卫的联军,迫使齐国求和。

魏国在和齐讲和,并迫使赵国在漳水之上结盟,把东方局面控制好以后,就回头来对付秦国。这时秦国还没有力量对抗魏国大规模的进攻。在这样情形下,为了继续完成改革事业,秦孝公和商鞅就作了战略性的退却。到公元前 350 年(秦孝公十二年),秦孝公曾和魏惠王在彤(今陕西华县西南)相会修好。到公元前 348 年(秦孝公十四年),赵肃侯又曾和魏惠王在阴晋(今陕西华阴东南)相会修好。从这两个相会的地点来看,可知这时秦国在对魏修好中不仅把以前所攻取的河东郡的安邑等地归还了魏国,而且已把河西郡的大部分地方归还了魏国。

这里可以看出商鞅于秦孝公十一年(公元前 351 年)出兵东伐魏国,是取得了很大胜利的。虽然没有达到收复河西的目的,但秦的声威从此大振。

第四章　进一步变法的成功

一　进一步实行破除奴隶制的经济改革

公元前 350 年(秦孝公十二年),秦孝公曾和魏惠王在彤相会修好,大国之间的混战暂告结束,整个形势暂时安定下来。接着,商鞅就在秦国进一步开展变法图强的事业,在经济和政治两个方面同时进行改革。

在经济方面的重大改革,就是开裂了原来"井田"的"封疆阡陌"。为什么要开裂"井田"的"封疆阡陌"呢? 原来井田制是奴隶社会生产关系的基础,而"封疆阡陌"就是"井田"的主要结构。

当西周、春秋间,每个诸侯国家都有乡遂制度。"乡"是指国都周围地区,连同国都叫做"国"。"遂"是指乡以外有相当距离的广阔地区,也称为"野"或"鄙"。居住在乡的居民叫做"国人",具有自由民性质,有参与政治活动和选拔的权利,有服兵役和劳役的责任。居住在"遂"的居民叫做"庶人"或"野人",是井田制剥削下的奴隶。"井田"

原是划分得方方整整像"井"字形的田地①。"井田"中有所谓"籍田"或"公田"，是奴隶主贵族迫使成千上万的"庶人"从事无偿劳动的田地。这种"籍田"上的收获，是奴隶主的主要剥削收入，因而这种剥削办法就叫做"籍"或"助"。同时，奴隶主贵族还有一种"籍礼"，通过行"礼"的方式，严厉监督"庶人"劳动，以确保"籍"这种剥削办法的执行。所有"庶人"都必须在贵族监督下，到指定的"籍田"上去从事无偿劳动，因此国家统计"庶人"的人口，就只须在举行"籍礼"时候查点②。

　　奴隶制时代的土地，是奴隶主贵族国家所有制。土地连同人民，是按奴隶主贵族的等级一层层分封下来的。由天子分封诸侯，再由诸侯分封卿大夫。土地和人民这样按贵族等级而一层层的分封，是用来作为上级贵族给与下级贵族的俸禄的。所分封的土地面积的大小，按照礼的规定，应该是和贵族的等级地位相称的。因此各级贵族所占有的"井田"有一定的范围。所谓"封疆"，就是指各级贵族所占有"井田"的范围。它有具体的标志和一定的圈占的界限，这些界限是用土堆、沟池、树木等连结而成的。这种"封疆"也就是孟子所说的"经界"。在"井田"中间，有灌溉的渠道以及与渠道相应的纵横道路。纵的道路叫"阡"，横的道路叫"陌"，合称为"阡陌"。"阡陌"是用来把井田划分成方方整整一块块的。因为"陌"是一块块"百亩"田之间的道路，所以叫做"陌"；"阡"是一块块"千亩"田之间的道路，所以叫做"阡"③。所谓"井田"，就其主要结构来说，就是外有"封疆"、内有"阡

---

① 见《释名·释州国》和《周礼·小司徒》郑注。
② 见《国语·周语上》记载仲山父的话。
③ 见程瑶田《沟洫疆理小记》。

陌"的田。"井田"之所以必须有"封疆""阡陌",一方面是为了表示各级奴隶主贵族占有的一定范围,为了维持奴隶制的等级秩序;另一方面是为了便于监督"庶人"的劳动,以保证"籍"的剥削办法的执行。

从西周末年起,随着生产斗争和阶级斗争的发展,井田制就逐渐破坏。群众的反抗斗争,使得贵族没法强迫"庶人"在"籍田"上劳动,"籍田"逐渐被废弃。同时,"井田"疆界以外的荒地逐渐开垦,新兴地主阶级起来大量开垦私田,同奴隶主贵族争夺劳动力。这样,"籍"的剥削办法就逐渐被废除,逐渐改用征收田地租税的剥削办法。公元前594年鲁国实行"初税亩",公元前408年秦国实行"初租禾",就是国家适应新的情况,改用按照田亩向地主征收田税的办法[①]。"籍"的剥削办法的废除,田地租税制度的确立,就标志着井田制的崩溃,奴隶制生产关系的瓦解,封建制生产关系的确立。

商鞅在变法的时候,开裂"井田"的封疆、阡陌,就是顺应井田制崩溃的趋势,对井田制进一步的破除,帮助新的地主土地所有制进一步发展。

开裂"井田"的封疆阡陌,是商鞅变法中关键性的大事。《史记·秦本纪》和《商君列传》曾说秦孝公十二年"为田开阡陌封疆而赋税平"。《战国策·秦策三》记蔡泽说:商君为秦孝公统一了度量衡制,决裂了田地间的阡陌,教导农民从事耕战,军队出动就能开拓土地,军队不出动就能使国家富庶,所以秦国能够无敌于天下。在《史记·范雎蔡泽列传》中也记有蔡泽这段话说:商君决裂阡陌,以安定有关

---

① 《春秋》三传——《左传》《公羊传》《榖梁传》都一致认为这时鲁废除了"籍"的办法而实行"初税亩"。

人民生活的本业。《汉书·食货志》上也有这样的记载：秦孝公用商君，破坏了"井田"，开裂了"阡陌"，迅速地推行有关耕战的赏赐办法，这些都不是古道。……《汉书·食货志》又引董仲舒的话说：秦采用商鞅之法，……废除"井田"，使田地能够自由买卖。

从上面这些记载，使我们可以了解到"开井田封疆阡陌"的"开"，就是"决裂"的意思①，也就是破坏井田的封疆阡陌。"封疆阡陌"原是井田的主要结构，是奴隶主贵族圈占田地的标志，限制着人们对田地的随意开垦。经过商鞅下令废除之后，旧贵族原来圈占的界限根本破除，从此荒地可以听任开垦，占为私有，自由买卖。因此这个措施对农业生产的发展是有利的。由于荒地的开垦，生产的发展，就可以均平土地所有者对赋税的负担。国家用行动来破除井田的疆界，就是从法律上宣告旧的奴隶制生产关系的废除。在法律上允许土地买卖，就有助于新的地主经济的发展。便利荒地的开垦，使耕地面积可以扩大，也是符合于新的生产力发展要求的。开裂井田封疆阡陌这一行动，破坏了奴隶制生产关系的物质基础，扫荡了残存的奴隶制经济基础，进一步解除了旧的腐朽的生产关系对新的生产力的束缚，使得新的生产力得到进一步发展。

还值得我们注意的是商鞅在开裂田地的封疆阡陌时，曾经推行"辕田"制度。《汉书·地理志》说："秦孝公任用商君，制定辕田制度，开裂田地的阡陌，使秦东向称雄于诸侯。"

辕田制度并不是商鞅所开创的，早在春秋时代，晋国就已推行。

_____

① 朱熹《开阡陌辨》（见《朱子大全》卷七十二）把"开"解释为"破坏铲削"，是对的。但是，说商鞅是因为"阡陌之占地太广而不得为田者多"而采取这个措施，是错的。

公元前六四五年,晋国因为晋惠公被秦俘虏,要"赏以说(悦)众",开始"作爰田"。"爰田"也作"辕田"①。从来对于"爰田制"的解释很分歧。有一种解释,认为"爰"就是"易"的意思,"爰田"就是改变了原来"井田"的疆界,把田地分赏作私有的田②,应该是对的。既然商鞅制作"辕田"而废除"井田",说明"辕田"正是和"井田"相反的制度,就是破坏了"井田"的疆界而承认田地可以私人占有。

这时没落奴隶主的代表孟子提出"正经界"的主张,正是和商鞅"开封疆阡陌"的政策相对抗的。孟子为了复辟奴隶制,极力鼓吹恢复井田制。他认为要实行"仁政",必须恢复井田,要恢复井田,必须从"正经界"开始。"正经界"就是要把井田原有的封疆阡陌全部恢复。他说:"经界不正,则井田不钧(均),谷禄不平。"他"正经界"的目的,就是要恢复原来大小奴隶主贵族占有"井田"的范围,恢复原有奴隶制的等级秩序,恢复各级贵族从井田制剥削中得到的"谷禄"。他恶狠狠地破口大骂破坏井田经界的法家,说:"暴君污吏必慢其经界。"③破除"井田",还是恢复"井田",这是新兴地主阶级和没落奴隶主阶级之间两条路线的斗争。这时儒法两家的斗争,正是这种两条路线斗争的具体表现。

孟子要恢复井田制,当然还要主张恢复奴隶制的"籍"或"助"的剥削办法。他鼓吹说:"请野九一而助,国中什一使自赋。"他不但要恢复"助"的剥削办法(孟子在这里把"助"的剥削办法美化了),而且要恢复奴隶制时代的"国"和"野"对立的制度,也就是要恢复"乡遂制

---

① 见《左传》僖公十五年和《国语·晋语九》。
② 见《左传》正义引服虔说和《国语》韦注引贾逵说。
③ 见《孟子·滕文公下》。

度"。总之,孟子就是要从恢复井田制入手,全面地复辟奴隶制的经济基础。

孟子既然要恢复井田制,就必然要反对垦荒,认为垦荒是一种犯罪行为。他曾说:"善战者(指善战的军事家)服上刑,连诸侯者(指"合纵连横"的纵横家)次之,辟草莱、任土地者次之。"①"辟草莱"就是开辟荒地,"任土地"就任民耕种。"辟草莱、任土地者",不是指别人,就是指主张积极垦荒的法家。商鞅一派法家正是垦荒的积极鼓吹者和实行者。《商君书》中就有一篇《垦令篇》,一连提出了二十条垦荒的措施。

主张积极垦荒,还是反对垦荒,又是儒法两家斗争的焦点之一。商鞅一派法家极力宣传垦荒,是代表新兴地主阶级利益的,有助于新的经济的发展,也有利于农业生产的发展。

二　进一步实行打击奴隶主贵族的政治改革

在公元前 350 年(秦孝公十二年)开裂封疆阡陌时,商鞅又在政治方面进一步进行改革。

这年,商鞅在秦国曾普遍推行县制。在没有建立县的地方把许多乡、邑、聚(村落)合并成为县,一共新建了四十一个县②,每县设置了令和丞等官职来掌握全县政事。县令是一县的地方长官,县丞是县令的助手。

秦国虽然创设县的制度最早,已有三百多年的历史,但是发展迟

---

① 见《孟子·离娄上》。
② 《史记·秦本纪》说建了四十一县,而《史记·商君列传》作三十一县,《史记·六国年表》又作三十县。

缓。在秦献公以前,三百多年间,所设的县有记载可考的,只有六个。秦献公时,一下子增加了四个。这时,商鞅开始把县制在秦国普遍地推行起来,使县成为直属于国君的地方组织,这对于奴隶主贵族割据势力的消除和集权的地主政权的建立,是有很大作用的。

商鞅除了推行县制外,还在咸阳(今陕西咸阳东北聂家沟)按照鲁、卫等国国都的规模建筑冀阙(阙是宫廷前的一种高建筑)和宫廷,同时把国都从雍迁到咸阳。

秦国把国都迁到咸阳有三个目的:一、咸阳的地位居于秦国中心,靠近渭河,在最富庶的渭河平原的中央,不但农产丰富,而且交通也较便利,作为国都是比较恰当的。二、咸阳在雍的东西,把它作为国都,在形势上就便于向东发展。三、由于雍这旧都住有较多的贵族,势力较大,他们对商鞅所推行的轰轰烈烈的改革运动抱着敌视的态度,不断加以反对和阻挠,把国都迁到咸阳,就可以摆脱旧贵族势力的包围。这对于改革运动的推行是有利的。战国初期,赵、韩、魏、宋等国都曾迁都。赵国曾在公元前425年从晋阳(今山西太原西南)迁都到中牟(今河南鹤壁市南),公元前386年迁到邯郸。韩国曾在公元前416年从平阳(今山西临汾西北刘村)迁都到宜阳(今河南宜阳西南),到公元前376年灭亡郑国后又迁都到新郑(今河南新郑)。魏国曾在公元前362年从安邑迁都到大梁。战国初期各大国所以纷纷迁都,无非为了争取形势上的便利,摆脱旧贵族势力的包围。

到公元前349年(秦孝公十三年),秦国开始在各县设置定额秩(俸禄)的官吏①。据《汉书·百官公卿表》载,秦的县官有"令""长"

---

①　见《史记·六国年表》。

的区别,满万户以上的设县令,俸禄有六百石到一千石;不满万户的设县长,俸禄有三百石到五百石;在县令或县长下设有丞和尉(尉是一县的军事长官),俸禄有二百石到四百石。以上这些官称为"长吏"。俸禄一百石以下的官,就称为"少吏"。这些制度该就是商鞅开创的。它建立以后,县的行政机构就有了一套明确的比较健全的组织,地主政权的官僚制度能够广泛建立起来。从此国君对于各级官吏可以随时任免,随时选拔,这样就便于集中权力。

公元前 348 年(秦孝公十四年)又实行"初为赋"。这和 60 年前实行的"初租禾"根本不同。"初租禾"和鲁国的"初税亩"相同,是国家向地主按田亩多少征收实物的田税。"初为赋"是国家征收"口赋",就是按成年的壮丁征收军赋①。原来"赋"和"税"是不同的,所谓"税以足食,赋以足兵"。"赋"是提供军需的贡赋,春秋时代是下级贵族和"国人"对国家的负担,或者是小国对大国的负担。这时,随着地主政权的建立,各国政府除了按亩征收田地的租税以外,还要根据战争的需要,随时对农业生产者征收不定期的"赋",当李悝在魏国变法的时候,就是如此。商鞅的"初为赋",就是开始采用定期定额、按壮丁征收军赋的办法。

商鞅在创立口赋制度时,还曾作出这样的规定:凡户主有两个儿

---

① 当时田地的租税和赋是不同的。当李悝在魏变法时,既有按亩征收的"什一之税",又有君上随时征收的不定期的"赋敛",这从李悝本人所说的"尽地力之教"中可以看到。《汉书·食货志》记董仲舒说,秦用商鞅之法,有力役、田租、口赋。《史记·秦本纪》:"初为赋",集解引徐广曰:"制贡赋之法也"。索隐引谯周云:"初为军赋也"。董说《七国考》卷二把"初为赋"作为"口赋"是对的。《资治通鉴》卷二记这事说:"秦商鞅更为赋税法行之"。没有指明这是什么性质的变更。胡三省注认为"盖计亩而为赋税之法",这个推测是错误的。

子,到一定年龄必须分财分居,否则就要加倍征赋①。其目的在确立以小家庭为单位的农户,使各自谋生,以提高劳动生产率。但是这种规定也给贫苦人民带来了灾难。比较富裕的庶民,子弟一到壮年就分家立业;贫穷人家就只能典质给别人做"赘婿",或者出卖为奴了②。

商鞅所推行的上述种种措施,对奴隶主贵族是一场严重的斗争。商鞅在这场严重斗争中,为了彻底抑制奴隶主贵族势力,曾在法律上作出如下的规定:凡宗室非有军功不得列入公族的簿籍。尊卑爵禄的等级,要按军功来重新规定。各依等级来占有田宅、臣妾(奴隶)和穿着衣服。有功的才得显荣,无功的虽富不得铺张。

商鞅是新兴地主阶级的代表人物,他所制定的法律,主要目的在于维护和发展封建制度。商鞅所颁布的法律,还是公开确认封建社会中的等级制度,公开确认封建社会中的财产关系。不过,商鞅的法律所不同于春秋时代礼制的,就是他否认过去奴隶主贵族原有的世袭的等级和特权,废除世卿世禄制度,而根据其对地主政权的功勋特别是军功来重新规定等级和特权。无疑的,这对于奴隶主贵族是一个致命的打击。

据说,商鞅在颁布他所制定的法令以前,恐怕人民不信,曾经把一根三丈长的木杆竖立在国都中市区的南门,悬赏有能把这木杆搬

---

① 见《史记·商君列传》。《商君列传》原把这事记在商鞅任左庶长初步变法时,但"初为赋"既在秦孝公十四年,这里以"倍其赋"为罚,就不可能在十四年前。《商君列传》是为了行文方便,在初步变法时,把商鞅陆续所颁布的法令一起简要地叙述了,并不是所有法令都是同时颁布的。犹如商鞅统一度量衡在秦孝公十八年,见《商鞅方升》,而《史记·商君列传》把它和开阡陌封疆等等,一起记在秦孝公十二年。

② 见《汉书·贾谊列传》引贾谊的话。

到北门的,给十金。一时人们都很奇怪,不敢搬动。接着又悬赏说:
"有能搬去的赏赐五十金。"有一人鼓起勇气把木杆搬到北门,商鞅立
刻赏给五十金,以示信用。后来商鞅颁布的法令,人民就能遵守①。
据说吴起在魏国变法时,也有类似的故事,吴起曾经把一根车辕放置
在北门外,悬赏有能搬到南门外的赐给上田上宅,后来有人搬了,果
然按照悬赏赐给了他②。不知是一事的两传,还是商鞅效法吴起的
办法?这样的故事的流传,无非是表示吴起、商鞅等法家为要推行新
法,曾运用各种方法来取信于民,结果确是取得了使人遵行法令的效
果。商鞅这个故事,成了后世主张变法的人们的榜样。王安石有一
首《咏商鞅诗》说:

> 自古驱民在信诚,一言为重百金轻;
>
> 今人未可非商鞅,商鞅能令政必行。

商鞅变法时,遭遇到的困难,就是旧贵族的反抗,当时认为法令
不便执行的多至千数。公元前 346 年(秦孝公十六年),太子驷触犯
了法令,商鞅就把太子的师傅公子虔和公孙贾分别处了劓刑(割鼻)
和黥刑(面上刺纹)③。这对旧贵族的反对活动是个打击,从而使法
令能够贯彻到底,得到显著成效。

于是,过去那些说法令不便执行的人,到这时又来说便于执行
了。商鞅认为这些人都是"乱化之民",把他们迁到边城去,从此就没

---

① 见《史记·商君列传》。
② 见《韩非子·内储说上》和《吕氏春秋·慎小篇》。
③ 《史记·商君列传》说太子在秦孝公六年商鞅下变法令后就犯法,商鞅把太子
的傅公子虔处刑,公孙贾处黥刑。到秦孝公十六年太子又犯法,商鞅又把公子虔处劓
刑。按秦孝公六年,孝公年才二十七岁,太子不过是个幼童,因此说这年有太子犯法的
事,是不可信的。太子犯法当在秦孝公十六年,只有一次。

有人再敢议论法令了。很明显,商鞅所迁到边城去的所谓"乱化之民",应该就是那些残余的奴隶主贵族。这和吴起在楚国变法时命令"贵人"去充实"广虚之地"①,目的是相同的。这样做,一方面打击了反动的旧贵族势力,扫除了改革中的障碍,一方面发展了荒凉的边地的生产。

商鞅在打击没落奴隶主贵族的同时,对代表奴隶主的反动儒生也加以打击,推行了"燔《诗》《书》而明法令"的政策②。因为儒生就是根据《诗》《书》来"以古非今",鼓吹复辟,反对当时政府的变革法令,所以商鞅认为只有焚烧《诗》《书》才能使变革法令得到贯彻。商鞅所以焚烧《诗》《书》,是为了销毁反动儒生"以古非今"的理论依据,加强地主阶级专政,使法家政策能够贯彻到底。后来秦始皇的焚书坑儒,就是这种政治措施的进一步发展。

到公元前 344 年(秦孝公十八年),商鞅在秦国规定了度量衡的进位制度(例如规定六尺为步),又颁布了标准的度量衡器,以统一秦国的度量衡制。

在现存的青铜器中,有一件叫"商鞅方升",全器作长方形,有柄。在柄的右边侧面刻有"临"字,在柄的左边侧面刻有商鞅的铭文,另一边侧面刻有"重泉"两字,底部刻有秦始皇二十六年统一度量衡的诏书。照所刻的字体来看,"重泉"两字是和商鞅铭文同时刻的,"临"字是和秦始皇诏书同时刻的。可知这器原为商鞅颁发到重泉(在今陕西蒲城东南)作为标准量器,后来秦始皇又用来作为标准量器颁发到

---

①　见《吕氏春秋·贵卒篇》。

②　见《韩非子·和氏篇》。

临。在这器上，商鞅的铭文是这样的："十八年（即秦孝公十八年），齐
逯（率）卿大夫来聘，冬十二月乙酉，大良造鞅爰积十六尊（即"寸"字
的通假）五分尊（寸）壹为升。"这是说升的容积是十六又五分之一立
方寸。根据实测计算，1 升的容积合今 0.2 公升，1 尺合今 0.23 公尺。
商鞅为秦国制定的统一的度量衡，后来被秦始皇用来作为统一全国
度量衡的标准。所以这个"商鞅方升"，秦始皇仅加刻一道诏书，仍旧
颁发使用。另外有"秦始皇方升"，形制和"商鞅方升"相同，容积略为
小些，但误差不到百分之一。从这里，我们可以看到商鞅统一度量衡
制的影响是很深远的。

　　商鞅在这时统一度量衡制，目的和开裂封疆阡陌、普遍建立县制
相同，在于消除过去奴隶主贵族的经济制度和政治制度的割据性。
在奴隶主贵族的经济制度下，各国除了国君所颁布的"公量"以外，各
家卿大夫都分别制作有"家量"，度量衡制是极不一致的。商鞅消除
了奴隶主贵族割据的度量衡制，建立了秦国统一的度量衡制，对于加
强整个秦国内部的经济联系，是有积极意义的。同时，统一的度量衡
制的建立，对于巩固统一的集权政权也是必要的。

　　商鞅在这时，为了革除残留的落后风俗，特别是原始社会对偶婚
之类的风俗残余，严防男女间发生"淫乱"事情，曾明令禁止父子兄弟
同室居住。原来秦国四境都是戎翟部族，而且秦国有许多领土原来
就是从戎翟部族居住比较集中的地方，因而有戎翟的余风，和中原各
国不同。商鞅这时对秦国风俗的改革，是为了建立封建的上层建筑，
确立封建道德观念，从而维护封建的统治。这和后来秦始皇在《泰山
刻石》上主张"男女礼顺，昭隔内外"，《会稽刻石》上主张"防隔内外，
禁止淫佚"，具有相同的目的。

三 变法的成功

商鞅在秦国变法，是为了维护和发展新兴地主阶级的利益，为了建立集权的地主政权，为了达到强盛的目的，以便使秦国在兼并战争中取得胜利。

由于广大农民阶级力量巨大，在生产和对外战争中起着决定性的作用，所以商鞅采用奖励农民生产和奖励农民效力于对外战争的方法。

他为了发展地主经济，对奴隶主贵族的经济制度作了彻底的破坏。他开裂了井田的封疆阡陌，确认新兴地主阶级的土地私有制，在法律上准许土地买卖。同时又废除奴隶主贵族的"家量"，实行统一的度量衡制度，以消除国内奴隶主贵族的经济制度的分割性和独立性。

他废除奴隶主贵族的世卿、世禄制度，重新建立封建的官爵制度；废除了奴隶主贵族的世袭特权，帮助了地主阶级势力的成长。在国内普遍建立了县，在各县普遍设置了领取俸禄的官吏。他以领取俸禄的国家官吏代替了世袭官职的奴隶主贵族，创立了从中央至地方的一系列的政治、军事和司法机构，控制整个国家和社会，以消除过去奴隶主贵族分裂割据的状态。他在国内普遍推行征赋制度，把武器和军队从奴隶主贵族手里夺回来交给地主政权。

商鞅的种种措施，很显然，是在采用一切办法来帮助新兴的封建制成长，根除旧有的奴隶制的经济制度和政治制度。他的种种措施不是盲目推行的。虽然他所推行的政策基本上是根据李悝、吴起的法家学说的，但是他在采用这些学说时，结合了秦国具体的经济和政治情况,对李悝、吴起的法家学说加以发展了。他在秦国开始进行变法时,基本上是采用李悝《法经》的种种规定,只是加强了连坐法和更具体的规定了奖励耕战的办法。但是他在秦国作进一步改革时,就比李悝前进了一步。他采取彻底消除奴隶主贵族的政策,开裂了井田的封疆阡陌,奖励开垦荒地,这就使得比较落后的秦国一跃成为战国时代比较进步的强国。

　　商鞅在十八年中,基本上把秦国的奴隶主贵族在经济上和政治上的特殊势力消除,使变法得到显著的成功。商鞅在秦变法的成效,据《战国策》说是:"兵革大强,诸侯畏惧。"①据《史记》说是:"家给人足,民勇于公战,怯于私斗,乡邑大治。"②这是一幅地主阶级经济得到发展的图景。

---

　　①　见《战国策·秦策一》。
　　②　见《史记·商君列传》。

第五章　商鞅被害和商鞅一派法家的继续斗争

一　东伐的胜利

　　商鞅在秦国进一步变法时，魏国还很强盛，曾向西围攻秦国的定阳(今陕西延安东南)，企图攻占秦国的领土。到公元前 344 年(秦孝公十八年)，魏国计划以朝见周天子为名，召集许多小国集会，以便联合起来大规模进攻秦国。秦孝公听到这个消息，很是着急，马上调兵遣将，以防御魏国进攻。在这形势十分紧张的时候，商鞅向秦孝公献计说："因为魏国的功业大，能够令行于天下，如果魏君带了诸侯去朝见天子，与他彼此友好的国家必然更多，秦国是没有办法和它们对敌的，何不派我前去进见魏君，我一定能够使魏国失利。"秦孝公答应了商鞅的请求，商鞅就入魏去见魏君。商鞅见到了魏君，就劝他称王，说："君上的功业真伟大，能够令行于天下。但是君上所能号令的诸侯，都是宋、卫、邹、鲁等小国，这原是君上可以用鞭箠来驱使的；只能驱使这些小国，是不足以在天下建立王业的。君上不如先取得北方燕国的顺从,然后东伐齐国,这样赵国必然顺从了。再西取秦国,南伐楚国,韩国也必然顺从。君上如果有领导各国去征伐齐、楚两大国的意图,那末王业就可实现。君上不如为此召集诸侯来会盟,先自行称王,然后再征伐齐、楚两国。"魏惠王很乐意地接受了商鞅建议,扩建了原来的"公宫",裁制了丹衣,在旗杆上挂上了"九斿"(旗上九条飘带),还挂起"七星之旟",俨然摆出了天子的场面。接着就约诸侯前来逢泽(今河南开封南)集会;就在这次会上,魏惠王自称为王。这次集会原出于商鞅建议,所以秦国也派公子少官带了军队前来参与。这时魏惠王还虚戴着周天子,所以会后还带了诸侯去朝见周天子。

由于商鞅的计谋,魏国取消了对秦进攻的计划。这对于秦国在非常有利的;否则的话,即使秦国能够抵挡住魏国进攻,所受到的损失也一定是很严重的,对于商鞅正在进行的改革事业也是有损害的。

到公元前342年(秦孝公二十年),东方各国间的大战爆发了。这年魏国派了穰苴率师攻韩,在梁、赫(都在今河南临汝西南)地方把韩将孔夜打败。韩国向齐国求救,齐威王便派了田忌、田婴为将,孙膑为师,起兵伐魏救韩,魏惠王也派了庞涓、太子申为将,率十万大军应战。两军在马陵(今河南范县西南马陵)相持经年,到公元前341年(秦孝公二十一年),魏军中伏,被齐军打得大败。庞涓因中伏自杀,太子申被俘。这是魏国从来未有的惨败,损失是非常重大的。

公元前341年五月,齐将田忌会合了宋国军队继续向魏国的东边进攻。到九月,商鞅便进说秦孝公,认为这是进行东伐的好机会。秦孝公很以为然,便派商鞅率师向魏国的西边进攻。到十月,赵国也出兵向魏国的北边进攻。这时魏国曾调动大军向秦反攻,结果被秦打败。

公元前 340 年(秦孝公二十二年),商鞅带了秦军,继续向魏进攻。魏惠王派了公子卬(同"昂")带兵前来交战。原来商鞅在魏国时和公子卬有很好的友谊,这时商鞅为了取得胜利,就假意要和公子卬讲和。据说商鞅派人对公子卬说:"秦国派鞅为将攻魏,魏派公子前来抵御,我怎忍心和你交战呢?请公子向你的国君进说,我也向我的国君进说,彼此停战退兵。"公子卬听了这话,将要退兵回去,商鞅又派人对公子卬说:"大家回去了不知什么时候才能相见,愿意同公子会面谈一番再告别。"等公子卬前来和商鞅会谈,商鞅就用预先埋伏的步兵、骑兵和兵车袭击公子卬,把公子卬俘虏了,同时大破魏军①。商鞅是个著名的军事家,很懂得兵法。在兵法上是主张采用各种麻痹敌人的方法,对敌人作"出其不意"的袭击来取得胜利的,所谓"兵以诈立","兵者诡道也"。商鞅这一次大破魏军,就是采用出其不意的方法。

秦国这一次东伐的胜利是巨大的,不但俘虏魏国的主将公子卬,大破魏军,而且迫使魏国交还一部分河西郡地②。商鞅就由于这个大功,在这年封得於(今河南内乡县东)、商(今陕西商县东南商洛镇)之地的十五个邑,号为商君③。

到公元前 338 年(秦孝公二十四年),秦国又继续向魏国进攻。

---

　　①　这里根据《吕氏春秋·无义篇》。《史记·商君列传》略有不同。

　　②　《史记·商君列传》说:"魏惠王兵数破于齐、秦,国内空,日以削恐,乃使使割河西之地献于秦以和。"《盐铁论·非鞅篇》记大夫说:商鞅"攘地斥境","地尽西河而民不苦"(西河就是河西)。秦国全部取得河西郡地是在秦惠王时,这时所取得的当为河西郡的一部分地。

　　③　《战国策·秦策一》和《史记·楚世家》都说商鞅封在於、商,《史记·商君列传》也说秦封给他於、商十五邑。而《水经·浊漳水注》引《竹书纪年》说:"梁惠成王三十年,秦封卫鞅于邬,改名曰商。""邬""於"是一声之转。

秦国曾经带同降服的大荔之戎进围邰阳，又曾渡过黄河和魏军在岸门（在今山西河津南）交战，都取得了胜利。岸门一战中还俘虏了魏将魏错。

二　商鞅的被害

商鞅的变法，剥夺了旧贵族的世袭特权，建成了集权的地主政权，对反对变法的旧贵族和儒家加以镇压，使得变法得到显著成功。但是，旧贵族和儒家都不甘心失败，时刻妄图复辟。约在公元前339年（秦孝公二十三年），有个儒家信徒赵良往见商鞅游说，就是阴谋复辟的活动。

赵良劝商鞅说："你对太子的师傅处了'劓'刑和'黥'刑，你用严厉的刑罚杀伤人民，这是'积怨畜祸'的办法。……你又南面自称寡人，天天约束秦贵公子的行动，……这不是为自己求寿的办法。被你处刑的公子虔闭门不出已经八年了。你又杀死祝懽（同"欢"），……这些行为不是'得人'的办法。你出门时，随从的车辆有十多乘，车上满载着武器，有多力而魁伟的人做保镖，有持矛操戟的人在车的两旁负责保卫，只要有什么不具备，你就不出门。《尚书》说：'恃德者昌，恃力者亡。'你很快的就要遭到危险而死亡了。你倘要延年益寿，何不把受封的十五个邑归还给国君，隐居到鄙野地方去灌溉园圃过活呢？劝秦君重用隐居的贤士，奉养老的，抚恤幼的，孝敬父兄，起用有功的人，尊重有德的人，才可以稍安定。"

这是赵良用儒家"德治""行政"学说对法家"法治"政策发动疯狂反扑。他攻击革命的暴力，攻击商鞅镇压旧贵族的革命措施，抛出了"恃德者昌，恃力者亡"的反动纲领，妄图威胁商鞅隐退，迫使秦孝公放弃法家政策，而改用孔孟之道，从而达到复辟的目的。从赵良这席话，还可以看到由于商鞅不断打击旧贵族势力，旧贵族对他确是"积怨"很深，正在阴谋找寻机会杀害他。

赵良接着又说："秦君一旦去世，秦国用来收拾你的办法，哪里会是轻松的！你的灭亡是会立刻来到的。"

从赵良这些话，可以看出当时许多旧贵族正在等待秦孝公去世，新旧国君交替的机会，从中挑拨离间，达到他们阴谋杀害商鞅的目的。旧贵族的阴谋杀害商鞅，不是杀害一个人的问题，这是没落旧贵族和新兴地主阶级之间激烈斗争的集中表现。这时，商鞅没有被赵良的威胁所吓倒，他坚决拒绝隐退。

在赵良见商鞅后五个月，秦孝公就生重病了。秦孝公想把君位传给商鞅，商鞅没有接受①。这件事，虽未实现，但却引起旧贵族对商鞅更加仇恨。

公元前 338 年，秦孝公去世，太子驷即位，便是秦惠文王。到这时，旧贵族们认为反攻倒算、进行报复机会来到了。旧贵族有向秦惠文王诬告商鞅图谋造反的，也有要秦惠文王杀害商鞅的。他们对秦惠文王说："大臣权力太重，国家就危险；左右臣属太亲，国君就危险。现在秦国妇女孩子都只知说是商君之法，不说是君上之法，是商君反为主，君上反变成臣了。而且商君本来是君上的仇雠，希望君上及早加以收拾。"秦惠文王在贵族们多方煽动下，就派遣官吏去逮捕商鞅。商鞅一听到这个消息，就带了"私属"和老母出奔，一直跑到关下，找不到住宿的地方。接着，商鞅想越过国境流亡到魏国去，又因商鞅过

---

① 见《战国策·秦策一》。

去曾大破魏军,魏国边境的守将襄庇不接受他①。

于是,商鞅只得再回到商,和他的徒属征发邑兵,准备反抗。但是商鞅变法以后,全国已有统一的军事组织,军权掌在国君手中。商鞅在商邑只征发得少数人,由他带领出击郑邑(今陕西华县)。后来秦发兵反攻,把商鞅俘虏,就在郑的彤(今渭南市华州区西南)这个地方②用最残酷的刑罚"车裂"把他处死,并杀害了他全家。

商鞅虽然被杀害了,但他所推行的法制还长期为秦国所奉行。这是因为秦国自从商鞅变法以后,新兴地主阶级的力量已比较强大,旧贵族的势力已较弱小;新法制的推行已很有成效,旧制度的破坏比较彻底。尽管一些旧贵族用阴谋手段杀害了商鞅,但是不可能动摇新法制。

战国时代,三晋和楚国都曾经推行过法家政策。但这些国家的情况,和秦国不同。战国初期,在三晋,特别是魏国,由于魏文侯任用李悝、吴起等法家,一时在政治改革上得到了显著的成效。但到战国中期,法家政策就不能贯彻执行,政治紊乱,群臣结党营私,纵横家已代替了法家的地位。大约在公元前386年左右,吴起由魏入楚,楚悼王即用吴起实行变法,但变法时间很短,没有得到成功。楚悼王去世,吴起就被旧贵族乱箭射死。吴起死后,他所推行的法制也就废弃了。此后楚国的军政大权,始终不出贵族昭、景、屈三家之手。

秦国由于能比较长期彻底地推行商鞅之法,因此就奠定了后来

---

①　见《吕氏春秋·无义篇》、《战国策·秦策一》和《史记·商君列传》。

②　《史记·商君列传》说:"杀之郑黾池"。《集解》引徐广曰:"黾一作彭。"《史记·六国年表》作"死彤地"。当以作"彤地"为是,郑的附近确有彤这个地方,原是西周时代彤伯的封邑。

完成统一全中国的这个重大历史任务的基础。荀子在公元前 266 年到前 255 年间(秦昭王四十一年到五十二年间)范雎做秦相时,到过秦国。他曾发表观感,赞扬秦国习俗朴素;又赞扬秦国政府处理政务从容迅速。因而他断言秦国从秦孝公一直到秦昭王,能够"四世有胜,非幸也,数也"①。秦国能够"四世有胜",最后能够统一全中国,的确不是偶然的。韩非子还曾把秦国和其他国家作过比较,认为秦国的优点是不讲儒家鼓吹的"仁义",法令严明,赏罚分明,能够鼓励臣下出力而禁止邪臣捣乱,因而国力强盛;而其他国家与此相反,讲究仁义,赏罚不明,臣下结党营私,因而国力衰弱②。这一比较,说明商鞅变法确是取得很大效果。

三　商鞅一派法家的继续斗争

商鞅虽然被秦国旧贵族阴谋杀害了,但是,商鞅一派法家还是继续坚持变法,坚持斗争,继续向旧贵族以及代表旧贵族的儒家发动进攻,并且进一步发展了法家政策。《商君书》就是商鞅去世之后商鞅一派法家编撰的著作,书中具体反映了他们继续斗争的情况。

《商君书》原为二十九篇,现在二十六篇,编辑成书大约在公元前 260 年以后③,到战国时代晚期在民间已很流行④。其中有的记载商

---

① 见《荀子·强国篇》。

② 见《韩非子》的《外储说左上》《饰邪》《五蠹》。

③ 《商君书》的《徕民篇》说:"三晋不胜秦四世矣",又谈到公元前 260 年的长平之役。《弱民篇》又谈到公元前 278 年秦的攻破楚都郢,与《荀子·议兵篇》有类似的话。从整个书的各篇内容来看,基本上是一致的,确是出于商鞅一派法家之手。

④ 《韩非子·五蠹篇》说:"今境内之民皆言治,藏商管之法者家有之"。"商"指《商君书》,"管"指《管子》。

鞅的活动事迹以及他所制定的制度,例如《更法篇》记载着商鞅刚入秦时和旧贵族之间的斗争,这段记载后来成为司马迁写《商君列传》的一部分依据;《境内篇》记载着商鞅变法之后奖励军功和分赏"二十等爵"的具体制度,这是研究商鞅变法的重要资料。商鞅的法家政策最主要的是奖励农民从事耕战,因此《商君书》中有关这方面的内容比较充实。例如《垦令篇》是讲怎样采取措施来奖励垦荒的,一连列举了二十条措施。又如《算地篇》是讲怎样通过计算土地和人民来充分使用地力的。《徕民篇》是主张招徕三晋人民到秦国来垦荒的。这篇写作年代在秦赵两国长平大战(公元前 260 年)之后。它的具体办法是:把三晋没有田宅的农民吸引到秦国来定居,"利其田宅而复之三世",也就是分配给田宅而免除赋税徭役三代,这样就可以使原来秦国农民专门从事战争,新来的农民专门从事农业,供给粮草;同时把三晋农民招徕,还可损害敌人的实力,这是两得之计。这样的政策,是商鞅用"复"(免除徭役赋税)的办法来奖励农民生产的政策的进一步发展。

《商君书》的作者,站在新兴地主阶级立场,对作为没落奴隶主贵族代表的儒家,进行了针锋相对的斗争。

《诗》《书》是儒家的经典,又是他们的教本,用来鼓吹文(周文王)、武(周武王)、周公之道,作为复辟奴隶制的理论依据的。"礼乐"也是儒家学习的主要内容,他们想通过"礼乐"这个旧的上层建筑来恢复奴隶制的等级秩序。而《商君书》作者把《诗》《书》、礼乐看作对国家最有害的东西。《农战篇》认为国家讲究《诗》《书》、礼乐这些东西,就没法从事农耕和作战,遭到敌人进攻就会削地亡国,不遭敌人进攻也要贫穷。《去强篇》也有同样的说法。《靳令篇》则把礼乐、

《诗》、《书》、仁义等看作国家的虱子。总之,他们都把儒家鼓吹最厉害的《诗》、《书》、礼乐看作是国家的大害,这是对儒家的一个沉重的打击。

商鞅一派法家认为,有利于新兴地主阶级国家的东西有三件,第一是法,第二是信,第三是权。《修权篇》对于这点有比较详细的说明。文中认为有了明确的立法,就能使地主阶级的事业成功而禁绝奸邪;国君能够用权来独断处理,就能建立统治的权威。

《商君书》作者认为法之所以重要,因为法令可以确立封建名分,定了名分就可以巩固地主阶级的社会秩序,这里所说的名分是和儒家的"正名"主张针锋相对的。孔子所主张的"正名",企图用纠正名分的办法来恢复"君君、臣臣、父父、子子"的周礼,从而恢复奴隶制的旧秩序。就是要用周礼制定的名分来纠正当时的现实,妄图利用旧的上层建筑把已经革新的社会现实再改变过去。这是为了要复辟奴隶制。这时商鞅一派法家主张用法令来定名分,就是为了进一步破坏旧的奴隶制秩序,而确立封建制的新秩序。

商鞅一派法家极力主张专一和统一。《农战篇》提到"作一而得官爵",就是只有通过农战才能得到官爵,认为人民多用力农战,国家就可富强。《赏刑篇》提到"一赏、一刑、一教"。"一赏"就是统一赏赐办法,只有通过军功才能赏赐利禄官爵。"一刑"就是所谓"刑无等级",凡是触犯国禁、扰乱君上所定制度的,一律"罪死不赦"。其实质是用法律制裁反抗新兴地主阶级制度和权力的奴隶主旧贵族,这是对儒家宣扬"刑不上大夫"的批判。"一教"就是要统一教化,反对讲究儒家的那一套"博闻、辩慧、信廉、礼乐、修行"。这是要从上层建筑领域里破除旧的意识形态,而建立符合新兴地主阶级需要的意识形态。

《定分篇》则提出由天子来把整个天下的法令统一起来。具体办法是：天子设置三个法官，殿中一个，御史那里一个，丞相那里一个；诸侯和郡县设置一个法官。官吏和人民要懂得法令的，都可以去问法官。这是先于韩非子而为即将出现的中央集权的统一的封建国家提出了统治办法。后来李斯提出焚书建议的时候，主张学习法令要"以吏为师"，也就是这里所说的要官吏和人民向法官学习法令。

《商君书》是极力主张变法的，理论基础是一种进步的历史观，这是商鞅一派法家学说中精华部分，是对儒家的倒退的历史观的有力批判。这一点，我们在第二章第二节中已经谈过。他们主张"因世而为之治，度俗而为之法"，就是按照当时的政治形势和社会实情来制定法律，实行变法。正因为他们有着这种进步的历史观，所以到战国末年，随着时代的发展，就进一步提出了创立中央集权的统一的封建国家的统治办法。

当秦始皇消灭了吕不韦和嫪毐两股政治上复辟势力之后，就准备进一步统一六国。这时有个魏国大梁人名叫缭的来到秦国。缭就是当时"为商鞅学"的杰出法家①，并有著作。据《汉书·艺文志》记载，"杂家"类中有《尉缭子》二十九篇。他得到了秦始皇的重用，担任了国尉的重要官职，所以历史上又称他尉缭。国尉就是一国中主管军事的总参谋长。秦始皇所以要重用尉缭，就是要继续推行商鞅一派的法家政策，通过军事行动来实现中国的统一，从而建成中央集权的、统一的封建国家。

---

　　① 见《汉书·艺文志》注引刘向《别录》。

秦始皇所以能够统一中国,开始建立多民族的统一的封建国家,主要是因为他作为新兴地主阶级的总代表,在统一中国的过程中,采取了一系列打击旧贵族势力的"厚今薄古"的政策和措施,客观上符合于社会历史发展的需要。秦始皇所采取的"厚今薄古"政策和措施,主要就是发展了商鞅一派法家的政策,同时又把当时著名法家韩非子的建立中央集权封建国家的理论用于实践,并在实践中有所发展了。

第六章　商鞅变法在新旧社会变革进程中的作用

　　商鞅所处的时代，正是奴隶制和封建制交替的大变革时期。秦国，正处于新旧社会变革的关键时刻。商鞅作为新兴地主阶级的代表，以很大的毅力，发展了法家政策，在秦国实行变法，是符合历史发展要求的，因而在这个新旧社会变革的进程中起着进步作用。

　　商鞅变法在废除旧的奴隶制经济和发展新的地主经济方面起着进步作用。

　　这时广大奴隶和平民的反抗斗争，摧毁了奴隶制经济基础，使奴隶主贵族没法维持原来的井田制度。同时，由于荒地的开垦，小农经济的发展，封建制生产关系得到了发展。经济制度上的重大变化，具体表现为井田制的瓦解和田地租税制度的推广，也就是封建土地所有制的推广。秦国在公元前408年实行"初租禾"，按照田亩多少来征收实物作为田税，就表明这是秦国的封建土地所有制已被合法承认，地主阶级已登上历史舞台。商鞅变法促进了井田制的破除和地主经济的发展。他开裂井田的封疆阡陌，破除井田制原有的界限和规模，打开原来奴隶主贵族圈占井田的范围，听任开垦荒地，自由买卖，这样就进一步破坏了旧的奴隶制生产关系，便利了封建制生产关系的发展。这在新旧生产关系的变更中起着促进作用。毛主席教导我们：**"当着不变更生产关系，生产力就不能发展的时候，生产关系的变更就起了主要的决定的作用。"**（《毛泽东选集》第 300 页）。这时，正是生产关系的变更起着主要的决定作用的时候，因此破坏井田封疆阡陌这一行动，就进一步解除了旧的腐朽的生产关系对新的生产力的束缚，使得生产力得到超过旧社会的速度而发展。就这点来说，解除井田这一行动，具有革命的意义。

商鞅奖励农民从事耕作，凡是生产粟帛多的可以"复其身"。同时对经营商业和手工业以及因怠惰而贫穷的人，连同他妻子儿女一起没入官府为奴婢。这就是著名的"强本弱末"政策。所谓"强本"，是指发展农业生产，实际上强的是地主阶级。因为这样可以增加地主阶级及其政权的实力。所谓"弱末"，是为了削弱商人势力，目的也在帮助地主经济的发展。因为商人依靠不等价的交换、投机取巧、囤积居奇以及高利贷等方式来牟取暴利，直接侵蚀农民的经济，影响到地主阶级对农民的剥削利益。特别是大商人使用大量奴隶，和地主阶级争夺劳动人手，妨碍地主经济的成长。秦始皇统一六国后，也进一步推行了这种"上农除末"政策。他采用定期"复"的方法来鼓励迁移一部分农民到边远地区去垦荒，把商人、奴隶连同罪犯也迁去从事开垦和防守，来打击商人势力。所有这些，都是为了发展新兴的地主经济，同时也有利于农业生产的发展。

商鞅在打击没落奴隶主贵族势力和帮助新兴势力成长方面，起着进步作用。

奴隶主阶级的灭亡，主要是广大奴隶和平民反抗斗争的结果。新兴地主阶级所以能够在对奴隶主阶级夺权斗争中取得胜利，主要也是乘着广大奴隶进行反抗斗争的形势。在这个历史大变革的时代里，商鞅代表新兴地主阶级制定了政策，进一步打击了没落奴隶主贵族势力而帮助了新兴势力的成长。商鞅变法，废除了原有宗室的世袭特权，规定非有军功不能得到宗室的特殊待遇。同时规定按军功大小赏给爵位，分给不同面积的田地和不同数量的"庶子"（农奴），高级的爵位还有"税邑"（收取租税的邑），最高级的还可以封为"君"或"侯"，但是，这和过去奴隶制的分封制是不同的，这时的封君不掌握"税邑"的政权和兵权，而且爵位也不是世袭的。这种打击旧贵族，扶植新兴势力的制度，后来秦始皇继续推行，一直到东汉末年才取消。

商鞅还运用地主政权的力量，打击没落贵族。他曾经把反对变法的"乱化之民"迁到边城去，还曾焚烧《诗》《书》，对代表旧贵族的儒家加以打击。这些旧贵族的专政措施是十分必要的，对削弱旧贵族势力起了很大作用。正因为商鞅执行打击旧贵族的专政措施坚决而有力，所以秦的改革能够比关东六国彻底，取得较大的成功。后来秦始皇的焚书坑儒，就是商鞅这种专政措施的进一步发展。曾经是资产阶级革命派的章太炎说：秦的焚书由于"不燔六艺不足以尊新王"[①]。因为当时《诗》《书》流传很广，儒家用它们来"以古非今"，为旧贵族制造复辟的舆论，还用来反对秦的现行法令，为了巩固地主阶级专政，确立新的中央集权的地主政权的权威，即所谓"尊新王"，有

---

① 章炳麟：《太炎文录》卷一《秦献记》。

必要采取这样有效的专政措施。

商鞅在变法过程中，还结合秦国的具体情况，进行了政治改革。县制的普遍推行，有力地打击了各地原有的旧贵族势力。领取实物作俸禄的官僚制度的确立，使国君可以对各级官僚随时任免，便于集中权力。统一法律的公布，目的在于巩固地主阶级专政，首先是为了消除旧贵族的特权和防止他们的非法活动，同时也为了防止和镇压农民的反抗斗争。度量衡制度的统一，既便利了建立统一的赋税制度和俸禄制度，又便利了各地经济的联系。由于这样一系列经济上和政治上的改革得到成功，就使得落后的秦国一跃而为先进的国家。从此秦国逐渐富强，为后来消灭六国，建立中央集权的地主阶级专政体制奠定了基础，终于由秦始皇完成了统一全中国的历史任务。

无可否认，商鞅毕竟是地主阶级的改革家。他是为了地主阶级的根本利益，为了地主阶级的成长和地主经济的发展，为了巩固地主阶级专政而进行改革的，因而必然要对人民进行剥削和压迫。新兴的地主政权在同旧势力的胜利斗争中加强了自己的力量，同时也就加强了对人民的剥削和压迫。

商鞅为了赏赐军功而制定的二十等爵，削除了旧贵族的世袭特权，同时也造成了一批在经济上和政治上有特权的地主，使地主阶级可以占有大块土地，使租佃关系逐渐发展起来，加强了对农民的剥削和压迫。同时法律上允许土地买卖，便利了地主经济的发展，有财有势的地主就可以巧取豪夺，兼并农民的土地，造成贫富悬殊。商鞅一方面用免除赋税徭役的办法来奖励农业生产，另一方面又规定了定期按壮丁征收定额"口赋"的办法，规定一户有两个丁男以上不分财分居的，每个丁男要出加倍的赋。目的在于确立以小家庭为单位的农户,使各自谋生,以提高生产率。但是这样按人丁来征赋,使得人丁较多的贫穷人家负担加重了。

商鞅为了巩固地主阶级专政,在秦献公"为户籍相伍"的基础上实行连坐法。既是为了防止没落旧贵族进行"非法"活动,摧毁旧贵族的反动势力;同时又是为了加强对人民的统治。尽管新兴地主阶级是乘着广大人民反抗旧贵族的有利形势而取得夺权斗争胜利的,但是他们在取得政权之后,为了巩固地主阶级专政,必然会压迫人民。这是他们剥削阶级本性所决定的。

但是从这个时期新旧社会的变革过程来看,商鞅变法在这个变革过程中起的进步作用是主要的。这是我们用历史唯物主义的观点来分析、作出的结论。

从来对商鞅变法的评价,有两种截然相反的看法,我们可以从公元前81年(汉昭帝始元六年)盐铁会议的辩论中看得很清楚。

公元前81年二月,汉朝把各地推荐的知识分子代表六十多人召集到京师,和朝廷的一部分官员讨论盐铁国营和酒类专卖等财政政策。朝廷方面参加的有御史大夫桑弘羊等人,桑弘羊就是这些政策的主要制定者和推行者。知识分子代表是"文学"(即读书人)和"贤良"(即读书人中有功名,被选为"贤良方正"的)。在这次盐铁会议上,这些知识分子代表工商奴隶主残余势力,反对朝廷的财政政策,并和桑弘羊等人展开辩论,他们以儒家思想作为武器提出了许多反对意见,而桑弘羊则站在法家立场,从实际出发予以批驳。这是又一次儒法两家的思想斗争。

在这场辩论中,曾经把商鞅变法的评价问题作为一个辩论的主题,见于桓宽《盐铁论·非鞅篇》。桓宽也是一个代表工商奴隶主利益的人,他尊崇儒家,反对法家,因此这篇记录以"非鞅"为题目。从这场辩论中可以看到,争论的焦点,就是秦国由于商鞅变法奠定了秦完成统一的基础,还是秦因此而灭亡。"文学"之士认为秦国由于商鞅变法,加重了刑罚和赋税,造成了一时的强盛,终于引上了灭亡的道路。这是完全错误的。桑弘羊认为秦朝灭亡的主要原因是秦二世时奸臣专断,"公道不行"。这是正确的。唐代进步思想家柳宗元在著名的《封建论》中也认为秦的灭亡"失在于政,不在于制"。明末清初的王夫之也认为秦的普遍推行郡县制,是"行其大公",而秦的灭亡是由于"托国于赵高之手"[①]。章太炎也认为秦始皇能够守法,不但刑罚按照法律判断,"用人亦然"。秦的灭亡,"非法之罪也"[②]。

　　"文学"之士从儒家思想出发,指责商鞅抛弃"道"而使用"权",废弃"德"而信任"力",重"利"而轻"义",讲究"力"而着重"功"。事实上,没有一个阶级的政权不讲究"权"、"利"、"力"、"功"的。毛主席指出:"**唯物主义者并不一般地反对功利主义,但是反对封建阶级的、资产阶级的、小资产阶级的功利主义,反对那种口头上反对功利主义、实际上抱着最自私最短视的功利主义的伪善者。世界上没有什么超功利主义,在阶级社会里,不是这一阶级的功利主义,就是那一阶级的功利主义。**"(《毛泽东选集》第821页)儒家实际上就是抱着奴隶主阶级最自私的功利主义的伪善者。儒家宣扬"道"、"德"、"义"而反对"权"、"利"、"力"、"功",本质上就是鼓吹奴隶主阶级的"礼治"、"德治",反对新兴地主阶级的"法治",反对新兴地主阶级的革命暴力,反

---

　　①　王夫之:《读通鉴论》卷一《秦始皇》。
　　②　章炳麟:《太炎文录》卷一《秦政记》。

对新兴地主阶级的专政。而商鞅提倡的"权"、"利"、"力"、"功",实际上就是提倡新兴地主阶级的功利主义。商鞅作为新兴地主阶级的代表,正当新旧社会变革的时机,为了进一步破坏旧的奴隶制经济和发展新的地主经济,为了打击旧的没落贵族和帮助新兴地主阶级的成长,为了把落后的秦国改变为先进的秦国,很需要加强地主政权的"权",发展地主阶级的"利",增强秦国在经济上、政治上和军事上的"力",从而达到富强的"功"。商鞅在这时提倡新兴地主阶级的"权"、"利"、"力"、"功",是符合于当时新旧社会变革的趋势的,是进步的。"文学"之士说商鞅变法使得秦国民不聊生,人人对他有怨,家家对他有仇,完全是一派胡言。秦国由于商鞅变法,进一步破坏了奴隶制生产关系,打击了旧贵族势力,使得劳动人民进一步摆脱了旧的生产关系的束缚,也就是进一步解除了旧的生产关系对新的生产力的束缚,使得生产力得到发展。司马迁说,变法的结果是"家给人足",这和变法以前的情况比较起来,是有一定根据的。至于"文学"之士说人人对他有怨,家家对他有仇,因而到秦孝公去世那天全国向他进攻,更是造谣中伤。商鞅的被杀害,是由于反动的旧贵族乘新旧国君交替的机会进行反攻倒算所造成的。

桑弘羊指出秦国由于商鞅变法,国家富强,成为兼并六国而建成帝业的基础,确是事实。汉代唯物主义思想家王充也说:"商鞅相孝公,为秦开帝业。"[①]商鞅顺着当时新旧社会大变革的趋势,代表新兴地主阶级利用已经掌握的政权,实行社会改革和政治改革,破除了奴隶主阶级的"礼治",推行了新兴地主阶级的"法治",使秦国一跃而成

---

① 《论衡·书解篇》。

为先进的诸侯国家,奠定了秦始皇完成统一全国的基础。后来秦始皇在统一全国过程中所实施的许多法家政策,多数是商鞅所制定的法家政策的进一步发展。

秦始皇在统一全中国以后,发布"使黔首自实田"的命令,是商鞅承认土地私有、允许土地买卖的政策的发展。秦始皇的"上农除末"政策,是商鞅"强本弱末"政策的发展。秦始皇普遍推行郡县制度的政策,是商鞅普遍推行县制政策的发展。秦始皇统一法律、货币、度量衡、文字和道路宽度的措施,是商鞅实行新兴地主阶级新法制、统一度量衡制的进一步发展。秦始皇焚书坑儒、"以吏为师"的措施,同样又是商鞅"燔《诗》《书》而明法令"政策的继续和发展。商鞅发展了法家政策,建成了秦国集权的地主政权体制。秦始皇进一步发展了商鞅的法家政策,同时把韩非子的建立中央集权封建国家的理论用来实践,把全国统一了起来,建成了中央集权的统一的封建国家。他们作为新兴地主阶级的代表,推行了一系列"厚今薄古"的措施,"厚"的是新兴地主阶级之"今","薄"的是没落的旧贵族之"古,"因而能够在这个新旧社会变革的进程中起着促进作用,在历史上作出了贡献。

毛主席教导我们:**"历史上奴隶主阶级、封建地主阶级和资产阶级,在它们取得统治权力以前和取得统治权力以后的一段时间内,它们是生气勃勃的,是革命者,是先进者,是真老虎。"**(《毛泽东选集》第1088页)商鞅和秦始皇就是封建地主阶级在取得统治权力以后一段时间内的代表人物,因而他们能够生气勃勃地从事改革,敢于创立新制度,而对旧制度进行斗争,因而在新旧社会变革的进程中起着进步作用。

秦始皇

第一章　秦始皇和吕不韦

一　秦始皇父亲作为"质子"留在赵国和吕不韦政治投机的成功

在战国时代合纵连横的战争形势下，各国国君为了争取彼此间的信任，往往把自己的儿子或孙子送到别国去作为担保品，这种被作为担保品的儿子或孙子，当时叫做"质子"。"质"就是抵押的意思。秦始皇的父亲秦庄襄王，在壮年时期是被作为"质子"送到赵国的。

秦庄襄王原名异人，后来改名子楚，是秦昭王（名稷）的孙子，秦孝文王（名柱）的儿子。他共有兄弟二十多个。他既不是长子，而是中子；他的母亲夏姬又失宠，因而被作为"质子"送在赵国，处境是很窘的。秦国输送给他的钱财既不充裕，又因秦国时常攻打赵国，赵的君臣待他也不礼貌。因此他留落在赵国，很难作回国的打算了。

正好这时，有个投机大商人吕不韦到赵的国都邯郸（今河北邯郸）来经商，把这个秦国落难公子作为"奇货"看中了。

吕不韦原是卫的国都濮阳（今河南濮阳西南）人。濮阳是中原地区一个商业繁荣的城市，它和宋的陶邑（今山东定陶北）一样是东方各国商品集散的中心。这儿人口众多，农业和手工业生产都发展得比较好，交通便利，商业发达，文化艺术也很有成就。据说这一带民间创作的乐曲特别动听，即所谓"桑间濮上之音"。同时又是学者和官僚经常来往活动的地方。孔丘的弟子子夏在孔丘死后，就到卫国的西河地方教授学生。早期法家的杰出人物吴起也是卫国左氏地方人，年轻时就带着资金到处游说。吕不韦生长在这样一个环境里，不仅学会了高明的经商本领，政治手腕也很高强，而且在政治上和文化上也还有一定的修养。

吕不韦由于经商本领高明，到韩的重要城市阳翟（今河南禹县）做买卖，就发了大财，成为一个"家累万金"的"阳翟大贾"。他不以做大商人为满足，就想进一步把商业上的投机方法运用到政治上来。他到邯郸结识了处境窘迫的秦公子异人，就认为"奇货可居"。为此，他特地回到家里，同他的老父亲商量，有这样一段生动的对话：

吕不韦问父亲说："经营耕种旧地的利润有多少倍？"

父亲答道："十倍。"

吕不韦又问："那末，做珠宝生意的利润有多少倍呢？"

父亲又答："百倍。"

吕不韦再问："拥立一个国君，可以获利多少倍呢？"

父亲再答："无数倍。"

吕不韦就高兴地说："今天我做成'建国立君'的大事业，恩泽还可以流传到后世呢！我很愿意为此大干一番。"（《战国策·秦策五》）

于是，吕不韦再次前往邯郸去会见秦公子异人。他一见异人，开口便说:"我能够扩大你的门庭。"

异人一下子摸不清他的用意,笑着说:"你且扩大你自己的门庭,然后再来扩大我的门庭吧!"

吕不韦对答道:"你不知道啊!我的门庭要等你的门庭扩大之后才能扩大哩!"

异人听了,马上心领神会他的意思,就引他进内堂来,准备密谈。

这时秦国,秦昭王在位已经四十多年了。秦昭王四十年(公元前267年)太子去世,后二年,次子安国君被立为太子,这就是后来的秦孝文王。安国君有儿子二十多个,还没有确定立谁为嫡嗣。安国君把爱姬立为正夫人,号称华阳夫人。华阳夫人以华阳(今华山以南)作为食邑,一时权势很大,连她的弟弟也被封为阳泉君。但是她非常苦恼,苦恼的是没有亲生儿子可以立为安国君的嫡嗣。安国君的长子叫子傒,是由大臣士仓辅导的①,照例他可以立为嫡嗣,但是由于吕不韦的政治投机,结果没有成功。

吕不韦进入内室,就对异人密谈说:"秦王年纪老了,安国君立为太子,听说安国君很宠爱华阳夫人,华阳夫人却没有亲生儿子。目前能够进说安国君而确定立谁为嫡嗣的,只有华阳夫人。现在你兄弟二十多人,你又居中,得不到宠幸,又长久在别国作'质子',一旦大王去世,安国君即位为秦王,你不可能立为太子,而其他诸子早晚在国王面前,就将争夺得太子的位置了。"(以上据《史记·吕不韦列传》)

---

① 《战国策·秦策五》载吕不韦对阳泉君说:"子傒有承国之业,士仓又辅之,王一旦山陵崩,子傒立,士仓用事,王后之门必生蓬蒿。"这个"士仓"当即"杜仓"之误。《韩非子·存韩》载李斯上韩王书说:"先时五诸侯尝伐秦,韩反与诸侯先为雁行,……杜仓相秦,起兵发将,以报天下之怨而先攻荆,……天下共割韩上地十城以谢秦,解其兵。"《史记·秦本纪》列举秦相改换情况,只有"杜仓相秦"不可考。

吕不韦还说:"子傒有继承嫡嗣的名分,又有他的母亲从中帮助。你既没有母亲可以帮助,而又寄托在这样一个不可预料的赵国,一旦秦赵之间背约,你的肉体就会变成粪土呵!"(《战国策·秦策五》)

吕不韦把问题说得那么严重,异人就发问道:"那么,怎样才好呢"?

吕不韦于是胸有成竹地说:"你贫困居留客地,有什么资财可以用来奉献亲属和结交宾客呢? 我吕不韦虽穷,也还可以拿出千金来为你西游,设法劝说安国君和华阳夫人把你立为嫡嗣。"

异人为此顿首道谢说:"一定按照你的策略办事,如果成功的话,就请分割秦国,与你共享吧!"

吕不韦就以五百金赠与异人,作为他结交宾客的费用,而自己用五百金购买奇物玩好,带着西游秦国。

吕不韦一到秦都咸阳(今陕西咸阳东北),就求见华阳夫人的姊姊,请把奇物玩好进献给华阳夫人,并托她转言道:"异人很贤孝聪明,结交宾客遍天下,把夫人看作天一样的高大,正日日夜夜哭泣思念着。"华阳夫人听了大为欢喜。

接着,吕不韦就促使华阳夫人的姊姊进一步劝说夫人:"吾听说,用色来取得宠爱的,色衰了,宠爱也就松弛了。如今夫人侍奉安国君,很得宠爱而没有亲生儿子,必须趁早结交诸子中贤孝的,推举立为嫡嗣,作为自己的儿子,这样丈夫活着的时候很得尊重;丈夫百岁之后(指去世之后),你推举的儿子继承王位,还是可以不失势。这就叫做'一言而得万世之利'。不在繁华的时候树立根本,一旦色衰而爱弛,想开口进一言,还可能有效果吗? 现在异人贤孝,自知是中子,按次序不能立为嫡嗣,他的母亲又不得宠幸,因而要自附于夫人,夫人真能在这时加以提拔而立为嫡嗣,夫人就可以长保权势了。"

这样一席话,打动了华阳夫人的心,华阳夫人很以为然。因此她一有机会,就在安国君面前替异人说好话,说他怎样孝贤,说进出赵国的人都很称赞他,还哭泣说:"妾身幸而得充后宫,不幸没有亲生儿子,愿意得到异人立为嫡嗣,可以把妾身托付于他。"由于她这样的哀求,终于得到安国君的准许。安国君就此和夫人刻玉符为约,确立异人为嫡嗣,并且输送大量资财给异人,请吕不韦当他的"傅"(师傅)。这样,吕不韦的政治投机就初步成功了。

异人在邯郸娶了一个豪家的女儿立为夫人,于公元前259年(秦昭王四十八年)正月生下一个男孩。因为是正月里生的,取名为"政(一作正)";因为生在赵国,就以"赵"为氏,叫做"赵政"①。这位赵政不是别人,就是后来煊赫一世的秦始皇帝。

这时正当秦大胜赵于长平(今山西高平西北)之后,秦兵正进一步围攻邯郸。公元前257年(秦昭王五十年),秦兵围逼邯郸很急,赵国君臣想要杀死异人。为此,异人和吕不韦密谋,用黄金六百斤贿赂赵的看守小吏,因而得以逃出邯郸,奔到秦军,回到秦国。接着赵国官吏想要杀害异人的夫人和儿子,因为异人的夫人是邯郸豪家的女儿,在豪家的掩护之下躲藏了起来,因而保全了她们母子两人的性

---

① 《史记·秦始皇本纪》说秦始皇"名为政,姓赵氏"。《集解》引徐广说:"一作正。"《集解》引《世本》宋表注说:"以正月旦生,故名正。"因为秦始皇生在正月而名为"正",后来秦为了避讳曾把"正月"改称"端月"。《史记正义》说:"正音政,周正建子之正也。"可知《史记》原本作"正"字。《史记索隐》说:因秦始皇"生于赵,故曰赵政"。秦与赵虽同为嬴姓,同出一祖,但是,赵是因"封于赵城为赵氏",秦是因为开始在秦邑作为周的附庸而称秦氏,不应同时又以赵为氏的。《史记·秦本纪》太史公曰:"秦以其先造父封赵为赵氏。"怎么可能同时又用他们远祖的氏呢?不免是一种曲解。所有秦王除了秦始皇以外,没有听说有谁以赵为氏的。参看梁玉绳《史记志疑》。

命。公元前 251 年(秦昭王五十六年)秦昭王去世,太子安国君继承王位,便是孝文王。华阳夫人立为王后,异人改名子楚,立为太子,赵国也就把子楚夫人以及赵政护送回到秦国。

吕不韦这样政治投机成功的情节,比较曲折,富于戏剧性,因此作为一个故事传说,在当时民间广为流传。在广为流传中,由于传闻的不同,就可能出现多种不同的故事传说。我们上面所讲的,主要是根据汉代历史学家司马迁所著《史记》上的《吕不韦列传》。而另外在《战国策》的《秦策》上又有不同的传说。同时在广为流传中,还不免有人替它加油加酱,甚至替它增加续篇。在《史记·吕不韦列传》中,就有被人增加的续篇。

据说,吕不韦在邯郸和一个"诸姬绝好歌舞者"同居,已经怀了孕。一天,子楚从吕不韦一起饮酒,见到这个歌姬很喜爱,要求吕不韦送给他。一时吕不韦很生气,转而想到自己已经"破家为子楚,欲以钓奇",就把歌姬献给了他。这个歌姬隐瞒了自己怀孕,等到"大期"就生下赵政。这个传说有许多说不通的地方:既然子楚夫人原是吕不韦的歌姬,为什么又说"子楚夫人,赵豪家女也"?既然是豪家女,怎么可能还当歌姬呢?既然歌姬先怀了孕再被献给子楚的,怎么可能长期隐瞒自己怀孕的情况一直到"大期"才生育呢?"大期",既然是超过十月而是十二月(《史记集解》引徐广说和《史记索隐》引谯周说),在献给子楚之后十二个月后才生育,就不可能是在没有献给子楚前就怀孕的。因此这个传说很难相信。很可能,编造这个传说的人是为了要把秦始皇说成是吕不韦的儿子,为了有意诬蔑秦始皇。

至于《战国策·秦策五》上的记载的故事传说,和《史记·吕不韦列传》比较起来,主要有三点不同:

第一点，吕不韦入秦游说已是在秦孝文王时，而不在楚昭王时。这时华阳夫人已是王后，子傒已成为太子。

第二点，吕不韦的游说的对象是王后的弟弟阳泉君，而不是华阳夫人的姊姊。

第三点，子楚是由王后请求赵国把他送回，并经吕不韦到赵国游说之后，赵才遣送回国的；而不是由于贿赂了赵国看守小吏而逃到秦军的。

因为留传到现在的有关史料不多，我们很难判定究竟哪一种传说正确。孝文王是服丧一年之后即位，即位后三天就去世了。如果说吕不韦入秦游说在孝文王时，好像时间比较局促。也可能吕不韦入秦游说不止一次，所游说的对象不止一人，既曾在秦昭王时游说华阳夫人的姊姊，又曾在秦孝文王时游说阳泉君。

《战国策·秦策五》的传说里，还说到了异人所以改名子楚的原因，是比较合理的。据说华阳夫人是楚国人，吕不韦为了使异人得到华阳夫人的欢心，使异人初次来见华阳夫人时就穿着一身楚国的服装。果然，华阳夫人一见大为欢喜，称赞他有很高的智慧，就说："我是楚国人呀！你这样打扮就是已经自认为我的亲儿子了。"于是她把异人改名为子楚。由于华阳夫人的欢喜，劝说孝文王，终于把子楚立为太子。

子楚这样一个落难在赵国的秦公子，原来不敢作回国的打算了，如今由于吕不韦的政治投机，不但回到了秦国，而且做到了太子，取得了继承王位的资格，怎能不对吕不韦这个大恩人感恩戴德呢？等到子楚继承王位，当然会实现原先分割秦国、共同享有的诺言。这样，吕不韦的投机就十分成功了。

早先吕不韦在家和老父亲商讨的时候,认为政治投机成功,不但可以得利无数倍,而且做成"建国立君"的大事业,恩泽还可以流传后世,因而很愿大干一番。如今政治投机已经成功,且看他怎样为"建国立君"的事业大干一番吧!

二 吕不韦担任秦庄襄王、秦始皇的相邦和继续进行统一战争的胜利

吕不韦的政治投机,不但成功大,而且收效快。

秦孝文王在位的时间很短,他继任王位时已有 53 岁,曾服丧一年,一年后(公元前 250 年)才正式即位,即位三天便去世了。秦孝文王去世,太子子楚就继承王位,便是秦庄襄王。庄襄王即位以后,立即兑现先前和吕不韦约定的诺言,起用吕不韦为丞相,并封为文信侯,赏给蓝田(今陕西蓝田西南)十二个县作为食邑。吕不韦一下子就掌握秦国大权,并成为一个拥有很多食邑的封君。

秦庄襄王在位的年数也不多,只有三年。公元前 247 年(秦庄襄王三年)便去世,接着就由赵政继承王位。那时赵政年才 13 岁,因此所有政务,都是由他的母亲(太后)和吕不韦掌管的。吕不韦的权势就更大了,不但担任相邦(即相国)这个要职,而且取得了"仲父"的尊号。

这个"仲父"的尊号是有来历的。春秋初期齐桓公重用管仲为辅佐,进行了政治改革,创立了霸业,成为春秋五霸的开创者。齐桓公为了尊重管仲,曾给以"仲父"的尊称。这时吕不韦用"仲父"的尊号不是偶然的,就是要以管仲自比。在吕不韦主编的《吕氏春秋》一书中,曾有多处称赞齐桓公怎样推崇管仲,把管仲尊称为"仲父"(《吕氏

春秋·达郁》），还说："桓公行公去私恶，用管子而为五伯（霸）长。"
（《吕氏春秋·贵公》）《尊师》一篇曾列举古代君主中"十圣六贤"由于
"尊师"而成为圣贤，"六贤"中第一名齐桓公就是由于"师管夷吾（即
管仲）"而成为霸主的。十分明显，吕不韦这时采用"仲父"的尊号，就
是要秦始皇像齐桓公推崇管仲那样，把他作为"师"来尊敬呵！

　　一个投机大商人，就这样一跃而为当时最强大的秦国的相邦，并
取得了"仲父"的尊号，掌握着秦国的政治大权，左右着中原各国相互
斗争的形势，这是我国历史上前所未有的。自从春秋晚期以后，由于
奴隶制转变为封建制，农业和手工业生产有较大的发展，商品交换活
跃起来，出现了不少著名的富商大贾。他们囤积居奇，投机取巧，垄
断市场，发了大财。其中有些人就带着贵重礼品，聘问各国，和各国
国君分庭抗礼，由此取得了一定的政治地位。但是，从没有一个大商
人像吕不韦这样把落难公子看作"奇货"来进行投机的，而这个投机
居然十分成功，确实取得了他预计的"无数倍"的利润呢。

　　吕不韦不把别国公子作为"奇货"进行投机，而把落难的秦公子
作为"奇货"来投机，看中秦国作为政治投机的目标，说明他是很有政
治眼光的。

　　秦国自从秦孝公任用商鞅实行变法，就奠定了富强的基础，收复
了过去失守的一部分河西地（今陕西黄河和洛水间地）。接着秦惠王
重用张仪为相，司马错等人为将，向北取得了魏的上郡（在今陕西西
北部），向南攻取了楚的汉中郡（在今陕西东南部和湖北西北部），向
西南灭亡了巴、蜀两国，向西又攻取了义渠的 25 个城。后来秦武王
又派甘茂攻取得韩的大县宜阳（今河南宜阳西）。这样秦国从四面八
方开拓领土，既加强了富强的基础，又造成了战胜东方六国的有利形

势。等到秦昭王前期，魏冉出任相国，推荐白起为将，就进一步不断取得了重大胜利。先迫使魏国和韩国献出河东、武遂（在今山西东南部）几百里地方；又利用五国合纵攻破齐国的时机，攻取得了原来属于宋国的中原最富庶的商业城市陶邑一带；还向南攻取了楚的黔中（在今贵州东部和湖南西部），攻克了楚的国都郢（今湖北江陵西北），设置了黔中郡和南郡（在今湖北北部）；更又向西攻灭义渠，先后建立陇西郡（在今甘肃东南部）和北地郡（在今甘肃东北部）。

秦昭王时，秦国实际上已始进行统一战争，既取得了东方各国的广大土地，又大量杀伤他们的人力，公元前 293 年（秦昭王十四年）伊阙（今河南龙门）之战，白起大胜韩、魏联军，斩首 24 万。公元前 279 年（秦昭王二十八年）鄢（今湖北宜城东南）之战，白起引西山长谷水灌城的东北角，淹死楚的军民几十万人（《水经·沔水注》）。公元前 273 年（秦昭王三十四年）华阳（今河南新郑北）之战，白起又大胜赵、魏联军，斩首 15 万。公元前 260 年（秦昭王四十七年）长平（今山西高平西北）之战，白起又活埋了投降的赵兵 45 万人。其他较小规模的战争不计，只就这四次白起指挥的大战来说，秦所杀死三晋（赵、魏、韩）和楚的士兵已在一百万以上。这样大量的杀伤，就严重削弱了这些国家的战斗力，奠定了此后秦国取得统一战争胜利的基础。因为秦采用残暴的杀降办法，激起了赵国广大人民的义愤，因此包围邯郸之战，秦兵就遇到赵国人民的英勇抵抗和反击，再加上魏的信陵君（魏无忌）和楚的春申君（黄歇）联合救赵，使得秦兵反而陷入包围而失败了。但是秦国并没有因此退缩，在赵稍事休息整顿之后，继续进行统一战争。公元前 256 年（秦昭王五十一年）秦将军摎进攻韩和赵，取得了二十多个县。接着西周君（战国时周天子分封的封君）叛背秦国,和东方各国合纵,从伊阙出兵攻秦。将军摎就进攻西周,迫使西周君献出他的 36 个邑和 3 万人口。同时周赧王也去世了,从此名义上的周天子也不存在了。这样,秦国进行的统一战争,更名正言顺了。

吕不韦正是在秦国开始进行统一战争、不断取得胜利的形势下,出任秦的相邦,担负起政治重任的。尽管吕不韦是投机商人出身,但是他出任相邦以后,还是按照秦国原定的方针行事,继续进行统一战争。因为这是大势所趋,任何人不可能把它逆转的。从吕不韦自比于管仲,自称为"仲父"来看,他确是想干一番"建国立君"的大事业的。

这时正好统治者"养士"之风极盛的时候,魏的信陵君和楚的春申君都有食客三千人,作为他们的智囊团。吕不韦也以他们为榜样,招徕三晋和秦的宾客三千人,帮助他在政治上和军事上计谋策划,继续进行统一战争。《史记·秦始皇本纪》说:"吕不韦为相,……招致宾客游士,欲以并天下。"这是符合历史实际的。他怎样达到"并天下"的目的呢?就是要在秦昭王已经取得统一战争胜利成果的基础上,进一步扩大胜利成果。他具体的军事行动,就是要继秦昭王灭亡西周之后,再把东周灭亡,并乘三晋实力重大损伤的时机,陆续占有中原心脏地区,在东方建立许多秦的新郡,以便作为进一步统一六国的基地。

吕不韦发动的第一个军事行动,是亲自出马的。他借口东周君曾与东方诸侯合纵谋秦,一举把东周灭亡了。接着就派蒙骜伐韩,迫使韩国献出成皋(今河南荥阳西北)和巩(今河南巩县西南)。成皋就是虎牢,从来是军事上的战略要地,从这儿沿黄河向西到函谷关(今河南灵宝东北)有一条通道,当时称为"成皋之路",东方各国合纵攻秦常常由此进军的。这时秦国占有了成皋这个门户,就在军事上取得了主动地位。秦国在中原的领土因此大为扩展,边界已直到魏的国都大梁(今河南开封西北)附近。秦国为了巩固对这个中原心脏地区的统治,并便于带动对魏、韩两国的进攻,就把原来西周、东周连同周围原属韩的一部分土地,合建为三川郡(在今河南西部),因地处黄河、洛水、伊水之间而得名。大概吕不韦由于这一功绩,又取得了河南、洛阳十万户作为食邑。

吕不韦发动的第二个军事行动,就是进攻韩国和赵国,完全占有韩、魏两国的上党郡(在今山西东南部),并建立太原郡(在今山西中部)。秦在长平大战胜利之后,曾占有上党,并北上占有赵的太原,不久又作了战略的退却,从太原退守到上党。这时秦乘燕、赵两国连年战争的时机,乘用远交近攻的战略,联合燕国,进攻赵国,再度攻取太原。公元前249年(秦庄襄王元年)蒙骜伐赵,重新平定太原。后二年蒙骜又攻取魏的高都(今山西晋城北)、波(今河南沁阳西),又攻取赵的榆次(今山西榆次)、狼孟(今山西阳曲)、新城(今山西朔县南)等三十七城,建立了太原郡。同时王齮又全部攻占了上党郡,这时蒙骜和王齮是吕不韦手下的两员大将,所有重要的战役,都是他们指挥的。

吕不韦发动的两次军事行动的胜利,使得秦国在黄河以南的中原心脏地区建立了三川郡,越过黄河向北,又完全占有了上党郡,并建立了太原郡,占有了太行山以西的很多土地。这样不但削小了三晋(赵、魏、韩)的领土,而且形成了对三晋的威胁,特别是对魏的国都大梁的威胁。魏国的信陵君,自从"窃符救赵"取得胜利之后,一时声威大振，只因他曾杀死将军晋鄙夺取兵权，不敢回魏，留在赵国。这时魏安釐王害怕秦的进逼，把信陵君请了回来，并授以上将军印。当时东方各国君臣正纷纷谋划合纵攻秦，企图阻止秦的东进。公元前247年（秦庄襄王三年），信陵君合纵魏、赵、韩、燕、楚五国的计划成功，统率五国联军攻秦，秦将蒙骜的军队败退到了河外（黄河以西）①。信陵君因此威震天下，但是实际上没有能够杀伤秦的实力。

信陵君合纵攻秦的唯一效果，就是引起了秦国占有的一些三晋城邑的反叛。这时晋阳（今山西太原南）乘机反叛归赵，公元前246年（秦始皇元年）由蒙骜率军前往平定。次年秦又派麃公进攻魏的卷（今河南原阳西），斩首三万（《史记·秦始皇本纪》）。卷原来在秦昭王时早已为秦所占有，这时秦发兵攻卷，也该是由于卷反叛归魏的缘故。湖北云梦秦墓出土秦简《编年记》说："今三年卷军"，就是说作者（名喜）在秦始皇三年从军参加卷的战役。说明卷虽是个小城，这次由于反叛归魏，对秦的抵抗很是激烈，战斗到第二年，秦还征发新的力量来补充参战。

吕不韦等到把新占有三晋土地稳定下来，就发动第三次的军事行动，大规模的发动对韩、魏的进攻，采取了对韩、魏两国国都包围的战略。公元前244年（秦始皇三年）蒙骜伐韩，攻取得十三个城。后二年，分兵几路向魏进攻，一路从成皋向东，攻取得酸枣（今河南延津

---

① 《史记·秦本纪》说这役"秦却于河外，蒙骜败，解而去"。《史记·魏世家》说这役"败之河外，走蒙骜"。而《史记·信陵君列传》说这役"破秦军于河外，走蒙骜，遂乘胜逐秦军至函谷关，抑秦兵，秦兵不敢出"。看来这役蒙骜在河内被打败，退到了河外，《信陵君列传》的话不免夸大。

西南)、燕(今延津东北)、虚(今延津东)、桃人(今河南长垣西北)等城,一路在黄河以北攻取得山阳(今河南焦作东南)的第三个新郡。这个东郡的建立,比三川、太原两郡尤为重要。因为它从成皋以东,沿着黄河以南向东伸展,横在赵、魏、齐三国的中间,好像一个铁拳伸进了三国的腰部。从此秦的领土就和齐国接界,切断了赵和魏、韩两国的联系,形成了对这些国家包围的形势,因而引起了他们的恐慌。

于是东方那些讲合纵的纵横家又图谋合纵攻秦了。公元前 241 年(秦始皇六年)赵将庞煖继信陵君之后,发动第二次五国合纵运动,曾率领五国联军攻秦,据说曾一度深入到秦的腹地蕞(今陕西临潼东),但是不能有所攻克①。等到秦国出兵反击,也就退兵了。尽管庞煖是个著名的纵横家,又是军事家,《汉书·艺文志》纵横家著录有《庞煖》二篇,兵权谋家又著录有《庞煖》三篇(今都失传),但是在当时秦国进行统一战争的形势下是无能为力的。这是战国时代东方各国最后一次的合纵,没有得到什么成效。

就在庞煖发动五国合纵攻秦的这年,楚国为了避开秦进攻的锋芒,把国都从陈迁到了寿春(今安徽寿县)。

秦国在打退五国联军之后,又攻取了魏的朝歌(今河南淇县),又把原来附属于魏的卫君角连同他的支族迁到野王(今河南沁阳),作为秦的附庸,把卫的旧都濮阳并进了东郡。公元前 238 年(秦始皇九

---

① 《史记·秦始皇本纪》说这役"魏赵韩卫楚共击秦,取寿陵,秦出兵,五国兵罢"。《赵世家》又说:"庞煖将赵楚魏燕之锐师,攻秦蕞,不拔。"而《史记·春申君列传》又说:"楚王为从长,而春申君用事。"这时卫已被魏灭亡而成为魏的附庸,不可能参与五国联军,五国当是魏、赵、韩、燕、楚。寿陵,《史记正义》引徐广说"在常山",不合情理,《通鉴》胡注以为"当在河东郡界",也只是推断之辞,没有什么根据。

年)秦又攻取魏的衍人(今河南郑州北)、首垣(今河南长垣东北)、蒲(今河南长垣)等地,使得东郡更扩大了。

值得注意的是,吕不韦当权时,先后攻取得三晋大块土地,建立了三个新郡,只有公元前246年平定卷的反叛有斩首三万的记录,三次取得大块土地的战役都没有斩首的记录,这和秦昭王时的几次大战是显然不同的。秦自从商鞅变法以后,是个"上(尚)首功之国"(《战国策·赵策三》),是按照战场上斩得首级多少来奖赏军功的,因此秦的历史记载上常有每次大战斩首多少万的记录。为什么这时没有斩首的记录呢? 看来归于两个原因:一是当时秦国乘新近大量杀伤三晋实力的时机发动进攻,三晋没有进行激烈的抵抗就丢失了大块土地。二是吕不韦采用了包围三晋国都的战略,没有直接向三晋国都进攻,没有进行攻坚的战争,采取了乘虚深入的进军方案,因而轻易地取得了重大的胜利。

吕不韦在他主编的《吕氏春秋》中,用相当多的篇幅来鼓吹使用"义兵"。什么叫"义兵"? 就是要"诛暴君而振苦民",因此他很讲究在战争中对待敌国军队和人民的政策,反对在战争中多杀人,反对杀害无罪的人民,更反对杀死战俘。认为"杀无罪之民",就是"兴无道与无义",这样做,"虽欲幸而胜,祸且始长"(《禁塞》)。这和黄老学派的代表作《经法》有相同的见解。看来他们已经认识到长平之战那样杀降的结果不好。《吕氏春秋》作者不但反对杀死战俘,还主张"得民虏奉而题归之",就是要送还俘虏。更主张对投降的敌国官吏和贤士,按照他们投降时的贡献分别用爵禄来赏赐。关于这点,过去燕将乐毅攻破齐国时早已实行过。至于军事行动,《吕氏春秋》作者主张用"威"来制服敌人,最好能做到不交战而"威已谕矣,敌已服矣"(《攻威》)。如果交战的话,就要采用"急疾捷先"的机动战术,机智灵活的战略,必须"知时化","知虚实、盛衰之变","知先后、远近、纵舍之数"。认为随着敌情的变化而采取相应的策略,就可以取得无穷的胜利,"胜不可穷之谓神"(《决胜》)。看来吕不韦发动的几次军事行动,所以能够乘虚深入,轻易占领大块土地,取得重大的胜利,在一定程度上放弃了秦国原来"以斩首为勇"的传统原则,采用了他所鼓吹的"义兵"理论。

吕不韦早先认为政治投机成功,不但可以得利无数倍,而且"建国立君"的大业还可以把恩泽流传到后世。现在吕不韦所策划进行的统一战争取得了重大胜利,对此后秦国完成统一的大业是有贡献的,确实可以把恩泽流传到后世。因为完成统一是符合历史发展的要求的,也是符合当时各族人民的普遍愿望的。但是,吕不韦这样大干,确实同时为了自己取得无数倍的利益,这是他的地主阶级属性所决定的。

吕不韦开始担任秦庄襄王的相国,就封得文信侯,得到了蓝田12个县作为食邑。等到攻灭东周而建立三川郡,就进一步取得了河南、洛阳十万户作为食邑。接着又利用燕、赵两国之间的战争,从燕国取得了河间(今河北献县东南)十城作为封邑。

公元前251年(秦昭王五十六年)燕国乘赵长平大败之后元气未恢复的时机,派60万大军分两路攻赵,结果被赵打得大败。赵乘胜反攻,长驱追击,一直攻到燕的国都,连续战争有三年之久。当时秦国曾派将军井忌前往赵国帮助攻燕,攻取了燕的两个城。燕国因此想把河间十城封给吕不韦,借此拉拢秦国,离间秦和赵的关系。

吕不韦取得河间十城作为封地的经过,据说是这样的:燕国派遣使者蔡乌把作为信物的"符"藏在大腿旁，"璧"藏在腋下，偷越赵国，来到秦的国都，求见吕不韦，要把河间十城封给吕不韦。吕不韦最初不敢接受，说："我对燕国没有什么功，怎能受封呢？"蔡乌明天再去见吕不韦，带着长剑，一手按着剑把，一手举起剑尖，装出准备拔剑的模样，注视着吕不韦说："你说'我无功'，如果你真的无功，为什么不把你的相印交给蒙骜、王龁佩戴呢？秦王认为你贤，所以把你的地位放在他们两人之上，现在燕国献地，这又不是秦国的土地，你不受，就是你对秦王的不忠。"经过蔡乌这样的劝说，吕不韦终于答应，就向秦王请示，秦王就命令他接受燕国的封地。从此秦和燕就联合起来，秦出兵大举攻赵，并要求赵不再攻燕。赵国不听，继续攻燕，并且把秦将井忌逐回秦国，秦就把井忌杀死了（《战国纵横家书》二五《李园谓辛梧章》）。

这件事，大概发生在公元前 248 年蒙骜伐赵平定太原之前。当时秦庄襄王为什么会同意吕不韦接受燕国河间十城的封地呢？因为吕不韦是秦的大臣，接受了燕的河间十城作为封地，河间十城就成为秦的领土了。这样秦在燕和赵、齐之间又有一块领土，就便于秦国进一步完成统一。吕不韦取得河间十城作为封地后，就想和燕一起伐赵，"以广河间之地"。吕不韦派刚成君蔡泽出使到燕国，使得燕太子丹作为"质子"送到秦国，吕不韦又派张唐到燕国做相国，以便进一步加强燕、秦之间的合作。据说在这样的形势下，由于甘罗向赵悼襄王的游说，赵就割让五个城给秦国"以广河间"（《战国策·秦策五》）。这和秦昭王时魏冉为相，取得陶邑作为封地之后，要攻齐"以广陶邑"是一样的。

这样吕不韦的封地有三处之多，西有蓝田十二县，中有河南、洛阳十万户,东有河间十城。这在战国时代各国大臣中是很少有的。吕不韦不但极力扩大他的封邑,还极力扩展他的财富,拥有"家僮万人"。这样"家僮"多到"万人",必然是用来从事农业、畜牧业、手工业等生产和经营商业的,这在战国时代大臣中是从来没有的,这有他的特殊条件。因为秦国在公元前285年(秦昭王二十二年)派蜀郡守张若攻取笮(在今四川大渡河和雅砻江流域)以及江南地(金沙江以南地区)之后,逐渐统一了"西南夷"地区。这时"西南夷"被掠夺或转卖到中原当奴隶的人很多,尤其僰人(在今四川宜宾一带)最多,被称为"僰僮"。秦国就有不少地主、商人、官僚奴役"僰僮"致富的,秦国历史记载《秦记》就曾说到拥有"僰僮之富"(《华阳国志·蜀志》《水经·江水注》)。吕不韦不但拥有广大封邑,拥有大量财富,还在政治上十分专权。据说吕不韦的少庶子甘罗曾问张唐说:"应侯(秦昭王的相国范雎)在秦国比起文信侯(吕不韦)来,哪一个专权?"张唐答道:"应侯不如文信侯专权。"(《战国策·秦策五》)

吕不韦这样趁秦始皇没有成年和亲理政务之前,极力扩展自己的权势和财富,一旦秦始皇成年而要亲理政务,就不可能不发生冲突了。

看来在秦始皇没有亲理政务之前,吕不韦和秦的王室之间已经发生矛盾。《史记·秦始皇本纪》说:"王年少,初即位,委国事大臣。"王的宗室肯定对这样把国事委给大臣是不满的。这时秦在对外战争中,只有一次对赵的战争,由于宗室大臣的叛变而失败。公元前239年(秦始皇八年)秦派王弟长安君成蟜率军进攻赵的上党,成蟜在屯留(今山西屯留南)突然叛变。赵国接受了成蟜的投降,把饶(今河北饶阳东北)封给了他。秦为此杀了这支军队的许多军吏,还把屯留的居民迁到了临洮(今甘肃岷县)①。看来当时屯留有些居民也参与了这次叛变,因此秦会采取这个措施。这时秦始皇年才 21 岁,成蟜也至多二十岁左右,但已封为长安君,当是宗室的代表人物,并建有一定的功勋的。就在秦始皇成年行"冠礼"前后,有人为楚游说秦始皇,说到了这样的事实:"如今王派成蟜到韩国担任要职,使得韩把土地进献给秦国,是王不用兵甲,不伸威势,而得到了一百里土地,王可说是很有才能了。王又派兵甲攻魏,杜绝了大梁的门户,攻得河内地区,拔取燕、酸枣、虚、桃人等地,吓得楚燕的军队像在天空里飞翔而不敢较量,王的功绩也多了。"②这里所说的,是公元前242年(秦始皇五年)蒙骜伐取魏地时候的事情。当时成蟜已被派到韩国担任要职,并且使得韩进献给秦一百里地。而且成蟜是由秦始皇亲自派去的,因而游说者就这件事称赞秦始皇之"能"。看来秦始皇对成蟜是重用的,为什么这时成蟜率军攻赵会突然叛变呢?作为一个宗室大臣,已有封君的地位,而且是秦始皇的弟弟,为什么要叛秦降赵呢?此中内幕情况,我们已经没法知道,看来不免和掌握国事大权的大臣吕不韦等人发生矛盾有关。

吕不韦和秦的王室的矛盾,以及和秦始皇发生矛盾,最关键的,还是由于政见的不同。吕不韦的政见,主要见于他主编的《吕氏春

---

① 《史记·秦始皇本纪》载始皇八年"王弟长安君成蟜将军击赵,反屯留,军吏皆斩死,迁其民于临洮"("反"下原衍"死"字,今删去)。而《赵世家》载赵悼襄王六年"封长安君以饶"。赵悼襄王六年正当秦始皇八年。可知长安君成蟜攻赵时确实反叛,接受了赵的封地,如同过去郑安平的降赵一样。

② 这段话见于《战国策·秦策四》有人说秦王,此处"成蟜"作"盛桥"。《史记·春申君列传》误作楚顷襄王时黄歇上书说秦昭王。姚本《战国策》根据《史记》而在首段加上顷襄王二十年黄歇说秦昭王等话,是错误的。从全书内容来看,当是秦始皇九年或稍后有人游说秦始皇的。游说者的姓名已失传。

秋》一书,我们且看他主编《吕氏春秋》的政治目的何在?

三 吕不韦主编《吕氏春秋》的政治目的

自从吕不韦在秦国当权,就学习信陵君私春申君的"养士"办法,招徕三晋和秦的宾客三千人作为智囊团。在三千宾客中,就有当时各个学派的代表人物。例如著名的法家李斯就是其中的一个。吕不韦也还学习信陵君使用宾客著书的办法。信陵君讲究军事,既有"窃符救赵"的胜利,又有合纵五国攻秦的举动,许多宾客就常常把他们编著的兵法进献给他,以便他采用。他就加以选择,并汇编起来,称为《魏公子兵法》①。这时吕不韦也采用这个办法,命令宾客"从著所闻",把各个学派的学说取长补短,兼收并蓄,汇编成《吕氏春秋》一书。

《吕氏春秋》分《八览》《六论》《十二纪》三个部分。原来《十二纪》是作为最后部分的,今本《吕氏春秋》移前而作为最前部分。《八览》每览有八篇,共六十四篇;《六论》每论有六篇,共三十六篇;《十二纪》每纪有五篇,共六十篇。《十二纪》末另有《序意》一篇,当是全书的序文。总共一百六十一篇,今本《有始览》只有七篇,脱落一篇。而《序意》标题下说:"归云一作《廉孝》"。今本《序意》下半篇残缺,末段论青笄、豫让的事又和上文不连贯,可能《有始览》所脱一篇就是《廉孝》,今本《序意》的末段就是《廉孝》的残文。

《汉书·艺文志》把《吕氏春秋》一书列入"杂家"。《艺文志》解释

---

① 《史记·信陵君列传》说:"诸侯之客进兵法,公子皆名之,故世俗称《魏公子兵法》。"《集解》说:"刘歆《七略》有《魏公子兵法》二十一篇,图七卷。"《汉书·艺文志》作"二十一篇,图十卷"。

说："杂家者流，盖出于议官。兼儒、墨，合名、法，知团体之有此，知王治之无不贯，此其所长也。"这个解释是概括许多"杂家"的书而说的，对于《吕氏春秋》实际上并不确切。东汉高诱在所作序文中说："此书所尚，以道德为标的，以天为纲纪，以忠义为品式，以公方为检格。"高诱对这书作过注解，熟悉内容，说来比较确切些，但也还不够正确和全面。

　　吕不韦主编这样一部"杂家"著作的政治目的何在？所谓"杂"，就是杂采各派学说的长处而加以综合的意思。杂采各派学说而加以综合，正是战国末年学术界的一种风气，春秋、战国之际，我国历史从奴隶制转变为封建制，从经济基础到政治文化，都发生了激烈的变化，各个阶级、各个不同阶层和不同政治集团，先后分别提出了不同的政治主张，提出了偏重一方面的见解，形成各个学派，有兵家、儒家、墨家、道家、法家、名家、农家、阴阳五行家等等，出现了"百家争鸣"的局面。到战国晚期，统一已成为历史发展的必然趋势，一个统一的封建王朝即将出现，因此各个学派中都有些人出来，融合其他各派的长处，把本学派的理论提高到一个新的水平，企图用来作为完成统一事业的指导思想。例如荀况一派儒家，广泛地对各派思想作了批判，同时在一定程度上融合了各派的优点，把儒家学说发展到一个新的高峰，又如后期黄老学派（如《经法》等著作），改造了道家思想，兼采阴阳五行家的学说，而倾向于法家所讲究的"法治"。黄老之学在汉代称为道家，司马谈就说它的长处是："因阴阳之大顺，采儒、墨之善，撮名法之要"（《史记·太史公自序》）。再如集大成的法家韩非，融合了过去"法""术""势"三派法家的优点，又吸取了黄老学派的长处。以上各家，都是以一家为主，吸收其他各家之长而加以融会贯通的。"杂家"之所以称"杂",就是不以一家为主,杂采各派学说而没有做到融会贯通。吕不韦主编《吕氏春秋》的政治目的,基本是和《荀子》《韩非子》等著作相同的,同样是为了完成统一的需要。《吕氏春秋》广泛地综合了各个学派一部分学说,自有他取舍的政治标准,自有他的政治主张的。

《吕氏春秋》的各篇著作,分别出于吕不韦门下众宾客之手。由于众宾客的政治和文化水平有高低,有些篇就写得比较差,有些篇不免有重复的地方。有同一个命题和内容而勉强分写成两篇的,例如《有始览·应同》和《恃君览·召类》、《有始览·去尤》和《先识览·去宥》就是这样。也有大体相同甚至文句有重复的,例如《有始览·谕大》和《士容论·务大》,《有始览·谨听》和《先识览·观世》就是这样。就整部书来看,整个思想体系没有做到融会贯通,但是,整部书是按照预定的编辑计划编成的,既有一定的政治主张,也有一定的组织体系。不仅组织形式比较整齐,而且在多数卷帙中,各篇之间也还有一定的内在联系,并不是随便杂凑而成。

从《八览》《六论》《十二纪》三部分比较来看,《十二纪》有比较完整的体系。它是"因阴阳之大顺",以阴阳五行家的学说为纲,采用道家、儒家、兵家、墨家部分学说来进行重点的阐释,加以综合编辑而成。

《十二纪》每纪的首篇,和《礼记·月令》相同。它是战国后期阴阳五行家为即将出现的封建王朝制定的行政月历。它按照阴阳五行家"天人相应"的说法,主张按照每个月自然界天文、气候、生物和农作物等各方面的变化,对农业生产作出相应安排,同时统治者必须从人事上(包括政治、军事和宗教等方面)采取相应的措施和行动。他们认为四季是按照"五行相生"的道理而变化的。春季"盛德在木"，"木"的特性是萌芽生长，因而是万物开始生长的季节；统治者必须保护万物的开始生长，需要开始重视农事的管理，在政治上要相应地保护人民的生长，要多加赏赐，少用刑罚，救济贫穷，优待贤士。因为"木"生"火"，夏季"盛德在火"，"火"的特性发热而旺盛，因而是万物繁荣成长的季节；统治者必须帮助万物成长，要"劳农劝民，无或失时"，在政治上要相应地讲究礼乐，帮助人们成长，还要选拔出已经成长的人才。因为"火"生"土"，夏秋两季之间属土德。由于"土"生"金"，秋季"盛德在金"，"金"的特性可以用来杀伤（如制作兵器、刑具等），因而有肃杀之气，是万物开始凋零的季节；统治者应当注意防备水灾，重视收获积聚，政治上要相应地选练军队，征讨"不义"；修订法制，决狱平正，严断刑罚，并制定税收和贡职的数字。由于"金"生"水"，冬季"盛德在水"，"水"的特性寒冷而深藏，因而是万物储蓄保藏的季节；统治者必须重视物资的积聚收藏，制作功致（坚固细密）的手工业品，注意丧葬；政治上要相应地罢免"官之无事者"，除去"器之无用者"，统计从卿大夫一直到庶民的土田之数，以备迎接春季的到来。

为什么说《月令》是阴阳五行家为即将出现的封建王朝制定的行政月历呢？因为他们所说的统治者，就是理想中即将出现的封建王朝，最高统治者是天子，天子之下有三公、九卿、诸侯、大夫，三公中有相和太尉，武官还有将帅，地方行政组织有四鉴大夫和百县。这里既有郡县制的"百县"，也还有分封制的"诸侯"，因而天子推行重要的政治措施，就要"合诸侯，制百县"。值得注意的是，《月令》所规定的各项政治措施，基本上采用了符合地主阶级利益的政策，和法家的政治主张是一致的。孟春之月要"行庆施惠"，"无有不当"；孟夏之月要选拔人才，做到"行爵出禄，必当其位"；孟秋、仲秋之月要"修法制"，"严断刑"，做到"斩杀必当，无或枉桡"，十分突出地重视赏罚和选拔人才的"当"。同时在春分和秋分，主张统一校正度量衡，因为这是最适宜校正度量衡器特别是竹木制的度量衡器的时候。特别重要的是季冬之月，"令宰历卿大夫至于庶民土田之数"。"历"就是统计，而统计的对象包括"庶民"，就是要确立地主土地所有制。这和后来秦始皇"使黔首自实田"的政策是一致的。十分清楚，《月令》是为即将创立的封建王朝制定的行政月历，《吕氏春秋》把它作为《十二纪》的首篇，就是要在秦国完成统一之后用来在政治上实践的。

《吕氏春秋》作者为了使得新创的封建王朝更好地根据《月令》这个行政月历来办事，就从各派学说中采取相关的部分，进行重点的理论阐释。《十二纪》的首篇好比儒家的所谓"经"，而其后四篇好比"传"，作者认为春季是万物开始生长季节，应该重视个人的养生、养性，春季三纪所有《本生》《重己》《贵生》《情欲》《尽数》《先己》等篇，讲的无非如何养生和养性的道理，采用了杨朱、子华子一派道家的学说。杨朱"贵己"（《不二》），主张"全生保真"，不以物累形（《淮南子·泛论》）；子华子大概是杨朱的后学，主张"全生为上"（《贵生》）。《吕氏春秋》十分推崇子华子，有五处引用子华子的话，这些文章该是采取了子华子的学说。作者又认为夏季是万物繁荣成长的季节，为了培养人们的成长，必须重视教学和音乐。《孟夏纪》的《劝学》等四篇都是讲教学的道理，《仲夏纪》的《大乐》等四篇和《季夏纪》的《音律》等四篇都是讲音乐的理论。这些理论和儒家《礼记》的《学记》和《乐记》有相通之处，《劝学》还引有曾参的话，《尊师》引有孔丘的话，《大乐》还不指名地批评了墨家的"非乐"。《孟夏纪·劝学》所说"不知理义生于不学"、"圣人生于疾学"的话,是和《荀子》的理论相通的,看来这是吕不韦宾客采用了儒家的学说。作者还认为秋季有肃杀之气,万物开始被杀伤,因此相应地适宜讲究用兵。《孟秋纪》的《荡兵》等四篇鼓吹"义兵"而反对"偃兵",着重讲究使用"义兵"的作用及其政策。《仲秋纪》的《论威》等四篇讲究选练军队和取胜的决定因素。这都是从兵家的理论中采集来的。作者更认为冬季是万物储蓄保藏的季节,必须经得起严冬的考验,因此应该着重讲究忠信、廉洁和气节,并注意节丧节葬。《仲冬纪》的《至忠》《忠廉》和《季冬纪》的《士节》《介立》等篇,谈的就是忠信廉节的道理,很明显又是采用了儒家学说。《孟冬纪》的《节丧》和《安死》讲究节丧节葬,是采用了墨家学说。《十二纪》就是这样以阴阳五行家的学说为纲领,把部分道家、儒家、兵家、墨家学说结合了起来,构成了一个"杂家"的思想体系。

但是必须指出,《吕氏春秋》对《月令》所作重点的理论阐释是有选择的,是根据自己的政治标准有所取舍的。本来《月令》秋季规定统治者要"兵""刑"并重的,不但要"专任有功,以征不义",更重要的是要"修法制","禁止奸,慎罪邪","决狱讼,必正平,戮有罪,严断刑"。但是《吕氏春秋》所作的重点阐释只着重于"以征不义",没有一篇讲究法制和刑罚的。这决不是偶然的,自有他的政治主见的。

《吕氏春秋》在有些地方也讲究"法"。《察今》一篇就极力主张"变法",认为"因时变法者"是"贤主",不能"变法"犹如"刻舟求剑"那样愚拙,而且批评"荆国(即楚国)之为政有似于此"。《不二》一篇就主张统一法令,认为"必同法令,所以一心也","故一则治,异则乱"。《离谓》认为诛杀像邓析那样用诡辩来歪曲法律的人,"是非乃定,法律乃行"。但是他并不像法家一样主张一切根据法律来决定，尤其反对"严罚厚赏"，认为"此衰世之政也"。《吕氏春秋》是赞成儒家的"德治"的，认为用"德义"来统治，可以做到"不赏而民劝，不罚而邪止"（《上德》），"善教者不以赏罚而教成"（《义赏》）。把"德义"和"赏罚"比较，"赏罚"处于次要地位。"凡用民，太上以义，其次以赏罚"（《用民》）。而且他所讲的"赏罚"，不是以"法"做准则，而是以"德义"为标准的。在《吕氏春秋》一百六十篇中，没有一篇专讲刑罚的，只有《义赏》和《当赏》两篇是讲"赏"的，而所讲的"赏罚"是以"德义"为标准的。《义赏》列举了晋文公赏雍季和赵襄子赏高赫的故事，都是以孔丘的话作为结论的。

当时法家讲究"法治"，主张用"严刑峻法"来迫使人民努力耕战，帮助国家富强，从而完成统一，强调的是使用地主政权的刽子手的职能。而儒家讲究"德治"，主张重视教导，取民有度，争取人民归向，从而完成统一，强调的是使用地主政权的牧师的职能。《吕氏春秋》作者杂采儒、法两家学说，主张兼用刽子手和牧师的职能，而偏重于用牧师的职能。他认为人民是立国的根本，必须顺应民心（《顺民》）；如果政治腐败，暴虐百姓，造成民怒，就会亡国（《先识览》）。他之所以会偏重"德治"而忽略"法治"，该是看到当时农民和地主阶级的斗争正在尖锐起来，例如楚国就曾爆发庄𫏋领导的农民起义，使他感到继续猛烈地采用法家"严刑峻法"的政策，加重对人民的压迫，会激起广大农民的反抗，削弱地主政权的力量，这样就不可能战胜别国而完成统一。

当时法家有三大派，商鞅一派重"法"，申不害一派重"术"，慎到一派重"势"。《吕氏春秋》虽然不重"法"，对于"术"和"势"都是重视的。尤其主张讲究"君术"，称赞"有术之主"。《审分览》八篇所谈的，基本上就是申不害和慎到的学说。《任数》中就有申不害讲"术"的长篇大论，《慎势》中也引有《慎子》的话。概括说来，所谓"君道"或"君术"，就是首先要"无识"，其次要"无事"。"无识"就是"无知"，并不是要国君真的无知无识，而是要做到"去想去意，虚静以待"的功夫，不暴露自己的思想见解和欲望，防止臣下讨好和钻空子，以便深入了解臣下的真实情况，从而加强统治。"无事"就是"无为"，并不是要国君真的无所作为，而是要国君不钻到事务堆中去，清醒地"知百官之要"，"以听其要"，监督臣下按照"分职"努力完成任务，认为这样就可以"大圣无事而千官尽能"，"圣王不能二十官之事，而使二十官尽其巧，毕其能"，做到"无为而无不为"。

《审分览》中的《慎势》，是专讲"势"的一篇，认为"王者"必须有"无敌之势"，依靠"势"才能使臣下听命，依靠"位尊"才能使人接受教导，依靠"威立"才能制止奸邪。为了"便势全威"，还主张"众封建"，多分封小的诸侯，削小诸侯力量，以便"王者"集权。这和后来汉代贾谊所提出的"众建诸侯而少其力"的主张是一致的。可能这是吕不韦宾客采取了慎到的学说①。但是有一点《吕氏春秋》和慎到是十分不同的。慎到是法家，主张一切依"法"办理，官吏各尽其职，因而反对讲究对君上个人的尽"忠"和在"法"以外再讲究"贤"。但是，《吕氏春秋》很讲究臣下对君上尽"忠"，要君上讲究求"贤"（《察贤》《期贤》）。

_____

① 《吕氏春秋·慎势》中有些段落和《慎子》相同。例如说："故先王之法，立天子不使诸侯疑焉，立诸侯不使大夫疑焉，……疑生争，争生乱。"《慎子·德立》也说："立天子者不使诸侯疑焉，立诸侯者不使大夫疑焉，……疑则动，两则争。"《汉书·艺文志》法家著录有《慎子》四十二篇，今本《慎子》只有五篇残文。很可能"众建诸侯"原是慎到的学说，贾谊的说法也是采自《慎子》，今本《慎子》不见这个主张，因为它是个残本。

这又是采用了儒家学说。

吕不韦主编《吕氏春秋》,主要综合了儒家、法家和阴阳五行家的政见,构成一套政治理论,目的就是要用来作为完成统一的指导思想,并作为新创的封建王朝的施政纲领的。《用众》一篇就清楚地说明了这点。他说:天下没有"粹白之狐",却有"粹白之裘",是由于"取之众白"。三皇五帝就是由于"取之众"而"大立功名"的。因此"善学者假人之长,以补其短,放假人者遂有天下"。吕不韦主编这部《吕氏春秋》,就是要"假人之长,以补其短",从而达到"遂有天下"的政治目的。

《吕氏春秋》认为这时创立新的封建王朝,已经到了名正言顺的时候。因为"今周室既灭而天子已绝","乱莫大于无天子"(《谨听》《观世》大体相同)。还认为当时天下人民越穷苦越是"王者"救民的绝好时机。他说:"天下之民穷矣苦矣,民之穷苦弥甚,王者之弥易,凡王也者穷苦之救也。"(《慎势》)又认为当时人民痛苦已到了无处告诉的地步,正是发动"义兵"来完成统一的时机到了。他说:"当今之世浊甚矣,黔首之苦不可以加矣,天子既绝,贤者废伏,世主恣行,与民相离,黔首无所告愬,世有贤主秀士宜察此论也,则其兵义矣。"(《振乱》)更认为创建新的封建王朝的关键在于顺从民意。他说:"欲为天子,民之所走,不可不察。今之世,至寒矣,至热矣,而民无走者,取则行钧也。欲为天子,所以示民不可不异也。"(《功名》)《吕氏春秋》所以要综合各派学说而构成一套政治主张,无非是为了"示民不可不异",以便"欲为天子"者采用的。"欲为天子"者是谁呢?不就是秦始皇吗?

按照秦国的礼制,国君到二十二岁就要行"冠礼"(成年的加冠的典礼)，行"冠礼"后便算成年，就可以亲自主理国家的政务①。到公元前 239 年(秦始皇八年)，秦始皇年已二十一岁，明年就要"冠而听治"了。就在这年，吕不韦就把这部《吕氏春秋》煊赫地公布出来②。他把它公布在国都咸阳的市门上，悬赏说："能增损一字者予千金"。结果谁也不敢改动一字。《春秋》本来是历史记载的名称，这样一部综合各家学说的理论书为什么要叫《春秋》呢？ 原来《春秋》是古代宫廷中用来教育太子的重要教科书。春秋时，叔向因为"习于《春秋》"，由于司马侯的推荐，被晋悼公请来作为太子彪的"傅"(《国语·晋语八》)。用《春秋》作为教育太子教科书的目的是为了"耸善而抑恶焉，以戒劝其心"(《国语·楚语上》)。《吕氏春秋》的《序意》是全书的一篇总序，一开头就引用了"黄帝之所以诲颛顼"的话。很明显的，吕不韦把这书取名为《春秋》，把它公布出来，一方面是为了公布他的施政纲领和政治主张，争取政府各级官僚和地主阶级的支持拥护；另一方面是想凭借他"仲父"的身份来教诲秦始皇的。他企图趁秦始皇亲理政务前，把自己的政纲和政见煊赫地公布出来，不准改动一个字，目的就在使他的政治主张定于一尊，使秦始皇亲理政务后能够成为他制定的施政纲领的实践者。

　　尽管秦始皇和吕不韦都想迅速完成统一的历史任务，都想采取

---

　　① 《吕氏春秋·序意》是自序性质，开首说："维秦八年，岁在涒滩。"可知这书的发表在秦始皇八年，即公元前 239 年，太岁在涒滩是申年，而《史记·六国年表》、《集解》引徐广所标干支，秦始皇六年是庚申，八年是壬戌，那是推算的错误。

　　② 《荀子·大略》说："古者天子诸侯十九而冠，冠而听治，其教主也。"这原是从奴隶制时代沿袭下来的礼制，参看我的《冠礼新探》，收入《古史新探》(1965 年北京中华书局出版)。根据《史记·秦始皇本纪》末段记载，秦庄王、秦昭王都是年十九岁立的，而根据《史记·秦本纪》，秦惠王、秦昭王又都是"三年冠"的。可知当时秦的礼制，要二十二岁举行"冠礼"，秦始皇初立时年十三岁，到九年四月己酉"王冠带剑"，也正好是二十二岁。

当时各派学说中有利于完成统一的理论作为指导思想,但是吕不韦这样主编一部《吕氏春秋》,趁秦始皇亲理政务前烜赫地公布出来,想使它定于一尊,想迫使秦始皇在亲理政务后采用,成为这部书的理论的实践者,从而继续保持其原有的政治上的权威。如果秦始皇自己有政治主张,想有所作为的话,就无可避免地要和吕不韦发生冲突了。

四 秦始皇消灭嫪毐和吕不韦两大势力

秦始皇不是个没有政治见解的庸人,而是个很有政治主张的政治家。他很听信李斯的话,尤其敬佩韩非的著作。李斯和韩非,都是儒家荀况的门徒,但是,他们都不相信儒家的学说,而讲究法家的理论,成了著名的法家代表人物。

李斯是楚国上蔡(今河南上蔡西南)人。他在老师荀况那里,就和老师意见不合。荀况提倡用"仁义之兵"来完成统一,李斯就提出不同看法,认为秦国四代(秦孝公、秦惠王、秦武王、秦昭王)取得胜利,"非以仁义为之也,以便从事而已"(《荀子·议兵》)[1]。等到学习毕业,便向老师告辞,西游秦国,认为"今秦王欲吞天下,称帝而治",正是前往游说秦王的大好时机。原来他是想游说秦庄襄王的,当他到达秦国时,恰巧庄襄王去世,秦王政(即秦始皇)刚即位,年才13岁,由吕不韦以"仲父"尊号掌握国家大权。李斯就投奔吕不韦门下当食客,以待机会[2]。他很得吕不韦的赏识,任以为"郎"。"郎"是秦王

---

[1] 《商君书》的《徕民篇》说:"王晋不胜秦四世矣",又谈到公元前260年的长平之战。《弱民篇》又谈到公元前278年秦攻破楚都郢,与《荀子·议兵篇》有类似的话。从整个书的各篇内容来看,基本上是一致的,的确是出于商鞅一派法家之手。其编成年代当已在公元前260年以后。

[2] 《史记·秦始皇本纪》说"政代立为秦王"时,"吕不韦为相","李斯为舍人"。《李斯列传》也说李斯"至秦,会庄襄王卒,李斯乃求为秦相文信侯吕不韦舍人"。

身旁的侍从官,因而他就得亲近和游说秦始皇,劝说秦始皇快速攻灭六国,完成统一,创建"帝业"(《史记·李斯列传》)。秦始皇在少年学习期间,就听到李斯所读法家的理论,当然会思想上发生很大的影响。

秦始皇在思想上受到更大影响的,是韩非的著作。韩非是韩国的公子。曾和李斯一起在荀况那里学习,他和李斯一样讲究法家的理论。他口吃不便说话,却写得一手好文章,善于著书。李斯自认为比不上韩非。有人把韩非的著作传播到秦国,秦始皇读到了《孤愤》《五蠹》等篇,就大为佩服,感叹说:"嗟乎!寡人得见此人,与之游,死不恨矣!"(《史记·韩非列传》)秦始皇开始读到韩非著作的时间不清楚。即使他读到这些著作已在亲理政务之后,但是早先必然已经学过商鞅、申不害等人的法家的理论,已有些和韩非相同的见解,否则就不可能一拍即合,佩服到如此地步。韩非所写的《孤愤》,是讲"智求能法之士"和"贵重之臣"之间"不可两存"的斗争的。全文反对"大臣专权",认为"大臣执柄独断",会弄得"国地削而私家富","主失势而臣得国"。而吕不韦正是个"执柄独断"而"专权"的大臣。《五蠹》是韩非成熟的著作,写于公元前254年(秦昭王五十三年)以后①。他

---

①　郭沫若《韩非子批判》认为《五蠹》是韩非晚年作品,因为"那里面说到'周去秦为从,期年而举;卫离魏为衡,半岁而亡',都是秦始皇即位前后的事。周之亡在庄襄王三年,即始皇即位前一年,卫之亡当即始皇六年'五国共击秦,秦拔魏朝歌,卫从濮阳徙野王'(《史记·六国年表》)时事,下距韩非之死(始皇十四年)仅七八年"。这个推断并不正确,时间太迟了。按"周去秦为从,期年而举",当指公元前256年(秦昭王五十一年)西周灭亡的事。《史记·周本纪》说周赧王五十九年"倍(背)秦,与诸侯约从,将天下锐师出伊阙攻秦",因而被秦迫使西周君尽献其邑,周王赧也因此去世。至于"卫离魏为衡,半岁而亡",当指公元前254年(秦昭王五十三年)卫被魏攻灭的事。魏安釐王在信陵君"窃符救赵"胜利后,需乘胜攻取秦的陶郡和攻灭与秦连衡的卫国,使之成为魏的附庸。即韩非所说魏安釐王"数年东乡(向),攻尽陶、卫"(《韩非子·饰邪》),或者说"取地河东,攻尽陶、卫之地"(《韩非子·有度》)。《吕氏春秋》也曾说:"魏安釐王存魏(当作'赵')举陶,削卫地方六百里"(《应言》)。

反对儒家讲究"仁义",主张"以法为教","以吏为师","以斩首为勇",从而建成"超五帝、侔三王"的统一大业。这些主张对后来秦始皇的政治思想影响极大,秦始皇基本上把它实行了。这和《吕氏春秋》鼓吹以德义为教,提倡儒家的"尊师",主张"义兵"而反对"杀天罪之民",正好针锋相对。

韩非和李斯一样认为秦由于不用仁义而富强,而三晋由于"慕仁义而弱乱"(《韩非子·外储说左上篇》)。还认为秦由于"法明"而"地广主尊",而山东六国由于"行和曲"而"地削主卑"(《韩非子·饰邪》)。韩非更着重指出:秦的强盛几十年而不能建成"帝业",是由于用"法"而不用"术",没有"术"来对付专权的大臣,弄得"战胜而大臣尊,益地而私封主",像秦昭王时的穰侯魏冉和应侯范雎都是因战胜而取得大块封地。而且说:"自是以来,诸用秦者,皆应、穰之类也。"(《韩非子·定法》)所说"应、穰之类",当然也包括吕不韦在内。秦始皇始终是个申不害、韩非等人法家学说的信徒,怎能不用"术"来对付吕不韦呢?

但是,秦始皇首先要对付的还不是吕不韦,而是嫪毐。因为这时嫪毐凭着太后的宠幸,一时有着比吕不韦更大的权势。

嫪毐是赵国邯郸人①,原是一个侍奉太后的宦官。据说他并没真的受到"宫刑"(破坏生殖器的刑罚),只是拔去了胡子和眉毛,混进宫内充当宦官的。他和太后私通,生下了两个私生子。太后怕人知

---

① 《史记·秦始皇本纪》"缪毐封长信侯"下《索隐》说:"按《汉书》,嫪氏出邯郸。"钱大昕《二十二史考异》说:"班氏无此文,当是《汉书》注也。《南越传》婴齐取邯郸摎氏女,《索隐》云:'摎音纪虬反,摎姓出邯郸'。此嫪字,《正义》亦音纪虬反。盖'嫪''摎'古文通用。今人读嫪为郎到切,非也。"

道,诈称占卜要她避开国都,就迁居到旧都雍(今陕西凤翔南),简直在那里另外建立了一个朝廷。嫪毐经常侍奉太后,得到太后的许多赏赐,而大权完全掌握在嫪毐手里,"事皆决于嫪毐"。

嫪毐和吕不韦一样招徕宾客和使用"家僮",宾客多到一千人,"家僮"多到几千人,在数量上仅次于吕不韦。因为他有太后的依靠,党羽很多,连担任卫尉(宫廷的卫队长)的竭、担任内史(掌治国都的官)的肆、担任佐弋(掌弋射的官)的竭,都是他的死党。公元前239年(秦始皇八年),嫪毐封为长信侯,把山阳(今河南焦作东南)作为他的封地,让他住在那里,宫室、车马、衣服、苑囿、驰猎等排场可以随心所欲,而且"事无大小皆决于毐"。又把河西、太原两郡作为他的封国。这样以两个郡作为一个大臣的封国,是战国时代从来不曾有过的。很明显的,这是想趁秦始皇亲理政务前,先取得大块封地,占据地盘,把持权势。

嫪毐和吕不韦,是当时秦国的两大势力,都想趁秦始皇亲理政务前把持地位和权势。但是,两个人的行径是大不相同的,因此这两大势力之间的斗争是很激烈的。据说当时秦国四境之内,从执法的大官一直到驾御车马的小吏都在说:"与嫪氏乎？与吕氏乎？"当时秦向魏进攻很急,有人劝魏景湣王说:"如果王能够割地去贿赂秦国,用这来作为嫪毐的功绩,很委曲地通过嫪毐的关系去尊重秦国,那么嫪毐在您的赞助下,便可在秦国国内斗争中取得胜利。王这样去赞助嫪毐,秦太后对于王的感激将深入骨髓,对王的交谊就会比天下任何人都好。过去秦、魏两国不断地相交,不断地相欺,牵动整个天下形势的变化。现在王通过嫪毐的关系和秦亲善,交谊比谁都好,整个天下谁会不抛弃吕氏而跟从嫪氏？整个天下都抛弃吕氏而跟从嫪氏,那末王的怨仇就能报复了。"(《战国策·魏策四》)

从这一席话,可知当时秦国内部吕氏和嫪氏之间的斗争是很激烈的,而吕不韦的行径要比嫪毐正派得多,是对秦国有所作为的。如果嫪毐在斗争中取得胜利,就会把秦国搞得一团糟,这对于东方六国是有利的。

公元前238年(秦始皇九年),有人告发嫪毐不是真的宦者,常和太后私通,生有二子,藏了起来,并且和太后密谋说:"等到王去世,便把他们立为后嗣。"因此秦始皇派遣官吏追查,得到证实。这年四月,秦始皇为了行冠礼,从国都咸阳到旧都雍。因为按礼节,冠礼要在宗庙里举行,而秦的宗庙在旧都雍。已酉那天,秦始皇举行冠礼完毕,就留宿在雍的祈年宫。

这时嫪毐为了先发制人,就图谋武装叛乱。这个大规模的叛乱计划没有来得及实现,便被发觉了。嫪毐偷用了王的御玺和太后的玺,征发县卒、卫卒、官骑、戎翟君公、舍人,将要向祈年宫进攻。秦始皇得到这个消息,便命令相国昌平君、昌文君发兵袭击嫪毐,在国都咸阳和嫪毐的部下交战。昌平君、昌文君所统率的军队很快取得了胜利,斩得首级几百。秦始皇对有功的将士都赏给了爵位,宦官参战而有功的也一律进爵一级。接着就下令国中说:"有能把嫪毐活捉来的,赐钱百万;有能把他杀死的,赐钱五十万。"这年九月,就把嫪毐及其同党全都逮捕了,并分别判了罪。对嫪毐采用了四肢"车裂"的死刑,并灭了他的三族。对嫪毐的党羽卫尉竭、内史肆、佐弋竭、中大夫令齐等二十人都判处"枭首"(斩首后挂在树木上)、"车裂"等刑罚,并灭了他们的宗族。对嫪毐的"舍人"(宾客),罪轻的罚作"鬼薪"(官府奴隶),或者剥夺爵位,流放到房陵(今湖北房县)的有四千多家(《史记·秦始皇本纪》)。太后的两个私生子被杀死,太后本人也被迁到了雍的槭阳宫①。

　　秦始皇进一步查究嫪毐叛乱的事，就牵连到吕不韦。据说嫪毐是吕不韦找来作替身而进献太后的。《史记·吕不韦列传》说：吕不韦常常和太后私通，怕秦始皇年岁大了发觉，就求得嫪毐作为"舍人"，进献给太后；并指使人告发嫪毐犯了判处"宫刑"的罪，还暗中献计太后，由太后厚赏主持"宫刑"的官吏，拔去须眉冒充已经动了"宫刑"，因而冒充宦官得以侍奉太后。这个故事，看来是不正确的，是出于对吕不韦的诬蔑。很可能，因为秦始皇认为吕不韦当相邦时有放纵嫪毐的罪，就有人编造出这样的故事来诬蔑他。从吕不韦和嫪毐作为秦国内部两大势力而激烈斗争情况来看，嫪毐不可能是吕不韦进献给太后的。

　　公元前 237 年（秦始皇十年）十月，秦始皇就免除吕不韦相邦的职位。后来齐人茅焦进说秦始皇："如今秦正以天下为事，而大王有迁母太后之名，恐诸侯听了，因此背叛秦国。"秦始皇就将太后从雍迎接回来，住在咸阳南宫②。同时把吕不韦从咸阳赶走，命令他住到食

---

　　①　《史记·吕不韦列传》"遂迁太后于雍"下《索隐》说："《说苑》云：迁太后咸阳宫，《地理志》雍县有咸阳宫，秦昭王所起也。"按"咸阳宫"当为"槭阳宫"之误，《汉书地理志》右扶风雍县下云："槭阳宫，昭王起。"今本《说苑·正谏》作"蒉阳宫"，亦当为"槭阳宫"之误。蒉阳宫在鄠县而不在雍县，《地理志》鄠县下云："有蒉阳宫，秦文王起。"《三辅黄图》也说："蒉阳宫，秦文王所起，今在鄠县西南二十三里。槭阳宫，秦昭王所作，今在岐州扶风县东北。"

　　②　《史记·秦始皇本纪》说："乃迎太后于雍而入咸阳，复居甘泉宫"，《集解》引徐广曰：《表》云：咸阳南宫也。"《史记·吕不韦列传》只说："归复咸阳"，《集解》引徐广曰："入南宫。"今本《史记·六国年表》已不见这项记载。按当以咸阳南宫之说为是，"复居甘泉宫"之说不确，当有错误。甘泉宫也叫云阳宫，甘泉、云阳在咸阳以北三百里，而且甘泉宫建于始皇二十七年。《三辅黄图》说："甘泉宫，一曰云阳宫，始皇二十七年作甘泉宫及前殿，筑甬道，自咸阳属之。"《史记·秦始皇本纪》也说：秦始皇二十七年"作甘泉前殿，筑甬道，自咸阳属之。"

邑河南去。吕不韦住在河南一年多,诸侯的宾客和使者不断地来和他打交道,秦始皇又恐发生什么事变,就命令吕不韦带同家属迁到蜀郡去。赐书给吕不韦说:"你有什么功在秦国,秦封给你河南十万户作为食邑?你又和秦有什么亲,号称仲父?你带同家属徙到蜀地去。"吕不韦很怕被判罪处死,就饮酖(毒酒)自杀了(《史记·吕不韦列传》)。这是公元前 235 年(秦始皇十二年)的事。吕不韦自杀后,他门下的许多宾客偷偷地为他办理丧葬,葬到了洛阳北芒山。秦始皇听到这个消息,就把吕不韦全家男女老小没入官家充为奴隶,并且对他门下的宾客分别作了处理。下命令说:"其舍人临丧葬的,如果是三晋的人一律驱逐出境;如果是秦人,俸禄在六百石以上的官一律剥夺爵位,迁到房陵去;俸禄在五百石以下的官,又不曾临丧葬的,迁到房陵后可以不剥夺爵位。从今以后,如果有操国事像嫪毐、吕不韦那样,一律照此没收他的全家为奴隶。"(《史记·秦始皇本纪》)

在秦始皇的心目中,吕不韦一派势力比嫪毐一派势力对他的威胁更大。因为嫪毐只是依靠太后宠幸,纠合了一批党羽在那里横行不法,胡作非为;而吕不韦一派是个有组织、有策略、有政治主张的集团,他们的政治主张和秦国传统的政策不合,和秦始皇的政见又不同,而且其中有不少有才能的人,不少是从三晋来的各派学者。因此,秦始皇对这两派势力的处理采取不同的方针:对嫪毐一派,只杀灭了嫪毐及其重要党羽以及他们的宗族,对嫪毐的舍人采用剥夺爵位和流放的办法;而对吕不韦一派,除了消灭吕不韦本人及其家属以外,对他的"舍人"中三晋的人全部驱逐,秦人则按俸禄大小分别采取剥夺爵位和保留爵位的流放办法。由于待嫪毐和吕不韦两派处理的方针不同,秦始皇在处理好吕不韦一派势力之后,就准许过去免除爵位而流放到房陵的嫪毐的舍人重新回归到秦的本土来。

　　秦始皇在亲理政务之后,两年之内,就把国内分裂的嫪毐和吕不韦两大势力先后消灭,把国家权力全部集中到他的手中。这样,他就可以集中力量来完成统一的大业了。

第二章　统一六国的成功

一　开凿郑国渠和部署统一六国的战略、策略

由于秦昭王的相国魏冉、范雎所主持的统一战争的胜利,又由于前一时期吕不韦继续进行统一战争的胜利,到秦始皇消灭嫪毐和吕不韦两大势力,亲自掌握秦国全部权力的时候,秦国已成为七国中最强大的国家,具备了极其有利于完成统一的条件。

这时秦国所统治的地区,除了本土以外,已有上郡、西河郡、河东郡、上党郡、太原郡、三川郡、南阳郡、汉中郡、黔中郡、蜀郡、巴郡、巫郡、南郡、东郡、陇西郡、北地郡等十多个郡,西部半个中国已经为秦所统一。当时秦国的三川郡和东郡,从秦的本土沿黄河以南,向东伸展,深入到中原地区,连同北方的上党郡、太原郡和南方的南郡,成为进攻东方六国的重要根据地,而秦的本土和其他各郡就成为支援上列各郡的大后方。就整个战争形势来看,秦已处于绝对有利的地位。这时形势上处于最不利地位的,是韩、魏两国。两国的领土已很狭

小，韩只剩下国都的周围地区，魏只有国都以东一些地方，又都处于秦的三面包围之中。如果东方六国不采取联合行动，秦国集中力量去进攻韩国或魏国，是可以一举把它兼并的。东方六国中的齐国，在战国中期是很强盛的，一度和秦国形成对峙的局势。自从燕将乐毅利用五国合纵的时机攻破齐国，后来齐国虽然复国，但已元气大伤，就此一蹶不振了。在前一个时期吕不韦发动向三晋进攻时，魏、赵、韩、燕、楚五国曾先后两次合纵，联合起来反攻秦国，但都没有什么效果。这时再要组织合纵的行动，比前更困难了。因此，这时韩、魏两国的外交活动和间谍活动很是频繁，就想依靠这些活动来阻止或延缓秦国的兼并行动，以图生存。

韩国这时对秦进行的间谍活动是多种多样的。公元前 237 年（秦始皇十年）或稍前①，韩国为了疲劳秦国的人力，延缓秦的兼并行动，派"水工"郑国到秦国来献策，设计开凿一条沟通泾水和洛水的沟渠，以便发展农业生产。他设计从中山（即仲山，今陕西淳化东南）向西南引水渠到瓠口（即谷口，今陕西泾阳西北），作为渠首。因为瓠口旁边有个小湖叫做瓠泽，就是古代的焦获泽，可以用作水源的一部分。从瓠口向东开凿沟渠，利用西北微高、东南微低的地形，引泾水沿着北山的南麓，向东伸展，经过秦的旧都栎阳（今陕西富平东南）以北，转而折向东南，在怀德（今陕西大荔东南）流注入洛水②，全长三

---

① 《淮南子·人间篇》说：秦的五军"三年不解甲弛弩"，只是指对南越的战争而言。至于对西瓯的战争，更是旷日持久，直到胜利结束，该有七八年之久。

② 杨守敬《嬴秦郡县图》和《前汉地理图》所绘郑国渠，由今泾阳、三原、高陵以北，转而折向东北，过蒲城、白水以西，从白水县以北进入洛水。蒲城、白水地势比泾阳、三原、高陵都高，渠水不可能由低处流向高处。《史记集解》引徐广曰："出冯翊怀德县"。怀德县在今大荔县东南。这个说法比较合理。

百多里,灌溉所及地区包括现在泾阳、三原、富平、高陵以及蒲城、渭南等县地方,可以灌溉农田四万多顷,称为郑国渠。当开凿工程还没有完工时,郑国这个间谍活动被发觉了,秦国要杀死他,郑国说:"臣做韩的间谍,前来劝说开凿大渠,只能为韩延长数年的寿命,然而大渠凿成之后,秦却有万世之利。"最终秦国让他按原定计划完成。渠成之后,果然使四万多顷田都成了肥沃的田,每亩收成达到一"钟",一"钟"有六石四斗。从此"关中为沃野,无凶年",秦更富强了(《史记·河渠书》《汉书·沟洫志》)。

这条郑国渠,是总结了当时劳动人民治水的经验,采取当时先进技术而设计开凿的。《史记·河渠书》指出它的效果是:"渠成,用注填阏之水,溉泽卤之地"。就是说:"引淤浊之水,灌咸卤之田,更令肥美"(《汉书·沟洫志》颜注)。也就是利用含沙量多的泾水去灌压盐碱地中的盐碱成分,使耕土层中盐碱含量降低,收到改良土壤的作用,从而提高农业的产量。

原来中原魏、韩等国早有利用灌溉改良盐碱地的经验。魏襄王时史起做邺(今河北磁县南邺镇)的县令,引导漳水灌溉邺的"恶田",就起到改良盐碱地的作用。当时人民歌颂道:"邺有圣令,时为史公,决漳水灌邺旁,终古斥卤,生之稻粱"(《吕氏春秋·乐成》,《汉书·沟洫志》的记载大体相同,"斥卤"作"舄卤")。这个从西门豹开始开凿的引漳灌邺水利工程,是著名的改良土壤的典范。这时"水工"郑国设计开凿郑国渠,采用的技术在当时是比较先进的。既引进了中原利用灌溉冲洗改良土壤的办法,同时又采取了因地制宜的技术措施。泾水中含沙量比较多,所谓"泾水一石,其砂数斗",可以利用来灌压耕土层中的盐碱,但是所含泥沙量过多,灌溉到农田,就会妨碍农作物的生长。因此郑国选择了一段比较平坦的河床下游,就地取材,利用枲木编成圆廪，填进许多石块，做成"石囷"，把"石囷"排列起来筑成拦河堰，使得泾水流到这里，流速减慢，把一部分泥沙沉淀下来，这样流入新开沟渠的水的含沙量就减少，既可以用来灌溉，又可以起灌压盐碱的效果。这种用"石囷"修筑拦河堰的办法，和秦昭王时蜀郡守李冰修建都江堰用装满卵石的竹笼，筑成挑水坝和"鱼嘴"，取材不同，而方法一致。这都是总结了当时人民治水的经验而发展起来的巧妙办法。

韩国原来派"水工"郑国到秦国献策设计开渠，是要推迟秦的兼并行动的，但是结果恰恰相反。因为郑国渠设计采用的技术水平高，建成之后取得的效果大，有力地帮助了渭北广大地区发展农业生产，使得秦更富强起来，可以更快地完成统一的历史任务。所以《史记·河渠书》指出开凿郑国渠的效果是："秦以富强，卒并诸侯"。

过去吕不韦当权时，曾招徕三千宾客，帮他计谋策划，著书立说。其中就有不少是从三晋来的。等到秦始皇要铲除吕不韦一派势力，就把他门下三晋的宾客一律驱逐出境。但是，当时从东方六国来到秦国充当官吏、宾客和技术人员的，还有不少。李斯就是其中的一个。等到这个隐藏在国家建设部门的"水工"郑国间谍案件的暴露发觉，秦的统治集团大吃一惊，引起了他们对客籍人员的怀疑。保守的宗臣大臣就乘机起来反对使用客籍人员，他们进言秦始皇，认为东方来的人员大多是六国君主派来做间谍工作的，要求下令"一切逐客"，把客籍人员统统驱逐。[①]因此秦国"大索逐客"(《史记·秦始皇

① 《资治通鉴》把开凿郑国渠以及发觉郑国为韩间谍的事载在秦始皇元年，这与《史记·李斯列传》说"秦王拜斯为客卿"后发觉郑国为间谍而要下逐客令的时间不合。李斯为客卿已在秦始皇十年。因此黄式三《周季编略》把这事移在秦始皇十年。林春溥《战国编年》调停两个说法，说开始开凿郑国渠在秦始皇元年，而发觉郑国是间谍"在此后十年，是十年乃觉，史终言之耳"。但是从《汉书·沟洫志》所载郑国的话，说开凿郑国渠只能为韩延长数年的寿命，可知郑国渠的开凿没有经过十年，只有数年。因此林春溥之说并不可从。

本纪》),李斯也被列入了驱逐的名单之中①。

这时由于秦始皇的信任,李斯已由长史提升为客卿。他听到将要发布逐客令,就上书给秦始皇发表意见,这便是著名的《谏逐客书》。他列举过去秦国四个国君任用客卿所取得的成绩:秦穆公求得由余、百里奚等五人而加以重用,就"并国二十,遂霸西戎";秦孝公任用商鞅变法,就"举地千里,至今治强";秦惠王采用张仪的计谋,就开拓四方领土,瓦解六国合纵,"功施到今";秦昭王得到了范雎,就加强了公室,杜绝了"私门","蚕食诸侯,使秦成帝业"。他认为四个国君所取得的成就,都是"客"的功劳。否则的话,秦就不得富强。接着就列举秦王所爱好的珠宝、宝剑、名马之类,都不是秦国出产,认为如果一定要秦国出产的东西才用,不但玩好名马得不到,江南的铜、锡等金属原料和西蜀的丹砂(硫化汞)、曾青(碳酸铜)等颜料也不得用,东阿(今山东阳谷东北)出产细绢制作的衣服和锦绣的装饰又不得穿着。接着又说:原来秦国的音乐,是打击陶瓶瓦器,弹着筝而唱出呜呜的声音;至于郑卫之音、桑间之音、《昭》《虞》《武》《象》等曲调,都是从别国来的。如今为什么放弃打击陶瓶瓦器而向往郑卫之音呢? 为什么不要弹筝而要采取《昭》《虞》等曲调呢? 无非是为了"快意当前",听来适意罢了。现在选取人才却采取相反的方针,"不问可否,不论曲直,非秦者去,为客者逐"。这样岂不是看重声色珠玉,而看轻人民了? 这就不是"所以跨海内、制诸侯之求也"。随后李斯又发挥道:泰山不排斥什么土壤,所以能成其大;河海不挑剔什么细流,所以

---

① 《史记·李斯列传》说:"李斯议亦在逐中",说明李斯已被列入驱逐的名单之中。《史记集解》引《新序》说:"斯在逐中道上,上谏书达始皇,始皇使人逐至骊邑,得还。"这是说李斯已被驱逐在途中,直到骊邑,才被追回的。这怕是出于后人增饰。

能成其深；王者不抛弃大众庶民，所以能明其德；如今君上放弃人民送给敌国，排斥宾客来帮助诸侯，使得天下的"士"退却而不敢西向，裹足而不敢入秦，这就等于送给寇盗兵器和粮食。最后他作结论说："物不产于秦而可宝者多，士不产于秦而愿忠者众"。如今驱逐宾客来帮助敌国，损害人民来帮助怨仇，使得自己内部空虚而结怨于东方诸侯，想要使国家不危险，是不可能的。

李斯这篇《谏逐客书》，说理很透彻，论据很坚强，文笔很生动，秦始皇看到了，就采纳他的意见，取消了逐客令。

这时正是秦始皇开始策划统一六国的关键时刻。是广泛搜罗人才和集中能干人才来干呢？还是驱逐外来人才而让一些保守的宗室大臣去办呢？这是个很重要的问题。眼看秦国即将完成统一，即将创立统一的封建王朝，这是符合地主阶级要求统一的愿望的，因此东方各国地主阶级知识分子中比较有才能的，纷纷来到秦国，想为统一事业有所贡献，并想从中取得个人的名利地位。正如李斯《谏逐客书》中所说的："士不产于秦而愿忠者众"，是欢迎"愿忠"的"士"前来秦国效忠呢？还是把"愿忠"的"士"驱逐呢？这对当时秦国完成统一大业是关系很大的。秦始皇很听信李斯的话，不但取消了逐客令，而且要亲自从前来秦国效忠的"士"中选拔出策划统一六国的人才而加以重用。

就在这时，有个魏国国都大梁人名叫缭的，前来游说秦始皇。战国时代先后有两个尉缭，前一个尉缭是个军事学家，曾进说魏惠王，著有《尉缭子》三十一篇，《汉书·艺文志》列入"兵形势家"，现存二十四篇（收入宋人《武经七书》中）。后一个尉缭是个"杂家"，著有《尉缭》二十九篇，《汉书·艺文志》引入"杂家"，今已失传。刘向《别录》

说："缭为商君学"（《汉书》颜注引），但是他不单是"为商君学"的法家，是兼讲军事学和合纵连横的策略的，因而被归入"杂家"。他游说秦始皇说："以秦国这样的强盛，东方诸侯对秦的关系已好比'郡县的君臣'，只怕诸侯合纵，出其不意地联合起来攻秦。过去晋国的知伯、吴王夫差、齐湣王都是因此被攻灭的。希望大王不要爱惜财物，派人去贿赂东方各国的'豪臣'，扰乱他们原定的种种谋划，不过花去三十万金，就可以把东方诸侯全部灭亡。"尉缭这个统一六国的策略，很得秦始皇的赏识，马上就被采用了。

因为秦始皇十分赏识尉缭，对他极其敬重而亲热，不但为之分庭抗礼，而且和他同吃同住，"衣服食饮与缭同"。秦始皇能够这样重视人才，尊敬有才之"士"，在同时代的封建统治者中是少见的。但是，秦始皇对尉缭这样异乎寻常的敬重和亲热，反而引起了尉缭的不安和害怕。他私下对人说："秦王的为人，隆准（高鼻），长目，鸷鸟膺（胸像鸷鸟那样挺实），豺声（声音像豺叫），很少讲恩情而心像虎狼那样狠，在处境艰难时能够自居人下，一得志就要随便吃人。我是个布衣之士，对待我却常常很谦卑，如果真使秦王得志于天下，天下人都要变成他的奴隶了。这个人是不可以长久和他一起的。"因此，尉缭想要逃走，被秦始皇发觉而挽留，起用他担任了"国尉"的要职，尉缭就是因为他担任"国尉"而得到这个称呼的。缭是他的名，"尉"是他的官名，他姓什么，已经失传了。

当时相面术很流行，《荀子》有《非相》一篇专门加以批评。尉缭对秦始皇的评论，采用了相面的办法，显然是不确当的。看来秦始皇生理上是有些缺陷的，郭沫若同志曾经根据尉缭的话，对秦始皇生理上的缺陷作过推断："鸷鸟膺"，现今医学上所说的鸡胸，是软骨症的一种特征,隆准应该是马鞍鼻,豺声是表明有气管炎。软骨症患者,骨的发育反常,故而胸形鼻形都呈变异,而气管炎或气管支炎是经常并发的,有这三种征候,可以下出"软骨症的诊断"(《十批荆书·吕不韦与秦王政的批判》)。秦始皇生理上的缺陷,可能影响到他的精神和性格,但不能根据这点来推断他的"为人"。

"国尉"这个官职,原来的地位不是武职中最高的。秦的官职本来以"大良造"为最高。自从秦惠王时设立相位之后,"大良造"就成为武官中的最高职位,而"国尉"要比"大良造"低一级。例如秦昭王时的名将白起,初为左庶长,后升左吏,再升国尉,最后升为大良造。自从秦昭王初年设置将军之后,将军逐渐代替了大良造地位。到吕不韦当权时,武职最高的就是将军。这时秦始皇起用尉缭担任"国尉",应该就是后来秦王朝"三公"之一的"太尉",已是一国的军事长官,是辅助国君策划和指挥军事行动的①。从这点,说明秦始皇为了统一六国,对中央政权的官僚机构已经作了改革。这时的"国尉",实际上已像《月令》所说的"太尉"一样,成为"三公"之一了。秦始皇对官制作出这样的改革,是为了统一六国军事行动的需要,同时可能也受到《月令》作者所设计的统一封建王朝官制的影响。

秦始皇重用尉缭做国尉,就是为了部署统一六国的战略和策略,

---

① 《史记正义》解释这个"国尉"说:"若汉太尉,大将军之比也。"这是正确的。《礼记·月令》和《吕氏春秋·孟夏纪》说:"命太尉,赞杰俊,遂贤良,举长大,行爵出禄,必当其位。"这个"太尉"已经不是"大良造"以下的"国尉",而属于"三公"之一了。但是《汉书·百官公卿表》说:"太尉,秦官,金印紫绶,掌武事。"《汉书·爰盎传》也说:"太尉本兵柄。"这和《月令》所说"太尉"的职掌又不同。《月令》的"太尉"的职掌,主要在于选拔人才,"行爵出禄",而不在于"武事"。秦始皇这时任用尉缭为"国尉",策划统一六国的事,包括"武事"在内,因此这个"国尉"和后来秦王朝的"太尉"性质相同。

是要从政治上和军事上同时发动对东方六国的进攻，既要设法离间各国内部的君臣关系，破坏他们的抵抗力量；又要设法破坏东方各国的合纵计划，造成他们处于虚弱不利的地位，以便各个击破。制定战略和策略的是尉缭，而具体执行者是李斯。所以《史记·秦始皇本纪》说：秦始皇用缭"以为秦国尉，卒用其计策而李斯用事"。

李斯所制定的执行方案，主要有两点：

一、暗中派"谋士"（纵横家之类）带了金玉财宝去游说东方诸侯，凡是诸侯的"名士"（著名的大臣）可以用钱财来收买的，就送给他们很多钱财而和他们结交；如果谁不肯，就派刺客用利剑刺杀。

二、游说和贿赂的目的，在于"离其君臣之计"，破坏他们合纵进攻或组织抵抗的计划。等到这个计划成功，就"使良将随其后"，出兵进攻（《史记·李斯列传》）。

李斯所制定的执行方案是很周到的，把收买"内间"、暗杀和军事进攻三方面行动配合了起来。一方面对东方六国中腐化堕落的重要官员用钱财来收买，使他们成为"内间"，以达到"离其君臣之计"的目的，从而瓦解他们国家内部的抵抗力量，瓦解诸侯之间的合纵行动，使诸侯之间关系恶化，相互火并。另一方面对东方六国中不肯作"内间"的重要官员加以暗杀，以削弱六国政权中的领导力量。再一方面就是等待离间计划成功，就采取军事行动，有步骤、有计划地加以各个击破，陆续灭亡东方六国。

李斯这个执行方案，是根据敌我双方的实际情况而制定的，因而是可以行之有效的。秦国军队的战斗力在七国中是首屈一指的。荀况曾评论说：齐的"技击"不可以碰魏的"武卒"，魏的"武卒"不可以碰秦的"锐士"（《荀子·议兵》）。同时东方六国的政治十分腐化，确实有不少堕落的重要官员可以用钱财来收买作为"内间"的。后来赵国由于宠臣郭开接受了秦的贿赂，把将军李牧陷害死了，结果被秦乘机攻破灭亡。齐国灭亡的原因之一，也是由于相国后胜接受秦的贿赂，劝齐王朝秦，"不修攻战之备，不助五国攻秦"。所以后来李斯被赵高陷害后，从狱中上书，夸耀自己过去功劳，还是说："臣尽薄材，谨奉法令，阴行谋臣，资之金玉，使游说诸侯"，再加上"修甲兵，饰政教"，因而"卒兼六国，虏其王，立秦为天子"（《史记·李斯列传》）。

秦始皇为了统一六国，除了起用尉缭和李斯从事策划以外，还提拔了一些将领作为指挥官。当吕不韦当权时，重用以兼并三晋的将军是蒙骜、王齮、麃公等人。王齮在秦始皇三年去世，蒙骜又在秦始皇七年去世。因此这时需要提拔新的有指挥才能的将军，才能继续采取大规模的军事行动。公元前237年（秦始皇十年），"桓齮为将军"（《史记·秦始皇本纪》），这是免除吕不韦相位之后秦始皇亲自任命的第一个将军。次年，秦始皇派王翦、桓齮、杨端和三人向赵发动进攻，王翦的名位又在桓齮之上。王翦该是秦始皇新任命的第二个将军。王翦是秦国频阳（今陕西富平东北）的东乡人，"少而好兵"（《史记·王翦列传》），得到了秦始皇的赏识和提拔。王翦和他的儿子王贲，能征善战，后来在统一六国的战争中发挥了很大的作用。

秦始皇还曾改革户籍的登记制度，也是为准备扩大统一战争，谋求统一六国的成功。本来秦国的户籍制度，规定人民到16岁（虚年17岁）作成年，要自报登记户籍，叫做"傅"或"傅籍"。"傅籍"之后，就有服兵役、应差役、纳赋税的义务，到56岁叫做"老"，才可免役。公元前231年（秦始皇十六年）秦国"令男子书年"（《史记·秦始皇本纪》），就是云梦秦简《编年记》所说：今十六年"自占年"，也就是命令全国男子自报年龄登记到户籍上。原来只是男子到成年登记户籍，这时要所有男子一律登记年龄，就是对全国男子的人数和年龄作总的调查统计。这样做，不仅是为了进一步掌握户口的情况，更重要的是为了便于在战争中临时征发没有成年的男子参加战斗。在"令男子书年"后一年，秦就开始灭亡东方六国的军事行动，首先把韩国灭亡。

尽管这时秦国已经处于十分有利的地位，但是东方六国为了挽救危亡，对秦国的抵抗还是相当激烈的，特别是保存有一定实力的赵、楚两国。因此秦国这时要灭亡东方六国，也还要经过相当激烈的政治斗争和军事战斗。

二 灭亡东方六国的政治斗争和军事行动

秦始皇在公元前237年(秦始皇十年)重用尉缭和李斯部署好统一六国的战略和策略。接着就大举向赵国发动进攻了。因为这时东方六国中，以赵国的兵力最强，不首先把赵的主力击破，就不能顺利地达到灭亡六国的目的。

公元前236年(秦始皇十一年)秦乘赵向燕发动进攻的时机，派将军王翦、桓齮、杨端和三人分兵两路向赵进攻。当赵将庞煖开始攻燕的时候，秦将王翦带着大军进攻赵的上党，攻取了赵的阏与(今山西和顺)和橑阳(今山西左权)。阏与原是赵国国防上的险要之区，公元前270年赵将赵奢曾在这里大破秦军，因此封为马服君。这时阏与等地被秦攻取，使赵在西边失去了防守的屏障。当赵将庞煖攻得燕的狸(一作"厘"，今河北任丘东北)的时候，秦将桓齮、杨端和又攻取了赵的河间地区六个城。当赵将庞煖攻得燕的阳城(今河北保定西)的时候,秦将桓齮又攻取了邺、安阳(今河南安阳西南)两城,等到庞煖从燕回师向南救援的时候,漳水流域许多地方已被秦占有,河间地区也已全部被秦攻取。就在这一年,秦国一举攻占了赵国的两个地区,削弱了赵的力量,使得赵悼襄王"不得意而死"(《韩非子·饰邪》《史记·赵世家》)。

接着秦国又联合魏国向楚进攻,图谋向南扩展领土。公元前235年(秦始皇十二年)秦国派亲魏的将军辛梧坐镇魏国,主持秦、魏两国联合出兵的行动。楚国大臣李园十分担忧,就去游说辛梧。李园对辛梧说:"秦、魏联合伐楚,逼得楚很快投靠秦国,秦就会转过来进攻魏国,魏必然要把你驱逐回秦,秦就会把将军判罪处死。为私计,不如稍缓出兵。这样秦不得志于楚,楚必倚重于魏;魏不得志于楚,魏必倚重于秦;这样将军就可得到两重。楚见到魏不出兵,投靠秦的行动必迟缓;秦王看到楚的投靠迟缓,必然更加怨恨;这样将军就可以左右局势了。"结果魏兵推迟了六个月才出动(《战国纵横家书》二五《李园谓辛梧章》)。这年秦发动四郡助魏击楚(《史记·六国年表》)。看来就是因为李园游说辛梧成功,魏国推迟了出兵,秦就没有取得什么成果。

当时秦国的主力还是用在攻赵,目的在于把赵的主力击破,因此秦赵两国间不断发生大战。

公元前234年(秦始皇十三年),秦又派桓齮大举向赵进攻,攻取了赵的平阳(今河北磁县东南)、武城(今磁县西南),大败赵军,杀死赵将扈辄,斩得首级十万(《史记·秦始皇本纪》)。这是秦始皇亲政之后的第一次大胜。就在这年,秦取得赵的北方大块土地,建置了雁门和云中两郡。

这时赵国采取了积极抵抗的办法，从边地调动大军来对抗秦国。公元前232年（秦始皇十四年）秦将桓齮又从上党、太原越过太行山进攻赵的赤丽、宜安（今河北石家庄东南），赵就任命李牧为大将军，统率大军反击。李牧原是赵国防守北边的名将，既善于指挥作战，又很得军心，曾多次在抵抗北方游牧部族扰乱的战争中取得大胜，使得匈奴十多年不敢接近赵的边城。这是赵国在对抗匈奴战争中训练出来的一支最有战斗力的军队，这时从北边调回来抵抗秦军，一下子就在肥（今河北晋县西）这个地方把秦军打得大败（《史记·廉颇列传附李牧传》）。李牧就因这一役大胜，封为武安君；而秦将桓齮就因这一役大败，畏罪出奔了。这个桓齮不是别人，就是荆轲刺秦王故事中的樊於期。当时秦国法律对战败而逃跑的将领的处罚是很严厉的。何况桓齮是秦始皇提拔任命的第一个将军，秦始皇十分信任他，如今他被打得大败而出奔，怎能不受到严厉的惩罚呢？桓齮出奔到了燕国，秦国就将他的父母宗族有的杀了，有的没入官府做奴隶，还出悬赏：能得他的头的，就赏给"金千斤，邑万家"①。

为什么司马迁作《史记》时，在《秦始皇本纪》等篇都写作"桓齮"，

---

① 《史记·秦始皇本纪》由于根据《秦记》，对战败的事隐讳不讲，反而说："取宜安，破之，杀其将军。"《史记·赵世家》说这年"秦攻赤丽、宜安，李牧率师与战肥下，却之。"《李牧列传》也说："击秦军于宜安，大破秦军，走秦将桓齮。"《战国策·赵策四》又说："李牧数破走秦军，杀秦将桓齮。""杀"字当为"走"字之误。《秦始皇本纪》列举秦将出战情况，此后不见有桓齮出战的记载，所谓"走"，当是大败后畏罪出走。《史记·刺客列传》说"秦将樊於期得罪于秦王，亡之燕"。《秦始皇本纪》详载历次出战的秦将姓名，独不见樊於期。我们因此断定樊於期即是桓齮，桓齮于秦始皇十四年败走，而派遣荆轲刺秦王的燕太子丹是秦始皇十五年由秦归国的，时代也相当。不可能秦国同时有两个将军出走，而两个将军的姓名正好同音。《资治通鉴》记载这年"秦师败绩，桓齮奔还"。把出走改作"奔还"是不正确的。黄式三《周季编略》删去"还"字，只作"桓齮奔"，就正确了。

而在《刺客列传》中又写作"樊於期"呢？因为司马迁写《秦始皇本纪》等篇是根据《秦记》等历史记载的，而《刺客列传》中荆轲刺秦王的故事是他亲自从民间采访得来的，是从公孙季功、董生两人那里听来的，因为他们和秦始皇的侍医夏无且相熟而"具知其事"。因为这是个采访记录，就用同音字，把"桓齮"写作"樊於期"了。至于《战国策·燕策三》上有相同的记载，那是后人根据《史记》补进去的。

这是秦始皇开始进行统一战争时遭到的一次很大的挫折。所以会发生这样的大挫折，该是出于战略估计和战略部署的错误。战略估计上的错误，是对赵将李牧所统率军队的战斗力估计不足。桓齮因为在对赵战争中不断取得胜利，先乘赵向燕发动进攻的时机，轻易地取得赵的河间地区；接着又在平阳一带杀死赵将扈辄，斩得首级十万。在这样取得大胜的形势下，就低估了李牧一军的战斗力。这次桓齮从上党越过太行山，经过井陉（今河北石家庄西），进攻宜安，接着又向东北前进到肥，这样孤军深入，突然遇到强大的李牧一军的反击，就被打得大败了。

这对刚在开始主持统一战争的秦始皇来说，是一个深刻的教训。怎样挽回这个大败的局势呢？就必须加强对赵的防御。所以就在桓齮大败的次年（秦始皇十五年），秦就"大兴兵"，征发大量军队进驻新占据的赵地，一军向南到了邺，一军向北到了太原，从南北两方面加强对赵的防御，以便稳定控制局势。同时重新攻取了狼孟（《史记·秦始皇本纪》），大概这时狼孟反判归赵，秦因此再度攻取。接着秦又进攻番吾（今河北灵寿西南），又被李牧所击破（《史记·廉颇列传附李牧传》）。所以《战国策·赵策四》说："李牧数破走秦军。"

秦始皇因攻赵遇到挫折，就对赵暂时改取守势，同时设法离间齐、赵两国的关系,防止齐、赵等国发动合纵攻秦。当时秦派使者荆苏到齐国,想促使齐和赵断交(《韩非子·存韩》载李斯上秦王书)。因为赵在这时,乘胜利的余威,很想组织东方各国合纵。当时形势已很清楚,如果不合纵攻秦,削弱秦国,东方六国就会被逐个击破,以致灭亡。韩、魏两国早已处于秦的包围之中,受到秦的强有力控制;而赵和燕关系向来不好,秦又极力拉拢燕国;因此赵所要争取联合的对象首先是齐国。赵的合纵计划是,先争取得齐的支援,然后再拉拢韩、魏,从而发动合纵攻秦。

这时韩的处境最为困难。在秦的威胁下,韩常常向秦"入贡职",如同秦的附庸差不多。但是因为它处于中原的心脏地区,一遇到东方各国合纵的形势形成,就要拉它作为合纵攻秦的先锋。因此就秦国看来,尽管韩对秦表示臣服,还是个"腹心之病",要首先灭亡它。

韩国这时在军事上已经没有什么抵抗秦国的能力。韩王安为救亡图存,就派韩非作为使者前往秦国活动。这是韩王打出的一张王牌,就是想利用韩非的声望和秦始皇对韩非的敬佩,来延缓秦对韩的军事进攻。因为当时秦始皇已读过韩非的著作,对他十分敬佩,正谋求和他相见。公元前 234 年(秦始皇十三年)韩非来到秦国,就上书给秦始皇,劝暂缓伐韩而先伐赵。

韩非上秦王书,共分两段:

第一段讲秦伐韩失策,将达不到完成统一的目的。理由是:韩已臣服秦三十多年,而赵正聚集大军,想要合纵攻秦。如今放过赵而伐韩,天下就要认为赵得计。韩虽小国,因为上下同忧已经很久,加强了守备,伐韩未可一年而灭。韩反叛了秦,魏就跟着反叛。赵有齐作后援,再加韩、魏的帮助,就会加强合纵的力量。这样秦就成为天下攻击的目标。最后说:陛下虽有金石那样长寿,这样还是不可能有完成统一的一天。

第二段是韩非献计伐赵。主张秦先派使者到楚,说明赵的欺秦;再送"质子"到魏,使魏可安心;接着放纵韩国,全力去伐赵。尽管赵和齐联合,也不足为患。等到把齐、赵两国征服,韩就可以通过一道文书而加以平定,同时楚、魏也必自请服从。

韩非这封上书,表面上是替秦策划,献计如何完成统一,实际上是要秦国暂缓伐韩,以便延长韩国的寿命。

秦始皇接到韩非的上书,就下诏交给李斯讨论,李斯很不以为然,就上书加以驳斥。李斯的驳韩非书,主要有三点:

第一点着重说明韩的存在是秦的"腹心之病"。认为韩虽臣服于秦,如果有突发的事件,韩就不可信。秦虽派使者荆苏到齐,离间"齐赵之交",但"齐赵之交"未必就因此断绝。如果"齐赵之交"不绝,秦就要全力去应付两个大国,那时韩必然成为"腹心之病"而发作。

第二点指出韩非来秦是自便之计,是为了保存韩国,以此求重于韩,钓利于秦。

第三点李斯提出了制服韩、齐等国的策略。主张由他出使到韩国,使韩王来朝见,从而把韩王扣留下来,以达到"深割"土地的目的。再派蒙武(蒙骜的儿子)"发车郡之卒",在边境耀武扬威,迫使齐国服从荆苏断绝"齐赵之交"的计策。这样用"威"擒了韩,用"义"迫使齐服从,东方诸侯就可"蚕食而尽",赵国也"可得而敌"。

秦始皇听信李斯的话,就派李斯到韩国。韩王拒绝接见李斯,李斯便上书请求接见。李斯的上韩王书,说了一连串威胁韩王的话,说不得见而回去,秦韩之交就要断绝,又说杀死了他不足以使韩强盛,不听他的话就必然造成灾祸;又说希望让他能够把话当面说完,再杀死他不晚;还说秦王本来专心致志地在图谋赵国,派他前来见面,因为有急计要和陛下商量,如今不接见使臣,说明韩不可以相信,秦必然要放过赵国而移兵攻韩了。李斯在上书中说这么许多威胁的话,一方面是想迫使韩王接见,另一方面是怕韩王把他杀死(以上根据《韩非子·存韩》)。因为韩王坚持拒绝接见,李斯就毫无结果回到秦国。

韩非和李斯原是同学,同样是讲究法家理论的,李斯还很佩服韩非的学问,自以为不如韩非,但是因一个为着韩的利益,一个为着秦的利益,在韩国存亡这个问题上两人对立的意见十分尖锐,特别是在这个韩国存亡的关键时刻。秦始皇原来很想见到韩非,要韩非帮他策划完成统一事业的,如今见到了他,当然十分喜悦,但是因为他是韩国派来的人,就不敢信用他。李斯出使到韩国回来,没有得到什么结果,就和姚贾一起在秦始皇面前说韩非坏话。李斯说:"韩非是韩的公子,如今大王要兼并诸侯,韩非终究为韩而不为秦,这是人的常情。如今大王不用他,让他留住一段时间再回去,就会留下后患。不如借个罪过依法杀死他。"

为什么姚贾也要和李斯一起反对韩非呢?这时秦派姚贾带了"车百乘,金千斤",载了许多珍珠重宝,奔走于四国之间,破坏他们合纵的计谋,取得了一定的效果,因此他得到了上卿的爵位和千户的食邑。韩非曾在秦始皇面前提出二点理由反对他,一是四国原来未必能够合纵,姚贾这样做法,是利用王的权力和珍宝私自和诸侯结交;二是姚贾出身低贱,说他原是魏的"世监门子"(世代看管里门小卒的儿子),做过"大盗",又是被赵驱逐的官吏(《战国策·秦策五》)。韩非这样反对姚贾破坏东方各国合纵的活动，因为他原来就反对纵横家，把他们看作"五蠹"之一，同时和他的"存韩"主张也有关系。

就由于李斯和姚贾一起在秦始皇面前说韩非坏话，秦始皇就把韩非拘留在云阳（今陕西淳化西北），李斯就派人送给韩非毒药，逼得他自杀了。韩非原想自己到秦始皇面前辩白，但是见不到。后来秦始皇后悔，派人去赦免他，但是已经来不及，韩非已经死了（《史记·韩非列传》）。韩非就这样成了韩王的牺牲品。这是公元前233年（秦始皇十四年）的事。

就在韩非被害死的这年，"韩王请为臣"（《史记·秦始皇本纪》）。公元前231年（秦始皇十六年），韩、魏两国在秦的逼迫下，不得不献出部分土地给秦。韩献出残存的一部分南阳地，秦派兵前往接受，并任命腾担任南阳郡的假守（代理郡守）。魏也献地给秦。次年，秦又借口韩背约图谋和赵、魏合纵，派内史腾攻韩，俘虏了韩王安，把所得的韩地建置为颍川郡。于是韩被灭亡了。这是东方六国中第一个被秦灭亡的。内史腾就是上年接受南阳地的假守腾，这年已改任为内史；后来又改任南郡守，云梦秦墓出土竹简有《南郡守腾文书》，作于公元前227年（秦始皇二十年）四月。这时韩国已很弱小，因此秦国就不用派出将军，只要派出像腾这样郡守一级的官就可以把它攻灭了。

秦攻灭韩之后，下一步就是集中兵力攻破赵国。恰巧秦攻灭韩的前一年，赵北部发生大地震，从乐徐（今河北涞源东南）以西，北到平阴（今山西阳高东南），台屋墙垣大半震坏，地裂开东西一百三十步。赵的损失很严重。接着秦灭韩的这年，赵国又发生大旱灾，大饥荒。这就造成了秦进攻的好时机。当时赵的民间歌谣说："赵为号，秦为笑;以为不信,视地之生毛。"(《史记·赵世家》)秦就利用赵大旱灾、地生毛的时机,大举发动对赵的进攻,一举把赵攻破了。

赵原是秦的劲敌,秦兵曾一再被赵将李牧打得大败。这时赵之所以会一举被秦攻破,一则由于秦乘赵大灾荒的时机,二则由于利用间谍离间了赵国君臣关系、破坏了赵的抵抗力量。据说秦始皇见到一个游说之士顿弱,问顿弱怎样可以兼并东方六国,顿弱认为韩是天下的咽喉,魏是天下的胸腹,给他万金的费用,让他去游说韩、魏两国,使韩、魏服从,这样可以取得天下。他还对秦始皇说:"天下的形势非合纵,即连横,连横成功则秦可以创立帝业;合纵成功则楚可以成就王业。如果楚成王业,王虽有万金,也不能私有了。"秦始皇因此给他万金,派他到东方各国去游说和进行贿赂,结果"东游韩魏,入其将相;北游燕赵,而杀李牧"(《战国策·秦策四》)。实际上顿弱就是实行了尉缭和李斯早就制定的通过游说和贿赂"离其君臣之计"的策略。

顿弱是秦国派到赵国去进行贿赂的,而赵国主要接受贿赂的就是赵王迁的宠臣郭开。当时赵王因秦军进攻紧迫,想重新起用出奔在魏国的名将廉颇,派使者去探望,看他是否再可用。郭开贿赂了派去的使者,要使者诋毁他,当使者见到廉颇时,廉颇吃一顿饭,一斗(约合今二升)米,十斤(约合今四斤)肉;接着就披上战甲,跨上战马,表示还可以效命。使者回报赵王却说:"廉将军虽老,还很能吃饭,但是和我一起坐一会儿,他就多次起来小便。"因此赵王就以为廉颇老了,没有把他召回(《史记·廉颇列传》)。与此同时,郭开又造谣说将军李牧、司马尚图谋反叛,因此赵王夺了他们的兵权,并把李牧杀死。

公元前 229 年(秦始皇十八年),秦借口赵背盟图谋反攻,大举攻赵。由王翦统率上党的兵卒直下井陉，由杨端和统率河内的兵卒进围赵都邯郸；另有羌瘣统率一军协助作战。赵国派了李牧、司马尚带领大军抵抗，因为赵王迁听信郭开的谗言，起用赵葱、颜聚代替李牧、司马尚为将。李牧不受命，结果被杀死了。司马尚也被废了。次年，王翦大败赵军，杀了赵葱，颜聚逃了，便攻克邯郸，在东阳（太行山以东高是、隆尧一带）俘虏了赵王迁。赵公子嘉带了宗族几百人向北出奔到代（今河北蔚县东北），自立为代王。秦把新得赵地建置为邯郸郡和臣鹿郡，把赵王迁流放到了房陵。这是公元前 228 年（秦始皇十九年）的事。

这次攻破邯郸的胜利，使秦始皇十分高兴。因为他的母亲是邯郸人，邯郸是他的出生地，当年曾和他的父母亲一起在这里落难过。因此在攻克邯郸这年，他亲自到了这个久别的旧地来。为了报个人的旧怨，就把从前在邯郸时与母家有仇怨的一律加以坑杀，然后从太原经过上郡，回到咸阳。

就在秦始皇到邯郸的这年，秦已取得赵前所兼并的中山（今河北定县、灵寿、石家庄一带），兵临易水，将要向燕进攻。而残余的赵兵，正和燕兵汇合，驻守在上谷（今河北怀来、宣化一带）。燕的形势十分危急。燕太子丹为了挽救燕的危亡，就派荆轲作为使者，入秦谋刺秦始皇。

燕太子丹少年时曾经作为"质子"被送到赵国，正好这时秦始皇出生在那里，和丹玩得很要好的。等到吕不韦在秦当权时，燕太子丹作为"质子"又被送到秦国，秦始皇待他很不好，丹很抱怨。公元前 232 年（秦始皇十五年）从秦逃回到燕国。恰好这时秦将桓齮（即樊於期）因被赵将李牧打得大败，畏罪出奔到燕，太子丹就收留了他。太子丹的"傅"鞠武认为把桓齮留着会有大祸,劝丹把他送到匈奴那里,设法联合三晋和齐、楚,并和匈奴联合,抵抗秦国。太子丹认为鞠武的计划旷日持久,缓不济急,不能采纳。的确,那时要想把东方各国组织起来,像过去信陵君、庞煖那样合纵五国攻秦,已经不可能了。鞠武就请太子丹去向"处士"田光先生请教。丹就由于鞠武的介绍和田光结交,田光自认已经衰老无用,请丹和荆轲结交"以图国事"。丹临别,请田光不要泄露他的秘密。田光就去请荆轲进宫见太子。田光为了激励荆轲,对荆轲说:"希望你快去见太子,说我已死,以防止泄露秘密。"随后田光就自刎而死。太子丹有什么秘密呢?就是要谋刺秦始皇。燕太子丹的谋刺秦始皇,并不是仅仅为了刺死秦始皇这个人,而是想通过这个刺死的案件,造成秦国内乱,造成东方各国合纵攻秦的有利形势,从而合纵攻破秦国。

荆轲是卫国人,爱好读书击剑,经过赵都邯郸来到燕国,和善于击筑的高渐离友善,又和田光有深交。荆轲在田光自杀后就去见太子丹,丹便说出谋刺秦始皇的计划,认为刺杀了秦始皇,秦就会发生内乱。这时秦的大将屯兵于外,若发生内乱,就会弄得君臣相疑;乘这个机会组织诸侯合纵,就可以攻破秦国了。荆轲答应去实现这个计划,太子丹就尊荆轲为上卿。等到秦将王翦攻破赵国,兵临易水,太子丹就请荆轲出发入秦。荆轲请求把桓齮的头和燕国督亢(指膏腴之地)地图(今河北易县、涿县、固安一带)作为进献秦始皇的见面礼品,因为这时秦正以"金千斤、邑万家"悬赏要取得桓齮的头,用这作为见面礼品,秦始皇肯定会亲自接见,便可有机会行刺了。太子丹不忍杀死桓齮,荆轲便私自去见桓齮,说明他需要桓齮的头作为见面礼品以便行刺,这样就可以报他的父母宗族被杀死和没入为奴的仇。

桓齮便自刎而死。荆轲便把桓齮的头装在盒内作为礼品,整装待发。这时太子丹已用百金求得赵人徐夫人(著名的冶金技师)所造锋利的匕首,还使技工把匕首淬上毒药,用来作为行刺的利器。荆轲把匕首藏在将要奉献的督亢地图里。太子丹还派了一个勇士秦舞阳作为荆轲的副手。

荆轲和秦舞阳到了秦都咸阳,通过宠臣蒙嘉求见秦始皇。秦始皇听得送来桓齮的头和燕督亢地图作为见面礼品,十分欢喜,就在咸阳宫接见。朝见时,荆轲进献地图,当秦始皇的面展开地图的时刻,"图穷而匕首见(现)"。荆轲左手把住秦始皇的长袖,右手持匕首向前刺,没有刺中。秦始皇惊惶失措,要拔出剑来,急惶中因为剑太长拔不出。荆轲追赶秦始皇,秦始皇环绕庭柱躲避。殿上群臣仓卒间都很恐惧,乱作一团。秦的法律,群臣侍奉殿上的不得带尺寸的兵器,侍卫的郎中手执兵器排列在殿下,没有诏见,是不能上殿的。秦始皇仓卒间来不及下诏把殿下的郎中召来。群臣没有什么可以还击荆轲的,大家只能用手来打荆轲。侍医夏无且就用随身带的药囊掷击荆轲。正当秦始皇环着廷柱躲避、急得不知所措的时候,左右连连提醒说:"王负剑。""负剑"就是把带着的剑推到背后,使得手握剑鞘的部分和剑把的距离缩短,容易把剑从鞘中拔出。果然,这样秦始皇一下子把剑拔出,用来反击荆轲,斩断了他的左股。荆轲顿时残废,但仍用匕首掷向秦始皇,没有掷中,中了铜柱。秦始皇再次用剑进击荆轲,斩得他八处创伤。随后,秦始皇左右的人就把荆轲杀死。这是公元前 227 年(秦始皇二十年)的事。

因为发生了燕太子丹谋刺秦王的事件,秦更急于攻破燕国了。就在这年,秦派王翦、辛胜攻燕。燕和代组织联军反击,被秦军在易水以西击破。次年（秦始皇二十一年），秦又征发大军支援王翦攻燕，王翦的儿子王贲率军攻下了燕都蓟（今北京市西南角）。燕王喜迁都辽东（辽东郡治襄平，今辽宁辽阳）。接着秦派李信带几千人追击燕太子丹，丹藏匿在衍水（辽东的一条河）中。燕王便差人斩了太子丹的头献给秦军求和。这样，秦一连攻破了赵和燕两国。于是秦在公元前226年把取得的燕地设置了广阳、上谷、渔阳、辽西、右北平五个郡。

秦在中原灭亡韩国之后，就集中力量向北攻破赵国，接着又连带攻破了燕国。因为这时赵是东方六国中比较强的，不乘这个时机攻破它，它总是想合纵东方各国来抵抗秦国，秦国就不可能顺利地统一六国。秦进攻赵和燕，先派大将指挥，调集大军分路进攻的。当燕太子丹见到田光的时候，正是秦大举攻赵的时刻，太子丹说："王翦将数十万之众距漳邺，而李信出太原云中，赵不能支矣。"秦先调集了几十万大军向赵进攻。不同于秦灭韩的战役，秦既集中力量在攻破赵和燕两国，而对中原的魏和南方的楚就采取暂时的守势，着重于防备。所以云梦秦墓出土秦简《编年记》说：今十九年（秦始皇十九年）"南郡备敬（警）"。同时把攻灭韩国的内史腾调任南郡守，南郡守腾就在南郡公布秦的法令、田令等等，并在秦始皇二十年四月给县、道一级地方政府发布文书，以便巩固秦在这个新占据的原来楚都周围地区的统治。

这时秦对于已经灭亡的韩国也曾采取防止反叛的措施。云梦出土《编年记》说：今廿年"韩王居歧山"，又说：今廿一年"韩王死"，而《史记·秦始皇本纪》说："新郑反"。"韩王居歧山"，当是把俘虏的韩王安迁居到歧山去，为了防止他留在旧都新郑和韩的旧贵族勾结起来反叛。"韩王死"该是和"新郑反"有关的,尽管上一年把韩王安从新郑迁走,而下一年新郑的旧贵族还是起来反叛,秦因此就把韩王杀死了。

等到秦先后攻破了赵和燕,就可以放手对付楚和魏了。公元前226年(秦始皇二十一年)王贲攻楚,取得十多个城。次年王贲就回头攻魏,把魏都大梁包围了起来,采用水攻的办法,把原来魏所开凿沟通黄河的大沟的水引来,向东南进灌大梁。三个月后,大梁城破,魏王假投降,秦就把魏王假杀了,魏国就灭亡了。秦就在魏的东部地区(今河南、安徽、山东三省之间)设立了砀郡。

这时秦在中原灭亡了韩、魏,在北方攻破了赵、燕,只剩下楚、齐两国能够对抗秦国了。在这样大好的胜利形势下,秦的部分将领中滋长了一种轻敌的情绪。年青将领李信就是其中一人。李信年少壮勇,曾以几千人追逐燕太子丹到衍水取得胜利,很得秦始皇的称赞。当秦始皇准备发兵攻灭楚国的时候,问李信需要用多少人,李信说:"不过用二十万人。"秦始皇再问王翦,王翦说:"非六十万人不可。"始皇采纳了李信的意见,说:"王将军老了,为何这么胆怯呢! 李将军果然很壮勇,他的看法是对的。"秦始皇就派李信和蒙武统率二十万人南攻楚国①。王翦因为他的正确意见不被采纳,不被重用,就称病,归老于频阳家乡。

李信统率二十万人攻楚,因为轻敌,结果先胜后败。李信攻平舆

① 《史记·王翦列传》说:"遂使李信及蒙恬将二十万南伐荆"。梁玉绳《史记志疑》说:"考《六国年表》及《蒙恬列传》,是时恬未为将,当是蒙武之误。《御览》百五十九引《史记》云:蒙武伐楚寝丘。"蒙恬在秦始皇二十六年才因家世,得为秦将。在这年以前,其父蒙武为神将军。帮助李信攻楚的,帮助王翦攻楚的,都是蒙武。

(今河南平舆北),蒙武攻寝(今河南临泉),大破楚军。李信再攻鄢陵(今河南漯河市东)和陈(今河南淮阳)①,又破楚军。接着李信就引兵向西,和蒙武在城父(今河南平顶山市北)会师。楚军从后追赶,三天三夜不停顿,结果李信被打得大败,被攻入了两个堡垒,被杀死七个都尉。

秦军一路向西溃退,秦始皇大为震怒,亲自到频阳去请王翦挂帅,并承认错误,说:"寡人因为不用将军计谋,李信果然使秦军受了侮辱,听得楚兵正乘胜西进,将军虽病,怎能忍心抛弃寡人呢?"王翦先推辞,接着坚持"非六十万人不可"的意见,得到了秦始皇的准许。

于是王翦统率六十万大军出发伐楚,秦始皇亲自到霸上(今陕西西安东南)送行。临行时,王翦请求赐予很多美好的田地园宅。始皇说:"将军出发吧!何必忧穷呢?"王翦说"以请田宅为子孙业耳"后,部下问是否欲求甚多,王翦说:"做大王的将领,有了功终究不得封侯,所以当大王有求,多疑虑而不信人,如今几乎空一国的兵而专给我一人,我不多求田宅作为子孙的产业,用来表示自己坚定的忠心,不是要令王对我产生疑虑吗?"王翦这样坚持请求赐予田宅,是要使秦始皇对自己十分信任,消除他可能产生的疑虑,堵塞旁人进谗言离间的漏洞,以便自己放心地统率大军进攻楚国。

公元前 224 年(秦始皇二十三年),王翦和裨将军蒙武统率大军攻楚,攻下了陈(今河南淮阳)以南,一直到平舆一带。楚人听说王翦

---

① 《史记·王翦列传》说:"李信攻平舆,蒙恬(当作"武")攻寝,大破荆军,信又攻鄢、郢,破之。于是引兵而西,与蒙恬(当作"武")会城父。"《通鉴》胡注认为这个"鄢、郢"不是指楚故都,当是指鄢陵和陈,因为楚都陈,也曾称郢。《读史方舆纪要》从其说。这个说法比较通。这时李信不可能从平舆攻到楚的故都郢。

统率大军前来，就集中军队抵抗。王翦坚壁防守，不肯出战。楚兵多次出来挑战，王翦终不肯出。王翦让士卒休息洗沐，好好饮食，还亲与士卒同饮食。好久之后，王翦派人来问："军中在游戏吗？"对答说："正在投石和跳跃。"于是王翦说："士卒可用了"。楚军因秦兵不应战，引而向东，王翦就派兵追击，大破楚军，攻到了蕲（今安徽宿县东南）南，杀了楚将项燕。这年楚将项燕曾经在青阳（今湖南长沙）一带组织力量向秦反攻，进击秦的南郡。① 次年，秦就以"荆（楚）王献青阳以西，已而畔（叛）约，击我南郡"为理由，攻灭楚国，俘虏了楚王负刍。秦把新得楚地建置为楚郡、九江郡和长沙郡。

公元前 221 年王翦进一步平定江南一带，设置会稽郡。楚国就全部被灭亡了。

在秦向南攻灭楚国的同时，还不断攻取魏、齐、楚三国之间的土地，公元前 224 年（秦始皇二十三年）先后建立了泗水郡和薛郡。

秦在攻灭楚国之后，就挥师北上，消灭残存的燕、赵两国势力了。公元前 222 年（秦始皇二十五年）秦又大举兴兵，派王贲进攻燕的辽东，俘虏了燕王喜，灭亡了燕国。接着又进攻代，俘虏了代王嘉，于是

---

① 《史记·秦始皇本纪》说：始皇二十三年"荆将项燕立昌平君为荆王，反秦于淮南"。《集解》引徐广曰："淮一作江。"又说：二十四年"王翦蒙武攻荆，破荆军，昌平君死，项燕遂自杀"。按《六国年表》，项燕是二十三年被秦攻杀的，并非自杀。《楚世家》《王翦列传》《蒙恬列传》都说项燕是被秦攻杀的。云梦出土《编年记》又说：今廿三年"兴攻荆，△△△阳君死，四月△文君死"。"△文君死"，该是"昌文君死"，那么，《秦始皇本纪》的"昌平君死"也该是"昌文君死"。据《六国年表》，秦虏楚王负刍和灭楚，在始皇二十四年，怎么可能像《秦始皇本纪》所说二十三年"荆将项燕立昌平君为荆王"呢？不可能楚王负刍尚健在，而另立昌文君或昌平君为楚王。根据秦初天下所下诏书有"荆王献青阳以西，已而畔约，击我南郡，故发兵诛，得其王，遂定其荆地"的话，当时确曾有"反秦于江南"而进击南郡的事。可能是楚将项燕曾在长沙一带江南地区拥立昌文君为楚的封君而"反秦于江南"。

赵国也被全部灭亡。

这时东方六国中只剩下一个齐国,三晋的大夫逃避到齐的东部阿、鄄(今山东鄄城北)一带来的有一百多人,楚的大夫逃避到齐的南部城邑的也有一百多人,齐一时成为东方各国的官僚逃避的场所。齐原是东方的大国,但是因为齐的相国后胜接受了秦的贿赂,不仅不帮助别国抵抗秦国,自己也不作抵抗的准备,所以很快被秦攻灭了。公元前221年(秦始皇二十六年)秦将王贲从燕南下攻齐,很快就攻入齐都临淄(今山东临淄北),没有遇到什么抵抗。秦派人劝齐王建投降,允许给他五百里的封地。齐王建投降了,秦把他迁到了共(今河南辉县市),结果饿死在那里,于是齐也灭亡了。

三 所以能够完成统一六国的原因

秦始皇自从公元前237年(秦始皇十年)亲自掌权起,花了十六年时间,统一了东方六国。在进行统一战争的过程中,只有和赵、楚两国先后发生过激烈的战斗,一度发生过挫折。灭亡其余四国的战斗都进行得很顺利,有的甚至是轻而易举的。从军事来说,这是由于策划和指挥比较得当,因而能够顺利地各个击破。在对赵作战中之所以会发生将军桓齮战败逃跑的事,在对楚作战中之所以会发生将军李信向西溃退的事,都是由于战略估计和战略部署的错误,既对敌军的战斗力估计不足,又因初步胜利而骄傲轻敌。秦始皇本人虽不具备指挥军事的才能,但是他善于选拔将才,重用善于指挥作战的名将,随时征询将军们的意见。他突出的长处,就是发现自己主观决策错误之后能够承认错误和改正错误,按正确意见重新调整战略部署。这是所以能够取得最后胜利、完成统一的一个重要原因。

　　秦始皇在统一六国的战争中所以能够取胜，主要还是由于当时秦国有着优越的经济条件、强大的军事力量和有利的战略地位。秦昭王时蜀郡守李冰修建都江堰，使蜀郡成为"天府之国"；秦始皇时使用郑国修建的郑国渠，使关中平原成为"沃野"。同时秦国牛耕的技术推行较广，长平之战前，赵国就有人指出，因为"秦以牛田，水通粮"，再加上"令严政行"，不可能战胜（《战国策·赵策一》）。当时秦国不仅农业比较进步，手工业也相当发达，如蜀郡是重要冶铁手工业地点，又有井盐生产，成都就设有盐铁市官，司马迁的前四代祖先司马昌就做过秦的"铁官"。

　　秦国军队的战斗力本来在七国中是最强的。从秦始皇墓陪葬坑中表演秦兵阵势的陶俑来看，秦兵装备是比较精良的。他们使用的青铜箭镞，表面曾经铬盐处理，埋在地下经过两千二百多年毫无锈蚀，表面光亮，刃口锋利①。远在二千二百多年前的秦始皇时代，我国已经发明了铬盐处理的技术，这是当时劳动人民十分惊人的创造。汉代初年晁错分析秦所以能取得统一战争胜利的原因是："地形便，山川利，财用足，民利战"；而东方六国正好相反，"臣主皆不肖，谋不辑，民不用"（《汉书·晁错传》）。这个分析基本是正确的。

　　秦始皇之所以能在短期内完成统一六国的大业，固然是由于他在当时秦国具备了完成统一的必要条件，采用了正确的战略和策略；而更重要的，是由于他所主持的统一行动，符合于历史发展的趋势，符合于当时广大人民的愿望。正因为符合广大人民的愿望，广大人

---

　　①　中国冶金史编写组《研究金属文物·继承冶金技术遗产》（《文物》1978年第1期）说："对秦始皇陪葬坑和西汉刘胜墓青铜不锈箭镞的检验，发现其表面经过铬盐处理。"

民才能作出巨大的牺牲,以很大的代价换来全国的统一和历史的进步。

当时总的历史发展趋势,是不断地向统一行进着,西周奴隶主王朝实行分封制,在中原地区分封了许多诸侯国。等到西周灭亡,新建的东周王朝失去对诸侯控制的力量,因而春秋时代,诸侯中就出现了大国争霸和兼并小国的局面。春秋战国之际,随着奴隶制的转变为封建制,代表新兴地主阶级势力的卿大夫先后在晋、齐等大国取得政权,到战国时代就出现七大诸侯国争雄的局势。七大诸侯国由于实行变法,逐渐形成中央集权的封建政治体制,政治组织形式都是以郡县制或县制为主,而以封建的分封制作为补充。因此就各国内部政治制度来看,已经是一个统一的封建政权;但是就全中国范围来看,又是个割据一方的封建政权。战国时代七个诸侯国由于政治改革,各自完成了内部的统一,同时正通过兼并战争,逐步谋求实现封建的大一统。秦国自从商鞅变法以后,国力富强,不断在兼并战争中取得胜利。当秦始皇亲政时,他从先世那里承袭下来了相当庞大的遗产和权势,使他具备了完成统一的必要条件。正如贾谊在《过秦论》中所说的:"乃至秦王,续六世之余烈,振长策而御宇内。"正是他所处的时代和所属的阶级,为这个历史幸运儿准备了活动的舞台,使他能够扮成煊赫一世的角色,演出一幕幕震动一时的戏剧来。

为什么当时新兴地主阶级要建立一个统一的中央集权的封建国家呢? 这是当时的封建生产方式所决定的。中国的封建生产方式是属于地主制的类型,不同于欧洲中世纪属于领主制的类型。分散的大小地主,都希望有统一的地主政权来保护他们封建剥削的利益,希望在统一的地主政权下进一步发展他们的地主经济,从而使得封建地主土地所有制在全国范围内得到进一步发展。当时阴阳五行家著作的《月令》，所以规定作为统一的封建王朝的天子，必须要在季冬之月"令宰历卿大夫至于庶民土田之数"，就是代表新兴地主阶级这种愿望的。秦始皇的完成统一，也正是为了达到他所代表的阶级的这种愿望，所以秦王朝的一个很重要的经济政策就是："使黔首自实田"。

战国后期由于生产力和商品经济比前发展，各个地区之间经济上的联系就大为加强。同时陆路和水道的交通也有很大进步，邗沟、荷水、鸿沟的相继开凿，中原地区交错的交通大道的修建，楚国通向中原的"夏路"的开辟，蜀地通向秦本土的"栈道"的兴建，黄河上浮桥的架设，使得四面八方出产的土特产，包括特种手工业原料和精美的手工业品，通过各种交通运输，以供中原地区封建经济发展上的需要。正如《荀子·王制篇》所说，当时全国各地在经济联系上已是"四海之内若一家"。李斯在《谏逐客书》中，把"物不产于秦可宝者多"和"土不产于秦而愿忠者众"相提并论，并且列举了各地输入秦国的特产，包括来自东方齐国的高级丝织品，来自西方昆仑山的宝玉，来自西蜀的丹砂和曾青，来自江南的铜和锡等等。封建统治者为了进一步发展封建经济，为了扩大他们的物质享受，就更希望早日完成全国的统一。《淮南子·人间篇》说：后来秦始皇继续向南谋求统一南越，是因为"利越之犀角、象齿（象牙）、翡翠、珠玑"。当然，秦始皇统一南越的目的，主要是为了进一步建成统一的多民族的国家，但是，加强经济上的交流，以便进一步发展封建经济，也该是原因之一。

到战国后期，封建的兼并战争越来越频繁，战争规模也越来越大。同时由于冶铁炼钢技术的进步，钢铁制的兵器应用较广，弩的制造技术又有进步,再加上兵法的讲究和军事科学的发展,战争的杀伤力和破坏力大为增强。当时齐国军队全是由征发农民中的壮丁组成的。战争中农民不仅大批被杀死,还常被俘去当奴隶。据说韩、魏两国在秦的进攻下,人民不仅死伤累累,父子老弱被俘去的也不绝于路;人民在严重的兵灾下生活不下去,流亡出去做奴隶的也到处都有(《战国策·秦策四》)。当时战争的费用又是要参与战斗的农民自己负担的,因此一场大战给农民在经济上造成的负担也很沉重。当时就有人这样说:经过一场大战,所有战死的丧葬费和伤员的医药费,所有车马武器的损失,就是耕种十年田也不够补偿(《战国策·齐策五》)。

与此同时,各国为了加强防守,都在边地利用河流的堤防和山地修建长城,在交通要道上建筑关塞,还派遣官吏和军队驻守,征收苛税,阻碍了必需商品的流通,而且在激烈的战争中,各国封建统治者往往不顾人民死活,采用"水攻"的办法。关系到整个黄河流域人民生命财产安全的黄河,在楚、魏、赵等国的交战中,一再被决堤,人民所受到的灾难是非常严重的。

当时确实已经到了像秦始皇所说"天下共苦战斗不休,以有侯王"(《史记·秦始皇本纪》二十六年)的情况。因此广大人民普遍要求早日完成统一,以便从诸侯割据混战的局面下摆脱出来。

从诸侯割据称雄到实现全国统一,是战国时代不可抗拒的历史潮流,也是广大人民的普遍愿望。它反映到当时"百家争鸣"的思想界,就汇合成一股汹涌澎湃的要求统一的思潮。

尽管当时思想界存在着各种不同的学派,但是有一个中心思想都是相同的,就是都想要把自己一派的学说作为完成统一的指导思想。各派学者都在极力向各国政府的当权者宣传，只要采用他一派学说就可以达到完成统一的目的。

战国中期的孟轲已经在鼓吹，采用儒家讲究"仁政"的学说就可以完成统一。魏襄王问孟轲说："天下怎么能够安定下来呢？"孟轲答道："定于一。"就是说完成统一才能安定。魏襄王又问："谁能够完成统一呢？"孟轲又答道："不嗜杀人者能一之。"（《孟子·梁惠王上》）也就是说能够实行他的"仁政"学说的就能完成统一。孟轲把完成统一事业叫做"王道"，认为实行他的"仁政"学说，就可以"无敌于天下"，就没有不成为"王"的。概括来说，就是"以德行仁者王"（《孟子·公孙丑上》）。

到战国后期，无论哪一派思想家都在极力鼓吹怎样运用他们的学说来完成统一了。商鞅一派法家所著《商君书》，也把完成统一、建成统一的封建王朝叫做"王"。它专门讲运用商鞅的法家政策来达到完成统一的目的，其中最重要的政策就是奖励耕战。它把奖励人民专心一致从事耕战的政策叫做"作一"，认为实行"作一"十年的可以"百岁（年）强"，实行"作一"一百年的可以"千岁强"，"千岁强者王"（《商君书·去强》）。就是说，推行奖励耕战政策一百年，就可以完成统一，建成"王"业。《商君书》编成于公元前 260 年长平之战以后①，它离开商鞅变法的年代正好一百年。

战国后期黄老学派的代表作《经法》，同样把完成统一的大业叫做"王"。它提出了"王天下"的七年规划，认为通过奖赏人民，减免赋税，节约民力，选练军队，厉行法治，七年就可以"胜强敌"而"王天下"（《经法·君正》）。它强调用二分政治配合一分军事来完成统一，曾明确说："用二文一武者王。"（《经法·四度》）

　　战国末年儒家代表荀况，还是把完成统一的大业叫"王"。他说："天下归之谓王"。就是要使得天下的人都归向，才能建立"王"业。怎样能使"天下归之"呢？就是能够做到得"百姓之力"的就"富"，能够做到得"百姓之死"的就"强"。

第三章　统一的多民族的封建帝国的创建

一　统一"天下"(即当时整个中国)的计划

秦始皇在中原地区统一六国之后，就有进一步统一"天下"(即当时整个中国)的计划，也就是要把周边的少数族地区统一起来，创建一个统一的多民族的封建帝国。这是符合历史发展的趋势的，也是符合当时各族广大人民的愿望的。因为这时中原华夏族和周边少数族之间经济文化上的联系已大为加强，各族人民都希望消除国内民族之间的隔膜，进一步加强经济文化的交流。

我国从来是个多民族的国家。春秋战国之际，随着经济文化的发展，中原地区的各族已逐渐融合成为华夏族，即汉族的前身。战国时代中原地区只留有少量的少数族，例如在今湖北省东北部山区有所谓"九夷"，李斯《谏逐客书》讲到秦惠王"南取汉中，邑九夷，制鄢、郢"，说明在汉中和鄢、郢之间当时还杂居有"九夷"。又如在今淮水流域也还有所谓"九夷"，苏代上燕哙王书，劝燕不要帮助齐伐宋，认为齐攻破宋国，将进一步取得楚的淮北，又将取得"九夷方七百里"的地方①。这个"九夷"就是殷周以来的淮夷，到战国后期已和华夏族逐渐融合。等到秦统一六国，淮夷就和华夏族完全融合，此后就不再见有淮夷的踪迹。《后汉书·东夷传》说："秦并六国，其淮泗夷皆散为民户。"

到战国后期，不但中原地区的少数族已经大部分和华夏族融合，而且中原华夏诸国和周边少数族之间经济文化的联系大为加强，也正在逐渐融合之中。

《吕氏春秋·本味篇》，讲的是伊尹向商汤进说美味的故事，出于战国后期小说家的作品《伊尹说》②。这个小说广泛地讲到了全国各地美味的特产，不但反映了当时中原各个地区之间经济联系的密切，而且从中可以看到当时中原地区和周边少数族之间物资交流的日益增多。它讲到了美味的肉，有"猩猩之唇"和"旄象之约"等，"旄"即旄牛，"约"即鼻子（一说尾巴）。当时猩猩、旄牛和象不产于中原地区，而出产在西南少数族地区。小说还讲到可口的调味品有"招摇之桂"和"越骆之菌"，"桂"是桂花，"菌"是一种竹笋，招摇山即今海洋山，在今广西兴安县南③。越骆也叫骆越，是在今广西贵县一带的少数族。

---

① 见《史记·苏秦列传》。"九夷七百里"，原误作"北夷七百里"，从王念孙校正。见《读书杂志·史记杂志四》。

② 《吕氏春秋·本味篇》记伊尹向商汤进说美味，说到"箕山之东，青鸟之所，有甘栌焉"。《史记·司马相如传》索隐引应劭曰："《伊尹书》云：箕山之东，青鸟之所，有卢橘夏熟。"翟灏《四书考异》条考第三十一，根据这点认为这是吕氏宾客来自战国时人所作小说《伊尹说》。这是正确的，《汉书·艺文志》小说家著录有《伊尹说》二十七篇，今失传。

③ 《山海经·南山经》说："南山经之首曰鹊山，其首曰招摇之山，临于西海之上，多桂，……丽麖之水出焉，而西流注于海。"《山海经·大荒车经》又有招摇山，"融水出焉"。按漓水一名融水，见全祖望《汉书地理志稽疑》。那么，《山海经》所说丽麖之水或融水，当即漓水，而招摇山当即汉代的阳海山，即今广西兴安南的海洋山。

这时周边少数族供应中原华夏国的著名特产是不少的。苏厉在给赵王的书信中，把"昆山之玉"和"代马"、"胡狗"并称"三宝"（《史记·赵世家》），昆山即今新疆的昆仑山，"胡"即指匈奴。李斯在《谏逐客书》中，列举秦王所有的"宝"不但有"昆山之玉"，也还有"纤离之马"。"纤离"即是"嬎犁"，是北方的一个游牧部族，《伊尹朝献》的故事（《逸周书·王会篇》附录）中曾谈到他们。

《伊尹朝献》是战国时人编写各族向商汤献宝的故事，东方沿海少数族献的有鱼皮制的"鞞"（刀削上的装饰）、鲛鱼制的"瘕"（盾的一种）等等；南方少数族献的有珠玑（小珠）、瑇瑁（海龟的一种）、象齿（象牙）、文犀（犀牛）等等；西方少数族献的有丹青、白旄（旄牛）等等，北方少数族献的有橐驼（骆驼）、野马、騊駼、駃騠（都是马的一种）等等。

《逸周书·王会篇》是战国时人编写各族向周成王朝见献宝的故事，各族所献的宝更多了，真是琳琅满目，美不胜收。例如在今长白山以北、直到黑龙江流域的稷慎（即肃慎）献了大麈（大鹿的一种），在今吉林省中部的秽献了前儿（猴的一种），在今吉林省辉发河流域的发献了麃（鹿的一种）。在今辽宁省西拉木伦河和老哈河流域的东胡献了黄羆（熊的一种），在今甘肃省敦煌和祁连山一带的禺氏（即月氏）献了騊駼，在今内蒙古阴山以北的匈奴献了狡犬，在今西南广大地区的氏羌献了鸾鸟（鸟的一种），在今广西省南部贵县一带的路人（即骆越）献了大竹，在今广西省梧州以北的仓吾献了翡翠。这种周边少数族向中原地区建立的王朝献宝而表示臣服的故事，反映了当时周边各族和中原华夏族经济关系的密切，同时也反映了当时人们要求建立统一的多民族的封建帝国的愿望。

战国末年由于交通的发展,经济文化交流的加强,中原地区人们的眼界广阔了,对于周边少数族的认识提高了,例如《吕氏春秋·恃君览》讲到四方周边许多少数族处于氏族制阶段的情况:

"非(当作"北")滨之东,夷秽之乡,大解(蟹)、陵鱼、其鹿、野摇山、扬岛、大人之居,多无君(以上指东方周边的少数族)。"

"扬、汉之南,百越之际,敝、凯诸、夫风、馀靡之地,缚娄、阳禺、讙兜之国,多无君(以上指南方周边的少数族)。"

"氐、羌、呼唐,离水之西,僰人、野人、篇笮之川,舟人、送龙、突人之乡,多无君(以上指西方周边的少数族)。"

"雁门之北,鹰隼所鸷,须窥之国,饕餮之地,叔逆之所,儋耳之居,多无君(以上指北方的少数族)。"

这里所说"无君"的少数族,就是说他们还处于原始氏族制的阶段。这样许多少数族,其中多数到秦汉时代已经不存在,因为已和中原华夏族融合起来了。其中有些是到秦汉时代还存在的。例如东方的秽,西方的氐、羌、僰等等。有些少数族的所在,还可以推断得出。例如"敝"当在汉代牂柯郡的鳖县,即在今贵州遵义西。"缚娄"当在汉代南海郡的博罗,即今广东博罗。所说"篇笮之川",是指当时笮族所在的今四川大渡河和雅砻江流域,笮族就是由于善于"篇笮"而得名,"笮"是竹索或藤索制成的桥。

到战国末年,中原地区的人们由于眼界广阔,对周边少数族的联系加强,所了解的"天下"就比较全面了,对整个中国的四方极点也比较清楚了。《吕氏春秋·为欲篇》说到当时四方的极点是:

北至大夏,南至北户,西至三危,东至扶木。

而《吕氏春秋·求人篇》讲到夏禹所到达四方极点,罗列得更加详细：

东至搏木（即扶木）之地，日出九津、青羌之野，攒树之所，榑
天之山，鸟谷、青丘之乡，黑齿之国。

南至交阯、孙朴、续樠之国，丹粟、漆树、沸水漂漂，九阳之
山，羽人、裸民之处，不死之乡。

西至三危之国，巫山之下，饮露吸气之民，积金之山，其（当
作"奇"）肱、一臂、三面之乡。

北至人（当作"令"）正之国，夏海之穷，衡山之上，犬戎之国，
夸父之野，禹强之所，积水积石之山。

这里所说夏禹所达的四方极点，实际上就是战国末年人所了解
的四方极点。其中有真实的地方，也夹杂有神话传说，更混杂有阴阳
五行的学说的成分。所谓"不死之乡"、"饮露吸气之民"以及"奇肱、
一臂、三面之乡"，分明出于神话传说。所谓西文有"积金之山"，北方
有"积水积石之山"，该是阴阳五行家的说法。至于说到的四方之国，
应该都是真实的，不仅交阯等国是真实的，令正等国也是真实的。令
正即是丁令，《淮南子·时则篇》也说："北方之极"，"北至令正之谷"，
《淮南子》旧注说："令正，丁令，北海胡也"（《太平御览》卷三十七引）。
秦博士伏生所著《尚书大传》也说："北方之极，自丁令北至积雪之
野。"说明当时中原地区已经知道北方有丁令族，已和丁令有往来了。
丁令在今贝加尔湖以西到叶尼塞河上源地区。《吕氏春秋》所说的
"令正之国"既然就是丁令，那么，它连贯说的"夏海之穷"，"夏海"该
即贝加尔湖了。"夏海"既是贝加尔湖，那么，《吕氏春秋》所说"北至
大夏"，"大夏"也该是指贝加尔湖周围地区了。

秦始皇在《琅玡台刻石》上说：

> 六合之内,皇帝之土,西涉流沙,南尽北户,东有东海,北过
> 大夏,人迹所至,无不臣者。

这里所说的"六合之内",就是秦始皇所了解的"天下"。他所说
的"南尽北户"、"北过大夏",和《吕氏春秋》所说"北至大夏,南至北
户"是一致的。他说这个四极之内,都是"皇帝之土","人迹所至,无
不臣者"。就是说,要统一他所已经了解的"人迹所至"的整个"天
下",也就是要统一全中国,作为他新建的封建帝国的领土,并使所有
的人都要臣服。《琅邪台刻石》作于公元前 219 年(秦始皇二十八
年),那时秦还没有统一岭南地区,没有建置南海、桂林、象郡,南边领
土还没到达"北户"(即"北向户",门户向北开)居民的地区。秦始皇
在这里所说的"南尽北户"和"北过大夏",都还没有成为现实,只是他
要完成统一"六合之内"的计划。后来"南尽北户"这个目标,是通过
统一岭南的行动而实现了;而"北过大夏"这个目标,因为有匈奴的阻
隔,就没有能够达到。

《盐铁论·诛秦篇》记载桑弘羊的话,讲到"秦既并下下"之后,和
国内少数族关系是:"南取陆梁,北却胡狄,西略氐羌,立帝号,朝四
夷。舟车所通,足迹所及,靡不毕至"。"陆梁"就是岭南地区①。就
是说,秦始皇这时通过了向南、向北和向西的军事行动,开创了一个
统一的多民族的封建帝国。

----

① 《史记·秦始皇本纪》说:"三十三年发诸尝逋亡人,赘婿、贾人,略取陆梁地,为
桂林、象郡、南海。"《正义》说:"岭南之人多处山陆,真性强梁,故曰陆梁。"《索隐》又说:
"谓南方之人其性陆梁,故曰陆梁。"按《汉书·高惠高后文功臣表》,汉高帝功臣有陆量
侯须无,"诏以为列诸侯,自置吏令、长、受令长沙王"。《颜注》引如淳曰:"陆量,《秦始皇
本纪》所谓陆梁地也。"可知"陆梁"亦作"陆量",把"陆梁"解释为"谓南方之人其性陆
梁",恐怕出于附会。

二 对匈奴的防御和修筑万里长城、直道

战国时代,在秦、赵、燕三国的北部有不少游牧部族。在秦国以北,较大的游牧部族是义渠,义渠后来逐渐定居下来,逐渐和华夏族融合,建有几十个城邑,到战国后期就被秦昭王兼并了。在燕国以北,较大的游牧部族是东胡。在赵国以北,较大的游牧部族是匈奴、林胡和楼烦。自从赵武灵王进行了军事改革,实行胡服骑射(改穿胡服和学习骑射),发展骑兵,赵国军队对抗游牧部族的战斗力就大为加强,曾先后攻破林胡、楼烦,迫使他们向北迁移。公元前302年(赵武灵王二十四年),赵国已经占有云中(今内蒙古和林格尔一带)、九原(今内蒙古包头一带)以及河套地区。这年赵武灵王命令把大夫的奴隶迁到九原(《水经·河水注》引《竹书纪年》),从事开垦。赵武灵王在这次战胜林胡、楼烦之后,还在北边建筑长城,以防止游牧部族对北边农业地区的扰乱。

赵国在北边刚战胜林胡、楼烦,接着就遇到了强大的游牧部族匈奴的骚扰。战国末年,匈奴已逐渐强大起来,在部落联盟中产生了第一个"单于",叫做头曼单于。头曼的王庭设在今内蒙古固阳城以北阴山北面的头曼城①。由于他们正处于氏族社会末期家长奴役制过渡到奴隶制的阶段,还保留有不少氏族制的风俗。因为他们活动地区是蒙古草原,就决定了他们必须采取游牧的生活方式;又因为他们正处于氏族社会末期,又决定了他们常常从事掠夺性的战争。他们

---

① 《汉书·地理志》五原郡下说:"稒阳北出石门障,得光禄城。又西北,得支就城。又西北,得头曼城。"稒阳在今内蒙古固阳,其北石门障,即今昆都仑沟。其北为光禄城。头曼城又在光禄城的西北,应在阴山以北地区。

从小学习骑射,到青壮年就成为很熟练的骑兵,经常在战争中掠夺粮食、丝织品等财物,还要捕捉俘虏作为奴隶。匈奴人这样把掠夺财物和人口作为他们战争的目的,对于当时赵国北边农业地区的危害是很大的,对赵国的威胁也是严重的。

战国末年赵国曾派大将李牧带了大军驻在北边,防止匈奴的扰乱。赵国因为一度用他人代替李牧为将,出战常失利,损失很大,弄得"边不得田畜"。李牧把驻军旁边市场上征得的税收,用来优待战士,很得士兵的欢心。李牧精选骑兵一万三千人、勇士五万人、射士十万人向匈奴进攻,结果杀死匈奴十多万骑兵,取得大胜,使得匈奴十多年不敢接近赵的边城(《史记·廉颇列传附李牧传》)。等到公元前232年(秦始皇十四年)秦向赵的北部大举进攻,赵国调派李牧带领边防大军来抵抗秦军,匈奴就乘机向南移动,所以到秦灭亡赵的时候,河套以及河南一带已经为匈奴所占有。

秦始皇在统一全国后,就派将军蒙恬负责北边防守,曾在边境上不断和匈奴进行战斗①。公元前215年(秦始皇三十二年),秦始皇第四次出巡,就是为了视察北边的防守情况,准备一举把匈奴击破。他从上郡回来,方士燕人卢生正好出使入海求仙回来,大讲迷信鬼神的

---

① 《史记·秦始皇本纪》记三十二年由于燕人卢生奏《录图书》说:"亡秦者胡也","始皇乃使将军蒙恬发兵三十万人北击胡"。这只是记载大事。事实上,秦始皇在统一六国后就派蒙恬防守匈奴。《史记·匈奴列传》说:"后秦灭六国,而始皇使蒙恬将十万之众,北击胡,悉收河南地。"《史记·蒙恬列传》也说:"秦已并天下,乃使蒙恬将三十万众,北逐戎狄,……暴师于外十余年,居上郡。"《史记·主父偃传》记偃上书谏伐匈奴,也说:"秦始皇欲攻匈奴,李斯谏,……不听。遂使蒙恬将兵攻胡,……暴兵露师十有余年,死者不可胜数。"既然蒙恬对匈奴用兵十多年,则秦始皇派蒙恬防守匈奴,不是开始于秦始皇三十二年。从秦始皇三十二年到秦灭亡只有九年。该是秦统一六国后蒙恬就被派到北边防守的。

事,为了迎合秦始皇的意思,上奏说:《录图书》(讲迷信应验的书)上说:"亡秦者胡也。""胡"就是匈奴的别名。秦始皇就派将军蒙恬带了三十万大军进攻匈奴,攻取了河南(今内蒙古西南角河套以南地区)。次年又命令蒙恬渡过黄河,攻取了高阙(今内蒙古狼山西南、乌加河西北)、阴山、北假(今乌加河以北地区)。到这时,秦的军队才到达过去赵武灵王所筑长城地界。把匈奴追赶出原来赵长城之外,解除了匈奴对北方农业区的威胁。后来还曾驻防阳山(北假以北山区),防止匈奴向南扰乱。这次对匈奴防御战争的胜利,对北方农业区的保护,起着重要的作用。

就在公元前214年(秦始皇三十三年)战胜匈奴的同时,从榆中(今陕西神木到内蒙古伊金霍洛旗、杭锦旗一带)以北,黄河以东,一直到阴山,设置了三十四个县(一作四十四个县)①,建置了九原郡。郡治设在今包头市西南,在黄河北岸,它的辖区包括黄河以南的鄂尔多斯草原。三十四个县就有不少设在这个草原上,现在这一带相当多的地方变成沙漠,但是在秦代并不如此。当时秦朝在边境建筑亭(瞭望用的土台)和障(小城堡),加强防守,驱逐流动的匈奴骑兵。同时用谪发罪犯的办法把内地人民迁移到这里来开垦。公元前211年(秦始皇三十六年)把内地农民三万家迁到北河(河套西北部)、榆中,用来充实这些新设的县邑。为了鼓励迁来的农民,都赏给爵位一级。

这是继赵武灵王把大夫的奴隶迁到九原开垦之后,又一次大规模的移民开垦。移民先后采用了两种办法,一种是用赏爵的办法鼓励农民迁往,另一种是用谪发的办法,使罪犯迁往。这两种办法,都

---

① 《史记·秦始皇本纪》作三十四县,而《史记·匈奴列传》作四十四县。

是秦国过去使用过的。例如公元前286年（秦昭王二十一年）魏献给秦安邑后，秦一方面"出其人"，把原来的人驱逐，另一方面"募徙河东赐爵，赦罪人迁之"（《史记·秦本纪》）。就是从河东招募人民用赐爵办法鼓励他们迁往，同时用赦免罪人的办法使他们迁往。公元前279年（秦昭王二十八年）攻取得楚的鄢、邓之后，也曾"赦罪人迁之"。公元前273年（秦昭王三十四年）设立南阳郡之后，又"免臣迁居之"（《史记·秦本纪》）。在两种办法中，使用赦免罪人的次数较多，因为罪人已经在政府管押之下，采用赦免罪犯的办法容易办理。这次移民和以前不同的是，过去几次都是移到新占据的别国城邑，原来已有建设好的城邑和已开垦的田地；而这次移民是到原来没有城邑的荒地，需要新建城邑和新开荒地。而且过去的几次移民的规模比较小，只是迁移到一两个城邑，而这次一下子要新建三十三个县，这就需要在这一带进行比较大规模的建设。

因为这些县是新建设的，和内地已经建成的县不同，当时称做"初县"。《史记·秦始皇本纪》三十三年就说："徙谪实之初县。"这样在边远靠近匈奴地区的荒地上，大规模移民而创设"初县"，是前所未有的，这是个创举。怎样在边远荒地上建设新邑、开垦新田而创设"初县"呢？当时没有留下任何记录可供我们查考。但是我们从汉代初年晁错进献汉文帝的实边策中，还可以看到个大概。据《汉书·晁错传》记载，晁错的实边策，建议汉朝政府采用古时移民实边的办法。他对古时实边的具体措施作了比较详细的描写。他说：

> 古时移民到远方充实广虚之地的，先要察看那个地方阴阳是否调和，需尝水泉的味道是否合适，考察土壤是否适宜耕作，观察生长的草木是否繁茂，然后决定营造新邑，兴建城垣，设置

里间,分造住宅,再修造通往耕田的道路,修筑好整齐的耕田的阡陌。修建的住宅要有一"堂"二"内",装好可以关闭的门户,预备好必要的日用器物。

晁错所说的"古",没有明确指出是什么时代。但是晁错所提出的实边策,主张移民到北方边塞,同样是为了防御匈奴。实际上就是继续采用秦始皇这个建设新邑而创设"初县"的办法。因此晁错所说的"古",我们理解为秦始皇时代,该是不错的。当然,晁错所讲的古时具体建设新邑的办法,不免有美化的地方,不免有加进理想的成分。例如他还说要在新邑设置医巫,以便抢救疾病;还要办理祭祀、婚丧亲事。当秦始皇创设这三十三个"初县"的时候,所有新邑的修建,新田的开垦,肯定都是迫使迁去的罪人和农民艰苦地完成的。

晁错在实边策中还说到在边地建设的新邑,户口需要按军队的组织来编制,这样就可以在开垦耕地同时,防备匈奴的骚扰。这种办法也不是晁错新创的建议,是秦国从商鞅变法以来早就实行的。看来,秦始皇创设的"初县"也一定是实行的。

秦始皇这次通过移民而创设三十三个县,对于河套以及河南地区的开垦,是有成绩的。当时人们把这个新开垦的地区,叫做"新秦"。在这以前,秦的边防军的粮食需要从全国各地运输供应的,有时需要从东部沿海的琅邪郡(在今山东东南部)一直运往九原郡,路上开支极为浩大,成为农民一种沉重的负担。等到移民开垦以后,边防军的部分粮食便可以就地取得供应。同时,这个地区改变了过去人口稀少、土地荒芜和经济落后的状态,这对加强匈奴的防御和发展北部地区的封建经济,都起着重要的作用。

还值得我们注意的,就是秦始皇在收复河套和河南、创设九原郡的同时,进行了两项重大的建设工程:一是修筑"万里长城",进一步加强对北边游牧部族的防御;二是建筑了一条"直道",成为加强支援北边防御的交通要道。

长城的建筑,原是战国时代诸侯割据称雄和相互进行兼并战争的产物。楚国为了在北边防御韩、魏,在今南阳盆地以北利用山地筑有"方城";齐国为了在南边防御赵、楚,沿着泰沂山区筑有"齐长城";魏国为了在西边防御秦国,在今陕西西部沿着洛水,利用堤防扩建成"魏长城";赵国为了在南边防御齐、魏,利用漳水、滏水的堤防扩建成"赵长城";燕国为了在西南防御赵、齐,利用易水堤防扩建成"燕长城"。后来赵国在赵武灵王攻破林胡、楼烦后,秦国在秦昭王攻灭义渠后;燕国在燕昭王攻破东胡后,都在北边建筑了规模较大的长城,用来防御北边匈奴、东胡等游牧部族的扰乱。因为这些游牧部族精于骑射,战争的运动性比较大,对边地农业生产的破坏比较严重,赵、秦、燕三国就运用在内地修筑长城的经验,在北边建筑长城了。把原来用于封建兼并战争中的防御工程技术,用到了北边民族之间的斗争中去了。

等到秦将蒙恬带领大军战胜了匈奴,把匈奴赶回到赵长城以外,同时建置了九原郡。为了进一步巩固对匈奴的防御,就在公元前213年(秦始皇三十四年)征发广大人民和谪发"治狱吏不直者"修筑长城,把过去秦、赵、燕三国北边长城连结起来,筑成了一条举世闻名的万里长城。这条万里长城,比现存的明代修筑的万里长城要偏北,特别是东部原来的燕长城要在现存长城以北二百多公里。它的西部,利用原来的秦长城,起于今甘肃岷县,沿黄河北上,经今渭源、临洮、兰州、靖远,折向东北,经今固原、陕西环县、吴旗、榆林、神木,即到达陕西北部黄河岸上,南包陇西郡和北地、上郡的大部分。它的中部,利用原来的赵长城,起于今内蒙古狼山西南,沿着阴山山脉一直向东,经过今包头以北、呼和浩特以北、卓资以北,而到达今河北张家口以北,南包九原、云中、雁门、代郡。它的东部,利用燕长城,和赵长城连接,经今河北围场以北、辽宁赤峰以北、阜新、新民以北,而到达我国东北的国境,南包上谷、渔阳、右北平、辽西、辽东五个郡。它是古代世界历史上伟大的建筑工程之一。

现在陕西子午岭的主脉上,还保存有一段残存的秦长城,西起环县的营盘山,东到吴旗县的城墙村,共长六十里。现在甘肃省渭源、临洮和兰州,也都保存有秦长城的遗址。其中以临洮窑店驿的长城坡保存的秦长城遗址,比较完整,现在我们把它作为实例来说明。

临洮以东五十里的窑店驿,东北有一个 400 多米高的山坡,叫长城坡。坡顶上保存有一段长 400 多米的秦长城遗址。长城沿着山梁向南北伸展。在半坡上长城有个缺口,俗称长城口,当是古代的一个关隘地点。从长城口倒塌的断面来看,城墙的建筑仍然采用殷周以来的夯筑方法,在生土之上有一层没有夯土层的压实黄土,厚约 3 米,很是坚实。在压实黄土之上,筑有一道有夯土层的城墙,宽 3.5 米,夯土层厚六七厘米,最厚的有 10 厘米。夯土为黄色粘土,并夹有碎石。保存的长城断面,呈梯形,现存高 2.5 米到 2.9 米不等。城基宽 4 米左右。长城口出土有秦代风格的板瓦和陶管[①]。从这个遗址,可以充分说明这个伟大工程是当时劳动人民辛勤劳动的结果。

在修筑长城的同时,秦始皇为了积极防御和战胜匈奴的需要,在

---

① 参看顾颉刚《史林杂识初编》——《甘肃秦长城遗迹》和罗哲文《临洮秦长城、敦煌玉门关、酒泉嘉峪关勘查简记》(《文物》1964 年第 6 期)。

公元前 212 年(秦始皇三十五年)下令修建"直道",作为由国都咸阳通往九原郡最为捷近的道路。它从云阳甘泉山南坡的林光宫(今陕西淳化北四十里梁武帝村)开始,向北上子午岭,循着主脉北行,直到今定边县南,再由此东北行,进入鄂尔多斯草原,过乌审旗北,经东胜县(今鄂尔多斯市东胜区)西南,在昭君坟附近渡过黄河,到达今包头市西南秦九原郡的治所。一半路程修筑在子午岭的山头上,一半路程修筑在平原草地上,全长 1 800 里(约合今 1 400 多里)。

在今子午岭南段上,还保存有很多"直道"的遗迹。从甘肃正宁县刘家店子,经旬邑县的雕岭关,一直到合水县的间水坡岭,二百里之间有几段"直道"遗迹,都是四米半宽,可以看到当时兴修时的规模①。以当时的技术条件,要辨明地形,选定路线,已很不容易;再要翦除丛生在路基上的荆棘树木,开辟长途的山路,更是十分艰难。它从公元前 212 年开始动工,到公元前 210 年(秦始皇三十七年)九月以前已经完工,秦始皇死后的辒辌车就是从这条"直道"回到咸阳的。仅仅两年半的时间,选线、施工等工程已经全部完成。这是两千多年前我国劳动人民创造的历史奇迹。

这条"直道"后来长期成为重要的通道。至今子午岭上"直道"遗迹的能够保存,就是历代断断续续通行的结果。这些"直道"遗迹,路面都呈凹形,越到路的中心越是低下,该是路中心经过的行人较多的缘故。

三　对岭南的统一、建设和修筑灵渠、新道

古代分布在今浙江、福建、江西、广东、广西一带的部族,总称越

---

① 参看史念海:《秦始皇直道遗迹的探索》,《文物》1975 年第 10 期。

族,因为他们分部很多,又称百越。在今浙江南部瓯江流域温州一带的,叫做瓯越,也叫东瓯。在福建福州一带的,叫做闽越。分布在今南岭山脉以南广东、广西地区的,叫做南越,也称扬越。在今广西贵县一带的,叫做骆越,也叫西瓯。

在今南岭山脉以南的南越,是百越中较大的一支。从大量考古发现的情况看来,远在青铜时代的早期,南越和中原地区已有经济文化上的联系,在广东东部的印陶文化遗址中发现了较多仿中原青铜兵器形式的石戈、石矛、石剑等;陶器的花纹装饰也普遍出现仿自中原青铜器的云雷纹、夔纹及乳钉纹等。有的遗址就有这样的石器、陶器和青铜兵器、工具等同时出土。至少从春秋后期起,南越的主要部分地区已和华夏族开始融合,已进入阶级社会。从广东清远和广西恭城,都曾发现成批的春秋后期青铜器;在广东境内沿韩江流域、北江流域、西江流域,都有战国时代青铜器发现;在广西湘江、漓江上游、桂江上游、贺江上游和郁江流域,也有这样的发现,这些青铜器的容器和乐器以及大部分兵器的形制,基本上和中原地区相同,花纹装饰也大多和中原相似,说明当时岭南和中原经济文化的关系已十分密切。但也还保存有某些地方的特色,例如广西恭城出土的铜尊铸有蛇斗青蛙图象,广东信宜出土的铜盉的盖钮作盘蛇形。特别是靴形钺、双肩铲形钺、扁茎剑和顶部铸有人头或兽头形象的长方筒形器,具有特殊的风格。从青铜器出土地点的分布情况来看,中原地区的文化基本上是沿着韩江、东江、北江、西江及其上游河道和南越文化发生交流的,其中沿着北江流域的交流比较密切,因此这一带就有较高的文化。

战国初期楚悼王起用吴起变法,曾向南进攻南越,开拓领土。后来楚的疆域就到达今湖南南部和广西东北角,楚怀王时制作的水陆两路通行证件"鄂君启节",铭文上讲最南的交通地点,沿湘水到了郴阳(今广西全州北),沿耒水到了郴(今湖南永兴)。可知南岭山脉以北地区大部分早就在楚国的控制之下。

秦始皇在统一六国以后,立即开始调集大军准备统一岭南。公元前 220 年(秦始皇二十七年),秦始皇就命令尉(官名,当即太尉)屠睢指挥五十万大军,分五路南下结集。①据《淮南子·人间篇》说:

> 一军塞镡城之岭,一军守九疑之塞,一军处番禺之都,一军守南野之界,一军结余干之水。

这里五路大军的次序,是由西而东的,这里只讲了五路军队的集结地点,但是从地理形势来看,五路的进军路线,大体上还可以推断出来:

"塞镡城之岭"的一军,是最西的一路大军。镡城在今湖南西南角的靖州西南,由此向东南,越过和广西接境的越城岭,就可以到今广西北部桂林一带。

"守九疑之塞"的一军,是偏西的一路大军,九疑塞在今湖南江华东北,由此向西南,越过和广西接境的萌渚岭,就可以到今广西东部贺县一带。

"处番禺之都"的一军,是中路的大军。番禺在今广州市。当时南越和中原地区经济文化的交流,以北江流域较为密切。这一带和中原的交通也比较通畅。从今湖南南边越过骑田岭(在郴县和宜章

---

①　《史记·主父偃列传》载严安上书说:"又使尉佗屠睢将楼船之士南攻百越,使监禄凿渠运粮,深入越,越人遁逃,旷日持久,粮食绝乏,越人击之,秦兵大败。秦乃使尉佗将卒以戍越。"按"尉佗屠睢"四字中的"佗"字,当为衍文。《汉书·严助传》和《严安传》都有大致相同的话,都说由屠睢统率而没有佗。

间），顺着武水，进入北江就可到达广州。看来当时五路军队中，中路最先突破，进展迅速，一下子就深入到了番禺，便把番禺作为集结行动的中心，如同一把尖刀一样插入了南越的心脏。这对取得统一岭南战争的胜利，起着很重要的作用。

番禺在岭南所处的战略地位极为重要，它扼据着东、西、北三江的要冲。据记载，这次统一岭南的战争，使用了"楼船之士"，就是使用了水军。而越人善于造船，岭南又盛产各种适宜造船的木材。因此秦军"处番禺之都"，可以利用当地的地利、资源和技术条件，赶造楼船，发展水军，并加强军需的运输。1975 年在广州市区中心中山西路北面，儿童公园东面，发现了一个秦汉时代规模巨大的造船厂，就是秦始皇统一岭南时期建造的。中心部分有三个排列的造船台，船台滑道的长度在 88 米以上。滑道由巨大滑板构成，下垫枕木。每组滑道上面搁着一对对的架承船体的木墩，墩底有榫与滑板连结，形成造船台，第一号船台，中宽 1.8 米。整个船台结构的基础处理是相当先进的，它成功地运用铺设枕木的办法来加大受压面积，保持滑道受压均匀，避免局部下沉，以取得造船所需的水平度。同时在两行滑板的接口处，用大枕木垫承，用来防止造船或船下水时接口处因受压不匀会出现高低错位而使船体倾倒的危险。另一方面船台的结构是比较灵活的，滑道中有两行滑板。①

---

① 参看广州市文物管理处、中山大学考古专业 75 届工农兵学员：《广州秦汉造船工场遗址试掘》，见《文物》1977 年第 4 期。根据第一号船台的小枕木经北京大学考古专业作 C_{14} 测定，距今 2190 年±90 年（即公元前 240±90 年）。第一号船台大枕木刻凿有"东△八"三字，是战国以后的书体。还出土一块漆秘残片，有针刻"丞里△"三字，与湖北云梦秦墓出土竹简的书体相同。还发现九枚半两钱，年代最晚的两枚是汉文帝的四铢半两，却不见有汉武帝时的钱币和陶器。从各方面加以判断，这个船厂始建于秦代统一岭南时期，到汉代初年文景之际，即南越赵佗割据称帝之后废弃填覆。

"守南野"的一军,是偏东的一路大军。南野在今江西西南角的南康以南,由此向南,越过和广东接境的大庾岭梅关,就可以到达广东北部南雄,始兴一带。再沿浈水进入北江,也可以到达广州。

"结余干之水"的一军,是最东的一路大军。余干水即今江西余干以南的信江,在鄱阳湖的东南。为什么这时要在鄱阳湖东南集结一路大军呢? 因为从这里往东到浙江南部,往东南到福建,正是瓯越和闽越的所在地,而且当时鄱阳湖以东地区也还有许多越族居住。秦代有个番阳(今江西鄱阳东北)县令叫吴芮的,当秦末农民起义爆发时,他就在这里统率越人参加起义,后来他统率的百越部队随从刘邦攻入武关,因而汉代初年他被封为衡山王,后又改封长沙王《汉书·吴芮传》。正因为这里以东是百越居住的地区,有必要在这里结集大军,向东先攻取瓯越和闽越,然后从福建向西南跨越广东东边的揭阳岭,占领广东东部,由此沿东江可以到广州。

当时进军岭南,是极其困难的。首先是有横贯在湘、桂、赣、粤之间的南岭山脉阻隔着,山高岭峻,一般山峰都在海拔 1 000 米以上,当时可以通行南北的,只有山岭中峡谷隘口间的小道。因此秦的五十万大军分五路南下,必须把这些小道开凿加宽,使成为"新道",以便大队士兵的通行和粮草辎重的运输,同时,当时岭南地区大部地区还处于原始的氏族制阶段,农业生产很是落后,秦南下的大军一时无法就地取得供应,必须把大量的军粮从中原地区运来。为此,秦始皇就命令监(官名,即监御史)禄在今广西兴安以北开凿了一条灵渠,用来沟通湘江和桂江支流漓江之间的交谊,使中原的军粮和军需可以从水道大量运到岭南来,以支援统一岭南的战争。

当时岭南地区多荒山森林,交通不便,而南越和西瓯的部落分散而众多,常常凭借山河险峻,负隅抵抗,因而这场统一岭南的战争持续了很长的时间。最后在对西瓯的战争中,还遇到了极其顽强的抵抗。

西瓯在今广西郁江流域贵县一带,这时他们已进入阶级社会,没有君长,称为西瓯君,名叫译吁宋。当时秦将屠睢亲自统率大军从今广西北部南下,向西瓯进攻,把译吁宋杀死了,而西瓯人民都退守到深山丛林之中,不肯屈服,不断推举出领袖来和秦军对抗。秦军这时所攻占的只是些平原地区和交通线,因为西瓯人都已退到深山丛林中,秦军所得到的常常是没有人的空地,他们旷日持久地留守在那些空地上,不断遭遇到西瓯人的袭击。西瓯人往往趁秦军疲困,在夜间突然袭击,终于把驻守的秦军攻破,并杀死了屠睢①,因此秦始皇谪发“诸尝逋亡人、赘婿、贾人”,前往西南支援战争,终于取得了战争的胜利,把岭南地区统一了,建置了南海、桂林、象郡。并把谪发的人留在那里驻扎防守。这是公元前 214 年(秦始皇三十三年)的事。次年,又把“治狱吏不直者”谪发到南越,从此,就把中国的南方全部统一了起来。

秦始皇这时把中原人民不断大量南移,建成南海、桂林、象郡,这是对岭南地区的重大建设。《史记·南越尉佗列传》说:“以谪徙民,与越杂处十三岁。”如果从公元前 214 年秦设置这三个郡算起,直到

---

①　《淮南子·人间篇》说:“以与越人战,杀西呕君译吁宋,而越人皆入丛薄中与禽兽处,莫肯为秦虏,相置桀骏以为将,而夜攻秦人,大破之,杀尉屠睢,伏尸流血数十万。乃发谪戍以备之”。所说“伏尸流血数十万”,不免有些夸大。《汉书·严助传》记淮南王安谏伐闽越说:“臣闻长老言:秦之时,尝使尉屠睢击越,又使监禄凿渠通道,越人逃入深山林丛,不可得攻,留军屯守空地,旷日引久,士卒劳倦,越乃出击之,秦兵大破,乃发適(谪)戍以备之。”

秦的灭亡,只有七年。可知所说"与越杂处十三岁",是从公元前220年秦开始进军岭南算起的。谪发中原人民迁移到岭南来,不是一两年内的事。该是随着秦的进军岭南,不断扩展占有土地,不断地从中原谪发迁移来的。值得注意的是,中原人民迁到岭南之后,能够融洽地和越人杂居相处,长时期移民的人数不减少①。这对岭南经济文化的发展,对此后越族和华夏族的融合,都起着促进的作用。

由于"新道"的开辟,灵渠的开凿,发展了岭南和中原地区的交通,加强了经济文化的交流;又由于连年不断地向岭南大量移民,移民"与越杂处",促进了越族人民和中原华夏族人民之间融合,加速了岭南社会经济的发展,使得不少地区由原始的氏族制飞跃到封建制。由于封建土地所有制的确立,再加上中原先进的耕作技术和铁农具的输入,就使得农业生产有着飞速的发展。在广州地区秦汉时代的墓葬中出土了各种和中原相同的铁制农具和铁制手工业工具,还出土了小米、高粱、稻谷等粮食种子,更有梅、李、橄榄、酸枣、花椒等水果和调味品。这有力地说明秦在这里建设郡县之后,生产关系发生了重大变革,生产力也有了重大发展。岭南的越族人民本来是很勤劳勇敢的,对岭南地区的开发是有贡献的;从这时起,他们就进一步和中原华夏族融合起来,更勤劳勇敢地努力发展生产,对于此后我国历史的发展作出了重大的贡献。

《淮南子·人间篇》说秦的"一军处番禺之都",可知在秦没有攻

---

① 《汉书·高帝纪》:十一年立赵它为南粤王。诏曰:"粤人之俗,好相攻击。前时秦徙中县之民南方三郡,使与百粤杂处。会天下诛秦,南海尉它居南方长治之,甚有文理。中县人以故不耗减,粤人相攻击之俗益止。"从这里可知自从秦把中原人民迁移到岭南以后,长时期能够融洽地和百越杂处,使移民人口不减少。

占之前,番禺已经是个"都",该是南越的一个居民较多的都邑。等到秦统一岭南之后,番禺成为南海郡治,都市经济得到进一步发展。到汉初司马迁作《史记·货殖列传》时,番禺已发展成为全国著名的十九个商业城市之一,成为南方特产犀角、象牙、翡翠、珠玑和葛布的集散中心,并逐渐成为和南洋各处贸易的重要口岸。

原来西瓯所居贵县一带,秦统一岭南后成为桂林郡治,是汉越杂居重要地区之一。生活在这个地区的民族在吸收中原地区先进文化的基础上,创造和发展了铸造和使用铜鼓为特征的青铜文化。贵县罗泊湾西汉初年墓葬的出土物,既有当地产品,也有中原内地产品,在一些民族形式的铜器(如鼓、桶等)上刻有汉字。这些不同产地、不同民族风格的器物的同墓出土,说明了秦统一中国后,岭南地区和中原经济文化上的联系进一步加强了①。

四 对"西南夷"地区的统一和修筑五尺道

古代分布在今四川西南部和贵州、云南一带的少数族,统称为"西南夷"。在今贵州省的有夜郎和且兰。夜郎是西南夷中最大的一族,分布在今贵州西部北盘江流域(即古牂柯江),且兰在夜郎以东,在今贵阳以东地区。在今云南省东部的有滇和靡莫。滇是个大族,分布在今滇池周围地区。靡莫在今云南东北寻甸一带。在今四川省南部有僰和邛都。邛都是个大族,在今西昌一带。僰在今宜宾一带。所有以上这些部族,都已设有君长,头发都是"椎结"的装束,从事农

---

① 广西壮族自治区文物工作队:《广西贵县罗泊湾一号墓发掘简报》,《文物》1978年第 9 期。

业生产,都建有都市和村落。

在今云南西部的有嶲和昆明。嶲在今云南西边云龙、保山一带,昆明在嶲以东。两个部族分布的范围较广,头发都是"编发"的装束,还处于氏族制阶段,没有君长,从事游牧生活。

在今四川西南部的有笮都("笮"一作"莋"),分布在今大渡河和雅砻江流域,已经没有君长,以善于制作"笮"(竹索和藤索的桥)著称,又以产马著名。在今四川中部偏西天全县一带的有徙、在今四川北部茂汶县一带的有冉駹等族,他们有的已经定居,有的还过着游牧生活。在今甘肃省南部武都一带的有白马氐。

上述西南夷地区,有许多地方在战国时代已成为楚国和秦国的一部分,约在公元前290年左右,楚顷襄王派将庄蹻沿着沅江(今贵州东部清水江)向西南进发,越过且兰,平服了夜郎,向西南攻到了滇池。后来因为秦攻取楚的巴郡、黔中郡,庄蹻和楚本国失去了联系,就在滇称王,王都在今云南晋宁县。到秦汉时代,这个地区已成为统一国家的一部分,但是庄蹻后裔还保留有"滇王"的封号,公元前285年,秦昭王派蜀郡守张若攻取了笮都以及江南地(今金沙江以南地区),从此这一带就归入秦的版图。

秦始皇在战国时代秦、楚两国经营的基础上,没有通过军事行动,就把西南夷地区统一了。秦为了加强这个地区和中原的联系,派常頞打通和修筑了"五尺道"。"五尺道"是五尺宽的栈道。按照秦王朝的规定,所有器物都应以"六"来计数,车舆要宽六尺。为什么这条栈道只五尺宽呢? 该是由于山区难于修筑,采取了变通的办法。与此同时,秦对于"诸此国颇置吏焉"(《史记·西南夷列传》)。就是说,秦王朝已在这个西南地区设官统治,把它作为统一国家的一个组成部分了。

图书在版编目(CIP)数据

中国古代冶铁技术发展史:外三种/杨宽著. —
上海:上海人民出版社,2019
(杨宽著作集)
ISBN 978 - 7 - 208 - 16120 - 7

Ⅰ.①中… Ⅱ.①杨… Ⅲ.①炼铁-冶金史-中国-
古代 Ⅳ.①TF5 - 092

中国版本图书馆 CIP 数据核字(2019)第 219312 号

责任编辑 高笑红
封面设计 夏　芳

杨宽著作集

中国古代冶铁技术发展史(外三种)
杨　宽 著

出　　版 **上海人民出版社**
　　　　　 (200001　上海福建中路 193 号)
发　　行 上海人民出版社发行中心
印　　刷 常熟市新骅印刷有限公司
开　　本 890×1240　1/32
印　　张 20.5
插　　页 8
字　　数 433,000
版　　次 2019 年 12 月第 1 版
印　　次 2019 年 12 月第 1 次印刷
ISBN 978 - 7 - 208 - 16120 - 7/K · 2898
定　　价 98.00 元